Stephan Strunz
Lebenslauf und Bürokratie

Minima

Literatur- und Wissensgeschichte kleiner Formen

Herausgegeben von
Anke te Heesen, Maren Jäger, Ethel Matala de Mazza
und Joseph Vogl

Band 3

Stephan Strunz
Lebenslauf und Bürokratie

Kleine Formen der preußischen Personalverwaltung, 1770–1848

DE GRUYTER

Zugleich leicht überarbeitete Fassung von: Humboldt-Universität zu Berlin, Kultur-, Sozial- und Bildungswissenschaftliche Fakultät, Dissertation, 2020.

ISBN 978-3-11-135618-1
e-ISBN (PDF) 978-3-11-075277-9
e-ISBN (EPUB) 978-3-11-075281-6
ISSN 2701-4584

Library of Congress Control Number: 2021942815

Bibliografische Information der Deutschen Nationalbibliothek
Die Deutsche Nationalbibliothek verzeichnet diese Publikation in der Deutschen Nationalbibliografie; detaillierte bibliografische Daten sind im Internet über http://dnb.dnb.de abrufbar.

© 2023 Walter de Gruyter GmbH, Berlin/Boston
Dieser Band ist text- und seitenidentisch mit der 2022 erschienenen gebundenen Ausgabe.
Coverabbildung: GStA PK, I. HA Rep. 93 B, Nr. 518, fol. 205.
Satz: Integra Software Services Pvt. Ltd
Druck und Bindung: CPI books GmbH, Leck

www.degruyter.com

Inhaltsverzeichnis

Einleitung — 1
    1   Lebensfassungen — 1
    2   Geschichte einer Nicht-Problematisierung — 9
    3   Plan der Untersuchung — 14

I Lebensläufe in Preußen — 17
    1   Semantik des Lebenslaufs um 1800 — 18
    2   Lebensläufe in der technischen Verwaltung — 29
    3   Der Tod als Geburtshelfer administrativer Laufbahnen — 47
    4   Der Lebenslauf als kleine Form — 58

II Bürokratische Ökologien — 62
    1   Supplizieren 1785 | 1831 — 64
    2   Lebensberichte — 79
    3   Tabulaturen des Dienstes — 101

III Karrierepoetik — 113
    1   Brauchbarkeit — 116
    2   Stelle, Person, Karriere — 130
    3   Meritokratisches Erzählen — 135
    4   Autopoietische Lebensläufe — 142

IV Schicksal und Entrüstung — 150
    1   Zustöße — 151
    2   Sympathetische Zustoßkommunikation — 165
    3   Bürokratische Gerechtigkeit — 169

V Verflechtungen — 183
    1   Patronage in Preußen um 1800 — 186
    2   Autorität von Namen und Titeln — 194
    3   Patronale Interventionen — 204
    4   Prüfung und Patronage — 231
    5   Der Lebenslauf als polyvoker Verbund — 244

Schluss: Multivalenz der Form — 246

Quellen- und Literaturverzeichnis — 251

Abbildungsverzeichnis —— 275

Danksagung —— 277

Anhang —— 279
    Anlage 1: Lebenslauf Joseph Baron von Eichendorffs (circa November 1818) —— **279**
    Anlage 2: Supplik von Baukondukteur P. Runge an das Generaldirektorium (12. April 1785) —— **283**
    Anlage 3: Eingabe von Wegebaumeister Kloht an das Ministerium des Inneren (26. April 1831) —— **286**
    Anlage 4: Lebenslauf von Gerichtsreferendar Siegmund Wilhelm Spitzner (7. November 1798) —— **288**
    Anlage 5: Lebenslauf von Baukondukteur Bernhard Adolph Ludwig Ilse (9. November 1824) —— **289**

Personenverzeichnis —— 299

Einleitung

1 Lebensfassungen

Von der Ohlauer Straße Nr. 1098 in Breslau schickt ein junger Rechtsreferendar im November 1818 ein Gesuch an die Berliner Oberexaminationskommission. Seine Bewerbung um Zulassung zum Assessorexamen enthält im Anhang ein Dokument, das die „Erzählung [s]eines früheren Lebenslaufs" enthält. In der als ‚Lebenslauf' betitelten Anlage erzählt der Prüfungskandidat auf vier halbbrüchig beschriebenen Seiten kurz und knapp die Geschichte seines beruflichen Werdegangs. „Im Jahre zu Lebowitz bei Ratibor in Schlesien" geboren, studiert er, nachdem er sich „auf den Gymnasien zu Breslau die erforderlichen Schulkenntniße erworben hatte, von Ostern 1805 bis zum Herbst 1806 auf der Universitaet in Halle," wechselt nach Einmarsch der Franzosen in Preußen nach Heidelberg, um dort „die Rechte und cammeralistischen Wißenschaften" zu studieren, kehrt 1809 nach Schlesien zurück, um sich für ein Jahr „praktische Kenntniß von der Landwirthschaft zu erwerben." Bereits nach einem Jahr wird er aber „durch Familien-Verhältniße [...] darauf bestimmt", sich „zu Anfang des Jahres 1810 nach Wien zu begeben, wo ich meine Studien fortsezte und die auf der dasigen Universitaet vorgeschriebenen jährlichen Prüfungen bestanden habe." Beseelt von der patriotischen Bewegung, eilt der Absolvent „[b]eim Ausbruch des Krieges im Jahre 1813" unter „Aufopferung sehr günstiger Verhältniße von Wien aus unter die Preußischen Fahnen" und begibt sich „als freiwilliger Jäger in das von Lützowsche Freikorps", wo er zum Lieutenant avanciert. Beim Wiederausbruch des Kriegs 1815 rückt er „als Compagnie-Führer mit dem 2ten Rheinischen Landwehr-Infanterie-Regiment in Frankreich ein," ehe er „die nachgesuchte Entlaßung vom Militair-Dienst" erhält und „[s]eit December 1816 [...] nunmehr als Referendair bei der König[lichen] Regierung zu Breslau angestellt" ist. Er beschließt das Schreiben nicht ohne den Wunsch, „meinem Vaterlande auf eine meinen früheren Studien angemeßnere, Art nach Kräften nützlich werden zu können." Am unteren Rand des Dokuments unterzeichnet sich der Verfasser nach einem langen Submissionsstrich mit Joseph Baron von Eichendorff (Abb. 1).[1]

Das Gesuch von 1818 ist weder das erste noch das einzige Mal, mit dem Joseph von Eichendorff sein Leben administrativen Agenturen präsentiert. Mit einem pas-

---

[1] Geheimes Staatsarchiv Preußischer Kulturbesitz (GStA PK), I. HA Rep. 125, Nr. 1238, unfoliiert, Zulassungsgesuch zum Assessorexamen und Lebenslauf von Joseph Baron von Eichendorff, 3. November 1818 (Transkription des gesamten Lebenslaufs s. Anlage 1). Dieser Lebenslauf scheint in der Eichendorff-Forschung bisher nicht bekannt zu sein.

2 —— Einleitung

Abb. 1: Die erste Seite von Eichendorffs Lebenslauf aus dem Jahr 1818. Quelle: GStA PK, I. HA Rep. 125, Nr. 1238, unfoliiert.

sagenweise identischen Lebenslauf bewirbt er sich bereits 1815 bei dem damaligen Kammergerichtsrat Friedrich Eichhorn um eine subalterne Stelle.[2] In diesem Schreiben ist der Lebenslauf allerdings in eine Bittschrift integriert: „zu Halle und Heidelberg und späterhin, durch Familien-Verhältnisse bestimmt, in Wien die Rechte und cammeralistischen Wissenschaften studirt", drängt er 1813 „mit freudiger Aufopferung aller meiner günstigen Aussichten für die Zukunft" zu den freiwilligen Jägern und hofft auch am Abschluss dieses Schreibens schon darauf, „meinem Vaterlande auf eine andere meinen früheren Vorbereitungen angemeßnere Art nach meinen Kräften nützlich zu sein."[3] Anders als im Lebenslauf von 1818 spricht er 1815 jedoch von drängenden Familienverhältnissen, die einer unvergüteten Referendarstätigkeit im Wege stehen: „Da ich aber verheirathet und Vater bin und mein Vermögen durchaus nicht hinreicht, um mit meiner Familie noch längere Zeit auf eigene Kosten zu leben, so ist es mir unmöglich, nunmehr in die gewöhnliche juristische Laufbahn einzutreten und vielleicht Jahrelang ohne Gehalt zu arbeiten."[4]

Diese zwei Fassungen des Eichendorff'schen Lebenslaufs entwerfen das Leben ihres Protagonisten in einer eigentümlichen Äußerlichkeit. Nichts von den inneren Konflikten kommt hier zur Sprache, die Eichendorffs Biograph:innen[5] ihm für diese Lebensphase gewöhnlich attestieren: dem „Widerstreit zwischen seiner Sehnsucht, voll und ganz Dichter zu sein, und der Notwendigkeit sich dem Brotberuf anheimzugeben";[6] dem Aufbegehren „gegen die ihm bestimmte Laufbahn"[7] und dem letztlichen Einlenken aufgrund ökonomischer Not; „Eichendorffs reale Existenz" und deren „Unvereinbarkeit mit dem dichterischen Wollen".[8] Die prosaische „Gegenwart" von „tausend verdrießlichen und eigentlich für alle Welt unersprießlichen Geschäften", von der Eichendorff 1817 in einem Brief an Friedrich de la Motte Fouqué klagt, ist in den Lebensläufen genauso inexistent wie der Ver-

---

2 Subalterne Beamte besorgten in Preußen nach der Reformzeit alle Stellen in der niederen Verwaltung, etwa als Expeditoren, Gerichtsschreiber, Kalkulatoren, Kanzleidiener, Kassendiener oder Protokollführer. Vgl. Ludwig von Rönne, Das Staatsrecht der Preußischen Monarchie, Bd. 2, Leipzig 1863, 241.
3 Zit. nach: Hans Pörnbacher, Joseph Freiherr von Eichendorff als Beamter, Dortmund 1964, 13.
4 Zit. nach: Pörnbacher, Joseph Freiherr von Eichendorff als Beamter, Dortmund 1964, 13.
5 In dieser Arbeit wird immer dann ein Gender-Doppelpunkt verwendet, wenn davon auszugehen ist, dass das jeweilige Nomen bzw. Pronomen in der historischen Situation nicht ausschließlich Männer repräsentiert(e). In vielen Fällen werde ich auf den Gender-Doppelpunkt schlicht deswegen verzichten, weil für den konkreten historischen Kontext in den Quellen keine Belege für nicht-männliche Repräsentant:innen nachweisbar sind.
6 Veronika Beci, Joseph von Eichendorff. Biographie, Düsseldorf 2008, 82.
7 Beci, Joseph von Eichendorff, 81.
8 Beci, Joseph von Eichendorff, 95.

such, „den Weg ins Freie und in die alte poetische Heimat" zu finden oder die Befürchtung, in seinem *Marmorbild* habe sich durch das Beginn des Referendariats „Aktenstaub statt Blütenstaub angesetzt".[9] Auch gegenüber den vielen autobiographischen Fragmenten, die Eichendorff im Laufe seines Lebens anlegt, wirkt die kompakte Geschichte universitärer, militärischer und beruflicher Formation ungemein karg.[10]

Nun könnte man dies schlicht als Indiz dafür werten, dass der ‚reale' Eichendorff im bürokratischen Lebenslauf systematisch unterdrückt wird und erst im Medium der Dichtung zur Entfaltung kommt.[11] Diese Deutung bleibt aber nicht allein aus biographischen Gründen unbefriedigend.[12] Was seine Lebensläufe stattdessen offenbaren, ist jene Seite des „Doppelleben[s] der Dichterbeamten um 1800",[13] die Friedrich Kittler lapidar als Zone des bürokratischen Alltags, der „papiernen Niederungen" und „Buchstabenmechanik" abgetan hat.[14] Wie sich zeigen wird, ist

---

9 Eichendorff an Friedrich Freiherrn de la Motte Fouqué (Breslau, 2. Dezember 1817), in: Sämtliche Werke des Freiherrn Joseph von Eichendorff, Bd. 12: Briefe, hg. von Wilhelm Koch, Regensburg 1910, 21.
10 Man hat festgestellt, dass die autobiographischen Fragmente Eichendorffs um „Selbsterkenntnis und Ich-Hermeneutik" bemüht sind. Dietmar Kunisch, Joseph von Eichendorff, fragmentarische Autobiographie, München 1984, 52. Sie stellen das „Ich und seine tiefsten Erlebnisgehalte" aus, zeugen vom „Überhandnehmen desillusionierender Lebenserfahrungen" und transponieren diese „zu geschichts-philosophischen und sozialpsychologischen Deutungen der eigenen Unzeitgemäßheit und Weltentfremdung." Kunisch, Joseph von Eichendorff, 50.
11 Nach wie vor erscheinen Aufsätze, die belegen wollen, dass Eichendorff die Dichtung als Vehikel nutzte, um seinem Hass für das Amtsleben Ausdruck zu verleihen und diesem eine fantastische Alternative gegenüberzustellen. Vgl. Martin Stern, „Papier! Wie hör' ich dich schreien". Zur Interdependenz von Beamtenmisere und Aufbruchseuphorie bei Eichendorff, in: Wirkendes Wort 60 (2011), H. 1, 15–23.
12 Wolfgang Frühwald wies am Ende der 1970er Jahre nach, dass Eichendorff zumindest in den ersten Jahren seiner Beamtentätigkeit unter dem Schutz reformerischer Vorgesetzter wie Theodor von Schön stand und Bürokratie und Poesie vereinen konnte: „Eichendorff also gehörte einem Beamtenkreis an, in welchem aktive künstlerische Betätigung den Nachweis der Bildung und damit der Tauglichkeit für das Staatsamt erbrachte." Wolfgang Frühwald, Der Regierungsrat Joseph von Eichendorff, in: Internationales Archiv für Sozialgeschichte der deutschen Literatur 4 (1979), 37–67, hier: 47.
13 Friedrich A. Kittler, Aufschreibesysteme 1800 · 1900 [1985], 4., vollst. überarb. Neuaufl., München 2003, 132.
14 Kittler, Aufschreibesysteme 1800 · 1900, 126. Ein close reading von Kittlers Ausführungen zum Dichterbeamten zeigt, dass erst die Dichtung paradigmatischer Schreibraum des Subjekts um 1800 ist. Beamte, die nicht dichten (und das sind bezeichnenderweise subalterne Staatsdiener) sind mit ihren Schreibzeugnissen für das Aufschreibsystem um 1800 irrelevant: „Die subalternen Beamten können nicht ahnen, daß Lindhorst und Anselmus das bloße ‚Nachmalen der Manuskripte' – Heilung des Wahnsinns durch mechanische Arbeit – einer höhern Schreibekunst opfern werden. Buchstabenmechanik ist gerade umgekehrt ihr eigenes Los." Kittler, Aufschrei-

dieses ‚andere' Leben keineswegs voraussetzungslos: Sowenig die Lebensläufe sich zu autobiographischen Zeugnissen qualifizieren mögen, sosehr tragen sie zur Autopoiesis des Regierungsrats Joseph von Eichendorff bei. Eichendorffs Lebenslauf zeigt exemplarisch auf, was dem Leben widerfährt, wenn es vom System der Bürokratie erfasst wird.

Eichendorff erschafft sich in beiden Lebensläufen als generisches Subjekt einer aufkeimenden Berufsgesellschaft: als Träger von Merkmalen, die ihn auf eine kompetitive Ebene mit hunderten anderen Staatsdienern hieven; als Bewerber schließlich, der nach ‚infimen'[15] Kriterien gerastert wird – Kriterien, die sein Leben unter dem Aspekt von kleinsten, allgemeinsten und gewöhnlichsten Statuspassagen aufzeichnen. Die autobiographische Unspezifizität der Eichendorff'schen Lebensläufe ist damit weniger Symptom einer mechanischen, für poetologische Analysen unerheblichen Amtsprosa als Motor eines Verfahrens, das Menschen ungeachtet ihrer *fama* als bürokratisches Personal produziert und in Konkurrenz zueinander bringt. Das biographische Subjekt Eichendorff wird in den Lebensläufen zugunsten der Rolle ausradiert, die es in organisationalen Gefügen einnimmt. Das Amtsleben Eichendorffs tritt daher nicht als unvermeidbarer ‚Brotberuf' neben eine eigentliche Berufung, sondern wird in diesen Texten überhaupt erst erschaffen. Als Text, der in Aktion tritt, entwirft der Lebenslauf Eichendorff als bürokratisches Subjekt, das nach absolvierter Prüfung tatsächlich dem „Vaterlande auf eine meinen früheren Studien angemeßnere, Art nach Kräften nützlich" wird und bei der Regierung zu Danzig eine Anstellung als katholischer Kirchen- und Schulrat erhält.[16]

Den Lebenslauf Eichendorffs könnte man somit als ‚Lebensfassung' bezeichnen – ein Neologismus, der an Walter Seitters *Menschenfassungen* angelehnt ist.[17] Er verfasst die Eichendorff'sche Biographie so, dass sie auf staatliche Stellen applizierbar wird. Er erfasst das Leben seines Protagonisten in einer bürokratischen Form, die für bestimmte Teilaspekte der Biographie minutiös und pedantisch ist

---

besysteme 1800 · 1900, 126. „Was ein Beamter als Schriftsteller tut, das tut er eben nicht als Beamter, sondern vermöge der allgemeinen bürgerlichen Freiheit." Kittler, Aufschreibesysteme 1800 · 1900, 136.

15 Ich verwende den Begriff ‚infim' im Anschluss an Foucault als Bezeichnung für „eine ganze ‚Fabel' des unauffälligen Lebens", ein „Dispositiv", das seit dem 17. Jahrhundert entsteht „um das ‚winzig Kleine' [,l'inime'] zu sagen, das, was nicht gesagt wird, das, was keinen Ruhm verdient, das ‚Infame' [,l'infame']". Michel Foucault, Das Leben der infamen Menschen [1977], in: Schriften in vier Bänden. Dits et Ecrits, hg. von Daniel Defert und Francois Ewald, Bd. 3, Frankfurt a. M. 2003, 309–332, hier: 330.

16 Vgl. Beci, Joseph von Eichendorff, 89–90.

17 Walter Seitter, Menschenfassungen. Studien zur Erkenntnispolitikwissenschaft, München 1985.

und andere völlig außer Acht lässt. Er zeitigt sowohl in der Raum- als auch der Zeitdimension multiple Fassungen: Im Raum tritt er in gleichem Maße als autonome Textform (Eichendorffs Lebenslauf von 1818) und unselbstständiges Element übergeordneter Textsorten (Eichendorffs Bittschrift von 1815) auf. In der Zeit protokolliert er unterschiedliche Berufsepochen, die bei Eichendorff jeweils kontingent auf das Telos hin orientiert sind, das für die Kalküle der aktuellen Bewerbung von Belang ist. Schließlich umfasst der Lebenslauf auch eine Reihe flankierender Paratexte – Zeugnisse, Empfehlungen, Atteste –, die die aktuelle Version des Subjekts vervielfachen.

In jedem Fall zeigt sich Eichendorff als intimer Kenner einer Textsorte, die um 1800 noch in den Kinderschuhen professioneller Schriftpraxis steckt. Für den angehenden Beamten besteht keine Unsicherheit darüber, welche Adresse seine Lebensläufe haben, welche Art von Lebensereignissen sich im Biotop des bürokratischen Lebenslaufs versammeln lässt und welche nicht.[18] Eichendorffs Lebensläufe lassen nie einen Zweifel daran aufkommen, dass hier ein Ich erzählt wird, das seine Existenzweise nur einer radikalen Äußerlichkeit verdankt. Die Stellung in der Welt übersetzt der Lebenslauf in institutionelle Stellen; sie nimmt die Form von Behörden, in besonderem Maße aber von Organisationspositionen an. So erstaunt es wenig, dass Eichendorff in seinem Lebenslauf nichts von den dichterischen Arbeiten erwähnt, die parallel zur juristisch-kameralistischen Ausbildung entstehen. Ebenso wenig verwundert es, dass der Lebenslauf von 1818 bei Eichendorff zielstrebig von der Schulausbildung über Studium und Militärdienst zum Referendariat verläuft und mit dem Begehren schließt, endlich in der Position eingesetzt zu werden, die ihn „auf eine angemessenere Art und nach Kräften" für den Staat „nützlich" macht. Lebensläufe wie diejenigen Eichendorffs werden niemals für sich, sondern immer schon für Institutionen verfasst. Sie spinnen, im Jargon heutiger Personalmanager:innen, einen ‚roten Faden',[19] der die Bewerber:innen von frühester Jugend an wie selbstverständ-

---

18 Als Meister des bürokratischen Lebenslaufs erweist sich Eichendorff auch deshalb, weil er den Begriff Lebenslauf in seinen (dichterischen) Werken konsequent anders konnotiert. Die 109 Belegstellen, die sich in der digitalen Bibliothek Deutscher Klassiker finden, explorieren den Lebenslauf in autobiographischen Tiefenbohrungen, die sich mit Vorliebe dem ‚inneren Lebenslauf' widmen. Suchanfrage Autor: Eichendorff, Stichwort: Lebenslauf, Digitale Bibliothek Deutscher Klassiker, http://klassiker.chadwyck.co.uk/, zuletzt geprüft am 04.06.2021.
19 Vielleicht ist es kein Zufall, dass die Metapher des „roten Fadens" just in der Zeit geprägt wird, in der Beamte wie Eichendorff vermehrt auf Lebensläufe zurückgreifen, um ‚Karriere' zu machen. Zur Etymologie des „roten Fadens" als Metapher bei Goethe vgl. Faden, in: Deutsches Wörterbuch. Der digitale Grimm, Bd. 3, hg. von Jakob Grimm, Wilhelm Grimm et al., Sp. 1231–1234, hier: Sp. 1231, http://woerterbuchnetz.de/cgi-bin/WBNetz/wbgui_py?sigle=DWB&mode=Vernetzung&lemid=GF00199#XGF00199, zuletzt geprüft am 04.06.2021. Die Passage bei Goethe fin-

lich auf die angestrebte Stelle leitet. Eichendorff verschreibt sich so einem ästhetischen Verfahren, das die Geschichte seines Lebens am thematischen Faden der beruflichen Formation aufzieht und noch das kleinste Ereignis in ein Verhältnis zum finalen Ziel der juristischen Festanstellung setzt.

Auch wenn Bewerber:innen heute eher selten auf einen ausformulierten Lebenslauf à la Eichendorff zurückgreifen, sondern ihr Leben bevorzugt tabellarisch formatieren, erfreut sich das Strukturmerkmal des ‚roten Fadens' ungebrochen großer Beliebtheit: Wer einen der unzähligen Lebenslaufratgeber aufschlägt, wird früher oder später mit der Magie des roten Fadens konfrontiert. „‚Roter Faden' steht für eine klare Linie – oder anders gesagt – einen sinnvollen Aufbau des eigenen Werdegangs."[20] – „Nach Möglichkeit sollten Sie einen zusammenhängenden Handlungsstrang erkennbar machen."[21] – „Letztendlich hängt der Gesamteindruck davon ab, wie es Ihnen gelingt, einen ‚roten Faden' zu vermitteln, der sich durch Ihren bisherigen Werdegang zieht."[22] Die Ratgeberliteratur empfiehlt, jeden Lebenslauf so zu verfassen, als sei das gesamte bisherige Leben eine einzige Vorbereitung auf die nun angestrebte Stelle, ganz ähnlich also, wie Eichendorff es in seinem Lebenslauf vorführt. Tätigkeiten und Ereignisse, die nichts mit dem beruflichen Werdegang zu tun haben, sollen weggelassen werden, genauso wie kleinere Verwirrungen und Umwege auf dem Ausbildungsweg. Narrativ spannen Bewerber:innen bereits jene Karriere auf, die sich mit dem Erhalt der erstrebten Stelle überhaupt erst realisieren soll.

Dieses Verfahren setzt sich im Zeitalter sozialer Medien fort. Obwohl die Forschung zuweilen betont, dass Plattformen wie LinkedIn nicht nur die Berufsgeschichte abbilden, sondern ganze Identitäten bereitstellen,[23] ist klar, dass auch LinkedIn dem Lebenslauf zentrale Bedeutung beimisst. Nicht nur erlaubt die Plattform Nutzer:innen, ihre Erfahrungen als Lebenslauf zu formatieren und klassische

---

det sich in den Wahlverwandtschaften und überträgt den „rothen Faden" als nautisches Instrument („[S]ämmtliche Tauwerke der königlichen Flotte, vom stärksten bis zum schwächsten sind dergestalt gesponnen, daß ein rother Faden durch das ganze Ganze durchgeht, den man nicht herauswinden kann ohne alles aufzulösen, und woran auch die kleinsten Stücke kenntlich sind, daß sie der Krone gehören") auf Ottilies Tagebuch. Johann Wofgang von Goethe, Die Wahlverwandtschaften, Bd. 2, Tübingen 1809, 26.
20 Helga Krausser-Raether, Erfolgreich zum Ausbildungsplatz, München 2007, 85.
21 Judith Engst, Duden, Professionelles Bewerben – leicht gemacht [2005], 2. Aufl., Mannheim 2007, 116.
22 Doris Brenner, Frank Brenner und Sabine Riedel, 100 clevere Tipps: Lebenslauf und Anschreiben [2001], 3. Aufl., Baden-Baden 2004, 80.
23 Vgl. José van Dijck, "You Have One Identity": Performing the Self on Facebook and LinkedIn, in: Media, Culture & Society 35 (2013), H. 2, 199–215, hier: 208.

Lebensläufe im Word-Format hochzuladen;[24] auch für das Berufsportal spielt der ‚rote Faden' eine entscheidende Rolle und wird dort wahlweise als „career path", „career trajectory" oder „career arc" paraphrasiert.

> Most people immediately jump in and start adding experiences without thought to where they've been or where they are going in their career. Before you dive in and start adding your past positions to LinkedIn, it's important to take a step back and look at your complete career trajectory.[25]

Tatsächlich scheint der ‚rote Faden' damit identisch mit einer sorgfältig gebahnten Karriereerzählung zu sein.

Natürlich wäre es anachronistisch, Eichendorff und LinkedIn in ein direktes Vergleichsverhältnis zu setzen. Dennoch scheint es, als ob in der Erzählung von Karrieren ein *tertium comparationis* zweier historisch völlig unterschiedlicher Konstellationen sichtbar wird: ein irreduzibles Element, das trotz mannigfaltiger Umformatierungen eine mehr als 200-jährige Praxis professioneller Selbstpräsentation prägt. Versteht man die Lebensläufe Eichendorffs und LinkedIns daher als zwei historisch kontingente Antworten auf eine gemeinsame Frage, dann müssen die Bedingungen herausgearbeitet werden, unter denen diese „Antworten gegeben werden können".[26] Es geht, mit Michel Foucault gewendet, darum, „an der Wurzel dieser verschiedenartigen Lösungen die allgemeine Form einer Problematisierung wiederzufinden",[27] also eine transhistorische Fragestellung zu identifizieren, die so heterogene Protagonisten wie LinkedIn und Eichendorff verbindet. Ausgehend vom preußischen Ancien Régime möchte diese Studie vor der Folie einer Gegenwart, in der das Verfassen von Lebensläufen genauso allgegenwärtig wie selbstverständlich geworden ist, nach den Konstitutionsbedingungen einer Form fahnden, ohne die professionelle Subjektivitäten heutzutage undenkbar wären. Als Genealogie einer unvermeidbaren Bewerbungsunterlage wird sie

---

24 Vgl. Alsion Dorsey, More Than Just a Resume: Share your Volunteer Aspirations on Your LinkedIn Profile. https://blog.linkedin.com/2013/09/04/more-than-just-a-resume-share-your-volunteer-aspirations-on-your-linkedin-profile. LinkedIn-Blog 2013, zuletzt geprüft am 04.06.2021. Vgl. Kylan Nieh, Creating Your Resume Just Got a Whole Lot Easier with Microsoft and LinkedIn. https://blog.linkedin.com/2017/november/8/Creating-your-resume-just-got-a-whole-lot-easier-with-Microsoft-and-LinkedIn. LinkedIn-Blog 2017, zuletzt geprüft am 04.06.2021. Vgl. Ian Brooks, Make Your Experience Stand Out with the New LinkedIn Experience Design. https://blog.linkedin.com/2018/august/6/make-your-experience-stand-out-with-the-new-linkedin-experience. LinkedIn-Blog 2018, zuletzt geprüft am 04.06.2021.
25 Donna Serdula, LinkedIn Profile Optimization for Dummies, Hoboken 2017, 115.
26 Michel Foucault, Polemik, Politik, Problematisierung [1984], in: Schriften in vier Bänden, Bd. 4, Frankfurt a. M. 2005, 727–733, hier: 733.
27 Foucault, Polemik, Politik, Problematisierung, 733.

die historischen Bedingungen für die Herstellung von Karrieren herausarbeiten. Sie wird die Zeit zwischen 1770 und 1848 als historische Periode skizzieren, in der der Lebenslauf zu einem neuen Medium der Personalverwaltung wird.

2 Geschichte einer Nicht-Problematisierung

Tatsächlich ist die Geschichte des Lebenslaufs als Bewerbungsdokument weitestgehend ungeschrieben. Das mag zunächst einer speziell im Deutschen vorliegenden Homonymie geschuldet sein.[28] Denn der Lebenslauf bezeichnet sowohl die konkrete textuelle Verfassung einer Lebensgeschichte als auch ein, vor allem in der Soziologie weit verbreitetes, Lebensverlaufsmodell.

Blickt man in die sozialwissenschaftliche Forschung, führt die schematische Gegenüberstellung von sozialem Lebenslauf und individueller Biographie zu einer systematischen Betriebsblindheit für die Textform und Praxeologie des Lebenslaufs. In den für die ‚Lebenslaufsoziologie' diskursbegründenden Studien der 1980er Jahre koinzidierte der Lebenslauf mit biographischen „Präskripten" oder „Schemata", die institutionell normierte Lebenssequenzmodelle zum Ausdruck brachten.[29] Teilweise wurde der Lebenslaufbegriff so weit gefasst, dass er die potentiell unendliche Gesamtheit „von Ereignissen, Erfahrungen und Empfindungen"[30] eines Individuums umschloss. Der dem ‚Lebenslauf' entgegengesetzte Komplementärbegriff ‚Biographie' charakterisiert hingegen einerseits das passive Aufnehmen dieser sozial vorgegebenen Muster und andererseits die je individuelle aktive Bearbeitung seitens des Subjekts, d. h. „die alltagspragmatische Aneignung und Reproduktion sozialer Strukturen im (lebens-)geschichtlichen Verlauf".[31] Die Biographie materialisiert sich gegenüber dem Lebenslauf als „selektive Verge-

---

28 So lautet die noch heute im Duden einschlägige Definition: „a) der individuelle Verlauf eines Lebens, Lebensgeschichte; b) schriftliche Darstellung, Zusammenfassung der (besonders für die Berufslaufbahn) wichtigsten Daten und Ereignisse des eigenen Lebens." Duden Online, Lebenslauf. https://www.duden.de/rechtschreibung/Lebenslauf, zuletzt geprüft am 04.06.2021.
29 Martin Kohli und Wolfram Fischer, Biographieforschung, in: Methoden der Biographie- und Lebenslaufforschung, hg. von Wolfgang Voges, Opladen 1987, 25–50, hier: 28. Häufig wird das auch anhand der gesellschaftlichen Objektivierung von soziokulturell normierten „Lebensaltern" vorgenommen, Albrecht Lehmann, Erzählstruktur und Lebenslauf: Autobiographische Untersuchungen, Frankfurt a. M. 1997, 15–17.
30 Alois Hahn, Identität und Selbstthematisierung, in: Selbstthematisierung und Selbstzeugnis: Bekenntnis und Geständnis, hg. von Alois Hahn, Frankfurt a. M. 1987, 9–24, hier: 13.
31 Hanns-Georg Brose, Veränderungstendenzen in Berufsbiographien und Erwerbsverläufen, in: 22. Deutscher Soziologentag 1984: Sektions- und Ad-hoc-Gruppen, hg. von Hans-Werner Franz, Wiesbaden 1985, 38–39, hier: 38.

genwärtigung" objektiver Lebens(lauf)fakten, aber auch nicht-aktualisierter Vergangenheiten und möglicher Zukünfte.[32] In diesem Sinne fasst man auch noch in jüngeren Arbeiten Biographien als „Versionen" auf, „in denen Lebensläufe aus spezifischer Perspektive mit spezifischen erzählerischen und rhetorischen Mitteln zu einem je bestimmbaren Darstellungsziel dargeboten werden."[33]

Auch eine neuere Ausgabe der *Zeitschrift für Biographieforschung (BIOS)* orientiert sich noch an dem von Kohli et al. gesetzten soziologischen Rahmen der Lebenslaufforschung. Das Themenheft „Das verwaltete Leben" setzt sich zum Ziel, das „Spannungsfeld von Struktur und Individualität"[34] in exemplarischen Studien unter die Lupe zu nehmen. Die Prozeduren der Verwaltung würden das Individuum dazu zwingen „autobiographische Reflexionen"[35] zu führen, eine „individuelle Rekonstruktion eigener Biographie"[36] vorzunehmen und eine „individuelle Antwort auf die äußeren Restriktionen, auf die Verwaltung und Steuerung ihrer Biographie"[37] zu formulieren. Auch hier muss sich ein konkretes Verwaltungswerkzeug wie der Lebenslauf übertextuellen biographischen Sinngebungsverfahren und Identitätsverhandlungen unterordnen, die es hinter den institutionellen Dokumenten zu entdecken gilt. Bürokratische Institutionen kreierten mit Lebensläufen zwar „biographische Daten", jedoch nur als „Konstruktionen erster Ordnung".[38] Um den „diskursiven Kontext zu rekonstruieren" und das „Zusammenspiel von kollektiven und individuellen Deutungs- und Handlungsmustern" zu eruieren, bedürfe es einer sozialwissenschaftlichen Intervention zweiter Ordnung.[39] Über triangulierende Methoden wie biographisch-narrative Interviews ließen sich parallel zu institutionell abgefassten Lebensläufen weitere biographische Dimensionen rekonstruieren, die das „Deutungsmuster Biographie"[40] komplementierten und mitunter verkomplizierten. Zusammenfassend geht es in diesem Themenheft weniger um konkrete Textformen und Papierfor-

---

[32] Alois Hahn, Biographie und Lebenslauf, in: Vom Ende des Individuums zur Individualität ohne Ende, hg. von Hanns-Georg Brose und Bruno Hildenbrand, Wiesbaden 1988, hier: 93–95.
[33] Christian von Zimmermann, Exemplarische Lebensläufe. Zu den Grundlagen der Biographik, in: Frauenbiographik. Lebensbeschreibungen und Porträts, hg. von Christian von Zimmermann, Tübingen 2005, 3–16, hier: 15.
[34] Elisabeth Schilling und Astrid Biele Mefebue, Das verwaltete Leben. Einführung, in: Bios: Zeitschrift für Biographieforschung und Oral History 29 (2016), H. 1, 3–13, hier: 3.
[35] Schilling und Mefebue, Das verwaltete Leben, 4.
[36] Schilling und Mefebue, Das verwaltete Leben, 5.
[37] Schilling und Mefebue, Das verwaltete Leben, 5.
[38] Ina Alber, Sinn und Ordnung. Biographien als Deutungsmuster im Diskurs, in: Bios: Zeitschrift für Biographieforschung und Oral History 29 (2016), H.1, 14–27, hier: 15.
[39] Alber, Sinn und Ordnung, 19.
[40] Alber, Sinn und Ordnung, 24.

mate als um das Wechselverhältnis zwischen institutionellen Lebenslaufvorgaben und individuellen Biographisierungen.

Pierre Bourdieu argumentierte unter ähnlichen theoretischen Ausgangsvoraussetzungen bereits Mitte der 1980er Jahre gegen die subjektivistische Komponente dieser Denkfigur, indem er die Sinn- und Transformationspotentiale individueller Selbstthematisierung als „biographische Illusion"[41] entlarvte. Für Bourdieu war der Unterschied zwischen Biographie und Lebenslauf höchstens graduell anhand der „Offizialisierung" messbar. Je mehr eine Person sich in formellen Kreisen bewege, desto höher sei der Druck die eigene Lebensgeschichte in Form einer offiziellen Laufbahn zu erzählen und desto transparenter würde die „Matrix der objektiven Beziehungen" (d. h. die Vorformatierung des sozialen Lebenslaufs) zwischen den einzelnen, scheinbar kontingenten Lebensereignissen zu Tage treten.[42] In diesem Sinne argumentierte auch Rudolf Stichweh. Mit einem Lebenslauf sei „nicht das einzelne Blatt Papier, auf dem ein Individuum zeitliche Daten und zugehörige Lebensereignisse notiert" gemeint, sondern „die ungeschriebene und kollektive Vorlage für diese einzelnen Blätter, die anhand standardisierter Erwartungen an Lebensläufe erst die Beobachtbarkeit der einzelnen Aufzeichnungen erzeugt".[43]

Unterbestimmt bleibt in diesen Forschungen die Frage, wie sich der Lebenslauf als materielles Artefakt denken lässt. Durch die starke Fixierung auf vorgängige soziale Strukturen wird der Lebenslauf in der sozialwissenschaftlichen Forschung selten in einer Positivität wahrnehmbar, die einen Blick für historisch spezifische Praktiken oder Materialitäten hätte. Aus einer lebenslaufsoziologischen Warte lässt sich die Textsorte Lebenslauf mitunter nur als mimetische Abbildung des Lebenslaufs im Sinne einer, nach bestimmten präskriptiven Mustern strukturierten, Lebenssequenz interpretieren. Der textuelle Lebenslauf reproduziert dann schlicht die im Sozialen verankerte normale Strukturierung des Lebensverlaufs. Nähert man sich hingegen von einem interpretativen Standpunkt, muss man die Bezeichnung Lebenslauf für konkrete Texte konsequenterweise als unscharf ansehen. Da es sich um je individuell produzierte Fassungen handelt, enthält jeder konkret verfasste Lebenslauf immer schon ein interpretatives Moment und wäre daher eher dem Bereich der Biographie zuzuordnen. Anstatt von vornherein die Existenz eines immer schon bestehenden sozialen Lebenslaufs

---

[41] Pierre Bourdieu, Die biographische Illusion [1986], in: Bios: Zeitschrift für Biographieforschung und Oral History 3 (1990), H. 1, 75–82.
[42] Bourdieu, Die biographische Illusion, 80.
[43] Rudolf Stichweh, Lebenslauf und Individualität, in: Lebensläufe um 1800, hg. von Jürgen Fohrmann, Tübingen 1998, 223–234, hier: 223.

vorauszusetzen, geht diese Studie deshalb davon aus, dass das soziale Kondensat des Lebenslaufs erst im Medium der Darstellung seine Konkretion erhält; die Arbeit postuliert, dass das Verhältnis von textuellem Lebenslauf und sozial normiertem Lebensverlauf elementar von Fragen der Darstellung und historischen Vorformatierungen abhängt.

Die Leerstelle, die die sozialwissenschaftliche Forschung in Bezug auf die Textualität und Praxeologie des Lebenslaufs hinterlassen hat, wurde teilweise von literatur- und sprachwissenschaftlichen Untersuchungen ausgefüllt. In kleineren literaturwissenschaftlichen Aufsätzen wurde der Lebenslauf als kleine Form des Arbeitsmarkts porträtiert: als selektive Selbsterzählung im Wissenschaftsbetrieb mit performativer Kraft;[44] als „autobiographische Auftragsarbeit" in Dissertationen oder „literarische Zweckform" in Bewerbungen, die adressatengerecht Rohdaten aus dem sozial strukturierten Lebenslauf verarbeitet;[45] oder als standardisierte Textform, die durch kreative „Bastelbiographien",[46] wie etwa in Alexander Kluges *Lebensläufen*, ausgehebelt werden kann. Simon Roloff hat die Berliner Romane Robert Walsers im Kontext sozialstaatlicher Lebenserfassungstechniken untersucht und sich unter anderem mit der Rolle des Curriculum Vitae im Büroalltag um 1900 beschäftigt.[47] Für Walsers Schreibpraxis des Stellenlosen steht jedoch nicht die Textform selbst, sondern ihr masochistisches Unterlaufen in „kursorische[n] Leerformeln"[48] im Vordergrund.

Parallel dazu ist der Lebenslauf als alltägliche „Textsorte" auch Untersuchungsgegenstand der Textlinguistik geworden. Udo Fries hat beispielsweise *Curricula Vitae* deutscher und US-amerikanischer Dissertationen untersucht und ein Spannungsverhältnis zwischen textueller Normierung und individuellem biographischem Ausdruck registriert.[49] Hans Zimmermanns Aufsatz über den Lebenslauf als „Gebrauchsliteratur" affirmiert die soziologische Position, nach der der Lebenslauf als Textsorte das soziale Ich zulasten des individuellen (und wah-

---

[44] Vgl. Nod Miller und David Morgan, Called to Account: The CV as an Autobiographical Practice, in: Sociology 27 (1993), H. 1, 133–143.
[45] Wulf Segebrecht, Vom Lebenslauf zum Curriculum vitae, in: Literatur, Sprache, Unterricht. Festschrift für Jakob Lehmann zum 65. Geburtstag, hg. von Michael Krejci und Jakob Lehmann, Bamberg 1984, 32–40, hier: 32–35.
[46] Ludgera Vogt, Der montierte Lebenslauf, in: Die Schrift an der Wand – Alexander Kluge. Rohstoffe und Materialien, hg. v. Christian Schulte und Alexander Kluge, Osnabrück 2000, 139–153, hier: 150–152.
[47] Vgl. Simon Roloff, Der Stellenlose. Robert Walsers Poetik des Sozialstaats, München 2016.
[48] Roloff, Der Stellenlose, 171.
[49] Udo Fries, Bemerkungen zur Textsorte Lebenslauf, in: A Yearbook of Studies in English Language and Literature 1985/86, hg. von Otto Rauchbauer, Wien 1986, 39–50, hier: 42.

ren) Ichs in den Vordergrund stellen würde.⁵⁰ Ein kürzlich erschienener Handbuchartikel kommt zu dem Schluss, dass der heute in Bewerbungsverfahren verwendete Lebenslauf eine standardisierte Form der Autobiographie darstellt, die ‚Biographien und individuelle Fähigkeiten zum Zwecke der Vergleichbarkeit und Messung reduziert.'⁵¹ Insgesamt bleibt die sprach- und literaturwissenschaftliche Lebenslaufforschung damit auf fragmentarische Einzelaufsätze beschränkt und muss in ihren Ergebnissen größtenteils im soziologischen Fahrwasser der 1980er Jahre kontextualisiert werden.

Schließlich sind noch eine Reihe historischer Arbeiten zu erwähnen, die hilfreiche Fährten für eine Genealogie des Lebenslaufs gelegt haben. Für die allermeisten dieser Studien gilt, dass sie den Lebenslauf eher *en passant* streifen und keiner weitergehenden Analyse unterziehen. Studien, die sich intensiver mit dem Bewerbungsdokument Lebenslauf beschäftigen, geraten umgekehrt häufig in die Versuchung, den Lebenslauf primär als Quelle für sozialgeschichtliche Fragestellungen heranzuziehen.⁵² Zwar datieren manche Studien die Geburt des modernen Lebenslaufs auf die 1910er Jahre und die Entstehung amerikanischer *Business Schools*⁵³ oder gar die zweite Hälfte des 20. Jahrhunderts.⁵⁴ Tatsächlich reicht die Geschichte des Lebenslaufs als Bewerbungsunterlage aber wesentlich weiter zurück. Lebensläufe und lebenslaufartige Schreibweisen wurden bereits in der spanischen Bürokratie des 16. Jahrhunderts zur Verwaltung von transatlantischen Passagieren flächendeckend genutzt.⁵⁵ Sieht man von dem mittlerweile zum folkloristischen Gemeinplatz gewordenen ‚ersten Lebenslauf aller Zeiten' (Leonardo da Vinci) ab, der in Ratgebern und Online-Blogs als Urvater des modernen *Resume* beschworen wird,⁵⁶ lässt sich eine professionelle Verwendung

---

50 Hans D. Zimmermann, Lebensläufe, in: Gebrauchsliteratur. Methodische Überlegungen und Beispielanalysen, hg. von Ludwig Fischer, Stuttgart 1976, 127–137, hier: 132–136.
51 Im Original: „they reduce biographies and individual skills for the purpose of comparability and measurement." Bernd Blöbaum, Curriculum Vitae, in: Handbook of Autobiography/Autofiction, Bd. 1: Theory and Concepts, hg von Martina Wagner-Egelhaaf, Berlin/Boston 2018, 537–541, hier: 537.
52 Vgl. Christine Müller-Botsch, Der Lebenslauf als Quelle: Fallrekonstruktive Biographieforschung anhand pesonenbezogener Akten, in: Österreichische Zeitschrift für Geschichtswissenschaften 19 (2008), H. 2, 38–62.
53 Vgl. Randall Popken, The Pedagogical Dissemination of a Genre: The Resume in American Business Discourse Textbooks, 1914–1939, in: JAC 19 (1999), H. 1, 91–116.
54 Vgl. Eva Forsberg, Curriculum Vitae – The Course of Life, in: Nordic Journal of Studies in Educational Policy 2–3 (2016), 1–3.
55 Vgl. Bernhard Siegert, Passagiere und Papiere. Schreibakte auf der Schwelle zwischen Spanien und Amerika, München 2006, 101.
56 Vgl. Paul Petrone, The World's First Resume is 500-years Old and Still Can Teach You a Lesson or Two, https://business.linkedin.com/talent-solutions/blog/recruiting-humor-and-

von Lebensläufen spätestens ab dem 18. Jahrhundert nachweisen. Lebensläufe zirkulierten als Medien professioneller Personalverarbeitung etwa im sächsischen Bergbau,[57] bei der Zulassung zur großen Justizprüfung in Preußen seit 1770,[58] bei Promotionsprüfungen in Göttingen[59] oder in Bewerbungsunterlagen venezianischer Eliten während der napoleonischen Umbruchszeit.[60] Die bisherige Forschung legt nahe, dass der Lebenslauf in der zweiten Hälfte des 18. Jahrhunderts an Salienz gewinnt. In dieser Arbeit wird daher die Zeit von ca. 1770–1848 als formkonstitutiver Referenzzeitraum angenommen, um der Entstehung- und Entwicklungsgeschichte der Textform nachzuspüren.

Vor diesem Hintergrund operiert diese Arbeit unter der Prämisse, dass das Bewerbungsdokument Lebenslauf seinen sozialen Gegenstand in gewisser Hinsicht prädiziert. Der Lebenslauf der Verwaltung fungiert um 1800 nicht als Abbildung der sozialen Struktur einer Zeit (etwa einer normierten Erwerbsbiographie), sondern konstituiert vielmehr eine Bedingung ihrer Artikulation. Anstatt nach den realen oder idealen Lebensverlaufstypologien zu fragen, die der textuelle Lebenslauf abbildet, sollen diese selbst als durch die Form des Lebenslaufs konstituiert, ökonomisiert, vermittelt und dargestellt betrachtet werden.

3 Plan der Untersuchung

Diese Arbeit wird sich mit Lebensläufen in der preußischen Verwaltung befassen. Der Fokus wird hierbei auf der technischen Bürokratie und insbesondere der Bauverwaltung liegen. Die multiplen ‚Lebensfassungen', die der Lebenslauf um 1800 ermöglicht, erfordern dabei ein Vorgehen, das das eigentliche Objekt manchmal aus den Augen zu verlieren scheint. Als Objekt, das nicht nur in der Forschungsliteratur, sondern auch im Diskurs um 1800 keinen epistemischen Status hat, erfordert der Lebenslauf ein langsames und zuweilen umständliches Annähern. Um dem Lebenslauf in seiner lebensfassenden Komplexität gerecht zu

---

fun/2015/the-worlds-first-resume-is-500-years-old. LinkedIn-Blog 2015, zuletzt geprüft am 04.06.2021.
57 Vgl. Rainer Hünecke, Institutionelle Kommunikation im kursächsischen Bergbau des 18. Jahrhunderts. Akteure – Diskurse – soziofunktional geprägter Schriftverkehr, Heidelberg 2010, 105.
58 Vgl. Rolf Straubel, Beamte und Personalpolitik im altpreußischen Staat. Soziale Rekrutierung, Karriereverläufe, Entscheidungsprozesse (1763/86–1806), Potsdam 1998, 36.
59 Vgl. William Clark, Academic Charisma and the Origins of the Research University, Chicago/London 2006, 102–105.
60 Vgl. Valentina dal Cin, Presentarsi e autorappresentarsi di fronte a un potere che cambia, in: Società e storia 155 (2017), 61–95, hier: 85.

werden, müssen nicht nur seine Begriffs- und Institutionengeschichte rekonstruiert, sondern auch die ökologischen Bedingungen seines Emergierens skizziert werden. Ziel ist, den Lebenslauf in seiner institutionellen Lokalisation stückweise sichtbar zu machen und in seinen verschiedenen textuellen Metamorphosen (Bittschriften, Berichten, Tabellen) behutsam einzufassen. Erst im späteren Verlauf der Studie kann eine konkrete Analyse des poetologischen Einsatzpunkts der Lebensläufe in Angriff genommen werden.

Im ersten Kapitel dieser Arbeit werden die Rahmenbedingungen festgelegt, die den gesamten Verlauf der Studie strukturieren werden. Das Kapitel verschafft einen groben Überblick über die semantische Einfassung des Lebenslaufs in die Diskurslandschaft des 18. Jahrhunderts, wo der Lebenslauf meist im Kontext von Gelehrtenbiographien und Leichenpredigten auftaucht. Der Blick wird sodann auf die preußische Verwaltung verengt. Hier wird ein spezifischer Lebenslauf-Schauplatz fokussiert. Das preußische Bauwesen wird als Laboratorium einer utilitaristischen Staatsdienerschaft besichtigt, in das schließlich der Lebenslauf als Gebrauchstext der Personalverwaltung eintritt. Für das Korpus der Baubeamtenlebensläufe wird anschließend eine kurze Typologie entwickelt. Um der Differenz zwischen dem, was weitläufig als Lebenslauf publiziert wird, und dem, was in die Archive der Bürokratie als Lebenslauf Eingang gefunden hat, auf den Grund zu gehen, analysiert das Kapitel abschließend den Umgang mit dem Tod in gelehrten und bürokratischen Lebensläufen.

Das zweite Kapitel befasst sich näher mit der bürokratischen Umwelt der Lebensläufe. Es zeigt, dass die Geschichte des Lebenslaufs untrennbar mit seiner Funktion als (kleiner) bürokratischer Form verknüpft ist. Als Form eignet sich der Lebenslauf in besonderem Maße für bürokratische Inskriptionen. Häufig in der Ausgangsform von Bittschriften kommuniziert, lässt er sich durch administrative Berichtsverfahren auf einen Bruchteil der ursprünglichen Größe reduzieren und kann dabei von seiner ursprünglichen narrativen Form entkoppelt und in diagrammatische Modi transponiert werden. Dabei streift der Lebenslauf auch jene Diskurse, die um 1800 für Bittschriften, Berichte und diagrammatische Verfahren virulent werden: von der Frage der Weitschweifigkeit und Kürze, über die Diskussion affektfreier Berichterstattung und tabellarischer Transposition, bis hin zur Frage nach der Operabilität quantitativer Daten.

Kapitel drei und vier begeben sich auf die Mikroebene der Texte und erschließen die narratologische Ebene des Lebenslaufs. Im dritten Kapitel untersucht die Arbeit die Darstellung aktiver Formations- und Dienstepisoden und im vierten Kapitel die Rolle passiver Schicksals- und Unglückszeiten. Diese Teile sind komplementär angelegt. Das dritte Kapitel geht der zentralen Hypothese nach, dass der Lebenslauf als paradigmatische Form zur Darstellung von meritokratisch kodierten Karrieren dient. Hier stellt sich die Frage, in welche pädagogisch-anthropologischen Kalküle die Karriereerzählungen um 1800 eingebettet sind und welche konkreten narrativen Techniken bei der Darstellung geltend gemacht werden. Im vierten Kapitel gilt es zunächst zu eruieren, wie und warum neben der Darstellung von Karrieren auch Ereignisse Eingang in den Lebenslauf finden, die nicht aus der Sphäre der brauchbaren Berufsarbeit stammen und dem erzählenden Subjekt als Widerfahrnisse zustoßen. Die affektive Kodierung und Kommunikation dieser Zufallsereignisse spielt dabei eine wichtige Rolle.

Im fünften und letzten Kapitel verlässt die Analyse die Ebene des Erzählens und begibt sich erneut in die unmittelbare Umgebung der Lebensläufe. Sie untersucht den Lebenslauf im Zusammenhang mit den Medien seiner Bezeugung. Dabei geraten die Paratexte des Lebenslaufs wie Empfehlungsschreiben, Arbeitszeugnisse und Prüfungsatteste in den Fokus der Untersuchung. Die Sektion widmet sich der Frage, inwiefern meritokratische Karriereerzählungen auf die Verstärkung durch legitime Andere angewiesen sind. Dabei komme ich schließlich auf ein Problem zu sprechen, das bis heute in der Zirkulation von Lebensläufen wichtig geblieben ist: Auch wenn der Lebenslauf primär als Medium autonom hervorgebrachter Karrieren lanciert wird, so ist er im Singular doch selten aussagekräftig und entfaltet seine Schlagkraft erst im Konzert der ihn umgebenden Stimmen.

I Lebensläufe in Preußen

Die Geschichte des Lebenslaufs historisch zurückzuverfolgen ist ein mühseliges und beschwerliches Unterfangen. Im publizistischen und gelehrten Diskurs des 18. Jahrhunderts hat der Lebenslauf kaum Spuren hinterlassen, aufgrund seines ephemeren Charakters als Gebrauchstext hat er den Zahn der Zeit oft nicht überlebt. Der Lebenslauf als prozedurales Einwegdokument kann im ausgehenden 18. Jahrhundert nur mit größter Mühe an zeitgenössischen Druckerzeugnissen abgelesen werden. Beschränkte man sich auf typographische Texte, würde unweigerlich der Eindruck entstehen, der Lebenslauf als Bewerbungsdokument hätte um 1800 nicht existiert. Die Problematik, die diese typographische Leerstelle anzeigt, verweist auf das gemeinsame Schicksal all jenes Schriftguts, das nur in der Verfahrenslogik von Registraturen und Archiven zum Leben erwacht ist und keinen wirklichen Ort in der Geschichte der Diskurse und Mentalitäten einnimmt. Das trifft besonders auf jene Texte zu, die von ‚gemeinen Leuten' zeugen, wie etwa die Akten infamer Menschen, die Michel Foucault und Arlette Farge in den Fokus ihrer Analysen gestellt haben.

> The archival document is a tear in the fabric of time, an unplanned glimpse offered into an unexpected event. In it, everything is focused on a few instants in the lives of ordinary people, people who were rarely visited by history, unless they happened to form a mob and make what would later be called history.[1]

Obwohl Arlette Farges Bemerkungen sich in erster Linie auf die niederen Klassen und das Pariser Justizarchiv beziehen, treffen sie mit gewissen Einschränkungen auf die meisten Menschen zu, die Subjekt von Archivdokumenten werden. Der Entstehungszusammenhang jener Selbstzeugnisse ist ein gänzlich anderer als von öffentlichkeitswirksamen Egodokumenten. Das Subjekt, das in die Registraturen eingeht, hat nichts mit demjenigen zu tun, das in intentional produzierten Selbst- und Fremdbiographien auftritt. Der Lebenslauf um 1800 erlaubt uns, dieser Ruptur nachzuspüren. Es gilt zu zeigen, dass zwischen dem, was in der Gelehrtenrepublik des 18. Jahrhunderts als Lebenslauf bezeichnet wurde und den Dokumenten, die als Lebenslauf in die preußische Personalverwaltung eingingen, eine eklatante Lücke klafft, die diskursanalytisch nur schwer nachzuvollziehen ist und einer Erklärung bedarf, die die Funktionsweise der Registratur, aber auch den Produktionsort der Lebensläufe selbst miteinbezieht.

---

[1] Arlette Farge, The Allure of the Archives, New Haven/London 2013, 6–7.

Ausgehend von der semantischen Einfassung des Lebenslaufs in Gelehrtenbiographie und Leichenpredigt, zeigt dieses Kapitel erstens, dass publizierte Lebensläufe untrennbar mit der Semantik des ‚alten' Laufbahnbegriffs zusammenhängen. Als der Laufbahnbegriff sich jedoch um 1800 zugunsten einer Ausrichtung auf kontingente Karrieren verschiebt, schlägt sich dies nicht in gemeinhin als Lebenslauf bezeichneten Texten nieder. Die Archive der preußischen Verwaltung eröffnen daher zweitens einen möglichen Blick auf eine textuelle Lokalisation des neuen Karrierebegriffs. In Bewerbungs-, Beförderungs- und Pensionierungsgesuchen zeigt sich eine neue Form des Lebenslaufs, die nur noch wenig mit der Gelehrtenlaufbahn zu tun hat. Warum die Differenz zwischen publizierten und archivierten Lebensläufen so stark aufscheint, erläutert der dritte Teil des Kapitels, der die Funktion des Todes in Leichenpredigt und Bewerbungslebenslauf vergleicht.

1 Semantik des Lebenslaufs um 1800

a) Der Lebenslauf in zeitgenössischen Lexika

Der Begriff ‚Lebenslauf' kann in den europäischen Sprachen auf eine lange Geschichte zurückblicken. In der römischen Kaiserzeit operierte das *curriculum vitae* als Metapher für einen Wettlauf, „der zunächst als individueller erscheint", aber „nur im vergleichenden Rückgriff auf andere Wege zielstrebig oder schlüssig wirkt."[2] In der deutschsprachigen Publizistik des 18. Jahrhunderts wurden die Begriffe Lebenslauf und *curriculum vitae* synonym verwendet, ohne dass jedoch die Konkurrenzdimension zunächst signifikant zutage trat. Semantisch trat der Lebenslauf über das gesamte 18. Jahrhundert in zwei Facetten auf: als Metapher für die zirkuläre Laufbahn des Lebens oder als Gattungsäquivalent zur (Auto-)Biographie. In beiden Fällen hatte der Begriff metonymische Funktion, insofern er weitaus gängigere Begriffe und Gattungstypologien ersetzte. Während in Zedlers *Universal-Lexikon* noch kein eigenes Lemma für ‚Lebenslauf' vorgesehen war, definierten am Ende des 18. Jahrhunderts sowohl Adelungs *Grammatisch-kritisches Wörterbuch* als auch Krünitz *Oekonomische Encyclopädie* den ‚Lebenslauf' entweder analog zur biographischen Lebensgeschichte oder als Metapher des Lebens in perspektivischer Nähe zum Tod. So heißt es bei Adelung zum Lemma „Lebenslauf":

---

[2] Carsten Flaig, Curriculum Vitae: Über eine sportliche Metapher, https://literaturwissenschaft-berlin.de/curriculum-vitae-uber-eine-sportliche-metapher/?wt_zmc=nl.int.zonaudev.zeit_online_chancen_w3.m_29.03.2021.nl_ref.zeitde.bildtext.link.20210329&utm_medium=nl. Literaturwissenschaft in Berlin Blog 2021, zuletzt geprüft am 04.06.2021.

1. Das Leben unter dem Bilde eines Laufes betrachtet; ohne Plural. Seinen Lebenslauf vollenden, sterben.
2. Die Beschreibung des Lebens einer einzelnen Person, am häufigsten im gemeinen Leben; in der anständigern Sprechart die Lebensbeschreibung, die Lebensgeschichte.[3]

Krünitz übernahm diese Definition im 1795 publizierten 67. Band seiner Enzyklopädie beinahe wortwörtlich, fügte jedoch die lateinische (vitae curriculum) und französische (cours de la vie) Übersetzung hinzu.[4] Es steht zu vermuten, dass die erste Bedeutung „unter dem Bilde eines Laufes" im Einklang mit der von Georg Stanitzek herausgearbeiteten älteren Genieästhetik steht. Der dafür paradigmatische Begriff der Laufbahn – und dessen Synonym carrière – verweist auf die kreislaufförmige Gelehrtenexistenz, die in die ‚Ökonomie des ganzen Hauses' eingebettet ist. Insbesondere in der Gattung der Gelehrtenautobiographie spiegelt sich hier ein Lebensverlaufskonzept wider, bei der „die Perfektion des Verfassers vorausgesetzt" wird, um „das Leben in der Rückschau, von einer erfolgreichen Gelehrtenexistenz her aufzurollen."[5] Die Laufbahn kehrt in „naturaler Kreislaufmetaphorik"[6] zu einem bereits am Beginn der Biographie gesetzten Telos (nämlich zu dem Berufsstand, für den man bestimmt ist) zurück. Persönliche Eigenschaften fingieren als statische Teile des Temperaments.[7] Man hat es hier mit einem „physikotheologischen" Modell zu tun, das „die zeitliche Dimension fast in der sachlichen Dimension verschwinden" lässt.[8] Die Ordnung des Lebens ist an ein starres providentielles Berufsschema rückgeschlossen, an dem sämtliche individuellen Aspekte ausgerichtet werden.

Gleichzeitig stand die Laufbahn der Gelehrtenbiographie aber im Bannkreis des aufklärerischen Erziehungsdiskurses, der die ständische Geburtsdetermina-

---

3 Lebenslauf, in: Versuch eines grammatisch-kritischen Wörterbuchs der Hochdeutschen Mundart, Bd. 3, hg. von Johann C. Adelung, Leipzig 1777, Sp. 1957.
4 Vgl. Lebens-Lauf, in: Oekonomische Encyclopädie, Bd. 67, hg. von Johann G. Krünitz, Berlin 1795, 179.
5 Georg Stanitzek, Genie: Karriere/Lebenslauf, in Fohrmann, Lebensläufe um 1800, 244–245. Hier tritt die Ambiguität des aus dem Pietismus stammenden aufklärerischen Standesbegriffs deutlich hervor, denn während man sich gegen die geburtsständische Bestimmung verwehrt, wird eine quasi natürliche Disposition, bzw. „Talent" zu einem „Beruf" an deren Stelle gesetzt. Vgl. Anthony La Vopa, Vocations, Careers, and Talent: Lutheran Pietism and Sponsored Mobility in Eighteenth-Century Germany, in: Comparative Studies in Society and History 28 (1986), H. 2, 255–286, hier: 277–279 (s. a. Kap. III.3).
6 Stanitzek, Genie: Karriere/Lebenslauf, 245.
7 Vgl. Stanitzek, Genie: Karriere/Lebenslauf, 243.
8 Stanitzek, Genie: Karriere/Lebenslauf, 244.

tion durch Erziehung zu einem anderen Stand unterminierte.[9] Tatsächlich bot die Gelehrtenexistenz im 18. Jahrhundert durch ihre Laufbahnartigkeit einen der wenigen Auswege aus der geburtsständischen Bindung.[10] Wenngleich hier eine Entkopplung des Lebensverlaufs von der ständischen Vorbestimmung denkbar wurde, so war diese in ihrer Letztbegründung durch Gott doch immer an transzendente Prädetermination gekoppelt. So verwehrte sich beispielsweise der Aufklärungspädagoge und Brauchbarkeitstheoretiker Peter Villaume gegen die Auffassung eines irgendwie kontingenten, d. h. von „außer ordentlichen Zufällen" bestimmten Lebens und empfahl dem ständisch bestimmten Menschen zur Aussöhnung mit dem „gewöhnlichen Laufe seines Lebens" die Verinnerlichung des Psalmspruchs: „Aller Augen warten auf dich, und du gibst ihnen Speise zur rechten Zeit" (Psalm 145:15).[11] Gegen Ende des Jahrhunderts büßte die Denkfigur des göttlich vorbestimmten Lebensverlaufs an Legitimität ein. In zeitgenössischen Forderungen hieß es, gerade weil es der männlichen Jugend an Bekehrungs- und Bekenntnismomenten fehle oder diese zu spät einsetzten, müsse eine präcurriculare Diagnostik zur vornehmsten Aufgabe der Eltern werden.

> Wozu bestimmen wir unsere Söhne? In welchem Stande, Amte und Gewerbe können sie nach ihren Fähigkeiten und Umständen, und nach der jezigen Lage des Vaterlandes am nützlichsten und glücklichsten werden? Die Erfahrung lehrt, daß man größten Theils in dieser Angelegenheit noch nicht so verständig handelt, als man könnte und es zu wünschen wäre.[12]

Krünitz stellt jedenfalls fest: Nur wenn „Andere seine Wahl leiten oder sie gar für ihn bestimmen",[13] könne der Jüngling davon abgehalten werden „auf einen Irrweg zu gerathen".[14] Diese Auffassung war Teil eines aufklärerischen Berufsutilitarismus.[15]

---

9 Vgl. Jürgen Fohrmann, Einleitung, in: Fohrmann, Lebensläufe um 1800, 2–10.
10 Vgl. Heinrich Bosse, Bildungsrevolution 1770–1830, Heidelberg 2012, 337.
11 Peter Villaume, Ob und in wie fern bei der Erziehung die Vollkommenheit des einzelnen Menschen seiner Brauchbarkeit aufzuopfern sey? In: Allgemeine Revision des gesammten Schul- und Erziehungswesens von einer Gesellschaft praktischer Erzieher, Bd. 3, hg. von Johann H. Campe, Hamburg 1785, 435–616, hier: 580.
12 Lebens-Art, in: Krünitz, Oekonomische Encyclopädie, Bd. 67, 70.
13 Lebens-Art, in: Krünitz, Oekonomische Encyclopädie, Bd. 67, 46.
14 Lebens-Art, in: Krünitz, Oekonomische Encyclopädie, Bd. 67, 70.
15 Vgl. Wilhelm Voßkamp, Perfectibilité und Bildung. Zu den Besonderheiten des deutschen Bildungskonzepts im Kontext der europäischen Utopie- und Fortschrittsdiskussion, in: Europäische Aufklärung(en). Einheit und Vielfalt, hg. von Siegfried Jüttner und Jochen Schlobach, Hamburg 1992, 117–126, hier: 124.

In der zweiten Bedeutungsauflösung „Lebensbeschreibung" verweist der Eintrag in der *Oekonomischen Encyclopädie* auf das dazugehörige Lemma, das Krünitz gleichbedeutend mit „Biographie" setzt. Die Biographie wurde von Krünitz als pädagogisches Werkzeug zur sittlichen Steuerung von Subjekten begriffen. Als solches überführt sie die mannigfache Wirklichkeit des gemeinen Lebens, die „Gesinnungen der Menschen, die Mischung der guten und bösen Eigenschaften, de[n] Gebrauch und Mißbrauch ihrer Fähigkeiten, die Stärke und Schwäche ihrer Grund-Sätze, die Verschiedenheit der Triebfedern" in eine „gewisse Einheit" der Intelligibilität.[16] Die Form der Darstellung folgte dabei der Rhetorik des *aptum* und hatte sich analog zur geschichtlichen Dimension des Erzählten zu verhalten: „das Feyerliche des großen historischen Stils" ist nur den „großen Begebenheiten" angemessen, „befindet" sich das biographische Subjekt aber „in der niedern Sphäre, so muß auch sein Stil sich darnach richten."[17] Die Sphäre gemeiner Männer und Frauen, so scheint es, zieht also eine Biographik des Kleinen nach sich, für die Krünitz allerdings nur ein negatives Exemplum (Gottscheds Biographie seiner verstorbenen Gattin) anzugeben wusste.[18]

b) Lebenslauf, Leichenpredigt, Gelehrtenbiographie

Anhand dieser semantischen Einfassungen des Lebenslaufs in die allgemeine Biographielehre wird deutlich, dass der Lebenslauf noch am Ende des 18. Jahrhunderts keineswegs als eigenständige Gattung oder Textform verhandelt und stattdessen in einem Atemzug mit anderen biographischen Großformen genannt wurde. Diese Tatsache spiegelt sich auch in den meisten als ‚Curriculum Vitae'[19] oder ‚Lebenslauf' betitelten Dokumenten wider, die im 18. Jahrhundert publiziert wurden oder Eingang in die Archive fanden. Ein in der ersten Hälfte des 18. Jahrhundert entstandenes, an die 100 Lebensläufe enthaltendes Aktenkonvolut mit dem Titel *Lebensläufe von Gelehrten und adligen Bürgern* aus dem Gutsarchiv Oberwiederstedt-Mansfelder Kreis etwa führt ausschließlich Lebensbeschreibungen kurz vor dem nahenden Tod oder in Form einer Leichenpredigt auf. Tatsächlich ist der Lebenslauf im 18. Jahrhundert sehr eng an die Tradition der Leichenpredigt gekoppelt.

---

16 Lebens-Art, in: Krünitz, Oekonomische Encyclopädie, Bd. 67, 155–156.
17 Lebens-Beschreibung, in: Krünitz, Oekonomische Encyclopädie, Bd. 67, 158.
18 Vgl. Lebens-Beschreibung, in: Krünitz, Oekonomische Encyclopädie, Bd. 67, 158.
19 Orthographisch folge ich bei der Bezeichnung des Curriculum Vitae dann der neuen Rechtschreibung, wenn ich mich auf Ebene der Analyse befinde. Zeitgenössische Schreibweisen in den Quellen wurden belassen und variieren zwischen curriculum vitae und Curriculum Vitae.

Die protestantische, gedruckte Leichenpredigt war zwischen dem 16. und 18. Jahrhundert eine der produktivsten Gattungen christlicher Erbauungsliteratur im deutschsprachigen Raum. Schätzungen zufolge sollen mehr als 250.000 unterschiedliche Leichenpredigten gedruckt worden sein.[20] Diese Drucke wurden normalerweise von der Familie des Verstorbenen in Auftrag gegeben und vom lokalen Pastor verfasst. Dabei schloss der Verfasser nicht nur die eigentliche Leichenpredigt ein, sondern fügte auch verschiedene Paratexte, wie etwa *dedicatio, epicedium* oder *personalia* an.[21] Viele Drucke wuchsen so zu seitenstarken Folianten mit oft mehr als 100 Seiten heran.[22] Seit dem Beginn des 17. Jahrhunderts nahmen die *personalia*, d. h. die biographischen Angaben, einen immer wichtigeren Stellenwert und größeren Raum in den Leichenpredigten ein. Hier wurde eine neue Teilgattung der Leichenpredigt geboren: das ‚Curriculum vitae' oder der ‚Lebenslauff' des Verstorbenen.[23] Der zuweilen zur Gattung erhobene funerale Lebenslauf beruhte zwar auf älteren Biographietraditionen, zeichnete sich nun aber durch den spezifischen Anspruch aus, das Leben durch einen heterodiegetischen Erzähler von der ‚Wiege bis zur Bahre' in seiner Individualität nachzuzeichnen.[24] Im 18. Jahrhundert war im mitteldeutschen Raum die pietistische Rahmung dieser Lebensberichte unverkennbar, in der (darin der augustinischen Tradition folgend[25]) das *curriculum* das zentrale Moment der Erzählung bildete, dessen Sequentialität und narrative Eigenlogik aber von göttlicher Vorsehung determiniert war.[26]

In der Berliner Staatsbibliothek lassen sich ca. 200 als Lebenslauf verzeichnete Titel für das 18. Jahrhundert ausmachen.[27] Bei diesen Werken handelt es

---

20 Vgl. Rudolf Lenz, De mortuis nil nisi bene? Leichenpredigten als multidisziplinäre Quelle unter besonderer Berücksichtigung der historischen Familienforschung, der Bildungsgeschichte und der Literaturgeschichte, Sigmaringen 1990, 21.
21 Vgl. Lenz, De mortuis nil nisi bene, 12.
22 Vgl. Lenz, De mortuis nil nisi bene, 17.
23 Vgl. Cornelia Niekus Moore, Patterned Lives: The Lutheran Funeral Biography in Early Modern Germany, Wiesbaden 2006, 25–32.
24 Vgl. Moore, Patterned Lives, 35.
25 Vgl. Martina Wagner-Egelhaaf, Autobiographie, Stuttgart 2000, 146.
26 So zum Beispiel der Lebenslauf des Magisters Augustus Cönste, der mit einem erbaulichen Gebet einsetzt und im Folgenden eine detaillierte Schilderung der Berufslaufbahn unter der Prämisse göttliche Lenkung darbietet. GStA, X. HA Nr. 187, Bd. 3, fol. 32–34, Lebenslauf von Magister August Cönste, ca. 1740.
27 Für die der zeitgenössischen Orthographie angepasste Titelanfrage „Curriculum vitae", „Lebenslauf", „Lebens-lauff" und „Lebenslauff" ergaben sich ca. 450 Treffer, von denen allerdings eine ganze Reihe von Doppelt- und Dreifachverzeichnungen durch Mehrfachauflagen und Digitalisierungen abgezogen wurden.

sich sowohl um separat publizierte Biographien als auch um Leichenpredigten mit ‚Personalia'-Teil. Dieser Umstand ist sicher nicht zufällig, entwickelte sich die gedruckte Biographie doch zu wesentlichen Teilen aus der älteren Tradition gedruckter Leichenpredigten.[28] Die Gelehrten bilden neben den Adeligen das bei Weitem prominenteste Subjekt dieser Lebenslauf-Publizistik. Legt man für den Stand der Gelehrten die aus Friedrich Nicolais *Sebaldus Nothanker* entnommene Taxonomie zugrunde, dann umfasst das Berufsfeld des Gelehrten im 18. Jahrhundert folgende Gruppe: „ein Theologe, ein Jurist, ein Mediciner, ein Philosoph, ein Profesor, ein Magister, ein Direktor, ein Rektor, ein Konrektor, ein Subrektor, ein Bakkalauereus" sowie „ein Collega infimus".[29] Der gemeinsame Nenner, der diese heterogenen Professionen als *literati* verband, bestand aus Universitätsstudium und Lateinkenntnissen.[30] Folgt man dieser Berufstypologie, dann ergibt eine quantitative Analyse der in den Lebenslauf-Titeln angeführten Subjekte (abzüglich Mehrfachauflagen und Dopplungen), die zwischen 1700 und 1800 veröffentlicht wurden, eine klare Übermacht von Angehörigen des gelehrten Standes (Tab. 1).

Tab. 1: Berufsstand der Protagonisten von ‚Lebensläufen' aus der Staatsbibliothek Preußischer Kulturbesitz Berlin (Publikationszeitraum 1700–1800).

Gelehrte	Adelige	Frauen	Delinquenten	Kaufleute	Künstler/ Handwerker	Literaten	andere
110	52	35	7	1	3	7	4

Wenngleich die unter ‚Adelige' und ‚Frauen' rubrizierten Personen weiter ausdifferenziert werden müssten,[31] wird ersichtlich, dass der Gelehrtenstand als Biographie-Subjekt allein alle anderen Stände zusammen übertrumpft. Das ist

---

28 Vgl. Michael Maurer, Die Biographie des Bürgers: Lebensformen und Denkweisen in der formativen Phase des deutschen Bürgertums (1680–1815), Göttingen 1996, 114.
29 Friedrich Nicolai, Das Leben und die Meinungen des Herrn Magister Sebaldus Nothanker [1773], 4. Aufl., Bd. 1, Berlin/Stettin 1799, 142–143.
30 Vgl. Bosse, Bildungsrevolution 1770–1830, Heidelberg 2012, 48.
31 Bei den Adeligen ist vor allem die Differenz zwischen Gutsherren, Militärs und Justiz-Bedienten und fürstlichen Potentaten zu beachten. Die Kategorie „Frauen" ist in ihrer Verallgemeinerung natürlich problematisch. Sie enthält alle Stände in sich, ist hier aber gesondert aufgeführt, da die Frauen in der Regel den Berufstitel ihrer Gatten übernahmen, ohne tatsächlich eine bestimmte berufliche Tätigkeit auszuführen. Insofern wäre eine Verteilung auf die unterschiedlichen Berufsstände irreführend gewesen. Die meisten Frauen, denen Lebensläufe gewidmet sind, stammen jedoch aus dem Adel.

umso weniger erstaunlich, wenn man bedenkt, dass beispielsweise alleine jeder studierte (also gelehrte) Pietist einen eigenen Lebenslauf verfasste (oft als Vorschreiben des Personalia-Teils der eigenen Leichenpredigt).[32] Gleichzeitig muss bedacht werden, dass so gut wie alle Lebensläufe (also auch die der anderen Gruppen) von Gelehrten verfasst wurden, und dass die nicht-gelehrten Stände die Biographie-Produktion an Gelehrte delegierten.[33]

Der Lebenslauf als Biographie oder Leichenpredigt nahm im 18. Jahrhundert nicht nur einen spezifischen gesellschaftlichen Ort ein, sondern zirkulierte in verschiedensten Medien (über Zeitschriften und Lebenslaufsammlungen bis hin zu eigenständigen Büchern).[34] Er muss daher als genuines Produkt gelehrter Autorschaft gelten. Und als solches trug er zur ureigenen Tätigkeitsdomäne der Gelehrten bei: der Produktion, Verbreitung und Aufrechterhaltung von (biographischem) Wissen.[35] Im Fall des Lebenslaufs war der Adressat dieser Wissensdistribution klar bestimmbar: Es war die unmittelbare Nachwelt, für die das Leben des gelehrten Subjekts in der ein oder anderen Weise als Exemplum dienen sollte.[36] Man hat es in diesem Fall also dezidiert nicht mit ephemeren Gebrauchstexten zu tun, sondern mit gelehrten Auftragsarbeiten, die ihr Subjekt in das kollektive Gedächtnis einschreiben sollten. Damit operierten diese Lebensläufe analog zur zeitgenössischen Entwicklung der Autobiographie an der Schnittstelle zwischen Bekehrungs- und Berufsgeschichte mit dem Ziel der erbaulichen Instruktion kommender Generationen.[37]

Die in göttliche Vorsehung integrierte Berufsgeschichte war ein klassisch humanistischer Topos, der in der Gelehrtenrepublik des 18. Jahrhunderts auf eine lange Tradition zurückblicken konnte.[38] Klassischerweise wurde die Teleologie des Berufstopos in den Biographien des 18. Jahrhunderts bereits zu Beginn der Erzählung als göttliche Providenz eingespeist. In einer zeitgenössischen Gelehrtenbiographie heißt es etwa: „In Erwehlung würdiger Knechte offenbahret

---

32 Vgl. Ulrike Gleixner, Pietismus und Bürgertum. Eine historische Anthropologie der Frömmigkeit, Württemberg 17.–19. Jahrhundert, Göttingen 2005, 152.
33 Unmittelbar einleuchtend ist das für den Bereich der Leichenpredigten, die das Gros der nicht-gelehrten Lebensläufe ausmacht. Selbst verfasste Lebensläufe stammen i.d.R. von Gelehrten. Das stimmt mit Bosses Beobachtung überein, dass der Gelehrtenstand in der Frühen Neuzeit ein Publikationsmonopol besaß und sowohl für sich selbst als auch für nicht-gelehrte Stände schrieb, Bosse, Bildungsrevolution 1770–1830, 331.
34 Vgl. Gleixner, Pietismus und Bürgertum, 165.
35 Vgl. Gleixner, Pietismus und Bürgertum, 330.
36 Vgl. Günter Niggl, Geschichte der deutschen Autobiographie im 18. Jahrhundert, Stuttgart 1977, 22–26.
37 Vgl. Niggl, Geschichte der deutschen Autobiographie im 18. Jahrhundert, 6–9.
38 Vgl. Niggl, Geschichte der deutschen Autobiographie im 18. Jahrhundert, 6–9.

sich Gottes Weißheit mercklich. Hier findet man bewundernswürdige Spuren der Göttlichen Providenz [...]."[39] Von zentraler Relevanz war neben der religiösen Rahmung auch die Bildungs- und Tätigkeitsgeschichte des Subjekts[40] oder das, was Johann Jacob Moser in seiner Lebensgeschichte „mein bürgerliches Leben" nannte.[41] Dieses war nicht nur Teil der meist ausführlichen autobiographischen Schilderungen, sondern hatte auch einen prominenten Platz in zeitgenössischen Gelehrtenlexika. Dort wiederum trat das sogenannte bürgerliche Leben derart verkürzt und gleichzeitig exklusiv auf, dass es beinahe an die Ausprägung heutiger Lebensläufe erinnert. Mosers selbst verfasster Lebenslauf in Zedlers *Universal-Lexikon* etwa besteht neben dem ausführlichen Schriftenverzeichnis lediglich aus einer erschöpfenden Nominalreihung sämtlicher Studien- und Berufsstationen bis zum Zeitpunkt der Publikation (1738), für die er aufgrund der Stichpunktartigkeit allerdings nicht mehr als eine Spalte benötigte.[42] Ganz im Gegensatz dazu – und mit dem dringenden Bedürfnis der Nachwelt „etwas vollständigeres" mitzuteilen, „als man sonsten im Druck von mir hat" – nimmt der obige Ausschnitt der Berufsgeschichte in Mosers Autobiographie 66 Seiten ein.[43] In der Regel war die Gelehrten(auto)biographie also ein Produkt, das für die Entfaltung des Lebens großen erzählerischen Raum benötigte.

c) Karriere und Lebenslauf

Die in der zweiten Hälfte des 18. Jahrhunderts im Autobiographiediskurs entstehenden Forderungen nach Authentizität, Charakterdarstellung, Persönlichkeit und psychologischer Tiefgründigkeit scheinen hingegen nur wenig in die Struktur dieser Lebensläufe eingesickert zu sein. Noch um 1800 wurden die meisten publizierten Lebensläufe von Bekenntnissen gerahmt, in deren Zentrum religi-

---

39 Daniel Büttner, Der höchst-rühmliche Lebens-Lauff Des weyland Hoch-Ehrwürdigen, Hochgelahrten Herrn D. Johann Jacob Rambachs, Prof. Theol. Primarii, Erstern Superintendentis, wie auch Consisterii Assessoris in Gießen, und um die Evangelische Kirche Hochverdienten Theologi [1735], 4., und verm. Aufl., Leipzig 1746, 8.
40 Vgl. Gleixner, Pietismus und Bürgertum, 146–147.
41 Johann Jacob Moser, Lebensgeschichte Johann Jacob Mosers, von ihm selbst beschrieben, Offenbach 1768, A 4.
42 Vgl. Moser (Johann Jacob), in: Grosses und vollständiges Universal-Lexicon aller Wissenschaften und Künste, Bd. 21, hg. von Johann Heinrich Zedler, Halle/Leipzig 1739, Sp. 1837–1842, hier: Sp. 1837–1838. Der Hinweis auf die Selbst-Autorschaft dieses Eintrags ist in Mosers Lebensbeschreibung zu finden, Moser, Lebensgeschichte Johann Jacob Mosers, von ihm selbst beschrieben, A 2.
43 Moser, Lebensgeschichte Johann Jacob Mosers, A 2.

öse Konversionserfahrungen standen.[44] In der zeitgenössischen Publizistik bildete der Lebenslauf als Form damit meist weiterhin ein Synonym für religiös überformte Autobiographien. Auffällig ist allerdings, dass publizierte Autobiographien immer seltener als Lebenslauf betitelt wurden.[45] Möglicherweise hängt dies mit dem Rückgang gedruckter Leichenpredigten gegen Ende des 18. Jahrhunderts zusammen.[46]

Gleichzeitig bildete sich um 1800 mit der ‚Karriere' ein Verlaufsmodell heraus, das, wie Georg Stanitzek gezeigt hat, die Kreislaufmetaphorik der Laufbahn aufbrach und den Lebenslauf des Subjekts als offen, kontingent und linear vorstellte.[47] Stanitzeks Kronzeuge, Niklas Luhmann, setzt die ‚Karriere' als „Verankerung der stets ungewissen Zukunft in einer genau dafür konstruierten Vergangenheit" in unmittelbare Nähe zum Lebenslauf; Individuen, die Karrieren geltend machen wollen, „müssen daher ihren Lebenslauf kommunizieren, müssen sich mit Lebenslauf darstellen können."[48] Was genau ein Lebenslauf aber ist und in welcher Verfassung er auftritt, bleibt sowohl bei Stanitzek als auch bei Luhmann unterbestimmt. In jedem Fall wurde der ältere

---

44 Darunter fallen viele Lebensläufe protestantischer Geistlicher, z. B. von Predigern, Super-Intendenten, und Missionaren, etliche Trauer- und Leichenpredigten, aber auch Bekehrungsgeschichten. Genretypische Lebensläufe, die die Charakterentwicklung und psychologische Struktur des Individuums porträtieren, bilden die Ausnahme, beispielhaft dafür: Johann L. Huber, Etwas von meinem Lebenslauf und etwas von meiner Muse auf der Vestung, ein kleiner Beitrag zu der selbst erlebten Geschichte meines Vaterlands, Stuttgart 1798; Karl Wilhelm Kolbe, Mein Lebenslauf und mein Wirken im Fache der Sprache und der Kunst, zunächst für Freunde und Wohlwollende, Berlin/Leipzig 1825.
45 Der Katalog der Staatsbibliothek zu Berlin liefert für die – an der zeitgenössischen Orthographie orientierten – Titelstichwörter „Lebenslauf", „Lebenslauff", „Lebens-lauff", „Lebenslauff" und „Curriculum vitae" für den Zeitraum 1700–1800 453 Treffer, für den Zeitraum 1800–1900, trotz des exponentiell gesteigerten Publikationsvolumens, hingegen nur 157 Treffer. In der Bayerischen Staatsbibliothek stehen 248 Treffer gegen 85 Treffer für die gleiche Anfrage. Der Großteil der Titel liegt dabei für die erste Hälfte des 18. Jahrhunderts vor (Staatsbibliothek Berlin: 1700–1750: 358, 1750–1800: 114, 1800–1850: 75, 1850–1900: 104 | Bayerische Staatsbibliothek: 1700–1750: 195, 1750–1800: 57, 1800–1850: 53, 1850–1900: 32). Anmerkung: Wie bereits erwähnt sind hierin teilweise einige Titel doppelt und dreifach aufgeführt, da sie in mehreren Auflagen oder zusätzlich als Digitalisat vorliegen (Stand der Abfrage: 17. Dezember 2017).
46 Zum Verschwinden der Leichenpredigt als biographischer Textsorte in der Mitte des 18. Jahrhunderts vgl. Rudolf Lenz, Zur Funktion des Lebenslaufes in Leichenpredigten, in: Wer schreibt meine Lebensgeschichte? Biographie, Autobiographie, Hagiographie und ihre Entstehungszusammenhänge, hg. von Walter Sparn, Gütersloh 1990, 93–104.
47 Vgl. Stanitzek, Genie: Karriere/Lebenslauf, 248–255, vgl. hierzu auch Niklas Luhmann, Copierte Existenz und Karriere. Zur Herstellung von Individualität, in: Riskante Freiheiten, hg. von Ulrich Beck und Elisabeth Beck-Gernsheim, Frankfurt a. M. 1994, 191–200, hier: 192.
48 Luhmann, Organisation und Entscheidung, Opladen/Wiesbaden 2000, 105.

Laufbahnbegriff durch die ‚Karriere' umgewertet und in eine linear progredierende Verlaufsform übersetzt, die vor allem am Grad ihres beruflichen Erfolgs und Status bemessen wurde. Ausgehend vom fixierten Progressionssystem des Berufsbeamtentums expandierte die ‚Karriere' Mitte des 19. Jahrhunderts schließlich auch in andere berufliche Felder.[49]

Diese Umwertung schlug sich aber erstaunlicherweise nicht in gelehrten Lebensläufen nieder: Ihre Bedeutung nahm um 1800 tendenziell ab, modernisierte Individualbiographien stellten hingegen psychologische Fallgeschichten aus.[50] Im Bildungsroman, schließlich, wurden gerade die Brechungen und Irrnisse des Lebenswegs zu konstitutiven Momenten des neuen autobiographischen Selbst; anstatt um institutionelle Integration ging es hier um die je individuelle Selbstvervollkommnung.[51] Dies wirft die Frage auf, in welcher Form Karrieren ausgespielt wurden. In der literaturwissenschaftlichen Forschung wird zuweilen der Standpunkt vertreten, dass Karrieren in bestimmten modernisierten Formen der Biographie oder des Romans auftauchen, die nicht in das Raster der psychologischen Lebensgeschichte fallen. Hans Esselborn etwa sieht an der Autobiographie Jung-Stillings und Moritz' *Anton Reiser* eine Abwendung von der traditionellen Gelehrtenbiographie, da hier Identität durch Differenz von anderen generiert wird und die Lebensgeschichte zur Produktion von Karrieren beiträgt.[52] Esselborn weist außerdem auf einen kurzen Lebensbericht hin, den Jung-Stilling zur Erlangung einer Professur in Kaiserslautern benutzt haben soll. Der von Esselborn zitierte Text stammt allerdings aus einer Anthologie, die selbst wiederum auf einer Publikation aus dem Jahr 1779 fußt.[53] Damit fungierte diese

---

49 Vgl. Raymond Williams, Keywords: A Vocabulary of Culture and Society [1976], 2., überarb. Aufl., Oxford/New York, 1985, 53.
50 Vgl. Nicolas Pethes, Literarische Fallgeschichten. Zur Poetik einer epistemischen Schreibweise, Konstanz 2016, 26.
51 Vgl. Voßkamp, Perfectibilité und Bildung, 124–126.
52 Vgl. Hans Esselborn, Erschriebene Individualität und Karriere in der Autobiographie des 18. Jahrhunderts, in: Wirkendes Wort 46 (1996), H. 2, 193–210. Auf einen weitaus früheren Zeitpunkt datiert Manuel Braun diese Umwertung (hier allerdings ausgehend vom adeligen Biographie-Modell der Erbfolge) in seiner Untersuchung von Georg Wickrams „Goldtfaden" und „Knaben Spiegel". Vgl. Manuel Braun, Karriere statt Erbfolge. Zur Umbesetzung der Enfance in Georg Wickrams „Goldtfaden" und „Knaben Spiegel", in: Zeitschrift für Germanistik 16 (2006), H. 2, 296–313.
53 Vgl. Johann H. Jung-Stilling, Beschreibung der Naussau-Siegenschen Methode, Kohlen zu brennen, mit physischen Anmerkungen begleitet, in: Lebensgeschichte [1776], hg. von Gustav Adolph Benrath, 3. verb. u. durchg. Aufl., Darmstadt 1992, 649–652. Bei der „Beschreibung" handelt es sich wohl um eine Art Preisschrift, die neben technologischen Ausführungen einen kurzen Lebenslauf enthält. Der Lebenslauf ist hier also in eine wissenschaftliche Abhandlung eingebettet und operiert nicht autonom als Bewerbung. In Erscheinung trat der Text außerdem

Autobiographie nicht als karrierebildender Gebrauchstext im engeren Sinne. Und das ist kein Zufall. Die gedruckte Publizistik bot schlicht die falsche Form für die Darstellung und Performanz von Karrieren.

Wirtschaftshistoriker haben argumentiert, dass das Konzept von Karriere seit den 1860ern als Instrument der Disziplinierung in privatwirtschaftlichen Organisationen eingeführt wurde und sich primär als Schreibpraxis von Vorgesetzten darstellte. Die Karriere wurde für den einzelnen Mitarbeiter zum organisationsseitigen Versprechen erklärt, das besagte, „that merit, diligence, and self-discipline would be rewarded by steady progress through a pyramid of grades."[54] Karrieren in Organisationen zu schaffen bedeutete, Positionen nicht nach Dienstalter oder Patronage zu besetzen, sondern nach Verdienst, Fleiß und Routine.[55] Dies wiederum provozierte die Notwendigkeit einer kontinuierlichen ‚Inspektion' von Einzelpersonen.[56] Die je individuelle Laufbahn wurde von Inspektoren in ‚Personalbücher' eingetragen und fortwährend kontrolliert.[57] Obwohl diese Arbeiten Archivmedien wie Personalakten, Hauptbüchern oder Fotos eine gewichtige Rolle bei der Darstellung von Karrieren zuweisen, bleibt sie doch eine Schreibweise, die nur organisationsseitig protokolliert wurde.

Ich möchte zeigen, dass Karrieren auch aus der Selbstdarstellung von Personen emergieren konnten, die sich als bürokratische Subjekte erst noch in Organisationen einzuschreiben hatten. In Preußen fanden Lebensläufe und lebenslaufartige Erzählungen bereits seit dem 18. Jahrhundert eine immer umfassendere Verbreitung in Bewerbungsverfahren, Suppliken, Pensionierungsansuchen und Prüfungsunterlagen. Als Subjektivierungstechnologie ging die Karriere zumindest auf Darstellungsebene nicht aus der disziplinarischen Schreibpraxis von Inspektoren hervor, sondern aus der Lebenslaufproduktion von (männlichen) Bewerbern. Bewerber, die Lebensläufe für den Eintritt in den preußischen Staatsdienst verfassten,

---

nur im Rahmen einer Publikation, nämlich erstmals in Jung-Stilling, Bemerkungen der Kuhrpfälzischen physikalisch-ökonomischen Gesellschaft vom Jahre 1776, Lautern 1779, 257–372.
54 Alan McKinlay, "Dead Selves": The Birth of the Modern Career, Organization 9 (2002), H. 4, 595–614, hier: 596.
55 Vgl. Mike Savage, Discipline, Surveillance and the "Career": Employment on the Great Western Railway 1833–1914, in: Foucault, Management and Organization Theory: From Panopticon to Technologies of Self, hg. von Alan McKinlay und Ken Starkey, London 1998, 65–92, hier: 71.
56 Im Original: "inspection", McKinlay, "Dead Selves", 598–599.
57 Im Original: "staff ledger", Alan McKinlay und Robbie G. Wilson, "Small Acts of Cunning": Bureaucracy, Inspection and the Career, c. 1890–1914, Critical Perspectives on Accounting 17 (2006), H. 5, 657–678, hier: 668.

wandten sorgfältig rhetorische Strategien an, um ihren beruflichen Werdegang so karriereförmig wie möglich zu gestalten.[58]

Erstaunlicherweise bildet sich die instrumentelle Umbesetzung des Begriffs Lebenslauf hin zum karrierebildenden Gebrauchstext sogar noch im späten 19. Jahrhundert so gut wie nicht in Lexika ab. Grimms *Deutsches Wörterbuch* enthält zwar einen Eintrag für ‚Lebenslauf', beschränkt sich dabei aber größtenteils auf literarische Explikationen zum Laufbahn-Charakter des Lebens. Die Gebrauchsform des Lebenslaufs bleibt unerwähnt.[59] Der *Brockhaus* verweist Ende des 19. Jahrhunderts unter dem Lemma ‚Lebenslauf' nur auf den Eintrag ‚Biographie'. In diesem Eintrag wird die Biographie emphatisch vom „bloßen Lebenslauf (curriculum vitae)" unterschieden, „der die Ereignisse eines Lebens nur äußerlich aneinander reiht."[60] Dabei verzichtet der Eintrag auf jede Form einer genaueren Spezifikation oder Formbestimmung. Zur gleichen Zeit verzeichnet *Meyers Konversationslexikon* keinen Eintrag.[61] In der heutigen Bedeutungsdimension einer „kurze[n] Beschreibung des Werde- und Bildungsgangs"[62] findet sich der Lebenslauf erst ab 1943. Der Lebenslauf als organisationaler Gebrauchstext fristet so im 18. und 19. Jahrhundert diskursiv ein merkwürdiges Schattendasein, das ganz im Gegensatz zu seiner immer weiteren Dissemination in der Verwaltung steht.

2 Lebensläufe in der technischen Verwaltung

Seit Juni 1770 tagten die Mitglieder des Königlichen Oberbaudepartements jeden Samstag in der Jägerstr. 34–35 in der obersten Etage der Königlichen Bank.[63] Hier liefen nicht nur sämtliche Baugeschäfte des Königreichs zusammen, sondern wurde auch über die Karrieren junger Baubeamter entschieden. Wer immer als

---

58 Genauer hierzu vgl. Kap. III.
59 Lebenslauf, in: Grimm et al., Deutsches Wörterbuch, Bd. 12, Sp. 447–448, http://woerter buchnetz.de/cgi-bin/WBNetz/wbgui_py?sigle=DWB&mode=Vernetzung&lemid= GL02798#XGL02798, zuletzt geprüft am 04.06.2021.
60 Biographie, in: Brockhaus Konversationslexikon, Bd. 3, 14. Aufl., Leipzig/Berlin/Wien 1894, 15–18, hier: 15.
61 Meyers Konversationslexikon, 4. Aufl., Leipzig/Wien 1885–1892.
62 Lebenslauf, in: Trübners Deutsches Wörterbuch, Bd. 4, hg. von Alfred Gotze, Berlin 1943, 407. Vgl. Anke Lindemann, Leben und Lebensläufe des Theodor Gottlieb von Hippel, St. Ingbert 2001, 228.
63 Vgl. Reinhart Strecke, Anfänge und Innovation der preußischen Bauverwaltung. Von David Gilly zu Karl Friedrich Schinkel, Wien/Köln/Weimar 2000, 75.

Baubeamter in königliche Dienste treten wollte, musste ab dem späten 18. Jahrhundert in den Räumen des Oberbaudepartements[64] verschiedene Prüfungen ablegen. Auch die Bittschriften um Einstellung oder Beförderung in den preußischen Baudienst landeten früher oder später auf den Schreibtischen der obersten Baubehörde, um von den Oberbauräten begutachtet zu werden. In vielen Fällen reichten die Bewerber hier nicht nur Bittschriften ein, sondern formatierten ihre Gesuche in einer Weise, die den bisherigen beruflichen Werdegang als Lebenslauf herausstellte. Die Verwalter auf der anderen Seite nutzten wiederum die Form der Lebens- bzw. Dienstgeschichte, um ihrerseits das zu Verfügung stehende Personal besser steuern und überblicken zu können. Der Mikrokosmos des preußischen ‚HR-Managements' erlaubt es dem ‚Lebenslauf' in einer mikrohistorischen Nahaufnahme zu Leibe rücken.[65]

a) Lebenslauf und Professionalisierung

Im Gegensatz zu anderen europäischen Mächten wie Frankreich[66] oder England[67] hatte Preußen bis zur Mitte des 18. Jahrhunderts ein prüfungs- und verdienstorientiertes Rekrutierungssystem eingeführt, das traditionelle Einstiegsformen wie den Verkauf von Ämtern, Patronage und Mäzenatentum zumindest auf der diskursiven Ebene problematisierte.[68] Im Zuge dieser Modernisierung gingen in Preußen seit den 1770er Jahren zunehmend Dokumente mit dem Namen ‚Lebenslauf', ‚Lebensgeschichte' oder ‚Curriculum Vitae' in die Registraturen ein, die in der ein oder anderen Weise der Steuerung und Justierung von Karrieren dienten und als Gebrauchstexte der Verwaltung fungierten. Im preußischen Kontext haben den entscheidenden Anstoß zur Entwicklung einer eigenständigen Gattung von Ver-

---

64 1804 wurde die Behörde reformiert und fungierte fortan als Technische Oberbaudeputation.
65 Zum mikrogeschichtlichen Ansatz vgl. Carlo Ginzburg, Microhistory: Two or Three Things That I Know About It, in: Theoretical Discussions of Biography: Approaches From History, Microhistory and Life Writing [2012], hg. von Binne de Haan, Hans Renders und Nigel Hamilton, 2., verb. und verm. Aufl., Leiden 2014, 139–166.
66 Vgl. Clive H. Church, Revolution and Red Tape: The French Ministerial Bureaucracy, 1770–1850, Oxford 1980.
67 Vgl. Hans-Eberhard Mueller, Bureaucracy, Education and Monopoly: Civil Service Reforms in Prussia and England, Berkeley/Los Angeles/London 1984.
68 Vgl. David D. E. Andersen, Does Meritocracy Lead to Bureaucratic Quality? Revisiting the Experience of Prussia and Imperial and Weimar Germany, Social Science History 42 (2018), H. 2, 245–268, hier: 257.

waltungsprosa die schleichende Professionalisierung des Beamtentums und das Aufblühen des Prüfungswesens im 18. Jahrhundert gegeben.[69]

Diese Reformen wurden gegen eine Protektionspraxis lanciert, die in den Augen der Zeitgenossen problematisch geworden war und in ihrer Wahrnehmung zu einer Blockade des Verwaltungsapparats durch unqualifizierte Günstlinge geführt hatte. Schon Friedrich Wilhelm I. erließ 1737 ein Edikt, nach dem sich alle zukünftigen Justizbeamten einer vorgehenden Examination unter Einreichung von Probearbeiten zu unterziehen hatten.[70] Dem folgte die Institutionalisierung des Justizreferendariats im Zuge der Cocceji'schen Reformen und die Ausweitung des Prüfungswesens auf sämtliche höhere Administrationsstellen durch die Einrichtung der Oberexaminationskommission im Jahr 1770.[71] Ungeachtet des eigenen Standes hatten sich seitdem sämtliche Personen, die sich zum höheren Staatsdienst qualifizieren wollten, dem großen Examen zu unterziehen, zu dem sie u. a. einen Antrag auf Zulassung, einen Lebenslauf, die dazu gehörigen Zeugnisse und ausgearbeitete Proberelationen einreichen mussten.[72] Dies läutete eine allgemeine Professionalisierung der Beamtenrekrutierung ein, die sich mehr und mehr auf die Überprüfung der Formationsgeschichte durch Lebensläufe und Atteste gründete.[73]

Vor allem in ideengeschichtlichen Arbeiten wurde die Entstehung des professionellen Beamtentums in Preußen oft mit der Hegel'schen Rechtsphilosophie enggeführt. Das Beamtensubjekt trat hier als paradigmatisches Staatssubjekt hervor, das die Rolle eines universalen Interessenvermittlers zwischen den Ständen

---

[69] Allgemein zur Professionalisierung der Berufslaufbahnen seit den 1760er Jahren vgl. Ursula Klein, Nützliches Wissen: Die Anfänge der Technikwissenschaften, Göttingen 2016, 19–20; Hubert C. Johnson, Frederick the Great and His Officials, New Haven/London 1975, 218–223; Rolf Straubel, Adlige und bürgerliche Beamte in der friderizianischen Justiz- und Finanzverwaltung. Ausgewählte Aspekte eines sozialen Umschichtungsprozesses und seiner Hintergründe (1740–1806), Berlin 2010, 44–45; Wolfgang Reinhard, Geschichte der Staatsgewalt. Eine vergleichende Verfassungsgeschichte Europas von den Anfängen bis zur Gegenwart, München 1999, 193–195.
[70] Vgl. Hans Hattenhauer, Geschichte des Beamtentums, 2. verm. Aufl., Köln/München (u. a.) 1993, 111.
[71] Vgl. Hans Rosenberg, Bureaucracy, Aristocracy & Autocracy: The Prussian Experience [1958], 3. Aufl., Cambridge 1968.
[72] Vgl. Wolfgang Neugebauer, Brandenburg-Preußen in der Frühen Neuzeit. Politik und Staatsbildung im 17. und 18. Jahrhundert, in: Handbuch der preußischen Geschichte, Bd. 1: Das 17. und 18. Jahrhundert und Große Themen, hg. von Wolfgang Neugebauer, Berlin 2009, Online-Ausgabe, 113–409, hier: 348; Straubel, Beamte und Personalpolitik im altpreußischen Staat, 80–84.
[73] Vgl. Hattenhauer, Geschichte des Beamtentums, 143.

einnahm.⁷⁴ Das Primat der philosophischen Allgemeinbildung konstituierte den Beamtenstaat als autopoietisches System, das den Staats- und vor allem Erziehungsbeamten als Schriftsteller und Verwalter in Personalunion vorsah.⁷⁵ Für die preußischen Reformer galt, dass die Kenntnisse und Kompetenzen der höheren Beamten als interessens- und leidenschaftslose Vertreter des Allgemeinen notwendig generalistisch angelegt sein mussten.⁷⁶ Es kam, wie Johann Wilhelm Süvern 1809 in seinem Gutachten zur Reform der Oberexaminationskommission feststellte, auf die umfassende Bildung des „innern Menschen", und damit „vornehmlich [auf] die Verstandeskräfte",⁷⁷ also auf „volle Universalbildung"⁷⁸ im Humboldt'schen Sinne an. Beamte dieses Typus waren von den Reformern nicht nur für die höchsten Staatsämter vorgesehen, sondern sollten idealiter den Geist des gesamten Beamtentums durchziehen – vom niedrigsten Kanzleidiener bis zum höchsten Minister.⁷⁹ Ob sich dieser Idealtypus tatsächlich jemals umfassend manifestieren konnte, ist jedoch mehr als fraglich. Bereits für Max Weber war „der moderne Beamte" eben nicht universell gebildet, sondern „entsprechend der rationalen Technik des modernen Lebens stetig und unvermeidlich zunehmend fachgeschult und spezialisiert."⁸⁰

Diese Spezialisierung war aber nicht erst eine Tendenz des Kaiserreichs, wie etwa Friedrich Kittler mutmaßte,⁸¹ sondern setzte überall in Europa mit großer Vehemenz bereits im 18. Jahrhundert ein. Sie sollte auch während der Zeit

---

74 Vgl. Thomas Nipperdey, Deutsche Geschichte 1800–1866. Bürgerwelt und starker Staat, München 2012, 331.
75 Vgl. Friedrich A. Kittler, Das Subjekt als Beamter, in: Die Frage nach dem Subjekt, hg. von Manfred Fank, Gérard Raulet und Willem van Reijen, Frankfurt a. M. 1988, 401–420, hier: 413–416.
76 Vgl. Georg F. W. Hegel, Werke, Bd. 7: Grundlinien der Philosophie des Rechts [1820], hg. von Eva Moldenhauer und Karl M. Michel, Frankfurt a. M. 1979, § 295.
77 Zit. nach: Bernd Schminnes, Kameralwissenschaften – Bildung – Verwaltungstätigkeit. Soziale und kognitive Aspekte des Struktur- und Funktionswandels der preußischen Zentralverwaltung an der Wende zum 19. Jahrhundert, in: Wissenschaft und Bildung im frühen 19. Jahrhundert, Bd. 2, hg. von Bernd Bekemeier, Hans N. Jahnke, Ingrid Lohmann et al., Bielefeld 1982, 99–319, hier: 273.
78 Gottlieb J. M. Wehnert, Über den Geist der Preußischen Staatsorganisation und Staatsdienerschaft, Potsdam 1833, 106.
79 Vgl. Karl vom Stein zum Altenstein, Stellungnahme des Geheimen Oberfinanzrats Freiherr von Altenstein zu den Bemerkungen des Ministers Freiherrn vom Stein über den Organisationsplan [1808], in: Das Reformministerium Stein. Akten zur Verfassungs- und Verwaltungsgeschichte aus den Jahren 1807/08, Bd. 2, hg. von Heinrich Scheel, Berlin 1967, 540–545, hier: 543.
80 Max Weber, Wirtschaft und Gesellschaft. Grundriss der verstehenden Soziologie [1922], Studienausgabe, 5., rev. Aufl. [Nachdruck], Tübingen 2009, 835.
81 Vgl. Kittler, Das Subjekt als Beamter, 416.

um 1800 Bestand haben. Im Zuge der kameralistischen Staatskonsolidierung wurde in Preußen bereits seit der Regierung Friedrich Wilhelm I. ein wesentlicher Fokus der Staatsaktivitäten auf den Ausbau des Gewerbes, der Infrastruktur und der Ressourcengewinnung gelegt; Aktivitäten, die ein je speziell geschultes Personal erforderten.[82] Die Leitung kameralistischer Ausbauprojekte, die „nützliches Wissen" erforderten, wurde „hybriden Experten" übertragen, die „mit einem Bein in der Gelehrtenrepublik und mit dem anderen in der Welt des staatlich gelenkten Gewerbes standen."[83] Gerade im Zeitalter der friderizianischen Expansionspolitik wuchs in Preußen rasch der Bedarf an Ressourcen- und Infrastrukturexperten, etwa im Bergbau, der Forstwirtschaft oder dem Bauwesen.[84] Das dafür benötigte Personal sollte staatlicherseits in jeweils spezifischen Fachschulen ausgebildet werden. Im Zeichen kameralistischer Kenntnisdiversifizierung entstand bereits 1724 das *Collegium medico-chirurgicum*, 1770 wurde – dem Freiberger Modell folgend – in Berlin eine *Bergbauakademie* gegründet, ebenfalls 1770 eine *Forstschule*, 1775 ein *Sale de génie* für Artillerieingenieure, 1788 eine *école de génie*.[85] Die Professionalisierung des Bauwesens kulminierte in der Errichtung der Berliner Bauakademie im Jahr 1799.[86]

Mit dem Aufziehen des neuen Jahrhunderts kam eine Schwemme von Vorschriften, die im Zuge dieses allgemeinen ‚Spezialisierungs-Booms' immer ausführlichere bürokratische Nachweise von Qualifikation und Ausbildung forderten. Nach dem Wiener Kongress fand sich eine Vielzahl an gesetzlichen Verordnungen, die für Zulassungsprüfungen bestimmter Berufsgruppen die Abgabe eines Lebenslaufs einforderten. So mussten zum Beispiel Chirurgen zur Prüfung seit 1815 einen Lebenslauf vorlegen, damit sich der Kandidat „über den genossenen Unterricht und die benutzten Gelegenheiten zur Erlangung praktischer Uebung und Geschicklichkeit gehörig ausweisen"[87] konnte. Bald schon wurde der Lebenslauf

---

82 Vgl. Karl H. Kaufhold, Preußische Staatswirtschaft – Konzept und Realität – 1640–1806. Zum Gedenken an Wilhelm Treue, Jahrbuch für Wirtschaftsgeschichte 35 (1994), H. 2, 33–70, hier: 49–60.
83 Klein, Nützliches Wissen, 87.
84 Vgl. Klein, Nützliches Wissen, 94–95.
85 Vgl. Reinhart Strecke, Prediger, Mathematiker und Architekten. Die Anfänge der preußischen Bauverwaltung und die Verwissenschaftlichung des Bauwesens, in: Mathematisches Calcul und Sinn für Ästhetik. Die preußische Bauverwaltung 1770–1848, hg. von Reinhart Strecke, Berlin 2000, 25–36, hier: 31–33.
86 Vgl. Kathryn M. Olesko, Geopolitics and Prussian Technical Education in the Late-Eighteenth Century, in: Actes d'història de la ciència i de la tècnica 2 (2009), H. 2, 11–44, hier: 17–18.
87 Prüfung der Chirurgen, in: Amtsblatt der Königlich Kurmärkischen Regierung zu Potsdam (1815), H. 15, 103.

als „zusammenhangende Geschichtserzählung" der medizinischen Ausbildung vorgeschaltet, um die „zur Aufnahme nöthigen Schulkenntnisse" für das Friedrich Wilhelms Institut abzufragen.[88] Nach der Einrichtung des Königlichen Schullehrer-Seminars mussten auch Schullehrer vor Ablegung der Schulamts-Prüfung einen „von ihnen selbst verfaßten Lebenslauf" sowie „die erforderlichen Nachweise und Zeugnisse über genossene Erziehung und Bildung überhaupt und über die Vorbereitung zum Schulamte insbesondere" präsentieren.[89] Schließlich wurden auch angehende Baubeamte einer Lebenslaufpflicht unterworfen. Feldmesser mussten von 1819 an vor der Feldmesserprüfung „zu mehrerer Vollständigkeit der Uebersicht" ein „curriculum vitae beifügen", das aus einer „Angabe ihrer Herkunft, ihrer wissenschaftlichen Bildung und der sonst darauf Bezug habenden Lebensumstände" bestand.[90]

Die zunehmende Zergliederung, Formalisierung und Überprüfung der Beamtenausbildung führte also zu einer Flut an Lebenslaufvorgaben.[91] Auffallend an diesen Vorgaben ist allerdings, dass sie zumeist nur der „Uebersicht" halber oder zur Prüfung der vorgeschriebenen Vorbildung eingereicht werden mussten. Während der Lebenslauf im Prüfungswesen als summarisches Extrakt der eigenen Qualifikation und Erfahrung rechtlich vorgeschrieben wurde, fand er in zeitgenössische Bewerbungsverfahren keinen derart formal festgeschriebenen Eintrag. Trotzdem veränderte sich auch die Praxis der Bewerbungsschreiben allmählich. Wie meine Archivrecherchen zeigen, verließen sich Bewerber immer weniger nur auf persönliche Netzwerke oder flehentliche Niederwerfung (wie etwa in der klassischen Rhetorik des Supplikenwesens[92]), sondern breiteten die eigene Lebensgeschichte immer öfter als Summe attestierter Formationsintervalle aus. Die genaue Datierung dieser Transformation ist beinahe unmöglich; es scheint

---

88 Friedrich Ludwig Augustin, Die Königlich Preußische Medicinalverfassung oder Vollständige Darstellung aller, das Medicinalwesen und die medicinische Polizei in dem Königreich der Preußischen Staaten betreffenden Gesetze Verordnungen und Einrichtungen, Bd. 3, Potsdam 1824, 225, 227–228.
89 Prüfung und Anstellung der Elementar-Schulamts-Kandidaten, in: Amtsblatt der Königlichen Regierung zu Potsdam und der Stadt Berlin (1826), H. 39, 244–245.
90 Prüfung der Kandidaten der Feldmeßkunst, in: Amtsblatt der Königlichen Regierung zu Potsdam (1819), H. 40, 245.
91 Heinrich Bosse hält die immer feingliederigere Abstufung in Zwischen- und Abschnittsprüfungen sowie Zeugnisse für ein Zeichen der Verstaatlichung des Lernens, in jedem Fall aber für eine Abkehr von der frühneuzeitlichen Patronage-Kultur. Vgl. Bosse, Bildungsrevolution 1770–1830, 367–370.
92 Vgl. Michel Foucault, Das Leben der infamen Menschen, 326–329.

sich eher um eine schleichende Veränderung, als um eine radikale Neuerung gehandelt zu haben.[93]

Die Praxis, den eigenen Lebensverlauf als Argument bei Stellenbewerbungen zu verwenden, setzte jedenfalls sicher früher als in der Sattelzeit ein.[94] Ein prominentes, wenngleich genau hieran gescheitertes Beispiel war Johann Christoph Gottscheds Bewerbung um eine vakante ordentliche Poesie-Professur an der Universität Leipzig im Jahr 1729.[95] In seiner Supplik an Friedrich August I. von Sachsen legte er eine stringente Qualifikations- und Wirkungsgeschichte als Gelehrter dar:

> Wenn ich nun seit Sechs Jahren mich beständig als Magister legens allhier aufgehalten, auch durch Collegia, Disputationes und herausgegebene Bücher vor vielen andern hervorgethan: Sonderlich aber in der Poesie viele lateinische und deutsche Proben gewiesen, auch diese Meße noch ein ausführliches Werck unter dem Titul Versuch einer Critischen Dichtkunst ans Lichte gestellet; daraus man leicht wird urtheilen können, ob ich ermeldter Profession gewachsen sey.[96]

Wie Gottscheds Gönner und Vertrauter am Hof, Johann Ulrich König, ihm jedoch wenig später mitteilte, war die Professur bereits lange im Vorhinein seinem Konkurrenten Friedrich Menz versprochen worden. Eine Bewerbung, die sich allein auf die Verdienste des eigenen Lebensverlaufs bezog, war nach Königs Meinung deswegen vollkommen wirkungslos.[97] Es stellte sich heraus, dass der Ansatz, „ein Sujet zu einer Profession zu wehlen, die in der Science wahren Progressus hätte",[98] in der komplexen Patronagekultur bei Hof keinen rechten Platz hatte. Stattdessen riet König Gottsched umso eindringlicher, die zuständigen Beamten bei Hofe nicht nur durch bereits erfolgte „privat-Recommendation",[99] sondern auch durch Freiexemplare der *Critischen Dichtkunst* und Widmungen für sich zu gewinnen.[100]

---

93 Daher kann der von Valentina dal Cin für Venedig erhobene Befund einer Entstehung des Lebenslaufs in der napoleonischen Zeit für Preußen nicht bestätigt werden. Vgl. dal Cin, Presentarsi e autorappresentarsi di fronte a un potere che cambia.
94 Vgl. Straubel, Beamte und Personalpolitik im altpreußischen Staat, 36.
95 Für diesen Hinweis bin ich Steffen Martus zu Dank verpflichtet.
96 Gottsched an Friedrich August I. (II.), Kurfürst von Sachsen und König in Polen, Leipzig 16. Oktober 1729, in: Johann Christoph Gottsched – Briefwechsel, Bd. 1, hg. von Detlef Döring, Otto Rüdiger und Michael Schlott, Berlin 2007, 249–251, hier: 250–251.
97 Vgl. Johann Ulrich König an Gottsched, Dresden 22. Oktober 1729, in: Döring; Rüdiger; Schlott, Johann Christoph Gottsched – Briefwechsel, Bd. 1, 251–256.
98 Johann Ulrich König an Gottsched, Dresden 22. Oktober 1729, 252.
99 Johann Ulrich König an Gottsched, Dresden 22. Oktober 1729, 253.
100 Vgl. Johann Ulrich König an Gottsched, Dresden 22. Oktober 1729, 251–255.

Im Bereich der Justizverwaltung präsentiert sich der Sachverhalt etwas anders. Man hat in einschlägigen Studien zum höheren preußischen Beamtentum festgestellt, dass sich bereits in der ersten Hälfte des 18. Jahrhunderts Rekrutierungsmuster durchsetzten, die die Qualität der anzustellenden Person in erster Linie anhand von Studium, abgelegten Prüfungen und Diensterfahrung beurteilten.[101] Selbstverständlich spielten bei der Besetzung des Justizpersonals aber auch andere Faktoren eine zentrale Rolle. Neben dem durch die Laufbahnkriterien Prüfung und Studium verwirklichten „Leistungsprinzip"[102] waren das vor allem Rekrutierungsmechanismen, die sich auf Netzwerkdynamiken gründeten.[103] Trotzdem konstatiert Rolf Straubel in seinen Schriften eine seit Anfang des 18. Jahrhunderts vom Justizwesen ausgehende, immer weitere Verbreitung biographischer Angaben in Gesuchen um Anstellung, Beförderung, Gehaltszulage oder Versetzung.[104]

Auch im Ende des 18. Jahrhunderts professionalisierten Sektor der Bergbauverwaltung wurden biographische Angaben bei Stellenbewerbungen vermehrt genutzt. Dies belegen etwa die Bewerbungen um Aufnahme als Berg-Eleve an die Berliner Bergkadettenanstalt, in denen die Bewerber ausführlich die eigene Vorbildung, Bergbauerfahrung und Forschungsreisen schilderten.[105] Der Eindruck einer Lebenslauf-basierten Bewerbungskultur wird durch systematische Studien aus anderen Territorialstaaten bestätigt. Was Rainer Hünecke in seiner textlinguistischen Studie zum sächsischen Bergbau des 18. Jahrhunderts als Sprechakt der „Bewerbungshandlung" bezeichnet, enthielt aufseiten der Stellensuchenden zumeist einen „Lebenslauf", aus dem die „Fähigkeiten zur Ausübung der entsprechenden Tätigkeit" hervorgingen.[106] Ein Zusammenhang zwischen Verwaltungsspezialisierung und Lebenslaufnutzung scheint in jedem Fall naheliegend.

---

101 Vgl. Straubel, Adlige und bürgerliche Beamte in der friderzianischen Justiz- und Finanzverwaltung, 507.
102 Straubel, Adlige und bürgerliche Beamte in der friderizianischen Justiz- und Finanzverwaltung, 67.
103 Vgl. Straubel, Beamte und Personalpolitik im altpreußischen Staat, 156–182. Grundlegend zum hohen Stellenwert von netzwerkbasierten Rekrutierungen in der Frühen Neuzeit vgl. Wolfgang Reinhard, Freunde und Kreaturen: „Verflechtung" als Konzept zur Erforschung historischer Führungsgruppen. Römische Oligarchie um 1600, München 1979; Wolfgang Reinhard, Freunde und Kreaturen: Historische Anthropologie von Patronage-Klientel-Beziehungen, in: Freiburger Universitätsblätter 37 (1998), H. 139, 127–141.
104 Für eine schriftliche Bestätigung und Präzisierung dieses Lektüreeindrucks bin ich Rolf Straubel sehr dankbar.
105 GStA PK, I. HA Rep. 121, Nr. 269, fol. 35–36, Supplik von C. H. A. Windheim an Oberberghauptmann Friedrich Anton von Heinitz, 14. Februar 1800.
106 Hünecke, Institutionelle Kommunikation im kursächsischen Bergbau des 18. Jahrhunderts, 37, 105.

Diese Befunde konnten in dieser Studie schließlich durch das Durchforsten zehntausender Seiten Personalakten der preußischen Bauverwaltung erhärtet und systematisiert werden.[107] Einzelne Exkurse zu anderen Beamtengruppen (insbesondere zum zeitgleich professionalisierten Bergbaubeamtentum) vervollständigen das Lebenslaufpanorama um 1800 an geeigneter Stelle. Die Verengung auf die technische Beamtenschaft schließt dabei nicht nur eine bestehende Forschungslücke (bisherige Studien zum preußischen Beamtentum haben sich größtenteils auf das Finanz-, Erziehungs-, Justiz-, und Militärpersonal konzentriert), sondern bietet sich für die Analyse von lebenslaufartigen Schreibweisen geradezu an. Dafür sprechen zunächst drei Gründe. Erstens sind die Personalakten der preußischen Bau- und Bergbauverwaltung wesentlich besser erschlossen als die der anderen Verwaltungszweige. Für beide Verwaltungsbranchen liegen umfangreiche Inventare vor.[108] Die technische Beamtenschaft konstituierte zweitens aber auch einen der am stärksten professionalisierten Verwaltungssektoren. Es zeigt sich damit ein eminenter Zusammenhang zwischen der Professionalisierung und Verwissenschaftlichung der technischen Verwaltung im letzten Drittel des 18. Jahrhunderts und der Verwendung von Lebensläufen bzw. lebenslaufartigen Angaben in Bewerbungen. Durch die Professionalisierung bildeten sich maßgebliche Formationselemente wie der Besuch von Fachschulen, die Aneignung von spezialisiertem Fachwissen, die Ablegung eines Examens und die Ausstellung von Zugangsberechtigungen hier besonders prominent aus.[109] Drittens ist das entstehende Ingenieurswesen schließlich ein typisches Produkt

---

107 Systematische Archivrecherchen zur preußischen Baubeamtenschaft erfolgten für die Zentralverwaltung im Geheimen Staatsarchiv Preußischer Kulturbesitz (GStA PK) und für die Provinzialverwaltung im Brandenburgischen Landeshauptarchiv (BLHA), dem Landesarchiv Sachsen-Anhalt (LASA) sowie im Landesarchiv Nordrhein-Westfalen (Rheinland) (LAV NRW R). Da durch Kassation viele der Personalvorgänge in den Provinzialarchiven nicht mehr überliefert sind, stützt sich die Analyse größtenteils auf Akten der Zentralverwaltung und damit auf die Perspektive des Generaldirektoriums (bis 1806) bzw. der Ministerien (nach 1815).
108 Reinhart Strecke, Hg., Inventar zur Geschichte der preußischen Bauverwaltung, Berlin 2005; Frank Althoff und Susanne Brockfeld, Hg., Die preußische Berg-, Hütten- und Salinenverwaltung 1763–1865. Der Bestand Ministerium für Handel und Gewerbe, Abteilung Berg-, Hütten- und Salinenverwaltung im Geheimen Staatsarchiv Preußischer Kulturbesitz, Berlin 2003. Für den Bereich des Bergbaus wurde in dieser Arbeit insbesondere der Bestand des Oberbergamts Halle näher analysiert: Jens Heckl, Hg., Die preußische Berg-. Hütten- und Salinenverwaltung 1763–1865: Der Bestand Oberbergamt Halle im Landesarchiv Sachsen-Anhalt, Magdeburg 2001.
109 Vgl. Peter Lundgreen, Die Ausbildung von Ingenieuren an Fachschulen und Hochschulen in Deutschland, 1770–1990, in: Ingenieure in Deutschland 1770–1990, hg. von Peter Lundgreen und Grelon André, Frankfurt a. M./New York 1994, 13–78, hier: 15.

der Aufklärung, das nicht Kunstfertigkeit oder Bildung, sondern Nützlichkeit ins Zentrum professionellen Wirkens stellte und damit eine andere Stoßrichtung als das ubiquitäre Hegel'sche Beamtenideal aufweist.[110]

b) Die Bauverwaltung als Paradeplatz der Professionalisierung

Die Professionalisierung des preußischen Bauwesens muss vor der Folie des französischen Vorbilds betrachtet werden. Die 1747 von Jean-Rudolphe Perronet gegründete Bauingenieursschule *École des ponts et chaussées* war (als weltweit erste Institution dieser Art) ein Versuch den Missständen eines nur als handwerkliche Erfahrungswissenschaft praktizierten Fachs durch rigorose Ökonomisierung und Verwissenschaftlichung Abhilfe zu verschaffen.[111] Die Figur des Ingenieurs, wie sie Perronet vorstellte, bekam in der Aufklärungszeit zivilisatorische Aufgaben zugewiesen. Die Schüler der *École des ponts et chausées* imaginierten sich in ihren Schriften als Kämpfer gegen Blockaden und Hindernisse der Natur, als Mediatoren menschlicher Kommunikation.[112] Jeglicher bauliche Eingriff erfolgte dabei unter den Prämissen eines proto-ökonomischen Raums; die zu errichtenden Ingenieursbauwerke wurden im Kalkül ihrer wirtschaftlichen Rentabilität und gesellschaftlichen Utilität beurteilt.[113] Ausgestattet mit Spezialkenntnissen in Mathematik und Mechanik wurden die jungen Ingenieure nach mehrjährigen Praktika in den Staatsdienst entlassen, wo sie als Brücken- und Straßenbauingenieure arbeiteten.[114]

Anders als in Preußen jedoch, wo immerhin ein Großteil des Bauwissens und in besonderem Maße der Nützlichkeitsgedanke aus Frankreich importiert wurde,[115] war die Formation und Laufbahn der Baubeamten in Frankreich institutionell nur gering reguliert. Wo es in Preußen bereits seit 1770 ein striktes Prü-

---

110 Für den französischen Fall vgl. die umfangreichen Studien von Antoine Picon. Antoine Picon, French Architects and Engineers in the Age of Enlightenment, Cambridge 1992, 3; für Preußen vgl. Peter Lundgreen, Techniker in Preußen während der frühen Industrialisierung: Ausbildung und Berufsfeld einer entstehenden sozialen Gruppe, Berlin 1975, 8–10.
111 Vgl. Picon, French Architects and Engineers in the Age of Enlightenment, 37–38. S. a. Karl-Eugen Kurrer, The History of the Theory of Structures: Searching for Equilibrium [2008], 2. Aufl., Berlin 2018, 405.
112 Vgl. Antoine Picon, L'invention de l'ingénieur moderne: L'Ecole des ponts et chaussées, 1747–1851, Paris 1992, 133–134.
113 Vgl. Picon, L'invention de l'ingénieur moderne, 80–81.
114 Vgl. Picon, L'invention de l'ingénieur moderne, 132.
115 Vgl. Strecke, Anfänge und Innovation der preußischen Bauverwaltung, 118–129.

fungssystem mit Laufbahnvorschriften, aber auch ein mehrfach zergliedertes kollegiales Besetzungsverfahren gab, ohne das niemand eine Stelle beziehen konnte, blieb die Personalverwaltung in Frankreich trotz der progressiven wissenschaftlichen Ausrichtung eigentümlich patrimonial kodiert. Sowohl die Zulassung zur *École des ponts et chaussées* als auch die Einsetzung in den Staatsdienst war maßgeblich vom Wohlwollen des Leiters Perronet abhängig, der zwar in seinem Selbstverständnis nach Kenntnissen und Talent entschied, dabei aber de facto Stand und Gunst in sein Urteil einbezog.[116] Der Historiograph der *École des ponts et chaussées*, Antoine Picon, berichtet vielleicht auch aufgrund dieser patrimonialen Beziehungskonstellation auffallend selten aus dienstlichen Personalakten und bezieht sich häufig auf die persönliche Briefkorrespondenz zwischen Perronet und seinen Schülern. Das preußische Bauwesen bietet sich deshalb im Kontext europäischer Entwicklungen vor allem wegen seiner systematisch organisierten Personalverwaltung für eine vertiefende Studie bürokratischer Kommunikationspraxis an.

In der höheren Verwaltung und insbesondere im Königshaus herrschte noch in der Mitte des 18. Jahrhunderts große Unzufriedenheit über den Zustand der preußischen Bauverwaltung: Baurechnungen wurden um ein vielfaches zu hoch angesetzt, der Umgang mit und die Akquise von Materialien war verschwenderisch, Motivation und Fähigkeiten der Baubeamten galten als beschränkt, kurz, in den Augen der Verwaltung herrschte ein grundlegender Mangel an technischer und administrativer Expertise.[117] In der Spätphase des Kameralismus, die in Preußen eine allgemeine Epoche der beruflichen Professionalisierung einläutete,[118] versuchte man diesen Missständen Abhilfe zu verschaffen. Das 1770 durch den Reformminister Ludwig Philipp vom Hagen eingerichtete Oberbaudepartement sollte das „in denen sämtlichen Provintzien negligirte Bauwesen auf einen beßern Fuß [...] setzen".[119] Die neu errichtete Verwaltungseinheit war mit dem Ziel

---

116 Vgl. Picon, L'invention de l'ingénieur moderne, 94–95.
117 Vgl. Strecke, Anfänge und Innovation der preußischen Bauverwaltung, 57–62. Zumindest der Mangel an Expertise scheint teilweise auch ein polemischer Vorwurf gewesen zu sein. Wie eine jüngst erschienene Studie zum preußischen Bauwesen im 18. Jahrhundert nachgewiesen hat, waren die Baubeamten vor Einrichtung des Oberbaudepartements und der Bauakademie zwar nicht akademisch gebildet, dafür aber in der Regel „auf dem Stand der Technik, der Ingenieursbaukunst und Architektur". Rolf-Herbert Krüger, Das Bauwesen in Brandenburg-Preußen im 18. Jahrhundert, Berlin 2020, 3.
118 Vgl. Reinhard, Geschichte der Staatsgewalt, 193–195.
119 Verfügung des Etatsministers v. Hagen und anschließender Schriftwechsel. 25. März bis 8. Juni 1770, in: Acta Borussica. Behördenorganisation und allgemeine Staatsverwaltung, Bd. 15, hg. von der Preußischen Akademie der Wissenschaften, Berlin 1936, 281.

etabliert worden, dass fähige Beamte den Ausbau und die Modifizierung des „Kameral-Baus" vorantreiben sollten.[120] Durch die intensivierte Anlage von Brücken, Straßen und Kanälen, das Trockenlegen von Brüchen und die Vermessung neuer Ländereien wollte man die territoriale Integration des Landes beschleunigen.[121]

Auf der pädagogischen Seite vereinheitlichte die 1799 gegründete Bauakademie die Ausbildung der Baubeamten in einem normierten Curriculum und stellte die Ausbildung in einzelnen Teildisziplinen außerdem auf mathematische Grundpfeiler. Die Akademie war als eine neuartige Institution polytechnischen Zuschnitts angelegt, in der nicht primär der Prachtbau, sondern, wie David Gilly es formulierte, „die Verbindung und Hinweisung der nützlichen Anwendung der theoretischen Lehrsätze auf wirkliche Baugegenstände"[122] zum Ausbildungsziel erklärt wurde. Das zweistufige Curriculum führte in den ersten eineinhalb Jahren zur Prüfung als Feldmesser und – bei gegebener Eignung – in weiteren zweieinhalb Jahren zur Prüfung als staatlicher Baumeister.[123] Die Reform der technischen Beamtenausbildung stand damit – wie zuvor bereits in Frankreich – im Zeichen eines umfassenden Ausbaus der kommunikativen und merkantilen Infrastruktur.[124] Anders aber als in Frankreich ging dieses kameralistische Staatsprojekt auch mit einer umfassenden Bürokratisierung der Personalverwaltung einher; einer Bürokratisierung, die zur Systematisierung von Baubeamtenkarrieren führen sollte.

Künftige Baubeamte unterlagen fortan einer ständigen Kontrolle durch die Zentralbehörde. Nicht nur mussten sie sich vor Eintritt in den Staatsdienst einer Prüfung beim Oberbaudepartement unterziehen,[125] auch alle Bauanschläge mussten jetzt in Berlin zur Revision eingereicht werden, um eine möglichst sparsame

---

120 Publicandum wegen der vorläufigen Einrichtung der, von Sr. Königl. Majestät Allerhöchstselbst, unter dem Namen einer Königl. Bau-Akademie zu Berlin, gestifteten allgemeinen Bau-Unterrichts-Anstalt, in: Jahrbücher der preußischen Monarchie unter der Regierung Friedrich Wilhelms des Dritten (1799), H. 3, 51–57, hier: 53.
121 Dabei ist zu betonen, dass in Preußen zunächst nur ein Ausbau der Wasserwege forciert wurde. Die Errichtung eines umfassenden Chaussee-Netzes begann erst am Ende des 18. Jahrhunderts. Vgl. Jürgen Salzwedel, Wege, Straßen, Wasserwege, in: Deutsche Verwaltungsgeschichte, Bd. 2: Vom Reichsdeputationshauptschluss bis zur Auflösung des Deutschen Bundes, hg. von Karlheinz Blaschke, Kurt G. A. Jeserich, Hans Pohl et al., Stuttgart 1983, 199–226, hier: 205–208.
122 Zit. nach Strecke, Anfänge und Innovation der preußischen Bauverwaltung, 135.
123 Vgl. Eckhard Bolenz, Vom Baubeamten zum freiberuflichen Architekten. Technische Berufe im Bauwesen (Preußen/Deutschland, 1799–1931), Frankfurt a. M. 1991, 110–114.
124 Vgl. Picon, French Architects and Engineers in the Age of Enlightenment, 108–109.
125 Vgl. Strecke, Prediger, Mathematiker und Architekten, 29–30.

Verwendung von Baumaterialien zu gewährleisten.[126] Bis zum Ende des Ancien Régime hatten alle Anstellungen und Beförderungen das Büro des zuständigen Provinzialministers und bei Qualifikationsfragen auch das des Oberbaudepartements zu passieren. Die Nachfolgebehörde des Oberbaudepartements, die Technische Oberbaudeputation, verlor 1804 zwar an Entscheidungskompetenz,[127] tatsächlich zeigen Recherchen an konkreten Personalvorgängen jedoch, dass durch das hinzugewonnene Vorschlagsrecht ein Teil der Personalverwaltung von Mitgliedern der Oberbaudeputation wie etwa Johann Albert Eytelwein übernommen wurde.[128] Damit zeigt sich gerade für den Bereich der Personalverwaltung sogar eine Einflusszunahme gegenüber der Periode des Ancien Régime. Es steht zu vermuten, dass durch die Konsolidierung professioneller und akademischer Curricula gleichzeitig das Curriculum Vitae als deren papiernes Medium auf den Plan gerufen wurde.

c) Lebensläufe in der Bauverwaltung

In der preußischen Bauverwaltung lassen sich Lebensläufe und lebenslaufartige Erzählungen für fünf Verwendungskontexte nachweisen: Stellen- und Beförderungsgesuche, Gehaltsverbesserungen, Pensionierungen, sowie Prüfungen und Reorganisationsprojekte. Grundsätzlich manifestiert sich der Lebenslauf in der überwältigenden Mehrheit der Fälle im Verbund mit Bittschriften oder, der zeit-

---

126 Vgl. Strecke, Anfänge und Innovation der preußischen Bauverwaltung, 87–89.
127 Hier machte sich das Juristenmonopol bemerkbar, dass zwischen technischem Sachverstand und allgemeiner Entscheidungsexpertise differenzierte und nur den Juristen letztere zugestand. Die Rolle der Oberbaudeputation war seit 1804 vor allem beratend. Vgl. Strecke, Anfänge und Innovation der preußischen Bauverwaltung, 147–165.
128 Zunächst liegt dies darin begründet, dass nach der Konsolidierung der Ministerien Oberbauräte aus der Oberbaudeputation als „Mit-Direktoren in Bausachen" im Ministerium für Handel, Gewerbe und Bauwesen bzw. der Sektion für die Verwaltung des Bauwesens im Innenministerium vertreten waren, Johann Albert Eytelwein etwa von 1818–1830. Vgl. Handbuch für den Königlich Preußischen Hof und Staat, Berlin 1818, 94; Handbuch für den Königlich Preußischen Staat und Hof Berlin: Decker, 1828, 83. Stichprobenartige Untersuchungen an Personalvorgängen nach 1815 im Regierungsbezirk Erfurt zeigen, dass diese Direktoriumsfunktion ausgiebig genutzt wurde, um eingehende Personalentscheidungen im Ministerialkollegium zu präsentieren und damit die Entscheidung durch geeigneten Vortrag zu präfigurieren. Interessanterweise tauchen die noch auf den Konzepten verzeichneten Unterschriften der Oberbauräte auf den mundierten Schriftstücken, die sich heute in den Provinzialarchiven befinden, nicht mehr auf. Vgl. GStA PK, I. HA Rep. 93 B, Nr. 577.

genössischen Terminologie entsprechend, Suppliken.[129] Schon im letzten Drittel des 18. Jahrhunderts war die Stellenbewerbung im Medium der Bittschrift im Bauwesen so allgemein verbreitet, dass schwerlich eine bestimmte soziale Schicht – etwa das subalterne Beamtentum – als Träger dieser Kulturtechnik identifiziert werden könnte.[130] Wichtig scheint jedenfalls, dass der Lebenslauf in Bewerbungen das Supplikenwesen nicht ablöste. Viel eher scheint es sich um die schleichende und subkutane Veränderung einer Praxis gehandelt zu haben, die sich in die althergebrachte Supplikentradition inserierte und parallel zur Ausdifferenzierung des Berufsbeamtentums verlief. Die Konvention für das Vorliegen eines Lebenslaufs wurde deshalb nicht an der formalen Separation von Bittschreiben und Curriculum Vitae, sondern an der spezifisch narrativen Ausgestaltung von Anstellungsgesuchen festgemacht.

Konkret habe ich diejenigen Schriftstücke als Lebensläufe gewertet, in denen der Supplikant mindestens einen Absatz zu seinem beruflichen Werdegang in das Bittschreiben einbaute und die Laufbahn gleichzeitig als Argument für sein Ansuchen verwendete. Fernerhin liegt gemäß meiner Konvention nur dann ein Lebenslauf vor, wenn die Erzählung aus einer narrativen Sequenz von mindestens drei unterschiedlichen zeitlichen Episoden besteht. Bittschreiben, die beispielsweise nur die aktuelle berufliche Position schildern, wurden dezidiert ausgenommen. Hingegen muss ein Lebenslauf nach dieser Festlegung nicht notwendigerweise mit der Geburt einsetzen. Tatsächlich setzten die meisten Supplikanten ihren Lebensbericht mit den ersten Ausbildungs- oder Berufsstationen an. Oft ließen sie auch die Zeitsequenz der Ausbildung aus und begannen direkt ihre Berufsgeschichte zu erzählen. Das Ziel dieser Konventionalisierung besteht primär darin,

---

129 Zur Supplikationspraxis in der Frühen Neuzeit vgl. André Holenstein, Bittgesuche, Gesetze und Verwaltung. Zur Praxis ‚Guter Policey' in Gemeinde und Staat des Ancien Régime am Beispiel der Markgrafschaft Baden (-Durlach), in: Historische Zeitschrift. Beihefte 25 (1998), 325–357; Andreas Würgler, Voices from Among the "Silent Masses": Humble Petitions and Social Conflicts in Early Modern Central Europe, in: International Review of Social History 46 (2001), H. S9, 11–34. Bei Hofe waren Suppliken in der Frühen Neuzeit eine gängige Praxis für Stellenbewerbungen. Vgl. zum Beispiel Irene Kubiska-Scharl und Michael Pölzl, Die Karrieren des Wiener Hofpersonals (1711–1765). Eine Darstellung anhand der Hofkalender und Hofparteienprotokolle, Innsbruck 2013. Doch auch im Zeitalter der Industrialisierung verloren sie diese Funktion nicht, wie beispielsweise Klaus Tenfelde und Helmut Trischlers Anthologie von Bittschriften von Bergarbeitern zeigt. Vgl. Klaus Tenfelde und Helmut Trischler, Hg., Bis vor die Stufen des Throns. Bittschriften und Beschwerden von Bergarbeitern im Zeitalter der Industrialisierung, München 1986.
130 Zur These der Herkunft von Stellengesuchen aus dem subalternen Milieu vgl. Timo Luks, Die Bewerbung. Eine Kulturtechnik des 19. Jahrhunderts, in: Merkur. Zeitschrift für europäisches Denken 73 (2019), H. 844, 34–45, hier: 37.

2 Lebensläufe in der technischen Verwaltung — 43

ein spezifisches narratives Muster zu isolieren, dass die Darstellung von Ausbildungs- und Tätigkeitsepisoden nutzt, um das berufliche Weiterkommen zu sichern.

Anhand einer selektiven Auswertung von über 200 Bewerbungsprozessen (die Auswahl erfolgte aus dem Bauinventar nach den Stichworten „Gesuch" und „Bewerbung") aus der Zeit von 1770 (Einrichtung des Oberbaudepartements) bis 1848 (Auflösung der Technischen Oberbaudeputation) lässt sich erkennen, dass Bewerber für die Bauverwaltung bereits während des preußischen Ancien Régime in ca. 32% aller Bewerbungsschreiben auf lebenslaufartige Erzählstrukturen zurückgriffen (Tab. 2). Lässt man die napoleonische Übergangszeit (1806–1815) außer Acht, erhöhte sich die Zahl nach den preußischen Reformen auf 40% aller Stellengesuche. Der Anteil von Lebensläufen im Bewerbungsprozess ist also über den gesamten Untersuchungszeitraum signifikant und wuchs im Zuge der postnapoleonischen Restrukturierung und fortgesetzten Professionalisierung der Bauverwaltung noch weiter an. Die Anzahl der expliziten und als Lebenslauf betitelten Dokumente pendelt während der gesamten Zeit hingegen auf relativ niedrigem Niveau. Dies spricht für die Hypothese, dass die Genese des Lebenslaufs über die Praxis und Rhetorik von Suppliken rekonstruiert werden muss und sich das Curriculum Vitae als eigenständige, vom Stellengesuch abgetrennte Form in Initiativbewerbungen wohl erst später massenhaft verbreitete.[131] Allerdings finden sich durchaus organisatorische Ausnahmesituationen in anderen administrativen Bereichen, in denen Bewerber die Verwaltung mit Lebensläufen und lebenslaufartigen Suppliken geradezu überfluteten. Nach 1815 strömten beispielsweise zahllose Bewerbungsschreiben in die Registraturen der gerade neu etablierten Provinzen Jülich-Kleve-Berg und Niederrhein, die eine ungeheure Menge an Lebenserzählungen (teils auch explizit als ‚Lebenslauf' oder ‚Curriculum vitae' benannt) enthielten.[132]

---

131 Historische Untersuchungen hierzu fehlen bisher weitestgehend. Im Bauwesen finden sich abgetrennte Lebensläufe vor allem dann gehäuft, wenn die Verwaltung von der sachthematischen Personalaktenführung zur personenbezogenen Einzelakte umstellt, ca. ab 1848. Hier wurden die Lebensläufe, die zur Baumeisterprüfung erforderlich waren, an den Anfang der Akte geheftet. Für Bewerbungen finden sich in diesen Akten auch in der zweiten Hälfte des 19. Jahrhunderts keine Vorschriften zur Einreichung separierter Lebensläufe. Für den amerikanischen Kontext wurde ein Entstehungszusammenhang konstatiert, der die Etablierung des Lebenslaufs über Lehrbücher von Business Schools nach dem Ersten Weltkrieg nahelegt. Auch hier war der Lebenslauf (bzw. das *Resume*) aber zu Beginn noch in die Rhetorik des Bewerbungsanschreibens eingebettet und wurde erst später hiervon separiert. Vgl. Popken, The Pedagogical Dissemination of a Genre, 100.
132 Die Registratur des Oberpräsidenten der Provinz Jülich-Kleve-Berg und der Bezirksregierungen von Düsseldorf und Koblenz etwa führen jeweils eine eigene Kategorie ‚Anstellungsge-

Tab. 2: „Bewerbungen" und „Gesuche" um Positionen in der preußischen Bauverwaltung (Kondukteur, Baumeister, Bauinspektor, Baudirektor, Baurat), 1770–1848. Quellen: GStA PK, BLHA, LASA (Magdeburg).

	Gesamt	Lebenslauf separat	Lebenslauf in Supplik	Ohne Lebenslauf	Bewerbungen mit Tätigkeitsverweis
1770–1806	117	4 (3,4%)	33 (28,2%)	80 (68,4%)	96 (82%)
1815–1848	102	4 (3,9%)	37 (36,3%)	61 (59,8%)	77 (75%)
1770–1848	219	8 (3,7%)	70 (32,0%)	141 (64,3%)	173 (80%)

Die im Bereich des Bauwesens versammelten 78 Lebensläufe wurden um all jene Texte ergänzt, die im Inventar explizit als ‚Lebenslauf' ausgewiesen wurden (n = 32), so dass die Auswertung auf einer Gesamtzahl von 110 Lebensläufen basiert. Einzelne Analysen von früheren bzw. späteren Dokumenten sind dabei jedoch nicht ausgeschlossen. Das gemeinsame Element, das all diese Lebensläufe zusammenhält und sie von anderen Formen des autobiographischen Schreibens unterscheidet, ist neben ihrer instrumentellen Verwendung die beinahe ausschließliche Fokussierung der Erzählung auf den beruflichen Werdegang; Lebenszeitelemente, die dem bürgerlichen oder privaten Leben zuzurechnen sind, werden von den Verfassern in der Regel ausgeschlossen. Diese Spezifität erlaubt daher auch, das Konglomerat heterogener Texte unter der Rubrik einer Form zu fassen, die genealogisch auf den heutigen Lebenslauf perspektiviert ist.

d) Kleine Lebenslauftypologie

Um einen besseren Überblick über die in dieser Studie versammelten Lebensläufe zu gewinnen, sollen sie an dieser Stelle in einer kleinen Typologie in verschiedene narrative Idealtypen aufgeschlüsselt werden. Für Idealtypen gilt das Weber'sche Diktum des heuristischen Nutzens; sie sind nicht als in Stein gemeißelte Kategorien anzusehen, sondern sollen vor allem der besseren Überschau-

---

suche' auf, die allein für den Zeitraum von 1816–1821 jeweils Dutzende Aktenkonvolute à 30–40 Bewerbungen enthalten. Landesarchiv Nordrhein-Westfalen Rheinland (LAV NRW R), BR 2 1512–1533; LAV NRW R, BR 4, Nr. 303–311, 1626–1633; Landeshauptarchiv Koblenz, Best 441, Nr. 4727–4746. Für eine partielle Auswertung dieses Bestands vgl. Stephan Strunz, Turbulente Lebensläufe: Multivalente Bewerbungsstrategien für den preußischen Staatsdienst nach 1815, in: Administory: Zeitschrift für Verwaltungsgeschichte 5 (2020), 200–215.

barkeit des Materials dienen.¹³³ Die Kapitel der Arbeit werden die einzelnen narrativen Typen nicht chronologisch abarbeiten, sondern sich iterativ immer wieder bestimmten Teilaspekten zuwenden. Natürlich kommt es in den konkreten Bewerbungsakten immer auch zu Überschneidungen mehrerer Typen, in Reinform sind sie selten anzutreffen. Gemeinsam ist fast allen Lebensläufen ihre narrative Verfasstheit. Diese Eigentümlichkeit prädestiniert sie für multivalente Darstellungsprogramme. Diese reichen von einer Erzählung, die Diensttreue ausstellt und souveräne Gnade anruft, bis hin zu einer Lebensgeschichte, die die professionelle Verdiensthaftigkeit herauskehrt und auf Karrieren maßschneidert. Dabei ist unverkennbar, dass der Modernisierungsschub der preußischen Reformen ältere Konventionen und Beamtenideale, allen voran die Herausstellung landesherrlicher Treue, zugunsten von Karriereerzählungen verdrängt (Abb. 2).

Die traditionellen Erzählelemente in Lebensläufen des Ancien Régime sind *Treue* und Loyalität zum Fürsten. Diese Schreibweisen des Lebenslaufs zielen auf die Darstellung von Dienstreue und Dienstlänge. Das Prinzip der Treue zu einem Herrscher steht dabei ganz in der Tradition des frühneuzeitlichen Fürstendiensts, für den weniger konkrete Fähigkeiten und Kenntnisse Insignien der Vorzüglichkeit waren als die unbedingte Loyalität zum Landesherrn.¹³⁴ Die Erzählung von *Karrieren* gehört hingegen zu den modernisierenden Formen der Zeit; ihre Zahl nimmt erst nach 1800 bedeutend zu. Sie sind gleichzeitig untrennbar mit der Vorstellung einer linear-aufstrebenden Laufbahn verbunden. Karriereorientierung bedeutet, dass der Lebenslauf je nach angestrebter Stelle immer wieder neu erzählt werden kann und einzelne, unpassend erscheinende Lebenszeitsequenzen bewusst ausgelassen werden. Damit liefert der Lebenslauf auf der Ebene der Darstellung die Bedingung für seine eigene Fortsetzbarkeit. Parallel dazu nimmt ab 1800 auch die Erzählung von persönlichem *Verdienst* signifikant zu. Beide Erzählweisen des Lebens korrelieren mit der Transformation des Beamten vom Fürsten- zum Staatsdiener.¹³⁵ Charakteristische Merkmale dieser Spielart, die auch oft eine Karriereorientierung aufweist, sind die Herausstellung einer besonderen Auszeichnung vergangener Aktivitäten und der Vergleich mit anderen Staatsdienern. Gerade dann, wenn sich mehrere Per-

---

133 Vgl. Weber, Wirtschaft und Gesellschaft, 3.
134 Zum Treueideal in der Beamtenethik vgl. Michael Stolleis, Grundzüge der Beamtenethik (1550–1650), in: Staat und Staatsräson in der frühen Neuzeit, 197–231, Frankfurt a. M. 1990, 198–199; zum Treueprimat des Fürstendieners vor 1800 vgl. Robert Bernsee, Moralische Erneuerung. Korruption und bürokratische Reformen in Bayern und Preußen, 1780–1820, Göttingen 2017, 176–178.
135 Zur Transformation von Fürsten- in Staatsdiener vgl. Bernsee, Moralische Erneuerung, 178–183.

sonen auf eine Stelle bewerben und damit ein Kampf um knappe Ressourcen entbrennt, stellen Bewerber den Mehrwert der eigenen professionellen Vergangenheit aus.

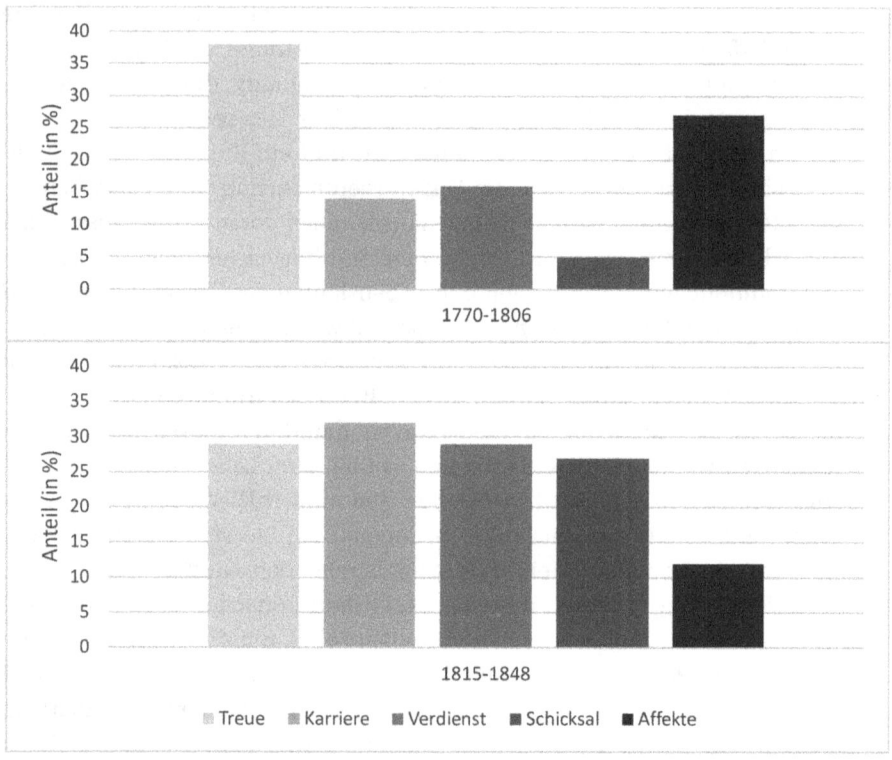

Abb. 2: Narrative Topoi zwischen 1770 und 1848 in Lebensläufen der preußischen Baubeamten. Quellen: GStA PK, BLHA, LAV NRW R, LASA.

In den Akten finden sich aber auch Lebensläufe, die nicht ausschließlich den beruflichen Werdegang zur Geltung bringen. Lebensläufe, die *Affekte* ausstellen, sind stark im rhetorischen Modus des Supplikenwesens verwurzelt.[136] Genauso wie bei der Erzählung von Schicksalsschlägen erkennen die Bewerber in ihrer Laufbahnerzählung einen grundlegenden Mangel, dem sie versuchen

---

136 Vgl. Otto Ulbricht, Supplikationen als Ego-Dokumente. Bittschriften von Leibeigenen in der ersten Hälfte des 17. Jahrhunderts, in: Ego-Dokumente. Annäherungen an den Menschen in der Geschichte, hg. von Winfried Schulze, Berlin 1996, 151–174, hier: 151.

über Affektmobilisierung und flehentliche Gnadenbitten Abhilfe zu verschaffen. Sie schwinden mit dem Übergang zur reformierten preußischen Verwaltung. Das *Schicksal* in Form von Ereignissen wie Kriegen, Krankheiten oder Familiennotständen stiftet hingegen Erzählanlässe, die die Absenz einer adäquaten Karriereprogression legitimieren sollen. Diese Erzählweisen verzeichnen nach den Befreiungskriegen ein starkes Wachstum, da die napoleonische Zeit oftmals Karrieren hemmt und Bewerber deshalb nach Rechtfertigungsgründen suchen.

Während vor dem Jahr 1800 mehr als 60% aller Bewerber ungünstige Affekte und/oder Loyalitätsbekundungen als Hauptargumente in Lebensläufen verwenden, ändern sich diese Zahlen deutlich für den Zeitraum zwischen 1806 und 1848. Hier machen sie nur noch in 40% der Lebensläufe das vorherrschende narrative Motiv aus. Im Vergleich dazu steigen Lebenserzählungen, die individuelle Verdienste und/oder Karriereerzählungen als hauptsächliche narrative Topoi nutzen, von 30% (1770–1806) auf 60% (1806–1848). In all diesen Fällen wird der Lebenslauf zu einer linearen Erzählung stilisiert, die sich über einige wenige Seiten erstreckte. Die in heutigen Lebensläufen übliche tabellarische Anordnung ist damals noch unüblich.

Insgesamt lässt sich festhalten, dass die Lebensläufe als Texte *on demand* – stets kurz und knapp gehalten – nicht mehr dem individuellen Begehen einer Selbstautorschaft entspringen, sondern den Erfordernissen eines immer stärker auf Lebensdaten fokussierten Rekrutierungsapparats Rechnung tragen. Egal welche Laufbahnspielart (sei es verdienstvoll-karriereartig oder affektiv-treu) erzählt wird, sie wird immer im Kalkül für die Verwaltung dargestellt. Alle Lebensläufe bringen ihre Protagonisten als Subjekte einer spezifisch kodierten Verwaltungskultur hervor, die sich um 1800 vom Fürsten- zum Staatsdienst verschiebt. Als institutionelle Schreibweisen sind sie damit *a priori* an die formalen Erfordernisse der Bürokratie rückgekoppelt.

3 Der Tod als Geburtshelfer administrativer Laufbahnen

Im Gegensatz zur zeitgenössischen Publizistik, aber auch zu populären Thematisierungen in Lexika, finden sich in den Akten der preußischen Verwaltung also sehr häufig Bewerbungen und Lebensläufe, die im Kern kurze und konzise Karrieren geltend machen. Diese Texte stellten nicht nur Laufbahnen aus, sondern trugen durch ihre performativen Eigenschaften auch zur konkreten Verwirklichung und Fortsetzung von Karrieren bei. Dies wirft die Frage auf, in welchem Verhältnis diese ‚neuen' Lebensläufe zur Tradition des gelehrten Lebenslaufs und zum alten Laufbahnbegriff stehen. Wie konnte sich semantisch und praxeologisch eine tiefgreifende Umwertung des Lebenslaufs (von der geschlossenen Laufbahn zur offenen Karriere) vollziehen, ohne Eingang in poetologische Reflexionen zu finden? Die prozedurale Transformation von ‚alten' in ‚neue' Lebensläufe um 1800 soll beispielhaft auf der Ebene eines für beide Textformen stilbildenden Elements nachvollzogen werden.

An der Darstellung und Funktion des Todes lässt sich zeigen, wie radikal sich die Homonymie zwischen dem Lebenslauf der Leichenpredigt des 18. Jahrhunderts und seinem zeitgenössischen administrativen Korrelat ausdrückte. Der Tod steht in beiden Textsorten zwar buchstäblich an der äußeren Grenze der Erzählung, zeigt aber genau in dieser Limesfunktion die zwei diegetischen Pole des jeweiligen Schreibens an. Denn während in der Leichenpredigt der eigene Tod die Vervollkommnung der Existenz und Erfüllung der Erzählung anzeigt, gibt erst der fremde Tod den entscheidenden Anstoß für die Erzählung eines Bewerbungs-Lebenslaufs. Und dies ist nicht zuletzt Effekt einer Umformatierung.

Es ist offensichtlich, dass der Tod die Bedingung der Möglichkeit des Lebenslaufs in der Leichenpredigt darstellte. Der Anlass für die Erzählung des Lebens war das eigene Ende und von dieser Perspektive aus rollte der Prediger die Laufbahn des Protagonisten auf. Diese grundlegende Ausrichtung spiegelte sich auch in der Diegese wider. Der Lebenslauf des meist bürgerlichen oder adeligen Subjekts war aus Geburt, Schulzeit, Ausbildung, Berufsleben, Reisen, Krankheit und der Todesszene aufgebaut.[137] Die Position, die eine Person am Ende ihres Lebens einnahm, war ein Zustand der beruflichen und religiösen Erfüllung. Ihre gesamte Lebensgeschichte deutete genau auf diesen Moment hin und wurde in der Erzählung oft bereits auf den ersten Seiten vorweggenommen.[138] Jeder Tod indizierte ein zwar manchmal unvorhergesehenes und furchteinflößendes, letztendlich aber immer frommes und zeitiges Hinwegscheiden. Die unsterbliche Seele wurde vom sterblichen Körper abgelöst und ging ein in das ewige Reich Gottes.[139] Das Sterben selbst folgte einer genau festgelegten Dramaturgie, die sich im Einklang mit den Konventionen des Zeitalters befand.[140] Anfangs noch widerstrebend akzeptiert das Subjekt in diesen Texten bald das unabänderliche

---

137 Vgl. Lenz, Zur Funktion des Lebenslaufes in Leichenpredigten, 93–98.
138 Vgl. Moore, Patterned Lives, 41–51.
139 Vgl. Moore, Patterned Lives, 78.
140 Vgl. David B. Morris, A Poetry of Absence, in: Cambridge Companion to Eighteenth-Century Poetry, hg. von John E. Sitter, Cambridge 2012, 225–248, hier: 232.

Schicksal, es liest Erbauungsliteratur, singt und betet; Freunde, Familie und Prediger versammeln sich um sein Krankenbett; es verfügt seinen letzten Willen, beichtet seine Sünden, empfängt das letzte Abendmahl, verabschiedet sich und verstirbt ‚sanft und selig'.[141] Noch wichtiger war die Bedeutung des Todes für die Leserschaft der Leichenpredigt. An der Idealität des Sterbens und Hinwegscheidens sollten sich Angehörige und Freunde ein Beispiel nehmen, der fromme Tod musste Erbauungsfunktion übernehmen und sollte die Gemeinde im Glauben bestärken und auf den eigenen Tod vorbereiten.[142]

Auch in den Lebensläufen der Verwaltung spielt der Tod eine eminente Rolle, auch hier setzt er die Erzählung in Gang. Dies ist zunächst dem banalen Umstand geschuldet, dass vor allem der Tod eines vorgesetzten Beamten zum Verfassen eines Bewerbungsschreibens führte.[143] In der preußischen Verwaltung des späten 18. Jahrhunderts gab es im Wesentlichen zwei Ereignisse, die zu einer Vakanz führten. Entweder wurde ein Stelleninhaber zu einem höheren Posten befördert oder er verstarb im Amt. Gesetzliche Pensionsansprüche existierten vor den 1820er Jahren nicht, der Souverän gewährte nur in Ausnahmefällen eine Gnadenpension.[144] Ein Amt wurde damit grundsätzlich auf Lebenszeit verliehen und auf Lebenszeit ausgeübt.[145] Aus diesem Grund war der Tod von Kollegen oder Vorgesetzten ein Ereignis von enormer Wichtigkeit, es bot eine der wenigen Möglichkeiten für beruflichen Aufstieg. Die Lebensläufe, die im Zuge von Bewerbungsverfahren eingereicht wurden, sind ein Zeugnis für die Zentralität des Todes in der Verwaltung – eines Todes aber, der vollkommen anders dargestellt wird als in der Leichenpredigt.

Der Tod in der Leichenpredigt und im Bewerbungsschreiben folgt zunächst zwei unterschiedlichen Eigenzeiten. Die Ästhetisierung des Todes im Lebenslauf

---

141 Werner F. Kümmel, Der sanfte und selige Tod. Verklärung und Wirklichkeit des Sterbens im Spiegel lutherischer Leichenpredigten des 16. bis 18. Jahrhunderts, in: Leichenpredigten als Quelle historischer Wissenschaften, Bd. 3, hg. von Rudolf Lenz, Marburg 1984, 200–218; Peter Assion, Sterbebrauchtum in Leichenpredigten, in: Lenz, Leichenpredigten als Quelle historischer Wissenschaften, Bd. 3, 230–238.
142 Vgl. Moore, Patterned Lives, 78.
143 Vgl. mit diesem Befund auch: Luks, Die Bewerbung, 43.
144 Vgl. Friedrich Wilhelm III. von Preußen, Pensions-Reglement für die Civil-Staatsdiener vom 30. April 1825, in: Das Pensions-Wesen im Königreich Preußen. Sammlung der Reglements und Verordnungen über die Pensionierung der Offiziere und der übrigen Militair-Personen vom Feldwebel abwärts sowie der unmittelbaren und mittelbaren Staatsbeamten, hg. von W. J. Berlin, Magdeburg/Leipzig 1857, 52–54, hier: 52; Hansjoachim Henning, Die deutsche Beamtenschaft im 19. Jahrhundert. Zwischen Stand und Beruf, Wiesbaden 1984, 24; Hattenhauer, Geschichte des Beamtentums, 126.
145 Vgl. Hattenhauer, Geschichte des Beamtentums, 126.

der Leichenpredigt war szenisch und entsprach einer sorgfältig durchchoreografierten Bühnenhandlung, die die zeitgenössischen Ideale, aber auch deren vorsichtige Abweichungen vom richtigen Sterben und den dazu nötigen Vorbereitungen zum Ausdruck brachte. Es handelte sich um eine regelrechte *ars moriendi*.[146] Nicht nur die erzählte Zeit des Sterbens erstreckte sich teilweise über Tage und Wochen, auch die Erzählzeit zollte der temporalen Exzeptionalität des Sterbens Tribut und dehnte sich mitunter über mehrere großformatige Seiten aus.[147] Ganz anders in den Lebensläufen der Verwaltung. Hier scheint die gesamte narrative Struktur invertiert: Was in der Leichenpredigt Kulminations-, Höhe- und Endpunkt der Erzählung war, rückt hier an die erste Stelle der Diegese. Gleichzeitig zieht sich die lange Dauer des Sterbens implosionsartig in sich selbst zurück und wird beinahe vollkommen aus der Erzählung getilgt. Alles kristallisiert sich stattdessen in dem einen entscheidenden Augenblick, der, verdichtet auf ein Wort, die endgültige Statusveränderung eines Kollegen anzeigt.

> Da nun alhier der Krieges- und Domainen-Rath Feldmann mit Tode abgegangen, welcher zugleich die Bedienung als Schloß-Baumeister gehabt hat So unterbiete ich mich Ew[er] Königlichen Majestät allerunterthänigst zu bitten, diesen vacant gewordenen Schloß-Baumeister Dienst [...] mir allerhuldigst zu ertheilen.[148]

---

146 Johann C. Erdmann, Das letzte Glaubensbekenntniß eines sterbenden Lehrers, der seiner Gemeine auch nach seinem Abschiede noch nützlich zu werden sucht . bey dem am 23. September 1774. veranstalteten öffentlichen Leichenbegängnisse des ... Herrn Carl Gottlob Hofmanns der heiligen Schrift hochberühmten Doctoris, und der Gottesgelahrheit Professoris publici primarii, Wittenberg 1774, 44–45. Zum Begriff der *artes moriendi* vgl. Philippe Ariès, Geschichte des Todes [1974], 9. Aufl., München 1999, 138–141.
147 Zeitgenössische Beispiele aus Preußen: Georg C. F. Gieseler, Zum Gedächtnis des Herrn Georg Heinrich Westermann: gewesenen Königl. Preuß. Consistorialraths, Superintendenten des Fürstenthums Minden und ersten Predigers zu Petershagen, Hannover 1797, 47; Erdmann, Das letzte Glaubensbekenntniß eines sterbenden Lehrers [...], 44–45; Ernst W. von Happe, Stand-Rede, Welche Bey dem Leichen-Begängniß, Weyland Seiner Excellentz Des Hoch-Wohlgebohrnen Herrn, Herrn Georg Christoph von Kreytzen, Seiner Königlichen Majestät in Preussen, [et]c. Hochbestallten General-Lieutenants von der Infanterie, Obristen über ein Regiment Füsiliers, Amts-Hauptmanns zu Egeln, [et]c. nachdem Selbiger dieses zeitliche Leben den 21sten Apr. 1750. geendiget, gehalten worden, Breslau 1750, 31–32; Christoph Sucro, Die allernöthigste Bitte, So alle Menschen in der kurtzen und ungewissen Zeit ihres Lebens, zu allervörderst, vor GOtt zu bringen haben, wurde, Als Ihro EXCELLENCE, der weyland Hochwohlgebohrene Herr, Carl Friedrich von Dacheröden, aus dem Hause Thalebra, Sr. Königl. Majestät in Perussen, hochbetrauter Präsident der hohen Landes-Regierung [...] im Hertzogthum Magedburg [...] vorhero zur Ruhe gebracht, Magdeburg 1742, 74–75.
148 GStA PK, II. HA GD, Abt. 14, Kurmark, Tit. IX Nr. 3, fol. 42, Supplik von Baumeister Carl Samuel Schmidt an Friedrich II., 21. Oktober 1765 [Hv. i. Orig.].

Erst von diesem initialen Ereignis aus kann der eigene Lebenslauf erzählt werden. In der zeitgenössischen Ratgeberliteratur ist man sich dieser ereignishaften Zündfunktion des Todes bewusst. Er dient als Vehikel, das einer mit näheren „Umständen" ausstaffierten Bitte „Veranlassung" für deren Vortrag gibt. Jene „Veranlassung" wird von dem auch in Preußen rezipierten Joseph von Sonnenfels als „Ereignung" begriffen, die sowohl Bittsteller als auch Adressat bekannt ist und die in die Supplik „in wenigen Worten einflüssen kann: wie z. B. an dem Gesuche um eine Bedienung, durch Beförderung, durch Todesfall offen geworden."[149] Im strukturellen Vergleich mit der Leichenpredigt wird damit klar, dass der Tod auch im Bewerbungsschreiben eine Möglichkeitsbedingung für die Erzählung von Lebensverläufen konstituiert. Und doch könnten die beiden Funktionen nicht entgegengesetzter sein. Denn während das Subjekt des erzählten Lebens und Todes in der Leichenpredigt konvergierte, der Tod überhaupt die Bedingung für eine Rekapitulation des in sich geschlossenen Lebenskreises stiftete, muss es im Bewerbungsschreiben geradezu notwendigerweise divergieren: Nur weil ein anderer stirbt, kann das eigene Leben erzählt werden und nur weil der Lebenslauf eines anderen beendet ist, kann an der Fortsetzung des eigenen mit neuer Kraft gearbeitet werden. Der Tod des anderen wird als zündender Funke genutzt, der die Erzählung des eigenen Lebenslaufs entfacht.

> Euer Excellenz wollen meine Bitte anzunehmen geruhen, mit welcher ich mich Höchst demselben ehrfurchtsvoll nahe. Sie betrifft die gnädige Verleihung der, durch das Absterben des Bauconducteurs Brix in Montjoie hiesigen Regierungs-Bezirks erledigten 4ten Wegebau-Conducteur Stelle. Ich verfehle hierbei nicht Euer Excellenz mein Curriculum vitae als ein Beleg angeschlossen ganz unterthänigst vorzulegen, daß ich dem Staate manchen Dienst geleistet [...].[150]

Anders als in der Leichenpredigt ist der Tod in der Verwaltung frei von religiösen Konnotationen. In der Leichenpredigt wurden meist theologisch aufgeladene Synonyme für das Sterben wie „entschlafen", „hinwegscheiden", „seinen Geist aufgeben", „aufgelöst werden", oder „die Seele übergeben" verwendet. Oft wurden diese Verben in sukzessiven Reihungen miteinander kombiniert, um unterschiedliche Stadien der Seelenwanderung zu bezeichnen. Als etwa der Gelehrte Carl Gottlob Hoffmann 1774 verstarb, wurde sein funeraler Lebenslauf mit den Worten eingeleitet „der Kranke blieb inzwischen in der freudigsten Erwartung, um bald aufgelöst, und mit seinem Heilande näher vereinigt zu wer-

---

[149] Joseph v. Sonnenfels, Über den Geschäftsstyl. Die ersten Grundlinien für angehende österreichische Kanzleybeamten, Wien 1784, 92–93.
[150] GStA PK, I. HA Rep. 93 B, Nr. 518, fol. 203, Eingabe von Baukonduktor Bernhard Adolph Ludwig Ilse an Handelsminister Hans von Bülow, 9. November 1824 [Hv. i. Orig.].

den." Daraufhin fiel der Sterbende „in einen sanften Schlummer, und sein Geist gieng am Montage Abends um 8 Uhr in die selige Ewigkeit". Sein Sterben galt dem Prediger als besonders beispielhaft, weshalb er den Lebenslauf mit dem Sinnspruch beschloss: „So sanft entschläft der Gerechte, der auch im Tode getrost ist."[151] In der Verwaltung ist das begriffliche Arsenal hingegen gänzlich anders gelagert. Phrasen und Verben wie „ist mit Tode abgegangen", „absterben" oder gar „durch den Tod desselben wurde dessen Stelle erledigt" zeigen an, dass der Tod hier in keiner Weise als spiritueller Übergang figuriert. Stattdessen tritt man dem Tod des anderen mit distanzierter Unbeteiligtheit entgegen. Sogar Pastoren, die Autoren und Oratoren von funeralen Lebensläufen, zeigen in ihren Bewerbungsschreiben vor allem Interesse für die bürokratischen Effekte, die der Tod von Kollegen anzeigt.

> Am 26sten dieses Monats ist der gute Herr Pastor Berlin in Uhrsleben in Folge eines Schlagflußes schnell gestorben und durch diesen Todesfall die dasige Pfarre vakant geworden. Da nun von jeher durch die Gnade des Herrn Patrons der Pfarrer in Ostingersleben entweder nach Bregenstedt oder nach Eimmersleben oder auch nach Uhrsleben versetzt worden ist, so wage auch ich es einen freudigen Blick der Hoffnung zu Ew[er] Excellenz zu erheben und ganz unterthänigst und gehorsamst zu bitten: Ew[er] Excellenz möchten die hohe Gnade haben, durch eine Hochgeneigte Verleihung der in Uhrsleben nun vakant gewordenen Pfarre mein irdisches Glück ganz vollkommen zu machen und mich unendlich dadurch zu verpflichten.[152]

Der Tod im bewerbungsbasierten Lebenslauf erscheint als ein natürliches Ereignis nur insofern, als dass er mit bestimmten administrativen Effekten verbunden ist. Der wichtigste davon ist die mit dem Tod zusammenfallende Freiwerdung oder Vakanz einer Stelle. Frei werden die *personae* von Organisationen, deren Stellvertreter in letzter Konsequenz immer kontingent und ersetzbar sind.[153] Der Tod fällt damit unter jene „technisch beliebige[n] Kontinuitätsunterbrechungen",[154] die in Organisationen eine Neuzuordnung von Person und Stelle ermöglichen. Damit ist die zentrale Frage für Bewerber auch nicht, wer – quasi als Eigenname – verstorben ist, sondern vielmehr welche organisatorische Rekonfiguration dieser oder jener Tod anzeigt. Anders als im Lebenslauf der Leichenpredigt, in der ein wichti-

---
151 Erdmann, Das letzte Glaubensbekenntniß eines sterbenden Lehrers [...], 44–45.
152 LASA, H 66, Nr. 3447, fol. 13, Supplik von Pfarrkandidat Wisliceny an Finanzminister Albrecht von Alvensleben, 30. Juni 1841.
153 Vgl. Kerstin Stüssel, In Vertretung. Literarische Mitschriften von Bürokratie zwischen früher Neuzeit und Gegenwart, Berlin 2004, 33–35.
154 Niklas Luhmann, Weltzeit und Systemgeschichte. Über Beziehungen zwischen Zeithorizonten und sozialen Strukturen gesellschaftlicher Systeme, in: Soziologie und Sozialgeschichte, hg. von P. C. Ludz, Opladen 1973, 81–115, hier: 100.

ges Element des Sterbeprozesses immer auch in der Abfassung des Testaments und letzten Willens, und damit in Fragen der Güterübertragung bestand, hat der Sterbende in der Verwaltung nichts zu vererben, was ihm in irgendeiner Weise als legaler Person zukommen würde. Vielleicht, so könnte man argumentieren, setzt mit dem Tod in der modernen Verwaltung daher eine Form ein, in der der Verstorbene nichts Wertvolleres zu vermachen hat als die eigene Stelle, die ihm gleichzeitig aber eben nicht gehört und deswegen auch nicht testamentarisch übertragen werden kann.[155] Im Lebenslauf der Verwaltung ist der Tote also strikt vom Tod getrennt, er selbst (und nicht der Verstorbene) wird zu einer Agentur, die eine Bresche in das personelle Gefüge schlägt. Aus dieser Perspektive betrachtet ist es nicht einmal notwendig physisch zu sterben. Was ein zeitgenössisches Bewerbungsschreiben als „moralischen oder auch bürgerlichen Tod"[156] beschreibt, ist ebenso hinreichend, weil ein durch Infamie bescholtener Bürger fortan von sämtlichen Amtsgeschäften entbunden war und seine Stelle damit frei wurde.

Der Tod ist also ein natürliches Ereignis, das Organisationspositionen verflüssigt; er führt zu einer Reihe von Beförderungen, nicht nur um den Posten des Verstorbenen zu besetzen, sondern in Konsequenz auch die Posten der daraufhin Beförderten. Der Tod eröffnet damit einen beruflichen Möglichkeitsraum und facht die Hoffnung der Staatsdiener an, er stattet Beamte beinahe wortwörtlich mit neuer Lebenskraft aus:

> Durch den am 21ten Mai dieses Jahres erfolgten Tod des hiesigen Stadtgerichts-Actuar Eimbke, ereignete sich [...] wieder eine Gelegenheit, die mich nach so vielen fruchtlos abgelaufenen Versuchen, und nach einer zwanzigjährigen sauren Dienstzeit, mit neuer Hoffnung zu einer Verbesserung belebte.[157]

Wer bei organisationsinternen Rochaden erfolgreich sein will, muss sich gut auf den Tod von Kollegen vorbereiten. Der Tod in der Bürokratie ist deshalb ein Tod, der antizipiert werden muss. Es entwickelt sich eine regelrechte *ars moriendi* bürokratischen Typus, bei der Bewerber allerdings nicht für das eigene, sondern das fremde Sterben Vorsorge treffen. Um sich auf Stellen zu bewerben,

---

155 Damit stünde eine zumindest formal kontingente Stellenbesetzung auch in Widerspruch zur älteren Praxis der Ämtervererbung in familiären Dynastien. Vgl. Wolfgang Neugebauer, Zur neueren Deutung der preußischen Verwaltung im 17. und 18. Jahrhundert, in: Moderne preußische Geschichte 1648–1947, Bd. 2, hg. von Otto Büsch und Wolfgang Neugebauer, Berlin 1981, 541–597, hier: 563–564.
156 LASA, F 38, V A Nr. 8, Bd. 2, fol. 80, Supplik von Schichtmeister Lagrange an das Oberbergamt Halle, 24. April 1822.
157 GStA PK, II. HA GD Abt. 14 Kurmark, Tit. CXV, Sect. W Nr. 28, fol. 139, Supplik von Aktuar Johann Otto Lindhorst an das Generaldirektorium, 14. Oktober 1791.

ist es beispielsweise notwendig, so schnell wie möglich vom Tod verstorbener Beamter zu erfahren, um im Wettlauf um Aufmerksamkeitskapazitäten bei der Zentralbehörde zu bestehen. Ein geeignetes Medium dafür sind die sich in der zweiten Hälfte des 18. Jahrhunderts verbreitenden Todesanzeigen in Intelligenzblättern.[158] Vor dem Auftauchen von öffentlichen Stellenausschreibungen scheinen Todesanzeigen zumindest partiell deren Funktion ausgeübt zu haben.[159] Brisant an der Genealogie der öffentlichen Todesanzeige ist, dass sie sich nicht aus dem Memorialschrifttum herleitet, sondern aus der Geschäftskommunikation. Die erste, 1753 publizierte Todesanzeige im *Ulmer Intelligenzblatt* erschien etwa unter der Rubrik „Vermischte Nachrichten" neben Stellengesuchen und Geschäftsangeboten. Der dort angezeigte Tod von Johann Albrecht Cramer legte das Gewicht wie die zeitgenössischen Bewerbungsschreiben nicht auf das Subjekt des Todes, sondern dessen Amtsverhältnisse.[160]

Bewerber beziehen sich in ihren Lebensläufen nur in seltenen Fällen auf die Informationsquelle der Todesnachricht. Ein Anschreiben, das die Bitte mit den Worten „eine andere vor einigen Tagen durch die Berliner Zeitung mir erst bekannt gewordene Vacanz"[161] einleitet, legt aber nahe, dass die Nachrichtenökonomie des aufstrebenden Zeitungswesens ab 1800 eine immer gewichtigere Rolle spielt. Wie stark sich Bewerber an Todesanzeigen orientieren, geht aus ihren Bewerbungsschreiben jedoch nicht hervor. Sie waren aber bei weitem nicht das einzige Medium zur Kommunikation von Todesfällen. Viele Bewerbungen trafen zu spät ein, denn bis eine Todesanzeige gedruckt war und das Bewerbungsschreiben aus der fernen Provinz in Berlin einging, vergingen oft Wochen. Ein verspäteter Baukonducteur entschuldigt sich 1785 beispielsweise mit den Worten „da ich von diesem Todesfall, der Entlegenheit wegen so spät erfahren habe."[162] In vielen Fällen war der Posten dann bereits besetzt und der Bewerber wurde beschieden, dass in der Zwischenzeit „wegen Wiederbesetzung dieser Stelle [...] bereits Vorschläge geschehen" seien und dem Kandidaten deswegen „keine Hoffnung gemacht werden" könne.[163]

---

158 Vgl. Günter Oesterle, Geschichte und Verfahren der kleinen Gattung Annonce und ihre konstitutive Bedeutung in Heinrich von Kleists Novelle *Marquise von O ...*, in: Jäger, Matala, Vogl, Verkleinerung, 39–58, hier: 42.
159 Vgl. Luks, Die Bewerbung, 43.
160 Vgl. Petra Möller, Todesanzeigen – eine Gattungsanalyse, Gießen 2009, 13.
161 GStA PK; I. HA Rep. 93 B, Nr. 446, fol. 136, Eingabe von Bauinspektor Schüler an Handelsminister Friedrich von Schuckmann, 5. Mai 1832.
162 GStA PK, II. HA GD, Abt. 13, Neumark, Bestallungssachen, Baubediente, Nr. 4, fol. 62, Supplik von Konducteur Carl Friedrich Weyrach an Friedrich II., 11. Mai 1785.
163 GStA PK; II. HA GD; Abt. 14, Kurmark, Tit. IX Nr. 7a, fol. 140, Reskript des Generaldirektoriums an Bauinspektor Jahn, 27. August 1803.

Mindestens genauso wichtig ist deshalb der Stellenwert von informellen Nachrichtenquellen, die Bewerber dazu verpflichten, ein gut organisiertes Informationsnetzwerk zu pflegen. Viele der eingehenden Bewerbungen stammen vielleicht aus diesem Grund auch aus der näheren geographischen Umgebung des Verstorbenen, oft von dessen direkten Assistenten.[164] Der eher mündlich-informelle Charakter des Informationsflusses schlägt sich dabei im nachrichtentechnischen Vokabular nieder, das sich in Phrasen wie „wie mir bekannt geworden ist", „wie ich in Erfahrung gebracht habe", „nachdem mir die Nachricht zugekommen ist" ausdrückt.[165] Die stets unsichere Informationslage mag ein Grund sein, weshalb sich manche Bewerber bereits dann auf Stellen bewerben, wenn deren Inhaber noch am Leben sind. Aspiranten beginnen den Tod bereits im Umkreis der ihn ankündigenden Vorereignisse zu wittern und entwickeln eine regelrechte Hermeneutik der Zeichen und Symptome. Wissen über tatsächliche oder gerüchteweise bestehende äußerliche Beeinträchtigungen eines Beamten wird als Anlass genommen, dem Empfänger den baldigen Tod des Stelleninhabers vor Augen zu malen. Ein Bergbeamter aus Berlin führt 1765 in seiner „Supplik um die Stelle des baldig ablebenden Schreibers Börner" aus, wie das „herannahende Alter" Börners einen todbringenden Faktor konstituiert, der „seine Gesundheit mehr und mehr schwächet". Mit seinem Reservierungsantrag bringt er sich gleichzeitig für den Fall des „einmaligen Ableben des p[raenominatus] Börners" in Nachfolgestellung.[166] Spekulationen über mögliche Sterbeszenarien erfolgen meist im Konjunktiv:

---

164 Bewerbungen und Lebensläufe von Assistenten etwa hier: GStA PK, II. HA GD, Abt. 13, Neumark, Bestallungssachen, Baubediente, Nr. 4, fol. 91; II. HA GD, Abt. 14, Kurmark, Tit. IX Nr. 3, fol. 44; I. HA Rep. 93 B Nr. 597, fol. 75–76; I. HA Rep. 93 B, Nr. 603.
165 Beispiele dafür: „meinen Nachrichten zufolge": GStA PK, I. HA Rep. 109 Nr. 2862, fol. 54; „wie ich in Erfahrung gebracht habe", I. HA Rep. 109, Nr. 4944, fol. 22; „nachdem mir die Nachricht von dem Ableben [...] zugekommen ist", I. HA Rep. 93 B, Nr. 445, fol. 36; „da mir bekannt geworden ist", I. HA Rep. 93 B, Nr. 500, unfoliiert.
166 LASA, F 15, V Nr. 29, Bd. 8, fol. 89, Supplik von Schreiber Johann Christoph Schleich an Friedrich II., 5. März 1765 (Abschrift). Das ‚p' steht in Akten immer dann vor dem Personennamen, wenn die betreffende Person im selben Schriftstück bereits mit Vornamen, Titeln oder Berufsbezeichnung erwähnt wurde. Vgl. Hans-Wilhelm Eckhardt, Thun kund und zu wissen jedermänniglich": Paläographie – Archivalische Textsorten – Aktenkunde, Köln 1999, 50; Elke Freier, Die Expedition des Karl-Richard Lepsius in den Jahren 1842–1845 nach den Akten der Zentralen Staatsarchivs, Dienststelle Merseburg, in: Karl Richard Lepsius (1810–1884), hg. von Elke Freier und Walter F. Reinecke, Berlin 1988, 97–115, hier: 107.

> Da mir bekannt geworden ist, daß vielleicht bald die Bauinspektor Stelle zu Gnesen im Bromberger Regierungs-Departement erledigt werden dürfte; so wage ich unter Beifügung meiner Qualifikations-Atteste, Ein Königliches Hochpreißliches Ministerium unterthänigst zu bitten, im eingetretenen Fall, mir jenen Posten gnädigst ertheilen zu wollen.[167]

Manch ein Bewerber scheint sich seiner prophetischen Kräfte auch so sicher, dass er seine Aussagen im assertiven Indikativ formuliert: „Da ich nun in Erfahrung gebracht, daß im Höchstdero untergeordneten Geschäftskreise, durch den an Altersschwäche krank darnieder liegenden Königlichen Diener Kayserling noch in diesem Jahre eine Stelle erledigt wird, deren Wiederbesetzung unausbleiblich ist [...]."[168]

Hier beeilt sich die Zentralverwaltung die Informationslage über den Vitalstatus des Erkrankten zu korrigieren und den Bewerber darauf zu verweisen, „daß über den Posten des Seehandlungs-Kanzley-Dieners Kayserling, da dieser noch am Leben; und Hoffnung zu seiner Besserung vorhanden ist, zur Zeit noch nicht disponirt werden kann."[169]

Ein ähnlicher Versuch die Dispositionsmacht über Stellen bereits *ante mortem* an sich zu reißen, zeigt sich in Bewerbungsschreiben, die vorverabredete Stellentransfers geltend machen wollen. Der Assistent von Landbaumeister Schultze eröffnet seinen Lebenslauf etwa mit einer angeblich informell vereinbarten Übergaberegelung, die nur durch den vorzeitigen Tod Schultzes nicht besiegelt wurde: „Bei Lebzeiten des Schultze stand ich mit demselben wegen Abtretung seines Postens in Unterhandlung, der Tod hat solche unterbrochen und nicht zu Stande kommen lassen."[170] Auch Versprechungen durch intermediäre Vorgesetzte werden bei der Zentralbehörde in Stellung gebracht, um die Reservierung eines bald durch den Tod freiwerdenden Postens zu besiegeln.

> Schon vor drei Jahren war der Herr General-Director von Witzleben und der Herr General-Inspecteur von Winzigeroda so gnädig mir jene Stelle zu versprechen, da die auszehrende Krankheit des Oberförsters Kersten wohl voraus sehen ließ, daß diese Stelle bald erledigt werden würde.[171]

---

167 GStA PK, I. HA Rep. 93 B, Nr. 500, unfoliiert, Eingabe von Baukondukteur Leutnant George Blank an das Ministerium für Handel, Gewerbe und Bauwesen, 14. Oktober 1822.
168 GStA PK, I. HA Rep. 109, Nr. 4944, fol. 22, Eingabe von Gottfried Franke an den Präsidenten der Seehandlung, Christian Rother, 7. November 1822.
169 GStA PK, I. HA Rep. 109, Nr. 4944, fol. 24, Verfügung der Preußischen Seehandlung an Gottfried Franke, 7. November 1822.
170 GStA PK, II. HA GD, Abt. 13, Neumark, Bestallungssachen, Baubediente, Nr. 4, fol. 91, Supplik von Kondukteur Friedrich Wilhelm Krause an die Neumärkische Kriegs- und Domänenkammer, 2. August 1785 (Abschrift).
171 LASA, C 5, Nr. 45, fol. 11, Supplik von Oberförster Rhym an den Präfekten des Harzdepartements, Burchard von Bülow, 1813.

3 Der Tod als Geburtshelfer administrativer Laufbahnen — 57

Ein solches Vorgehen, das in diesem Fall durch die einflussreichen Fürsprecher von Erfolg gekrönt ist, stößt in der Regel auf nüchterne Ablehnung der Beamten. Im Angesicht unvorhersehbarer Vitalereignisse gilt es die bürokratische Gewalt über die daraus resultierenden administrativen Effekte zu wahren. Paradigmatisch ist etwa die Reaktion auf ein Gesuch, das auf den nahenden Tod eines kurmärkischen Baudirektors spekuliert. Die Berliner Zentrale hält darin fest, „daß jetzt von der Vakanz einer solchen Stelle noch nicht die Rede ist, und überhaupt zum voraus über Besetzung gegenwärtig noch nicht erledigter Stellen weder Erklärung noch Versicherung gegeben werden kann."[172]

Gerade in Anbetracht der vielen informellen Vorabsprachen und Reservierungsversuche versucht die Zentralbehörde, die Kontrolle über die Stellenrotationen ihrer Beamten zu behalten. Auch sie trifft daher Vorkehrungen, um nicht unvorbereitet mit dem Tod ihres Personals konfrontiert zu werden. Mit der zunehmenden Verbreitung von Pensionsansuchen werden Ärzte routinemäßig gebeten, Atteste auszustellen, die über die Arbeitsfähigkeit erkrankter Beamter, die Schwere der Erkrankung und wahrscheinliche Prognose Auskunft geben.[173] Für den Posten des erkrankten Kanzleidieners Kayserling werden „wegen der interimistischen Verwaltung seiner Geschäfte" bereits vor dessen Ableben „Verfügungen" getroffen.[174] Diese Interimsregelungen verschaffen der Behörde Zeit, um den vakanten Posten mit einem möglichst „tüchtigen",[175] „geschickten und mit Ansprüchen versehenen"[176] Beamten zu besetzen. Ein besonders detaillierter Verwaltungsbericht zeigt, dass der Tod nicht als unvorhersehbares Ereignis begriffen wird, sondern in probabilistische Vorhersagekalküle medizinischer Provenienz eingepasst ist:

> Einem Königlichen Höchlöblichen Ober-Berg-Amte beehren wir uns hierdurch schuldigst anzuzeigen, wie am 20sten September c[urrentis] der Steiger Friedrich auf der Emilien-Grube zu Stedten verstorben ist. Der p[raenominatus] Friedrich befand sich schon seit längerer Zeit nicht wohl und war so hinfällig geworden, daß er schon unterm 23ten August c[urrentis] bey meiner des mitunterzeichneten Ober-Einfahrers Kölber persönlicher Anwesenheit auf der Emilien-Grube, darauf antrug, in den Ruhestand versetzt zu werden und ihm die, an-

---

172 GStA PK, II. HA GD, Abt. 14, Kurmark, Tit. IX Nr. 3, fol. 111, Reskript des Generaldirektoriums an Bauinspektor Krause, 10. März 1802.
173 GStA PK, Rep. 93 B, Nr. 640, unfoliiert, Ärztliches Attest für Bauinspektor Johann Gottlieb Lange, 15. März 1821.
174 GStA PK, I. HA Rep. 109, Nr. 4944, fol. 24, Verfügung der Seehandlung an Gottfried Franke, 7. November 1822.
175 GStA PK, I. HA Rep. 93 B Nr. 601, unfoliiert, Bericht der Regierung zu Merseburg an das Ministerium für Handel, Gewerbe und Bauwesen, 19. Dezember 1823.
176 GStA PK, I. HA Rep. 93 B Nr. 603, unfoliiert, Bericht der Regierung zu Merseburg an das Ministerium des Innern, 2. Mai 1829.

dern gedienten Steigern zu Theil gewordene Pension zu verschaffen, auch waren bereits Vorkehrungen getroffen worden, seinen Dienst anderweit auf eine gute Art interimistisch versehen zu lassen, als sein zwar vorausgesehener, aber doch so schnell nicht vermutheter Tod erfolgte, bevor das hierunter Erforderliche arrangirt werden konnte.[177]

Damit zeigen sich in den beiden Lebenslauftypen von Leichenpredigt und Bewerbungsschreiben zwei diametral gegenübergestellte Verarbeitungsmodelle des Todes im ausgehenden 18. Jahrhundert. Während der Lebenslauf der Leichenpredigt ganz im Sinne der erbauungsliterarischen Gattung die Ideale und Tugenden eines „gezähmten Tod" und einer ausgeprägten *ars moriendi* in Szene setzte, spiegelt sich nichts davon in den Lebensläufen der Verwaltung wider. Der Tod spielt auch hier eine zentrale Rolle, und zwar als Tod des anderen. Er tritt hier in einer Banalität und Alltäglichkeit auf, die nichts von der läuternden, erbauenden und finalen Geltung konserviert, die ihm in der religiösen Stilisierung der Funeralbiographie zukam. Stattdessen bietet der Tod eine Möglichkeit für die Revitalisierung des administrativen Gefüges. Dieser Befund ist vor allem auch deshalb interessant, weil die Subjekte von Leichenpredigten und die Bewerber für den Staatsdienst oft einer ähnlichen sozialen Schicht entstammten und zu den Gelehrten gehörten.[178]

4 Der Lebenslauf als kleine Form

Als Gattung („regarding manner and tone, form of delivery, timing, setting, shape, motif and character")[179] ist der funerale Lebenslauf also leicht an große mentalitätsgeschichtliche Überlegungen über den Tod anzuschließen. Den archivierten Lebensläufen und Bewerbungen der Verwaltung kam hingegen nie Gattungsstatus zu. Die Art und Weise, in der in ihnen über den Tod gesprochen wurde, erlangte bis weit ins 19. Jahrhundert hinein keine allgemeine kulturelle (und auch nicht populärkulturelle) Geltung. Doch sollte dies weder als ein Indiz

---

177 LASA, F 15, VI Nr. 1, Bd. 2, unfoliiert, Bericht des Bergamts Wettin an das Oberbergamt Halle, 1. Oktober 1820.
178 Folgt man den seminalen Studien Heinrich Bosses, dann zeichnete sich ein Gelehrter gegenüber allen anderen Ständen durch seine Lateinkenntnisse aus. Vgl. Bosse, Bildungsrevolution 1770–1830, 54. Die meisten Fächer der höheren preußischen Verwaltung (auch die technischen inklusive des Bauwesens) erforderten für eine Zulassung zu den einschlägigen Studien den Nachweis von Lateinkenntnissen. Noch 1891 protestierten Architekten gegen die Abschaffung der obligatorischen Lateinkenntnisse an der Bauakademie, da sie sich in ihrer Standesehre gekränkt sahen. Vgl. Bolenz, Baubeamte in Preußen, 1799–1930, 124–126.
179 Moore, Patterned Lives, 35.

für die mangelnde Repräsentativität der in ihm getroffenen Aussagen über den Tod angesehen werden noch als Beleg einer dem Ideal der Leichenpredigten widersprechenden „tatsächlichen Wirklichkeit".[180] Das Unterlaufen der gattungstypischen Konzepte von Tod und Sterben muss stattdessen als genuiner Effekt der Form aufgefasst werden, in der die Bewerbungsschreiben verfasst wurden und der Funktionszusammenhänge, in denen sie operierten. Das schwergewichtige Buchformat von Leichenpredigten, Gelehrtenbiographien und -lexika stand in längerfristigen und intertextuellen Produktions- und Rezeptionszusammenhängen. Als publizistische Erzeugnisse waren jene Texte Teil einer typographischen Hegemonie, die seit der Frühen Neuzeit „universalen Geltungsanspruch"[181] über die Formen des Wissens beanspruchte. Gleichzeitig waren die Gelehrtenlebensläufe eng mit den beherrschenden kulturellen Formationen der Frühen Neuzeit verkoppelt: Die gedruckte Leichenpredigt war ein Produkt der Reformation, die Gelehrtenbiographie stammte aus der Tradition des Humanismus und erhielt bald einen festen Platz in der aufstrebenden Gelehrtenrepublik.[182] In jedem Fall waren diese Druckerzeugnisse Texte, die mit einer ganz bestimmten Intention für eine ausgewählte Leserschaft produziert wurden.[183]

Das leichte und kleine Format eines ein- oder zweiseitigen Bewerbungsschreibens, das in der Registratur einer Verwaltung zirkulierte, war in gänzlich andere Gebrauchsroutinen eingebettet. Noch im 18. Jahrhundert war handschriftliches Schriftgut in der Breite der Bevölkerung wesentlich weiter verbreitet und etablierter als gelehrte Druckerzeugnisse.[184] Auch muss die utilitaristische Wendigkeit des handgeschriebenen Verwaltungsschriftguts hervorgehoben werden, das eben nicht für ein gelehrtes Publikum, sondern einen spezifischen Leser und einen ganz bestimmten, einmaligen Zweck produziert wurde. Mit Akten wie Lebensläufen, Bittschriften oder Berichten sollten nicht primär kulturelle Vorstellungen zum Ausdruck gemacht werden, sondern konkrete Verwaltungsakte verwirklicht werden. Für instrumentelle Kalküle wie die Übertragung einer

---

180 Kümmel, Der sanfte und selige Tod, 202.
181 Michael Giesecke, Der Buchdruck in der frühen Neuzeit. Eine historische Fallstudie über die Durchsetzung neuer Informations- und Kommunikationstechnologien [1991], 4. Aufl., Frankfurt a. M. 2006, 506.
182 Zum reformatorischen Ursprung der Leichenpredigt vgl. Lenz, De mortuis nil nisi bene, 9–14. Zum humanistischen Ursprung des Gelehrtenlebenslaufs vgl. Gleixner, Pietismus und Bürgertum, 146–147. Zur Gelehrtenrepublik und ihren Textsorten vgl. Bosse, Bildungsrevolution 1770–1830, 313–316.
183 Vgl. Farge, The Allure of the Archives, 5–6.
184 Arno Mentzel-Reuters, Das Nebeneinander von Handschrift und Buchdruck im 15. und 16. Jahrhundert, in: Buchwissenschaft in Deutschland. Ein Handbuch, hg. von Ursula Rautenberg, Berlin 2010, 411–442, hier: 433–434.

Stelle erschien es im Angesicht beschränkter Schreib-, Lese-, und Aufmerksamkeitsressourcen schlicht nicht zweckdienlich, den Tod mit der gleichen kulturellen Signifikanz aufzuladen wie beispielsweise in der zeitgenössischen Erbauungsliteratur. Anstatt einer willentlichen Banalisierung, Entemotionalisierung oder gar Entmenschlichung des Todes Vorschub zu leisten, scheint die Umwertung des Todes in den kleinen Verwaltungsformen also in erster Linie ökonomischen Zwängen geschuldet gewesen zu sein: Man beschränkte sich auf die Übermittlung desjenigen Datums, das für das eigene Anliegen tatsächlich einen Unterschied machte. Die Art und Weise über den Tod zu sprechen, ist damit ohne die situative Einbettung in eine administrative Kommunikationskonstellation, die mit dem „Kanzelley-Style" nach „Kürze und Präcision" verlangt, undenkbar.[185] Die kleine, leichte, gewandte, dichte und schnelle Beschreibung administrativer Umstände im Lebenslauf war dazu prädestiniert, bestimmte kulturell schwergewichtige Vorstellungen zu umgehen.

Infolgedessen stellt sich die Frage, inwiefern die bürokratischen Kondensationen des Lebens überhaupt als einheitliche Form betrachtet werden können, oder ob es sich bei den Akten nicht vielmehr um disparate, uneinheitliche und inkohärente Lebensverschriftlichungen handelt, die von ihren Verfassern zuweilen nicht einmal als solche gekennzeichnet wurden. Sicher ist, dass Lebensläufe ästhetisch nicht auf strikte Formkonventionen reduziert werden können. Als fluide Operatoren der Praxis passten sie sich vielmehr den Erfordernissen des jeweiligen Kommunikationsprozesses an. Aus diesem Grund schlugen sich die unterschiedlichen Lebensverschriftlichungen der Verwaltung um 1800 auch nicht im gattungstheoretischen Diskurs nieder.

In der preußischen Verwaltung des ausgehenden 18. Jahrhunderts repräsentierte der Lebenslauf daher einen Typus von Amtsprosa, der systematisch Genregrenzen unterlief und Textsorten kreuzte: er fungierte in diesem Sinne als kleine Form.[186] Der Begriff der kleinen Form erlaubt nachzuvollziehen, wie Lebensläufe „Kommunikations- und Zirkulationsprozesse"[187] zwischen Verwaltern und solchen die es werden wollten, gleichzeitig ermöglichten und befeuerten. Versteht man den Lebenslauf als kleine Form, stehen weniger die deskriptiven Merkmale im Zentrum der Analyse als die Prozesse, Narrative und Funktionen, die er in der Verwaltung anstiftete. Die Kleinheit ist dabei kein statisches Formmerkmal des

---

[185] Johann C. Adelung, Ueber den deutschen Styl [1785], Bd. 2, 4., verm. u. verb. Aufl., Berlin 1800, 36.
[186] Vgl. Ethel Matala de Mazza und Joseph Vogl, Graduiertenkolleg „Literatur- und Wissensgeschichte kleiner Formen", in: Zeitschrift für Germanistik 27 (2017), H. 3, 579–585, hier: 580.
[187] Matala de Mazza und Vogl, Graduiertenkolleg „Literatur- und Wissensgeschichte kleiner Formen", 580.

Lebenslaufs, sondern vielmehr eine „temporäre Disposition, die potenzielle Veränderungen – Ergänzungen, Rekombinationen, Ausfaltungen – nicht ausschließt, sondern dazu anregt."[188] Lebensläufe fungierten in diesem Sinne als dynamische Formen, die sich in unterschiedliche bürokratische Formate und Formen inserieren konnten und situativ biographische Ereignisse für die Verwaltung aufbereiteten.

Der Nicht-Problematisierung auf Gattungsebene kann deshalb eine Familienähnlichkeit auf der prozeduralen Ebene entgegengestellt werden. Was die von mir untersuchten Objekte verbindet, ist die Tatsache, dass sie dem Leben ihrer Referenten eine spezifische Form verliehen. Der Lebenslauf mobilisierte gezielt bestimmte Elemente (wie etwa der Tod eines Vorgängers, die eigene Ausbildung, Leistung oder Qualifikation) für die Verwaltung, um Personen und Stellen miteinander zu verschalten.[189] Die Sequenz der Verschaltung rief dabei nicht nur die Vision einer stringenten, auf eine bestimmte Stelle verweisenden Karriere auf, sondern arbeitete performativ selbst an der Herstellung von Dienstlaufbahnen mit. Dafür benötigte die Karriere aber eine Form, die selbst offen und unabgeschlossen ist und die qua ihrer formalen, materialen und medialen Beschaffenheiten an der Aktualisierung des erwünschten Ereignisses mitwirken konnte. Um eine dynamische Karriere-Projektion vorzunehmen, bedurfte es kleiner Texte, die in Gebrauch treten konnten.

---

[188] Maren Jäger, Ethel Matala de Mazza und Joseph Vogl, Einleitung, in: Verkleinerung. Epistemologie und Literaturgeschichte kleiner Formen, hg. von dies., Berlin 2021, 1–12, hier: 3.
[189] Vgl. Kap. III.

II Bürokratische Ökologien

Um zu einem Verständnis zu kommen, was *in* den Lebensläufen zur Darstellung kommt, ist es zunächst erforderlich, jene bürokratischen Formen aufzuschlüsseln, die *um* die Lebensläufe herum angesiedelt sind und sie für institutionelle Leser erst kommunizierbar machen. Bevor diese Studie tiefer in die Erzählebene der Lebensfassungen eintauchen kann, muss sie sich der ökologischen Grundvoraussetzungen dieser Erzählweisen vergewissern. Für ein Objekt, das in der schier unermesslichen Flut von Personalakten nur selten in Reinform aufscheint, ist es unverzichtbar, zunächst die Modi seiner materiellen Umfassung aufzuspüren. Die Umfassung des Lebenslaufs ereignet sich dabei auf einem Experimentierfeld, das um 1800 ein weites, sich stetig veränderndes Arsenal bürokratischer Schreibformen zur Verfügung stellt. Da die bürokratische Existenzweise des Lebenslaufs an die Produktions- und Zirkulationsregeln der Registratur bzw. des Archivs gekoppelt ist, entfaltet er erst im Zusammen- und Wechselspiel mit anderen Aktentypen sein Potential als Schreibweise verdateter Laufbahnen. Zwar fassen Bittsteller ihren Lebenslauf in der Regel als eigenständige Supplik ab – sobald er aber in den Registraturverbund eingetragen wird, wird er zu einem Zahnrad in der Maschinerie administrativer Handlungen.

In diesem Kapitel soll deshalb einerseits die Funktion des Lebenslaufs als „Papiertechnologie"[1] im weiteren Umkreis bürokratischer Medien wie etwa Berichten, Tabellen, Listen oder Attesten, erläutert werden. Gleichzeitig soll es aber auch um diejenigen bürokratischen Effekte gehen, die aus den Narrativen des Lebenslaufs und den darin angeschlossenen oder übergeordneten administrativen Textsorten erwachsen. Bürokratie versteht sich hier nicht im Weber'schen Sinn als Idealtypus rationaler Herrschaft,[2] sondern als Effekt materieller und rhetorischer Praktiken mit der Zielsetzung administrative Probleme durch schriftliche Kommunikationsverfahren zu ordnen und zu kontrollieren, und diese Ordnung gleichzeitig organisiert und wohlbegründet erscheinen zu lassen.[3]

Für die Funktion von Lebensläufen im bürokratischen Gefüge des ausgehenden 18. Jahrhunderts kommt Akten als papiernen Niederschlag administra-

---

1 Zum Begriff der Papiertechnologie vgl. Anke te Heesen, The Notebook: A Paper-Technology, in: Making Things Public: Atmospheres of Democracy, hg. von Bruno Latour und Peter Weibel, Cambridge 2005, 582–589.
2 Vgl. hierzu die kanonische Definition Webers in: Weber, Wirtschaft und Gesellschaft, 124–127.
3 Zum Aspekt der Kontrolle durch organisationsspezifische Genres der Kommunikation vgl. JoAnne Yates, Control through Communication. The Rise of System in the American Management, Baltimore 1989.

tiver Handlungen ein besonders prominenter Platz zu. Sie statten staatliches Verwaltungshandeln mit Übertragungs-, Speicherungs-, Transformierungs- und Formalisierungsfunktionen aus.[4] Aus diesem Grund richtet sich ein zentrales Forschungsinteresse dieses Kapitels auf die medialen Transformationen des Lebenslaufs im System der Bürokratie, also die Transport-, Ermöglichungs-, Kodierungs- und Speicherverfahren, die dem Leben in Administrationen eine je andere Form verleihen.[5] Abhängig davon, welchen Inskriptionspraktiken ein Lebenslauf unterliegt (isoliert adressiert an die entscheidungsbevollmächtigte Instanz oder übermittelt im Verbund mit Berichten, Tabellen, Anstreichungen und Attesten), beeinflusst die ökologische Einbettung von Lebensläufen auf tiefgreifende Art und Weise die letztgültige Entscheidung.[6] Im Folgenden werden zwei zentrale papierene Protagonisten vorgestellt, die in der Lebenslaufökologie um 1800 von Bedeutung waren.

Gleichgültig, ob ein Antragsteller um Anstellung, Beförderung, Gehaltszulage oder Pensionierung bat, immer griff er um 1800 auf das Medium der Bittschrift zurück, um seinen Lebenslauf ökologisch einzubetten. In Briefstellern des 19. Jahrhunderts waren Stellenbewerbungen eines der prominentesten Beispiele für Bittschriften.[7] Bewerbungen an staatliche Institutionen kleideten sich dabei zwangsläufig in den Stil des Supplikenwesens.[8] Diese Bewerbungen stellten naturgemäß wesentlich mehr als nur den ‚reinen' Lebenslauf aus. Dieses *Surplus*, das sich im Laufe des 19. Jahrhunderts reduzierte, ist für die Funktionsweise des Lebenslaufs aber essentiell, denn nur im Modus des Bittens war er überhaupt kommunizierbar. Sobald die Lebensläufe wiederum von der Verwaltung rezipiert wurden, gelangten sie über zahlreiche Vermittlungen in administrative Berichte und Tabellen. Berichte und Tabellen intermediärer Behörden bildeten das vermittelnde Scharnier zwischen Bewerber und entscheidender Instanz, etwa dem Landesherrn, einem Fachdepartement oder einem Ministerium. An ihnen wird deutlich, welchen Transformations- und Skalierungspraktiken

---

4 Vgl. Cornelia Vismann, Akten. Medientechnik und Recht, Frankfurt a. M. 2000, 11.
5 Vgl. Régis Debray, Einführung in die Mediologie, Bern/Stuttgart/Wien 2003, 105.
6 Auf die tragende Rolle, die Vermittlern wie Berichterstattern oder Protokollanten bei der bürokratischen Entscheidungsfindung und -beeinflussung zukommt, hat zum ersten Mal Jack Goody hingewiesen. Vgl. Jack Goody, The Logic of Writing and the Organization of Society, Cambridge 1986, 122.
7 Vgl. Luks, Die Bewerbung, 36.
8 „Sind die Bittschreiben an Personen aus der höhern Klasse gerichtet, an Könige, Fürsten und andere vornehme Personen, so heißen sie alsdann *Supplike* oder *Memoriale* [...]." Heinrich August Kerndörffer, Leipziger Briefsteller oder ausführliche und gründliche Anleitung zum Briefeschreiben, Leipzig 1796, 244.

Lebensläufe auf ihrer Reise durch die Verwaltung unterlagen. Mit Bruno Latour kann die Überführung des Lebens in die *paperwork* eines Lebenslaufs als ein Akt der Inskription verstanden werden, der die Mobilmachung des schwer zugänglichen, multi-dimensionalen Objekts ‚Leben' in die zweidimensionale Überschaubarkeit weniger Seiten Papiers erlaubte.[9]

1 Supplizieren 1785 | 1831

Als der Konducteur Runge sich 1785 mit einem Stellengesuch an Friedrich den Großen wendet, bedient er sich im Medium der Supplik des weit verbreiteten und einzig offenen Kanals, der gemeinen Untertanen zur Obrigkeit zur Verfügung steht.[10] Seine Supplik vereint noch am Ende des 18. Jahrhunderts alle Elemente zeremonieller Kanzleikommunikation und folgt im Ton dem klassischen Duktus affektiv-flehentlichen Supplizierens. Sie ist in Anlehnung an das mittelalterliche Urkunden-Formular in Protokoll, Kontext und Eschatokoll gegliedert, von dem der Supplikant wiederum die Elemente der *inscriptio, salutatio, narratio, petitio, conclusio, subscriptio* und *datum* gemäß dem zeitgenössischen Kurialstil verwendet.[11] Direkt am Anfang der *narratio* findet sich hier ein Lebenslauf, der etwas umständlich Auskunft über Dienstdauer, Tätigkeiten und unverdiente Zurücksetzungen gibt. Aus der *narratio* leitet der Supplikant kausal einen Anspruch auf Verbesserung ab, der sich in einer demütigen *petitio* um baldmögliche Festanstellung manifestiert.

> Ich arbeite bereits an 14 Jahre, als Conducteur in der Neu-Marck. Seit 9 Jahren bin ich vom König[lichen] Ober-Bau-Departement examiniret, und seit 6 Jahren, als Cammer Conducteur bey der König[lich] Neumärck[ischen] Krieges- und Domainen Cammer, engagiret, und habe mehrenteils in Regulirung der Warte-Bruch-Establissements gearbeitet. In dieser Zeit habe ich die Erfahrung gemacht, daß ich kein Glück habe: weil ich wahrgenommen,

---

9 Vgl. Bruno Latour, Visualization and Cognition: Drawing Things Together, in: Knowledge and Society Studies in the Sociology of Culture, Past and Present, hg. von H. Kuklick, Greenwich 1986, 1–40, hier: 26.
10 Allgemein zu Supplikationen in der Frühen Neuzeit vgl. Rosi Fuhrmann, Beate Kümin und Andreas Würgler, Supplizierende Gemeinden. Aspekte einer vergleichenden Quellenbetrachtung, in: Historische Zeitschrift. Beihefte 25 (1998), 267–323; Helmut Neuhaus, Supplikationen als landesgeschichtliche Quellen. Das Beispiel der Landgrafschaft Hessen im 16. Jahrhundert, in: Hessisches Jahrbuch für Landesgeschichte 28 (1978), 110–190; Martin P. Schennach, Supplikationen, in: Quellenkunde der Habsburgermonarchie (16.–18. Jahrhundert). Ein exemplarisches Handbuch, hg. von Josef Pauser, Wien/Köln/Weimar 2004, 572–584.
11 Vgl. Jürgen Kloosterhuis, Amtliche Aktenkunde der Neuzeit. Ein hilfswissenschaftliches Kompendium, in: Archiv für Diplomatik 45 (1999), 465–576, hier: 490–492.

daß bereits 3 Leute, hier ihr Glück gemacht und Posten als Bau-Inspector erhalten haben, wozu auch ich, Ansprüche machen können. [...] Dis letzte und weil ich bereits 6 Jahre in Officio publico stehe und viele mühsame Geschäfte gemacht, nötiget mich, wieder meinen Vorsatz, Ew[er] König[liche] Majestät, beschwerlich zufallen, und Allerhö[ch]st Dieselben alleruntertänigst anzuflehen: Ew[er] König[liche] Majestät wollen doch die höchste Gnade haben, meine allerdemütigste Vorstellung in Erwegung zu ziehen und die allergnädigste Verfügung zu treffen geruhen, daß auch auf mich wenn nicht bey der jetzigen Gelegenheit, noch so bald wie möglich, in Ansehung eines fixirten Posten und Gehalts, Rücksicht genommen werde.[12]

Im Kontext der Supplik führt die *narratio* die Gründe auf, die die *petitio* unterstützen sollen. Ende des 18. Jahrhunderts besteht in Briefstellern Konsens darüber, dass durch die *narratio* der Empfänger „von der Wahrheit und Gültigkeit unserer Behauptungen und von der Rechtmäßigkeit oder Billigkeit unseres Verlangens überzeugt"[13] werden soll. Die Funktion der *narratio* wird daraufhin pointiert, dass sie in einem logisch konsekutiven Verhältnis auf die *petitio* verweist: „Jeder Beweis- und Bewegungsgrund muß [...] so beschaffen seyn, daß er auf den [...] zu bewirkenden Entschluß eine sichtbare Beziehung hat."[14] Wie in vielen anderen zeitgenössischen Bewerbungsschreiben nehmen biographische Angaben, die die Form einer kurzen Formationsgeschichte annehmen, einen zunehmend wichtigen Platz in der *narratio* ein.[15] Runges Supplikation setzt sofort mit einer knappen Aufzählung von Dienstzeiten als Kondukteur, dem abgelegten Examen und einem konkreten Bauprojekt ein. Eine huldigende *arenga* wird ganz offensichtlich ausgespart.[16] Obwohl der Lebenslauf kurz ausfällt, markiert er die wesentlichen Gründe, weshalb Runge glaubt „Ansprüche" auf eine Stelle als Bauinspektor zu haben. Das wird nicht zuletzt auch aus der administrativen Bearbeitung ersichtlich, die das abgelegte Examen als entscheidende Statuspassage rot unterstreicht und mit einem Verweis auf die (Prüfungs-)Akten versieht (Abb. 3). Mit dem kurzen Lebenslauf entspricht er damit den Vorgaben aus zeitgenössischen Briefstellern, die für das Anliegen „sich oder anderen eine Beförderung oder Wohl-

---

12 GStA PK, II. HA GD, Abt. 13, Neumark, Bestallungssachen, Baubediente Nr. 4, fol. 57, Supplik von Kondukteur P. Runge an Friedrich II., 12. April 1785 (Transkription s. Anlage 2).
13 Heimbert J. Hinze, Anweisung, Bittschriften und Vorstellungen zweckmäßig abzufassen, Gotha 1797, 18.
14 Hinze, Anweisung, Bittschriften und Vorstellungen zweckmäßig abzufassen, 58.
15 Vgl. Kap. III.
16 Dies scheint ein typisches Spezifikum der Supplikationspraxis in Brandenburg-Preußen zum Ende des 18. Jahrhunderts zu sein. Vgl. Birgit Rehse, Die Supplikations- und Gnadenpraxis in Brandenburg-Preußen. Eine Untersuchung am Beispiel der Kurmark unter Friedrich Wilhelm II. (1786–1797), Berlin 2008, 161.

tat zuwege zu bringen" empfehlen, „seine Fähigkeiten und Verdienste in einer gefälligen Art vor[zu]stellen."[17]

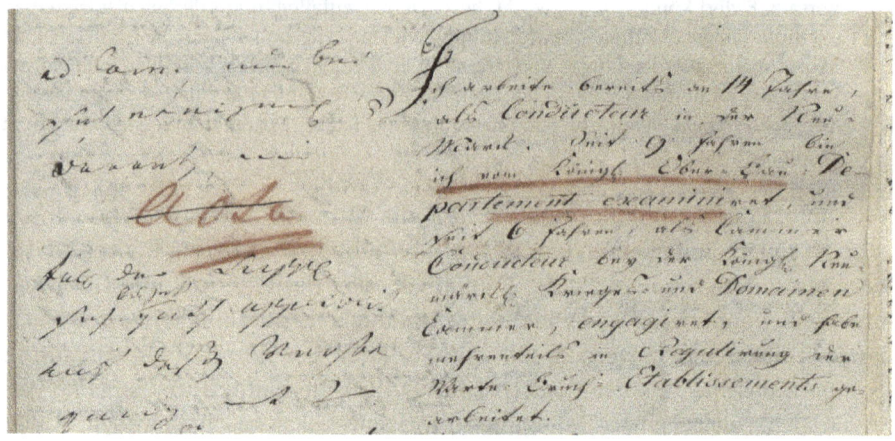

Abb. 3: Unterstreichung der Examenszeit durch Behörde. Quelle: GStA SPK, II. HA GD, Abt. 13, Neumark Bestallungssachen, Baubediente Nr. 4, fol. 57.

Andererseits führt die Supplik Runges in der *narratio* aber auch „Beweisgründe" auf, die nichts mit den eigenen Verdiensten zu tun haben. Wie allgemein üblich in Bewerbungen um 1800 beklagt Runge das eigene Unglück.[18] Diese zweite und wesentlich ältere rhetorische Technik, um „denjenigen, an den man schreibt, zu gewinnen", besteht darin „die Gründe anzuführen, die [...] von der Noth dessen, der um etwas bittet, hergenommen werden."[19] Die Not Runges besteht nun wesentlich in einem Gefühl der Zurücksetzung: „weil ich wahrgenommen, daß bereits 3 Leute, hier ihr Glück gemacht und Posten als Bau-Inspector erhalten haben, wozu auch ich, Ansprüche machen können."[20] Die Entrüstung über avancierte Kollegen kann als ein wesentliches Element ausgemacht werden, das immer wieder in eine verdienstvolle *narratio* hineinbricht.[21]

---

17 Benedikt G. Schäfler, Sammlung wohl eingerichteter Briefe für alle gewöhnlichen Fälle mit einer nützlichen Anweisung zum Briefeschreiben, einem Anhange von der teutschen Sprachlehre, einem orthographischen Lexicon, auch teutsch-, latein- und französischem Titularbuche, Augsburg 1780, 128.
18 Bewerbungen um 1800 flottieren typischerweise zwischen Verdienst- und Bedürftigkeitsdarstellungen. Vgl. Luks, Die Bewerbung, 41–42.
19 Schäfler, Sammlung wohl eingerichteter Briefe [...], 127.
20 GStA PK, II. HA GD, Abt. 13, Neumark, Bestallungssachen, Baubediente Nr. 4, fol. 57, Supplik von Kondukteur Runge, 12. April 1785.
21 Dazu ausführlich vgl. Kap. IV.

Nötigende Umstände können aber auch durch nicht-formative Ereignisse wie Tode, Krankheiten oder Kriege als Notlagen rhetorisch fruchtbar gemacht werden. In jedem Fall entspricht diese rhetorische Technik der klassischen Tonlage des Supplizierens oder dem, was Foucault als „das emphatische Theater des Alltäglichen"[22] bezeichnet hat. Es ist das Alltägliche, Nichtige und Kleine, das aus Leidenschaften, Standesdünkel und Affekten aufgebaute Begehren, welches sich im Medium der Supplik den Weg zum Zentrum der Macht bahnt und damit den unwahrscheinlichen Akt der Kommunikation ein wenig wahrscheinlicher zu machen sucht.[23] So eingängig dieser Lebenslauf auf den ersten Blick wirkt, so wenig lässt sich sein tatsächlicher Erzähleinsatz verstehen, wenn man sich nur auf den Kern der Bittschrift, die *narratio*, beschränkt. Erst die Verzahnung und Umfassung in den ein- und ausleitenden *formula* macht deutlich, in welchem Kommunikationsmodus ein Lebenslauf in der traditionellen Suppliken-Form überhaupt operiert. Das erfordert einen genauen Blick auf die rhetorischen Umweltbedingungen der Supplik (Abb. 4).

a) Kuriale Rahmungen

Die Kurialien der Supplik verdeutlichen eindrücklich, dass ein Lebenslauf im Ancien Régime nur im Modus des flehentlichen Anrufens an die Verwaltung übermittelt werden konnte. Seit dem 16. Jahrhundert bezog sich das eingedeutschte Wort *supplizieren* auf Akte des „anrufens, flehens, bittens, ersuchens".[24] Die Obrigkeit wurde zwar in ihrer Funktion als rechtsetzende Gewalt adressiert, die Eigentümlichkeit des Supplizierens bestand aber gerade darin, dass es in Teilen ein extra-juridisches Verfahren der Entscheidungsfindung darstellte. Die Gewährung oder Ablehnung einer sogenannten Gnadensupplikation fußte nicht auf gesetztem Recht, sondern lediglich auf der Gewogenheit, d. h. der Gnade der entscheidenden Instanz.[25] Gleichzeitig konnte um nahezu jeden Gegenstand und jedes individuelle Bedürfnis suppliziert werden.[26] Gnadensupplikationen erfolgten gewöhnlich

---

22 Foucault, Das Leben der infamen Menschen, 321.
23 Vgl. Foucault, Das Leben der infamen Menschen, 326–29.
24 Supplizieren, in: Grimm et al., Deutsches Wörterbuch, Bd. 20, Sp. 1253, http://woerterbuch netz.de/cgi-bin/WBNetz/wbgui_py?sigle=DWB&mode=Vernetzung&lemid=GS57232#XGS57232, zuletzt geprüft am 04.06.2021.
25 Zum Unterschied von Justiz- und Gnadensupplikationen vgl. Rehse, Die Supplikations- und Gnadenpraxis in Brandenburg-Preussen, 85–86; Neuhaus, Supplikationen als landesgeschichtliche Quellen, 121–125; Ulbricht, Supplikationen als Ego-Dokumente, 151.
26 Vgl. Neuhaus, Supplikationen als landesgeschichtliche Quellen, 121–125.

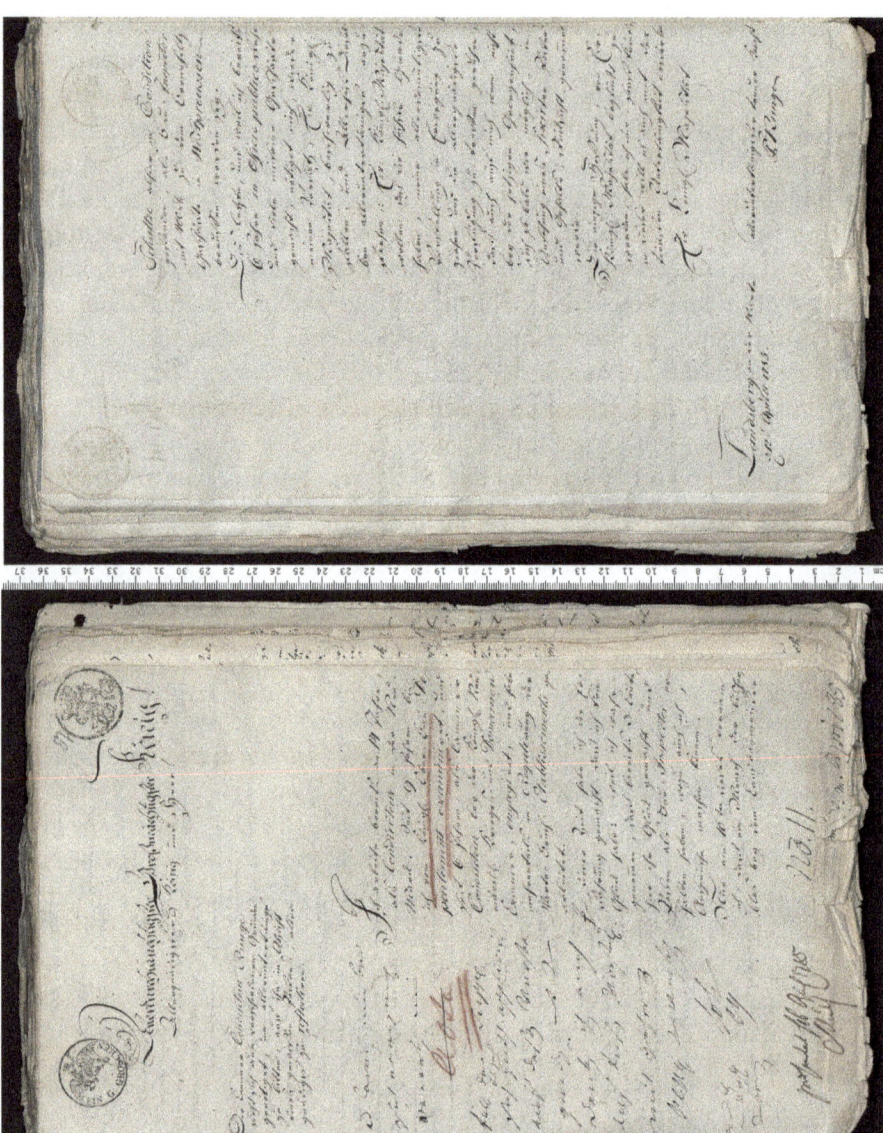

Abb. 4: Bewerbung des Kondukteurs Runge. Quelle: GStA PK, II. HA GD, Abt. 13, Neumark Bestallungssachen, Baubediente Nr. 4, fol. 57.

dann, wenn der Gegenstand der Bitte nicht gerichtlicher Natur war, sondern durch exzeptionelle Akte zu verleihende „Privilegien, Protectorien [oder] Standeserhöhungen"[27] betraf. Auch die Bitten um Stellen, Gehaltsverbesserungen oder Beförderung müssen unter diese Kategorie rubriziert werden.[28] Gnadenbitten konstituieren daher einen grundlegend asymmetrischen Kommunikationsvorgang, dessen Erfüllung immer eine gnadenvolle „beziehung eines höheren zu einem niederen"[29] voraussetzt.

Wie am oben abgedruckten Beispiel sichtbar wird, übersetzt sich diese Beziehung vor allen Dingen in ein Layout.[30] Das grundlegende Ungleichheitsverhältnis spiegelt sich in der Bittschrift Runges im charakteristischen Verhältnis von *inscriptio/salutatio* und Schlusscourtoisie wider. Man erkennt deutlich die Rangordnung der unterschiedlichen Textbausteine in der Supplik. Während die *incriptio* mit *salutatio* den mit Abstand prominentesten Platz in der Bittschrift einnimmt, macht sich der Supplikant selbst buchstäblich klein. Die eigentliche Bittschrift ist von der Grußformel durch das sogenannte *spatium honoris* mehr als eine Viertelseite getrennt und stellt dadurch die soziale Distanz zwischen Empfänger und Absender dar. Die abschließende *conclusio* „[...] will ich auch mit der tiefsten Untertänigkeit ersterben" und Schlusscourtoisie „allerunterthänigster treuer Knecht" stellt das Unterordnungs- und Dienstbarkeitsverhältnis nicht nur zeremonialsprachlich zur Schau. Der Unterzeichnete ist durch einen Abstand schaffenden Devotionsstrich auch grafisch vom Haupttext abgetrennt.[31] Skriptografisch konstituiert die Unterschrift den kleinsten Schriftgrad der Supplikation. Die besonders groß geschriebene, einleitende Grußformel „Allerdurchlauch-

---

27 Gnadensachen, in: Deutsche Encyclopädie oder Allgemeines Real-Wörterbuch aller Künste und Wissenschaften, Bd. 12, hg. von Ludwig Julius Friedrich Höpfner, Frankfurt a. M., 1787, 711.
28 Schon Ende des 16. Jahrhunderts konstituierten „Bitten um Zuweisungen von Dienststellen im Verwaltungs-, Kirchen- und Militärbereich" einen signifikanten Anteil der jährlich eingereichten Supplikationen. Für das Jahr 1594 identifiziert Helmut Neuhaus unter den insgesamt 543 an den Landgrafen des Niederfürstentums Hessen eingereichten Gnadensupplikationen 43 Anstellungsgesuche. Neuhaus, Supplikationen als landesgeschichtliche Quellen, 124.
29 Gnade, in: Grimm et al., Deutsches Wörterbuch, Bd. 8, Sp. 512, http://woerterbuchnetz.de/cgi-bin/WBNetz/wbgui_py?sigle=DWB&mode=Vernetzung&lemid=GG21170#XGG21170, zuletzt geprüft am 04.06.2021.
30 Vgl. Rupert Gaderer, Staatsdienst. Bedingungen der Möglichkeit des Menschseins im Aufschreibesystem um 1800, in: Metaphora. Journal for Literary Theory and Media 1 (2015): VI-1–VI-11, hier: VI-7.
31 Zum Devotionsstrich in Brandenburg-Preußen vgl. Martin Haß, Über das Aktenwesen und den Kanzleistil im alten Preußen, in: Forschungen zur Brandenburgischen und Preußischen Geschichte 22 (1909), H. 2, 201–255, hier: 207.

tigster Großmächtigster König! Allergnädigster König und Herr!" drückt demgegenüber die Potenz des Adressaten aus.[32]

Runge wendet sich in seiner Adressierung nicht an den tatsächlichen Rezipienten im Generaldirektorium, Minister Joachim Christian von Blumenthal, sondern den Meistersignifikanten allen obrigkeitlichen Handelns, den Landesherren des preußischen Staats.[33] Anders als bei den tatsächlich an den Monarchen übermittelten Immediatsgesuchen, handelt es sich in diesem Fall also um ein „unechtes Immediatsgesuch".[34] Doch wäre es zu kurz gegriffen, in der Über-Adressierung lediglich ein unterwürfiges Respektbekenntnis des Antragsstellers gegenüber dem zuständigen Minister zu bemerken.[35] Denn obgleich hier, wie in den meisten Bewerbungsschreiben, der faktische Adressat eine untergeordnete Instanz ist, verweist die Adressierung des Königs auf die grundlegend bis zur Spitze der Herrschaft hin geöffnete Echokammer des Mediums Supplik. Die „appelative Struktur"[36] des Supplizierens und das daraus abgeleitete Grundrecht „bis vor die Stufen des Throns"[37] gelangen zu dürfen, zeigt zumindest die drohende Möglichkeit an, dass der Bittsteller ein „querulantisches Rechtsgefühl"[38] entwickelt und bei ungünstigen Bescheiden die höhergeordnete Instanz bis zu deren tatsächlicher Einschaltung anruft.[39] Die Immediatsfiktion spiegelt sich im Übrigen bis zum Ende des alten Reichs auch in den Gegenschreiben der Behörden wider. Noch die an den geringsten Untertanen erlassene Resolution musste, obwohl von Mittelbehörden expediert und firmiert, in der *intitulatio* „ad mandatum speciale regis", auf Allerhöchsten Spezialbefehl des Monarchen, erfolgen.

---

32 Vgl. Gaderer, Staatsdienst, VI-7.
33 Vgl. Rehse, Die Supplikations- und Gnadenpraxis in Brandenburg-Preußen, 158.
34 Kloosterhuis, Amtliche Aktenkunde der Neuzeit, 537.
35 So etwa Rehses Standpunkt unter Zitation der geläufigen Handbücher der Aktenkunde. Vgl. Rehse, Die Supplikations- und Gnadenpraxis in Brandenburg-Preußen, 158.
36 Schennach, Supplikationen, 574.
37 Tenfelde und Trischler, Bis vor die Stufen des Throns.
38 Gaderer, Staatsdienst, VI-5.
39 Ein Beispiel für eine solch querulantische Hartnäckigkeit in der Anrufungspraxis ist eine Eingabe des Baurats Nauck aus dem Jahr 1818. Nauck wendet sich hier mit einem Antrag um Gehaltsverbesserung zunächst direkt an Staatskanzler Hardenberg. Dieser delegiert das Gesuch jedoch an Innenminister Bülow, der das Verfahren durch ein Berichtsgesuch an den Oberpräsidenten der Regierung von Münster, Vincke, in die Länge zieht. Nauck wendet sich in einer zweiten Supplikation (diesmal mit ausführlichem Lebenslauf) erneut an Hardenberg, der Bülow nun wiederum dringend anmahnt, das Verfahren zugunsten Naucks zu entscheiden. GStA PK, HA Rep. 93 B, Nr. 669, unfoliiert, Akten zu den Eingaben von Baurat Nauck, 31. März 1818–14. November 1818.

Womit im Umkehrschluss noch in der kleinsten Entscheidung einer Provinzialbehörde die Stimme des Monarchen zu seinen Untertanen herabtönte.[40]

Briefhistoriker haben die überbordende Unterwerfungs- und Titutulaturrhetorik des 17. und 18. Jahrhunderts als „Untertänigkeit oder Schmiegsamkeit" gewertet, „die aber dem inneren Gefühl" in keiner Weise entsprechen musste.[41] Diese Dissimulationshypothese greift im Fall von als Bewerbung kommunizierten Lebensläufen aber zu kurz. Nicht nur öffnet die Latenz der Grußformeln einen Kommunikationskanal;[42] die Kurialien explizieren außerdem auch die operative Logik von supplizierten Lebensläufen. Denn bevor der Lebenslauf in der *narratio*, mit welch verdienstvollen Gründen er auch ausgestattet sein mag, überhaupt einsetzt, markiert der Verfasser bereits die letztgültige Entscheidungslogik. *Salutatio, conclusio* und Schlusscourtoisie der Supplik machen deutlich, dass die Entscheidung in letzter Konsequenz ein dezisionistisches Moment in sich tragen wird, das sich aus dem reinen und unter Umständen unverdienten Wohlwollen des (virtuellen) Souveräns speist.[43] Während die ein- und ausleitenden Formen im Mittelalter in erster Linie der Glaubwürdigkeitserhöhung dienten, referieren die Kurialien hier auf das an die Ränder verbannte Entscheidungsprinzip der rational begründeten Bitte. Denn obwohl Bittsteller wie Runge mit ihrem Lebenslauf versuchen einen rationalen Beweisrahmen zu konstruieren, der die Legitimität der *petitio* begründet, ist die letztgültige Entscheidung in Gnadensachen letztlich vom Ermessen des Entscheiders abhängig und damit unentscheidbar.[44] Durch die Invokation der Gnade in *salutatio* und *conclusio* führen die Bittsteller also das Paradox des Entscheidens selbst vor.[45]

---

40 Vgl. Haß, Über das Aktenwesen und den Kanzleistil im alten Preußen, 219.
41 A. Denecke, Zur Geschichte des Grußes und der Anrede in Deutschland, in: Zeitschrift für den deutschen Unterricht 6 (1892), 317–345, hier: 325.
42 Markus Krajewski interpretiert die Grußformel „ersterbe in tiefster Devotion" etwa als Sprechakt, der nach einer Antwort verlangt, als Formel also, die einseitige Kommunikationsakte anschlussfähig und -pflichtig macht. Vgl. Markus Krajewski, Aufsässigkeiten. Kleists Fürstendiener, Kleist-Jahrbuch (2012), 100–110, hier: 107.
43 Vgl. Carl Schmitt, Politische Theologie. Vier Kapitel zur Lehre von der Souveränität [1922], Berlin 1979, 46.
44 Entscheidbare Fragen sind bereits durch den „choice of the framework in which they are asked" vorentschieden. Erst wenn eine Frage prinzipiell unentscheidbar ist, kann eine Wahl getroffen werden, die alle Antwortoptionen gleichrangig behandelt. Heinz von Foerster, Ethics and Second-Order Cybernetics, in: Understanding Understanding. Essays on Cybernetics and Cognition, New York 2003, 287–304, hier: 293.
45 Vgl. Niklas Luhmann, Organisation und Entscheidung, 293.

b) Stilblüten

Ganz gleich aber, ob der Lebenslauf als Formations- oder als Bedürftigkeitsgeschichte erzählt wurde; im späten 18. Jahrhundert entstand für die Rhetorik der *narratio* eine zunehmende Intoleranz gegenüber „Weitschweifigkeit" und zeremonialsprachlicher *obscuritas*.[46] Die zahlreichen bedürftigkeitsorientierten Einlassungen und Digressionen wurden nicht mehr als argumentative Technik wahrgenommen, sondern als bloße Beschönigungen abgetan. Die Forderung Weitschweifigkeit zu vermeiden, stimmte daher mit den gegen Ende des 18. Jahrhunderts lauter werdenden Forderungen überein, die ausufernden Stilblüten im institutionellen Schriftverkehr zu entschlacken.[47] Weitschweifigkeit, Titelsucht, aber auch die Praxis der immediaten Anrufung gerieten im Kontext von Verwaltungsreformen und Verwaltungssprachkritik um 1800 immer stärker unter Beschuss.[48] Die Kurialien entfielen mit dem im Jahre 1810 erlassenen Finanzedikt. Der Kanzleistil wurde damit zumindest formal abgeschafft.[49] Die Reform der Verwaltungskommunikation stellte sich dabei als retardierte Rosskur eines Verwaltungsapparats heraus, der seit dem 18. Jahrhundert zwar ein Faible für aktenbasierte Datenaggregation entwickelt hatte, dessen Kanäle nun aber an der zeremoniellen Umständlichkeit zu verschlacken drohten.[50]

Um den externen Input in das Verwaltungssystem auf die neuen Sprachmaßgaben zu trimmen, wurden optimierte Kanzleibriefsteller als „Regulierungsdispositive"[51] lanciert. An die Stelle des vom Arkanum der Kanzleisprache umwobenen Zeremoniells trat die Forderung nach „Effizienzsteigerung"[52] und der Wunsch nach einer Verwaltungssprache, die „vektoralisiert, verzeitlicht und verkürzt"[53]

---

46 Vgl. Klaus Margreiter, Das Kanzleizeremoniell und der gute Geschmack. Verwaltungssprachkritik 1749–1839, in: Historische Zeitschrift 297 (2013), H. 3, 657–688, hier: 666–668.
47 Vgl. Peter Becker, „... wie wenig die Reform den alten Sauerteig ausgefegt hat". Zur Reform der Verwaltungssprache im späten 18. Jahrhundert aus vergleichender Perspektive, in: Jenseits der Diskurse. Aufklärungspraxis und Institutionenwelt in europäisch komparativer Perspektive, hg. von Hans E. Bödecker und Martin Gierl, Göttingen 2007, 69–98, hier: 70–71.
48 Vgl. Margreiter, Das Kanzleizeremoniell und der gute Geschmack, 668–671.
49 Zur Abschaffung des Kurialstils vgl. Edikt über die Finanzen des Staats vom 27. Oktober 1810, zit. nach Johann David Friedrich Rumpf, Der Geschäftsstil in Amts- und Privatvorträgen [1817], 2., verb. und verm. Ausgabe, Berlin 1820, 160.
50 Vgl. Juliane Vogel, Zeremoniell und Effizienz. Stilreformen in Preußen und Österreich, in: Prosa schreiben, hg. von Inka Mülder-Bach, Jens Kersten und Martin Zimmermann, Paderborn 2019, 39–54, hier: 44.
51 Gaderer, Staatsdienst, VI-8.
52 Vogel, Zeremoniell und Effizienz, 44.
53 Vogel, Zeremoniell und Effizienz, 45.

sein sollte. Für den Kern der Bittschriften, die *narratio*, forderte der expedierende Sekretär Johann David Friedrich Rumpf in seinem erstmals 1817 publizierten Kanzlei-Briefsteller „Kürze" und „Bestimmtheit", kurzum: „Präcision".[54] Präzision eröffnete dabei gleich in mehrfacher Hinsicht ein schwierig auszutarierendes Spannungsverhältnis. Für Rumpf drängte sie zwar einerseits auf „Weglassung alles Überflüssigen, was [...] nicht zur Klarheit und Vollständigkeit des Vortrags beiträgt."[55] In ihrer extremsten Form, dem „Wortgeiz", führte sie aber zu denselben stilistischen Aporien wie Weitschweifigkeit: „Wortgeiz ist eben so verwerflich als Wortverschwendung, und nur zu oft ist, was man Präcision des Ausdrucks nennt, Künstelei [...]. Man hüte sich also, durch das Bestreben, allzu kurz zu sein und überall dunkel zu werden."[56] Sosehr Rumpf hier also einen Reformdiskurs aufrief, der mit dem Instrument der *praecisio* die „gewaltsame Bereinigung hypertropher Textstrukturen"[57] anvisierte, so wenig konnte doch präzisierendes Abschneiden als universelles Heilmittel empfohlen werden. In der unterschwellig aufgerufenen Frage des rechten Maßes stellte Rumpf mit der Präzision stattdessen ein stilistisches Verfahren vor, dass sich situativ den je neu auszukalibrierenden Kommunikationszielen anpassen konnte.

Gerade Initiativbewerber gerieten durch die neuen Anforderungen aber noch in ein anderes Spannungsverhältnis. Da der Supplikant sehr oft „genöthigt sei von sich selbst zu sprechen", galt es in der Darstellung „wirklich nützlicher und verdienstvoller Handlungen", „eine möglichst treue, wahrhafte und schmucklose Erzählung" abzuliefern, um nicht in den „Verdacht eines eigennützigen und unpatriotischen Bürgers" zu geraten.[58] Für Stellengesuche konstituierte diese Anforderung ein paradoxales Moment. Denn durch die zunehmende Professionalisierung zählten an Gründen für Anstellung und Beförderung in erster Linie die individuellen Qualifikationen, Kenntnisse und Verdienste des Einzelbeamten. Der Staatsdienst figurierte aber im Kontext der Hegel'schen Staatsphilosophie nicht als Selbstprofilierung, sondern im Gegenteil gerade als „Aufopferung selbständiger und beliebiger Befriedigung subjektiver Zwecke."[59] In der dialektischen Auflösung Hegels und Rumpfs ließ sich von Verdiensten im Staatsdienst also nur insofern sprechen, als dass sie „pflichtmäßig"[60] erbracht wurden und

---

54 Rumpf, Der Geschäftsstil in Amts- und Privatvorträgen, 116.
55 Rumpf, Der Geschäftsstil in Amts- und Privatvorträgen, 116.
56 Rumpf, Der Geschäftsstil in Amts- und Privatvorträgen, 118.
57 Vogel, Zeremoniell und Effizienz, 44.
58 Rumpf, Der Geschäftsstil in Amts- und Privatvorträgen, 413.
59 Hegel, Werke, Bd. 7, 461.
60 Hegel, Werke, Bd. 7, 461.

dem Berufsethos der Beamtenschaft entsprachen,[61] was es in konkreten Bewerbungen aber gleichzeitig erschwerte, sie als exemplarisch oder herausragend zu markieren. Für den formalen Aufbau der Bittschrift riet Rumpf wiederum zu einer Umstellung des klassischen Urkunden-Formulars. Wo die *petitio* bis dato meist nach der *narratio* lozierte, empfahl Rumpf in Anbetracht der stetig anschwellenden Flut an Bittschriften, die Bitte direkt nach einer kurzen Einleitung zu stellen und erst dann mit der Begründung einzusetzen, um sie für die Administration schneller bearbeitbar zu machen.[62]

c) Bürokratisierung des Bittens

Die Übertragung dieser Prinzipien kann man zumindest teilweise an der Neuordnung des institutionellen Bewerbungsverkehrs nachvollziehen. Im Allgemeinen spricht die Aktenkunde für Bittschreiben zwischen Einzelpersonen und Behörden nach 1806 nicht mehr von Suppliken, sondern von Eingaben. Mit diesem Begriff soll auf den „Wandel vom bittenden Untertan zum klagend fordernden Staatsbürger im Verfassungsstaat"[63] aufmerksam gemacht werden. Gleichzeitig wird jedoch bemerkt, dass sich die klassischen Modi des Supplizierens, d. h. „obrigkeitlich-untertänige Schreibenmerkmale [...] im 19. Jh. nur sehr langsam"[64] auflösten. Nach der Reorganisation des Geschäftsgangs 1817 mussten sich Bewerber für höhere Stellen jedenfalls qua Gesetz ausschließlich an die zuständige Regierung wenden, die dann per Bericht Vorschläge zur Stellenbesetzung an das Ministerium übermittelte.[65] Nach der Abschaffung des Kanzleizeremoniells und der Einführung neuer Geschäftsordnungen im Zuge der preußischen Reformen finden sich daher kaum noch Bewerbungen, die direkt an den König gerichtet wurden. Durch den Wegfall der *salutatio* war der Idealtypus der Bewerbung nun ein ‚bürokratischer Brief', bei dem die Adressierung ausschließlich über funktionale Adressopera-

---

61 Vgl. Anthony J. La Vopa, Grace, Talent, and Merit: Poor Students, Clerical Careers, and Professional Ideology in Eighteenth-Century Germany, Cambridge 1988, 203–205.
62 Vgl. Johann David Friedrich Rumpf, Allgemeiner Briefsteller zur Bildung des bessern Geschmacks im gewöhnlichen und schwierigen Briefschreiben von mehreren Schriftstellern, Schriftstellerinnen und Geschäftsmännern, Berlin 1827, 106–108.
63 Kloosterhuis, Amtliche Aktenkunde der Neuzeit, 537.
64 Kloosterhuis, Amtliche Aktenkunde der Neuzeit, 522.
65 Vgl. Instruktion zur Geschäftsführung der Regierungen in den Königlich-Preußischen Staaten, Gesetzsammlung für die Königlich Preußischen Staaten (1817), 248–282, hier: 255–256.

ren („Von", „An") gesteuert wurde.⁶⁶ Tatsächlich wanderten diese Textbausteine allmählich auch in die Bewerbungsschreiben ein (Abb. 5).

Im Vergleich zum Gesuch des Kondukteurs Runge fällt bei der Bewerbung des Wegebaumeisters Klohts sofort das Fehlen der *salutatio* auf. Die rhetorische und schriftbildliche Darstellung der Kommunikationsasymmetrie ist nur noch adjektivisch in der durch Majuskeln hervorgehobenen *inscriptio* („An ein König[liches] Hohes Ministerium") zu finden. Sie ist vollständig in den Kopfbogen verlagert. Analog zur Ökonomisierung der *inscriptio* entfällt hier auch die Schlusscourtoisie. Lediglich der Submissionsstrich bleibt bestehen. Darüber hinaus ist das gesamte Anschreiben halbbrüchig abgefasst. Der Schreiber antizipiert damit über das Layout bereits die bürokratische Bearbeitung (d. h. die Anmerkungen in der linken

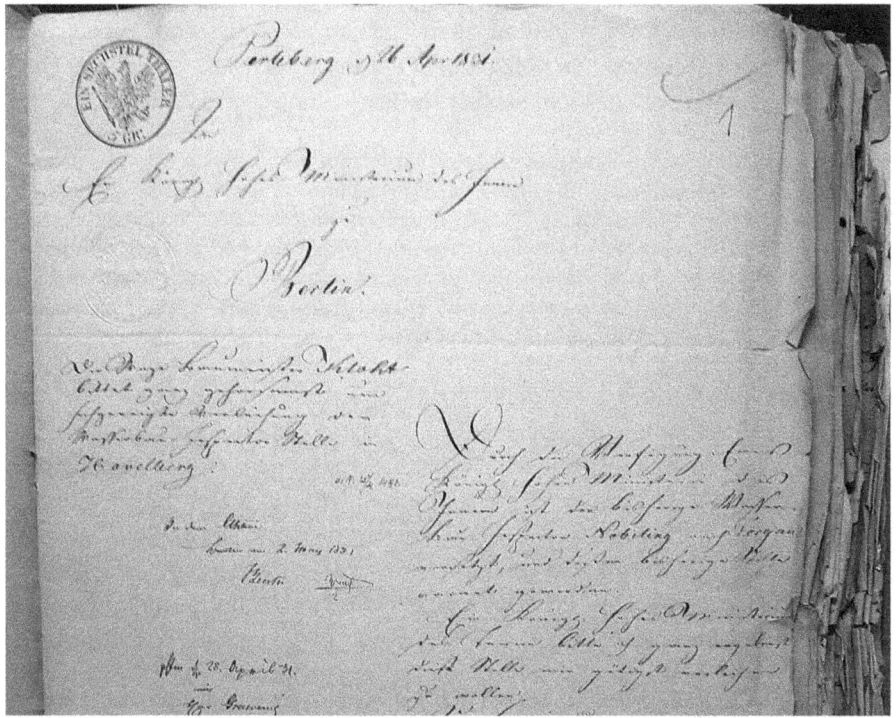

Abb. 5: Bewerbung des Wegebaumeisters Kloht. Quelle: GStA PK, Rep. 93 B, Nr. 447, fol. 1.

---

66 Zum Konzept des „bureaucratic letter" vgl. Hull, Government of Paper. The Materiality of Bureaucracy in Urban Pakistan, Berkeley/Los Angeles/London 2012, 95.

Spalte) seiner Eingabe.[67] Kloht nutzt in seiner Eingabe das nun pflichtmäßig vorgeschriebene Rubrum zu einer Verdichtung und Voranstellung seiner Bitte.

Auch *narratio, petitio* und *conclusio* weisen gravierende Unterschiede zu der noch im Ancien Régime verfassten Supplik des Baubeamten Runge auf. Zunächst ist zu bemerken, dass Kloht hier die Umstrukturierungsmaßgaben der zeitgenössischen Kanzlei-Briefsteller beherzigt. Nicht nur befördert er die *petitio* direkt hinter die einleitende Schilderung der kommunikationsstiftenden Umstände; die Bitte ist vielmehr auch linksbündig nach rechts eingerückt und damit im Layout hervorgehoben. In der Antizipation der vertikalen Lesebewegung des vorgesetzten Beamten machen diese beiden Vorkehrungen das Anliegen auch für niedrige Aufmerksamkeitskapazitäten verarbeitbar. Die Einleitung wird nun wiederum in fast allen Fällen von Ereignissen eingenommen, die eine Veränderung des bürokratischen Stellengefüges (Tod, Beförderung, oder Pensionierung) anzeigen und in einer Vakanz kulminieren. Die *narratio* selbst wird, anders als in der Supplikation Runges, nun vollkommen auf den Lebenslauf hin ausgerichtet. Der Lebenslauf fungiert für Kloht explizit als Begründung seines Anliegens.

> Zur Begründung meiner ganz gehorsamsten Bitte erlaube ich mir ganz gehorsamst anzuführen, daß ich bereits im Jahr 1824 mein Examen als Baumeister zur besonderen Zufriedenheit der König[lichen] Oberbaudeputation ablegte, und seitdem fortwährend zur Zufriedenheit der König[lichen] Regierungen zu Frankfurth a[n] [der] O[der] und Potsdam arbeitete, seit Nov[em]b[er] v[om] J[ahr] aber als Wegebaumeister für die Chaussée-Strecke von Wusterhausen bis zur Meklenburger Grenze angestellt war, und mir glaube schmeicheln zu dürfen auch in dieser Stellung die Zufriedenheit der König[lichen] Regierung mir erworben zu haben [...].[68]

Die *narratio* konstituiert damit den Teil der Bittschrift, der allmählich ganz vom Lebenslauf vereinnahmt werden wird. Die *conclusio* wiederum ist nun von fast allen Spuren persönlicher Not und flehentlichen Niederwerfens gereinigt, die noch in der Supplik Runges prominent waren. An die Stelle der alltäglichen und familiären Nöte, Umstände und Affekte tritt hier eine Art habitueller Kontinuitätsschwur, mit dem Kloht verspricht, die in der Vergangenheit bewiesene Dienst- und Arbeitsamkeit auch in der zukünftigen Stellung aufzubringen.[69]

---

67 Die Halbbrüchigkeit findet sich allerdings bereits ab dem 18. Jahrhundert in den meisten an herrschaftliche Autoritäten gerichteten Suppliken. Vgl. Hochedlinger, Aktenkunde. Urkunden- und Aktenlehre der Neuzeit, Wien/Köln/Weimar 2009, 122. Sie kann deshalb auch nicht als spezifisches Merkmal des Lebenslaufs interpretiert werden.
68 GStA PK, Rep. 93 B, Nr. 447, fol. 1, Eingabe von Wegebaumeister Kloht an das Ministerium des Inneren für Handels- und Gewerbeangelegenheiten, 26. April 1831 (Transkription s. Anlage 3).
69 Das rhetorische Merkmal der Dienstversicherung ist im Übrigen ein generisches Merkmal vieler gleichrangiger bzw. von unten nach oben gerichteten Schreiben der preußischen Verwaltung des 18. und 19. Jahrhunderts. Vgl. Kloosterhuis, Amtliche Aktenkunde, 520, 536, 537.

Auf den ersten Blick erscheint die Bewerbung Klohts damit dem von Reformer Hardenberg herbeigesehnten „gemeinen Stil" zu entsprechen. Die neuen Schreibanforderungen, der Wegfall des barocken Kanzleizeremoniells und die Fokussierung auf den Lebenslauf, scheinen zu bestätigen, dass nicht zuletzt durch die stilistische Reformierung des Supplikationswesens nun alle (männlichen) Bürger „gleichermaßen in einen Staatskörper integrier[t]"[70] werden sollen. Die Genealogie des Lebenslaufs ist somit untrennbar mit der Präzisierung biographischer Elemente in der Form der Bittschrift verbunden.

Gleichzeitig wird der Lebenslauf aber auch noch 1832 von Adressierungs- und Bittformeln umklammert. Diese eröffnen weiterhin als ein- und ausleitende *formula* überhaupt die Möglichkeit mit dem Lebenslauf bürokratisch zu kommunizieren. Als „Adressierung, Eröffnung und Beendigung von Kommunikation sowie Befehls-, Anweisungs-, Verhandlungs-, oder Vertragsakt"[71] konstituieren sie die zentralen Elemente, die die Bittschrift auf eine Entscheidung drängen lassen.[72] Die ökologischen Operatoren, in die der Lebenslauf eingelassen ist, sind hier keineswegs trivial. Als Entscheidungs- und Kommunikationskatalysatoren betten die *formula* den Lebenslauf in einen operativen Kontext ein. In Bewerbungsschreiben geht es also niemals um den Lebenslauf für sich, sondern um seine administrative Agentialität. Erst die spezifische Rhetorik des Bittens erlaubt es, mit biographischen Daten zu handeln, anstatt sie für die selbstreferentielle Darstellung einer Biographie zu nutzen. Diese Logik erhält sich schließlich auch dann, wenn der Lebenslauf zum Ende des 19. Jahrhunderts gänzlich und standardmäßig aus der Supplikation herausgelöst wird und als scheinbar neutrale Lebensverlaufsinformation auftritt.[73] Das kommunikative *framing* wird dann von der Textsorte des Anschreibens übernommen, das aber bereits in der Supplik angelegt ist.

Das heißt aber auch, dass die stilistische Präzisierung von Bewerbungen auf den Lebenslauf nicht die eigentümliche Logik des Supplizierens überwindet. An der grundlegenden Kommunikationskonstellation zwischen einer ein-

---

70 Vismann, Akten, 227.
71 Rüdiger Campe, Barocke Formulare, in: Europa: Kultur der Sekretäre, hg. von Bernhard Siegert und Joseph Vogl, Zürich/Berlin 2003, 79–97, hier: 87.
72 Vgl. Rumpf, Der Geschäftsstil in Amts- und Privatvorträgen, 407.
73 Nachdem das Ministerium für öffentliche Arbeiten in der zweiten Hälfte des 19. Jahrhunderts ihre Personalregistratur von Sammelkonvoluten auf Individualakten umstellt, jeder Beamte also jeweils eine eigene Akte zugewiesen bekommt, findet sich standardmäßig am Beginn jeder Akte ein pflichtmäßig verfasster Lebenslauf, der vor der Zulassungsprüfung gemeinsam mit Schul- und Prüfungszeugnissen einzureichen ist. Siehe z. B.: GStA PK, Rep. 93 B, Nr. 754, unfoliiert, Lebenslauf von Baurat Conring, 6. November 1871; GStA PK, Rep. 93 B, Nr. 718, fol. 2, Lebenslauf von Baumeister Bank, 28. März 1891.

seitig bittenden und einer einseitig entscheidenden Fraktion hat sich auch mit der Abschaffung des Kanzleistils nichts geändert. Sosehr der Wegfall der Titulaturen und Grußformeln sowie die Zentrierung der *narratio* auf den Lebenslauf das Produkt einer bürokratischen Rationalisierung ist, sosehr also die „soziale Imprägnierung des Papiers"[74] zugunsten einer bürokratischen Gleichförmigkeit beseitigt wird, so wenig richten diese Maßnahmen doch gegen die dezisionistische Grundausrichtung einer asymmetrischen Kommunikationsweise aus.

Zugespitzt formuliert: Ein Bewerbungsvorgang kulminiert nicht in einem Rechtsspruch, sondern einem Gnadenakt. Bürokratische Effizienzsteigerung im Schriftverkehr ist damit nicht das Signum einer universalen Beamtenutopie, die alle „Untertanen in Staatsbürger"[75] transformiert, sondern ein Instrument, das Rangunterschiede zwischen Entscheidungssuchenden und Entscheidungsträgern systematisch verschleiert. Diese Tatsache zeigt sich am deutlichsten in jenen scheinbar anachronistischen Bewerbungsschreiben, die bis weit ins 19. Jahrhundert noch an der Explizierung der Kurialien festhalten. Wenn der Wegebaumeister Schindler auch 1829 noch dem Adressaten seiner Eingabe mit der dreizeiligen *salutatio* „Hochgeborener Herr, Hochzugebietender Herr Geheimer Staats-Minister! Gnädigster Herr!" huldigt und wiederum mit der *conclusio* „habe in ehrerbietigem Vertrauen auf Ew[er] Excellenz Gnade die Ehre mit tiefstem Respect zu verharren"[76] beschließt, so deutet dies nicht unbedingt auf eine satirische Nachahmung überkommener Kanzleiformalien oder Dissimulation hin,[77] sondern buchstabiert vielmehr die eigentlichen Entscheidungsverhältnisse aus. Gerade der Gegensatz zwischen dem verdienstvoll gehaltenen Lebenslauf und der letztgültigen kurialen Unterwerfung zeigt, dass sich das andere des Supplizierens – der letztgültige dezisionistische Gnadenakt – auch nach der offiziellen Abschaffung des barocken Zeremoniells erhält.

Kuriale Fehladressierungen sind also keineswegs irrationale Überbleibsel einer überlebten Epoche. Sie führen, sehr zum Ärger der Behörden, gerade wortwörtlich vor Augen, mit welcher Rationalität man es im Bewerbungswesen zu tun hat. Denn hier klafft „keine Differenz [...] zwischen den Worten und der ihr zugewiesenen Handlungsqualität."[78] Während die Reform der Kanzleisprache um 1800 also dazu führt, dass die *narratio* der Bittschrift fortan punktgenau auf die *petitio*

---

74 Lothar Müller, Papier. Weiße Magie, München 2014, 115.
75 Vismann, Akten, 227.
76 GStA PK, I. HA Rep. 93 B, Nr. 445, fol. 36–37, Eingabe von Wegebaumeister Schindler an Innenminister Friedrich von Schuckmann, 20. September 1829.
77 Mit dieser These erklärt etwa Krajewski eine Supplik Heinrich von Kleists. Vgl. Krajewski, Aufsässigkeiten, 101.
78 Vismann, Akten, 218.

hin „vektoralisiert"[79] ist und sich des flehentlichen Beiwerks durch Präzision entledigt, zeigen Bewerbungen, die die Kurialien beibehalten, umgekehrt jene gerichteten Größen an, die abseits aller Rationalisierung weiterbestehen. Sie explizieren eine hierarchisch gestaffelte Kaskade von administrativen Rängen, die Entscheidungen auf Grundlage von Gnadenakten trifft. Die Supplik ist damit nicht nur ein ‚multivalentes Genre'[80], sondern drückt formal transparent unhintergehbare Hierarchieunterschiede und Entscheidungsvektoren aus.

2 Lebensberichte

Das Supplikenwesen ebnete den grundlegenden Weg, über den Bewerber ihre Lebensläufe an die Behörde kommunizieren konnten. Die Weiterverarbeitung des Lebenslaufs fand im internen Aktenverkehr allerdings in einem anderen Medium statt: dem Bericht. Über Lebensläufe wurde immer dann berichtet, wenn zwischengeschaltete Behörden der entscheidenden Instanz eine kondensierte Version des Bewerberinputs weiterleiten mussten. Teilweise wurde der Lebenslauf aber auch als Testwerkzeug verwendet, um sich über die Berichtsfähigkeiten der Bewerber klar zu werden; der Lebenslauf war dann ein Bericht über sich selbst. Während Suppliken die dezisionistischen Vektoren von Personalentscheidungen verdeutlichen, zeigen Berichte umgekehrt, dass diese Entscheidungen zwar immer unidirektional von der höchsten zur niedrigsten Instanz ausstrahlten, aber durch Mittelbehörden präjudiziert werden konnten. Berichte machten supplizierte Lebensläufe damit nicht nur entscheidbar, sondern verliehen Personalvorgängen eine vorentscheidende Richtung.

Tatsächlich sind neuzeitliche Verwaltungsstrukturen ohne schriftliche Berichte undenkbar. Die Konsolidierung frühneuzeitlicher Staaten basierte zu einem gewichtigen Anteil auf der Sammlung und Verarbeitung sogenannter Nachrichtungen, d. h. Beschreibungen von Land und Leuten.[81] Warum der Bericht auf geradezu paradigmatische Weise Teil administrativer Steuerungsroutinen war, lässt sich an seiner Funktion in der preußischen Administration näher beleuchten. Der Siegeszug des Berichts als elementarer Bestandteil preußischer Verwaltungsprosa hing wie auch in Frankreich wahrscheinlich mit einem Niedergang des Geheimen

---

79 Vogel, Zeremoniell und Effizienz, 45.
80 Im Original: „multivalent genre", Hull, Government of Paper, 88.
81 Vgl. Peter Becker, Beschreiben, Klassifizieren, Verarbeiten. Zur Bevölkerungsbeschreibung aus kulturwissenschaftlicher Sicht, in: Information in der Frühen Neuzeit. Status, Bestände, Strategien, hg. von Arndt Brendecke, Markus Friedrich und Susanne Friedrich, Berlin 2008, 393–419, hier: 393–396.

Rats zusammen. Friedrich Wilhelm I. und Friedrich II. verlagerten die Entscheidungsfindung vom Rat ins Kabinett, die Minister hatten dem Landesherren vom Generaldirektorium in Berlin schriftlich zu berichten, während der König die Entscheidungen in Sanssouci allein im königlichen Kabinett traf.[82] Das, was berichtet wurde, unterlief dabei einen Übersetzungsprozess: Es musste von den Berichterstattern so wiedergegeben werden, dass der Adressat das zu entscheidende Problem auf möglichst gedrängten Raum übersehen und beurteilen konnte. Die Schriftlichkeit des Berichts hatte unweigerlich zur Folge, dass zwischen den einzelnen bürokratischen Instanzen, aber auch im Verhältnis zu den Verwalteten Distanzen entstanden.[83]

Drei große Aspekte der Berichtsform sind für dieses administrative Aufschreibesystem hervorzuheben: Berichte dienten erstens der staatlichen Erschließung von Bevölkerung und Territorium und fanden deshalb insbesondere bei der Konsolidierung der europäischen Territorialstaaten, aber auch in der Kolonialverwaltung rege Anwendung.[84] Das Wissen in Berichten wurde zweitens regelmäßig in einer Form dargelegt, die es für weitere Verwendungsweisen nutzbar machte: Kanzlei- und Relationshandbücher schrieben standardisierte und formalisierte Protokolle vor, die es den Berichtsadressaten einfach machen sollten, die eingereichten Informationen zu extrahieren und zu reproduzieren.[85] Durch die Vereinheitlichung bzw. ‚Verdatung' des Berichteten fiel es dementsprechend leichter, einzelne Segmente zu selektieren, neu zu aggregieren und zu kombinieren. In abgeleiteten Tabellen und Listen, die im Preußen des 18. Jahrhunderts zu einer

---

82 Vgl. Otto Hintze, Acta Borussica, Bd. 6,1: Einleitende Darstellung der Behördenorganisation und allgemeinen Verwaltung in Preußen beim Regierungsantritt Friedrichs II., Berlin 1901, 62; Walter L. Dorn, The Prussian Bureaucracy in the Eighteenth Century, in: Political Science Quarterly 46 (1931), H. 3, 403–423, hier: 408.
83 Vgl. Rüdiger von Krosigk, Von der Beschreibung zur Verdichtung. Der Bezirk als Verwaltungsraum im Großherzogtum Baden zwischen 1809 und den 1870er-Jahren, in: Administory 2 (2017), 146–171, hier: 147.
84 Vgl. Goody, The Logic of Writing and the Organization of Society, 115–116.
85 Zur Berichtspflicht und dem Visitationssystem im Habsburgerreich der Frühen Neuzeit vgl. Mark Hengerer, Prozesse des Informierens in der habsburgischen Finanzverwaltung im 16. und 17. Jahrhundert, in: Brendecke; Friedrich; Friedrich, Information in der Frühen Neuzeit, 177–179. Zur formalen Kodifizierung des Berichtswesens im Zuge der preußischen Reformen vgl. Stefan Haas, Die Kultur der Verwaltung. Die Umsetzung der preußischen Reformen 1800–1848, Frankfurt a. M. 2005, 222–223. Zum Relationswesen vgl. Filippo Ranieri, Entscheidungsfindung und Begründungstechnik im Kameralverfahren, in: Zwischen Formstrenge und Billigkeit: Forschungen zum vormodernen Zivilprozeß, hg. von Peter Oestmann, Wien/ Köln/ Weimar 2009, 165–190; Peter Oestmann, Die Zwillingsschwester der Freiheit. Die Form im Recht als Problem der Rechtsgeschichte, in: Oestmann, Zwischen Formstrenge und Billigkeit, 1–54.

„*Kaskade* immer simplifizierterer Inskriptionen"[86] anwuchsen, wurde auf diese Weise ‚Staatsvereinfachung'[87] betrieben. Das Berichtswesen markiert drittens eine Kommunikationsdynamik, die für die zunehmende Ausdifferenzierung staatlicher Verwaltungen bezeichnend war. Grundsätzlich wurde nur von unten nach oben berichtet. Das Berichtswesen sollte den weiter von der Aktualität des Berichteten entfernten vorgesetzten Behörden die Entscheidungsfindung über lokale Sachverhalte vereinfachen.[88] Berichte dienten in diesem Sinne als „Informationssammlung zur Vorbereitung von Entscheidungen für übergeordnete Behörden".[89] Sie übernahmen sowohl Informations- als auch Steuerungsfunktionen.[90]

All diese Elemente des Berichtswesens können mit dem von Bruno Latour geprägten Begriff der „Inskription" kondensiert werden. Für Latour verweist eine Inskription auf „all jene Transformationen, durch die eine Entität in einem Zeichen, einem Archiv, einem Dokument, einer Spur materialisiert wird."[91] Inskriptionen transportieren die sogenannten *immutable mobiles* und setzen sich aus Operationen zusammen, die Ereignisse, Orte und Menschen

> (a) *transportabel* machen, damit sie zurückgebracht werden können; die (b) diese *stabil* machen, damit sie hin- und herbewegt werden können, ohne dass es zu zusätzlicher Verzerrung, Zersetzung oder zum Verfall kommt, und die (c) sie *kombinierbar* machen, damit sie, egal aus welchem Stoff sie bestehen, aufgehäuft, angesammelt oder wie ein Kartenspiel gemischt werden können.[92]

Die *immutable mobiles* bezeichnen einen unveränderlichen Informationskern, der durch die Inskriptionsverfahren jeweils erhalten bleibt, obwohl gleichzeitig in jeder Ableitung gewisse Anteile der Ursprungsinformation verloren gehen. Durch die Inskription wird aber gleichzeitig auch ein Informationszugewinn er-

---

86 Bruno Latour, Drawing Things Together. Die Macht der unveränderlichen mobilen Elemente [1990], in: ANThology. Ein einführendes Handbuch zur Akteur-Netzwerk-Theorie, hg. von Andzéa Belliger und David Krieger, Bielefeld 2006, 259–307, hier: 281 [Hv. i. Orig.].
87 Im Original: "state simplification", James C. Scott, Seeing Like a State: How Certain Schemes to Improve the Human Condition Have Failed, New Haven/London 1998, 80.
88 Zur Kommunikation zwischen Lokal- und Zentralverwaltung vgl. Reinhard, Geschichte der Staatsgewalt, 198–204.
89 Haas, Die Kultur der Verwaltung, 264.
90 Vgl. Hünecke, Institutionelle Kommunikation im kursächsischen Bergbau des 18. Jahrhunderts, 30.
91 Bruno Latour, Die Hoffnung der Pandora. Untersuchungen zur Wirklichkeit der Wissenschaft [1999], Frankfurt a. M. 2000, 375.
92 Bruno Latour, Die Logistik der immutable mobiles, in: Mediengeographie. Theorie – Analyse – Diskussion, hg. von Jörg Döring und Tristan Thielmann, Bielefeld 2009, 111–144, hier: 124 [Hv. i. Orig.].

zielt, denn mit jeder inskriptiven Ableitung können mehr Datensätze auf einmal transportiert, stabilisiert oder kombiniert werden.[93] Die Inskriptionskette verläuft in der Regel von der Peripherie zu den Zentren, die als wissenschaftliche oder administrative „Rechenzentren"[94] operieren.

Von dieser Perspektive ausgehend erscheint hier zentral, dass der Lebenslauf in der Aktenzirkulation um 1800 kein primäres Produkt künstlerischer, geistlicher oder gelehrter Autorschaft darstellte. Die Lebensläufe, die sich mit Ende des 18. Jahrhunderts in der preußischen Verwaltung anhäuften, waren stattdessen von geringer Halbwertszeit: Ihre Wirksamkeit war auf Verwaltungsakte beschränkt; als zentraler Teil von Personalakten gewährleisteten sie die Mobilisierung und Mediatisierung von Karrieren.[95] Sie fungierten somit als Inkubatoren, Mediatoren und Katalysatoren von lebenszeitlichen Übergängen, die ohne sie nur schwer dar- und herstellbar waren.

Ein schematischer Überblick über die verschiedenen Inskriptionsstufen des Lebenslaufs um 1800 sieht folgendermaßen aus. An erster Stelle stand die Veraktung des Lebenslaufs in Supliken. Durch sie wurde das geschäftliche Leben von Bewerbern kommunizier- und transportierbar. Im komplexen Zusammenspiel mit den daran angeschlossenen oder daraus abgeleiteten Berichten entstanden dann wiederum neue Anschluss-, Modifikations- und Kombinationsmöglichkeiten des Lebens. Der Lebenslauf als Schriftstück in einem übergreifenden Berichtsverfahren war unweigerlich Bestandteil bürokratischer Verfahren: Gekoppelt an einleitende Vor-Schreiben und angeheftete Beilagen zog er in der prozeduralen Logik des Aktenverfahrens Antwortschreiben nach sich, die schließlich zu Entscheidungen führten.[96] Konkret erlaubte der Lebenslauf und die aus ihm abgeleiteten Sekundär- und Tertiärextrakte eine Mobilisierung des Lebens für die Verwaltung. Die folgenden Ausführungen illustrieren anhand einiger beispielhafter Berichtsverfahren unterschiedliche Inskriptionsstrategien und deren jeweilige Verwaltungskalküle.

---

93 Vgl. Bruno Latour, Science in Action: How to Follow Scientists and Engineers through Society, Cambridge 1987, 243.
94 Latour, Die Logistik der immutable mobiles, 137.
95 Allgemein zur Agentialität des Mediums Akte vgl. Vismann, Akten, 9.
96 Vgl. Stefan Nellen, Die Akte der Verwaltung. Zu den administrativen Grundlagen des Rechts, in: Wissen, wie Recht ist. Bruno Latours empirische Philosophie einer Existenzweise, hg. von Marcus Twellmann, Konstanz 2016, 65–92, hier: 81.

a) Berichtskonstellationen in der Bau- und Bergbauverwaltung

Im Bauwesen um 1800 fungierte in der Regel nur eine Behörde als Berichtsscharnier zwischen Departement/Ministerium und Baubeamten, nämlich die zuständige Kammer/Regierung. Seit 1770 stand mit dem Oberbaudepartement bzw. der Oberbaudeputation (ab 1804) eine weitere Behörde speziell für Ausbildungs- und Prüfungsfragen zwischen Supplikant und Entscheider.[97] Vor allem in den Fällen, in denen das zuständige Territorialdepartement weitere Auskünfte über die Qualifikation verlangte, legte das Oberbaudepartement einen zusätzlichen Bericht bzw. eine Kopie des Prüfungsprotokolls vor. Der Geschäftsgang eines Besetzungsverfahrens sah dabei vor, dass sich Kandidaten zunächst bei der Unterbehörde meldeten, diese darauf an das Departement/Ministerium berichtete und einen Besetzungsvorschlag unterbreitete.[98] Bewerber hielten sich jedoch keineswegs an diesen Instanzenzug, sondern supplizierten sowohl vor als auch nach 1806 oft direkt an die Zentralbehörde. Diese traf dann entweder – unter Umgehung der Provinzialbehörden und damit der Berichtslogik – eine Anordnung[99] oder forderte die zuständige Kammer/Regierung bzw. das Oberbaudepartement/Oberbaudeputation zum Berichten auf.[100]

In der preußischen Bergbauverwaltung wiederum herrschte im letzten Drittel des 18. Jahrhunderts eine sehr komplexe Berichtshierarchie. Seit den 1770er Jahren galt in staatlichen Bergwerken das Direktionsprinzip, d. h. die Grubenverwaltung wurde an staatliche Bergämter delegiert. Diese lokalen Bergämter

---

97 Vgl. Bolenz, Vom Baubeamten zum freiberuflichen Architekten, 47–49.
98 Für Beispiele vor 1806 vgl. GStA PK, II. HA GD, Abt. 14, Kurmark, Tit. IX Nr. 7a, fol. 135–140; II. HA GD, Abt. 14, Kurmark, Tit. IX Nr. 8a, fol. 1ff., 13–14, 19, 26, 28–29; II. HA GD, Abt. 13, Neumark, Bestallungssachen, Baubediente Nr. 4, fol. 70–75, 88–89, 91, 108; II. HA GD, Abt. 30.I, Oberbaudepartement, Nr. 83, fol. 16–21; II. HA GD, Abt. 15, Magdeburg, Bestallungssachen, Tit. XIII Baubediente, Nr. 1, Bd. 2, fol. 10 ff.; II. HA GD, Abt. 15, Magdeburg, Bestallungssachen, Tit. XIII Baubediente, Nr. 8, Bd. 1, fol. 39–40, 86, 183. Für einige wenige Beispiele nach 1815 vgl. GStA PK, I. HA Rep. 93 B, Nr. 441, fol. 31–33; I. HA Rep. 93 B, Nr. 445, fol. 36 ff., 67–68, 94 ff., 99 ff.
99 Vgl. GStA PK, II. HA GD, Abt. 14, Kurmark, Tit. IX Nr. 7a, fol. 240, 243; GStA PK, II. HA GD, Abt. 13, Neumark, Bestallungssachen, Baubediente Nr. 5, fol. 50–51, 54; II. HA GD, Abt. 9, Westpreußen. Netzedistrikt, Bestallungssachen, Tit. XVII Baubediente Nr. 1, fol. 124 (allerdings ohne Entscheidung, sondern mit dem Bescheid sich an die Kammer zu wenden); II. HA GD, Abt. 10, Südpreußen, XIII Bestallungssachen, Nr. 191, Bd. 2, fol. 66–71; II. HA GD, Abt. 17, Minden, Tit. IX Nr. 3, fol. 34.
100 Vgl. GStA PK, II. HA GD, Abt. 14, Kurmark, Tit. IX Nr. 7a, fol. 240, 243; II. HA GD, Abt. 9, Westpreußen, Bestallungssachen, Tit. XXII, Nr. 4, Bd. 1, fol. 74, II. HA GD, Abt. 9, Westpreußen, Bestallungssachen, Tit. XXII Nr. 16, Bd. 1, fol. 10–11, 24–25, 26; II. HA GD, Abt. 15, Magdeburg, Bestallungssachen, Tit. XIII Baubediente, Nr. 8, Bd. 1, fol. 81, 87–88, 91.

wurden für die niederen Beamten mit Ernennungs- und Disziplinarrechten ausgestattet, mussten für die höheren Stellen jedoch an vorgesetzte Behörden, besonders das neu eingerichtete Bergwerks- und Hüttendepartement beim Generaldirektorium in Berlin berichten.[101] Im Herzogtum Magdeburg gründete man 1772 ein Oberbergamt in Rothenburg, das sämtliche Berg- und Hüttenwerke, Steinbrüche, Torfmoore und Kalkbrennereien in der Provinz verwalten und die lokalen Berg- und Hüttenämter obsolet machen sollte.[102] Idealiter hatte das Oberbergamt in allen provinziellen Bergwerks- und Hüttenangelegenheiten direkt an das Bergwerksdepartement zu berichten, de facto barg diese Regelung aber bis ins 19. Jahrhundert hinein eine Reihe administrativer Ausnahmen, die Zuständigkeiten und Berichtswege erheblich verkomplizierten. Eine solche Ausnahme war das Bergamt in Wettin, das parallel neben dem Oberbergamt weiterexistierte und bis 1796 bei der Halleschen Kammerdeputation ressortierte, die vor allem für die Salzadministration zuständig war.[103] Friedrich II., der die Einrichtung von Kammerdeputationen mit dem Argument befürwortet hatte, dass diese aufgrund der räumlichen Nähe lokale Sachverhalte besser einschätzen konnten als die Kriegs- und Domänenkammern, nahm dafür die gesteigerten Berichtsvolumina und die Erhöhung der *paperwork* billigend in Kauf.[104] Die Kammerdeputation wiederum hatte der Magdeburgischen Kriegs- und Domänenkammer zu berichten, die schließlich dem 1768 eingerichteten Departement für Berg- und Hüttendepartement im Generaldirektorium unter Leitung des Reformministers Friedrich Anton von Heinitz berichtspflichtig war.

b) Bürokratische Verkleinerungen

Als basales Modell jedes personellen Berichtsvorgangs lässt sich eine Technik der narrativen Verkleinerung herauspräparieren. Ausgehend von einem primären Input-Text (i. d. R. ein Stellengesuch) destillierten untergeordnete Lokal- oder Provinzialbehörden relevante Daten, um sie in einer narrativen Zusammenstellung an die entscheidungsbefugte Zentralbehörde zu kommunizieren. Diese wiederum teilte der Unterbehörde nach Eingang des Berichts in einem befehlsartigen Reskript ihre Entscheidung mit, welche die Unterbehörde an die Bittsteller weiterlei-

---

[101] Vgl. Althoff und Brockfeld, Die preußische Berg-, Hütten- und Salinenverwaltung 1763–1865, X–XI.
[102] Vgl. Heckl, Die preußische Berg-, Hütten- und Salinenverwaltung 1763–1865, 65–66.
[103] Vgl. Heckl, Die preußische Berg-, Hütten- und Salinenverwaltung 1763–1865, 72–74.
[104] Vgl. Walther Hubatsch, Friedrich der Große und die preußische Verwaltung, Köln/Berlin 1973, 155–157.

tete. Die Art und Weise, wie berichtet wurde, war im preußischen Verwaltungsdienst bereits im 18. Jahrhundert stark kodifiziert. Der Kanzleistil gab zwar das rahmende Zeremoniell vor, der die Standesunterschiede zwischen den einzelnen behördlichen Instanzen explizierte, die zeitgenössische Ratgeberliteratur befasste sich jedoch insbesondere mit der Frage der stilistischen Berichtseffizienz. Hier wurde dezidiert anti-kurial argumentiert.

Julius Eberhard von Massow, Minister im preußischen Generaldirektorium, konstatierte in seinem 1792 erschienenen Kanzleihandbuch, dass gerade die an das Kabinett gerichteten Berichte „im Aeußern kein Curiale haben" und stattdessen „nach dem linker Hand des Bogens zu setzenden kurzen Inhalt ohne Titel gleich im Context anfangen, und am Schluß bloß Ort, Datum und Nahmens-Unterschriften der Mitglieder folgen."[105] Analog zu den Vorgaben an Bittschriften stand also auch hier die Antizipation beschränkter obrigkeitlicher Aufmerksamkeitskapazitäten im Vordergrund. In derselben Manier sollte das Berichtschreiben auf die Länge einer Seite beschränkt bleiben. Was die Gestaltung des Kontexts anbelangte, waren „gedrungene Kürze, mit Deutlichkeit und Weglassung aller bloß technischen und lateinischen oder veralteten Ausdrücke [...] die Haupteigenschaften".[106] Gefragt war aber gleichzeitig auch das rechte Maß; Berichterstatter hatten von unverhältnismäßigen Kürzungen unbedingt abzusehen. Genau wie für Supplikationen galt also auch hier die Maxime, den „vorzutragenden Gegenstand mit möglichster Kürze und Präzision"[107] darzustellen.

Außerdem bestand Massow mit Vehemenz auf der Wahrung der ureigenen Kommunikationsfunktion des Berichtens: der narrativen Präjudizierung einer Entscheidung. „Das bloße Anheimstellen", also das gänzliche Überlassen der Bewertung an die Oberbehörde, so seine Ausführungen, „ist nur in seltenen Fällen anwendlich; die Regel erfordert einen bestimmten Antrag oder Gutachten."[108] Die Berichterstatter mussten also Position beziehen und durften in der Begründung der dazugehörigen „Facti" „nichts, was nicht aktenkundig oder notorisch ist[,] apodictisch" behaupten.[109] Damit war der Bericht, anders als die landeskundlichen Nachrichtungen, nicht nur Beschreibung eines Gegenstandes, sondern in seiner Dramaturgie auf die Entscheidbarmachung eines Verwaltungsproblems ausgerichtet. Durch diesen Argumentationszwang und das daraus re-

---

105 Julius E. von Massow, Anleitung zum praktischen Dienst der Königl. Preußischen Regierungen, Landes- und Unterjustizcollegien, Consistorien, Vormundschaftscollegien und Justizcommissarien, für Referendarien und Justizbediente, Bd. 2, Berlin/Stettin 1792, 270.
106 Massow, Anleitung zum praktischen Dienst [...], Bd. 2, 270.
107 Massow, Anleitung zum praktischen Dienst [...], Bd. 2, 272.
108 Massow, Anleitung zum praktischen Dienst [...], Bd. 2, 273.
109 Massow, Anleitung zum praktischen Dienst [...], Bd. 2, 273.

sultierende Informations- und Argumentationsrecht gewannen Unterbehörden einen nicht unwesentlichen Einfluss auf die letztendliche Entscheidung. Das subalterne Darstellungsmonopol sollte die Wahrnehmung lokaler Sachverhalte und deren Beurteilung durch die Zentralmacht stark beeinflussen.[110]

Was aber bedeuteten all diese Vorgaben für die konkrete Verwaltungspraxis? Um diese Frage zu beantworten, lohnt sich ein Blick in die Kanzleistuben der Wettiner Bergverwaltung, in der aufgrund der komplexen Organisationsstruktur gegen Ende des 18. Jahrhunderts besonders eifrig berichtet wurde. Als Fallbeispiel soll eine Bittschrift aus dem Jahr 1787 dienen, in der ein altgedienter Konsistorialrat den Lebenslauf seines Sohnes erzählt, um ihn für eine Beförderung zu empfehlen. Im Verlauf seiner berichtlichen Reise durch die Büros der Beamten erhält der Lebenslauf immer kürzere Inskriptionsgrade. Sie alle weisen einen unübersehbaren Drang zur informationellen Verdichtung und Steuerung auf, der mit verschiedenen ästhetischen Mitteln erzeugt wird. Die in diesem Fall äußerst umständliche Entscheidungsfindung wird durch eine Supplikation des Konsistorialrats Küster an den Berliner Staatsminister und Oberberghauptmann Heinitz eingeleitet, der darin um die Beförderung seines Sohns zum Bergassessor beim Wettiner Bergamt bittet.[111]

Der Großteil des Schreibens besteht aus einer Schilderung der Karriere des Sohnes. Der grundlegende Berufstopos wird hier bereits zu Beginn eingespeist: Küster junior habe sich „aus einem unwiderstehlichen Triebe, nach zurück gelegten akademischen Jahren, dem Bergwerks-Departement gewidmet". Er ist also, so wie es der zeitgenössische Brauchbarkeitsdiskurs vorsieht, zu derjenigen Lebensart gekommen, für die er durch Anlage und Talent bereits *a priori* bestimmt war.[112] Auf der folgenden Seite erklärt der Vater die Anbahnung der Bergbeamtenkarriere im Detail: „Die Zubereitung hiezu hat er sich dadurch zu machen gesucht: daß er bey seinem Studiren in Halle die Chymie gehöret, das Feldmessen und Riße zufertigen geübt, und um Ostern 1½ Jahr in Wettin ist." Wettin markiert gleichzeitig den zeitlichen Punkt, ab dem Küster junior eine Transition von der theoretischen zur praktischen Bergwerkskunst unterlaufen hat.

> Hier hat er die Grubenarbeit dadurch erlernet, daß er diesen Winter, als gemeiner Bergmann die Frühschicht gegen das Wochenlohn 1 r[eichs]t[aler] 6 g[roschen] arbeitet. Im Markscheiden hat ihn der geschickte Bergmeister Grillo bey den Befahrungen Anweisung

---

110 Vgl. Haas, Die Kultur der Verwaltung, 210.
111 Vgl. LASA, F 15, V Nr. 29, Bd. 11, unfoliiert, Supplik von Konsistorialrat Küster an Oberberghauptmann Heinitz, 29. Januar 1787 (Abschrift).
112 Vgl. Kap. III.1.

gegeben. Die Uebung dieser Wißenschaft setzet er jetzt mit dem zurückgekommenen BauInspector Lüder fort, und gebrauchet dessen Anweisung in der Baukunst. Die Bergamts-Geschäfte sind ihm dadurch practisch bekannt, daß er den Seßionen beygewohnt, und dadurch beym Protocolliren gebraucht worden. Zum Auscultator der Hallischen Cammer-Deputation ist er auch g[nä]d[i]gst verpflichtet worden, damit er erforderten Falls in den Geschäften des Salz-Departements könne gebraucht werden."[113]

Der Konsistorialrat bedient mit dieser Routinierungsgeschichte ganz bewusst die projektiven Erfordernisse der Zielstelle Bergamtsassessor. Denn im höheren Bergfach waren sowohl Übung im praktischen Bergbau (Grubenarbeit und Markscheiden), als auch den bürokratischen Verwaltungstätigkeiten (Protokollieren und Auskultatur) Laufbahnvoraussetzungen.[114] Nominal und rhetorisch jedenfalls entspricht das absolvierte Curriculum – und hierauf deuten auch die vermutlich vom Salzdepartement vorgenommenen Unterstreichungen[115] – dem Ausbildungsverlauf eines höheren Bergwerksbeamten. Gleichzeitig sind gerade im ersten Teil der Supplikation Küsters aber auch etliche narrative Elemente zu finden, die zu einer anders gelagerten Überzeugungsstrategie gehören.

Da ist einerseits die grundlegende Position des Vaters als Fürsprecher. Diese Rolle führt es mit sich, dass Küster senior auch seine eigene Verdiensthaftigkeit in das Narrativ einflicht und diese wiederum durch eigene patronale Netze absichert: „Zwar bin ich Ew[er] Excell[enz] ganz unbekannt; aber es werden vielleicht einige hohe Personen Ew[er] Excell[enz] gnädigst eröffnen, daß ich ein bejahrter Vater bin, welcher in Erfüllung seiner Pflichten in den schweren Feldzügen des siebenjährigen Krieges, und folgende Jahre treu gedienet".[116] Die

---

113 LASA, F 15, V Nr. 29, Bd. 11, unfoliiert, Supplik von Konsistorialrat Küster, 29. Januar 1787 [Hv. i. Orig.].
114 Das von Heinitz 1778 erlassene „Publicandum wie es künftig mit Besetzung der Berg- und Hütten-Bedienungen gehalten werden soll" schrieb für Aspiranten der Bergwerksverwaltung vor, dass sich Kandidaten neben schulischen und wissenschaftlichen Kenntnissen „eine Zeit lang als Eleve auf einländischen Berg- und Hütten-Wercken aufhalten und sich selbst mit allen Arbeiten und Geschäften practisch bekannt machen" und auf den Bergämtern „auch theoretischen Unterricht in denen Berg- und Hütten-Wesen gehörigen Wissenschaften" nehmen sollten. GStA PK, I. HA Rep. 121, Nr. 278, fol. 1–2, Publikandum vom 8. Januar 1778. S. a. Hans-Joachim Kadatz, Friedrich Anton Freiherr von Heynitz. Ein Reformer der zweiten Hälfte des 18. Jahrhunderts aus Dröschkau bei Belgern, Belgern 2005, 91.
115 Da es sich bei der Supplik um eine Abschrift des Salzdepartements an die Magdeburgische Kammer handelt, lässt sich nicht mit Sicherheit rekonstruieren, wer die Unterstreichung im Original vorgenommen hat. Ähnliche Vorgänge aus dem Generaldirektorium indizieren aber mit ziemlicher Sicherheit, dass Unterstreichungen vonseiten der Oberbehörde (im Original mit rotem Buntstift) erfolgten.
116 LASA, F 15, V Nr. 29, Bd. 11, unfoliiert, Supplik von Konsistorialrat Küster, 29. Januar 1787.

Qualität als Patriot ist es auch, die den Vater wünschen lässt, den Sohn mit eben diesen Eigenschaften auszustatten und ihn „zu einem, dem Vaterlande nüzlichen und brauchbaren Mann ferner herangezogen zu sehen". Der Vater modelliert den eigenen Verdienst also rhetorisch zu einer staatstragenden Qualität, die er uneigennützig auf den Sohn gespiegelt wissen möchte. Für die Durchführung dieser Qualitätsübertragung benötigt er jedoch die Vermittlung des Staats selbst. Der Brauchbarkeits-Transfer wird damit als erhabenster Grund mobilisiert, um die Bitte um „einen Leeren-Platz"[117] zu legitimieren. Schließlich kommt in der Supplikation noch eine dritte Argumentationsstrategie zum Tragen. Wenn Küster senior die bergmännischen Verdienste des Ministers Heinitz mit den Worten preist „Ew[er] Excellenz haben da Licht angezündet und Segensgrüfte eröffnet, wo vor kurzem noch Dunkelheit und Ungenutztheit herrschete", dann mag das auf den ersten Blick wie Schmeichelei erscheinen. Küsters Einsatz muss aber gleichzeitig als affektive Intervention betrachtet werden, die Heinitz emphatisch als montanistischen Pionier und Urheber einer „großen preußischen Epoke" stilisiert. Das Wohlwollen des großen Heinitz ist es auch, dass Küster als Antidot für die eigenen negativ gepolten Affekte anruft: [D]iesen Gott werde ich so viel mehr preisen, wenn er Ew[er] Excell[enz] gnaedigste Fürsorge auf meinen Sohn lenket [...] und ich meines väterlichen Kummers enthoben werde".[118]

Das Heinitz unterstellte Salzdepartement fordert nach Eingang der Supplikation die nächstuntergeordnete Behörde – die Magdeburgische Kriegs- und Domänenkammer – zu einer berichtlichen Stellungnahme auf. Diese Berichtsdelegation setzt sich analog von der Kammer zur untergeordneten Kammerdeputation in Halle und von dort bis zum eigentlichen Ort des Geschehens, dem Wettiner Bergamt, fort. Das Wettiner Bergamt als unterste zuständige Behörde setzt nun die Berichtskette in Gang, die von dort analog wieder ihren Weg zurück zum Salzdepartement als entscheidungsbefugter Behörde nimmt (Abb. 6).[119]

---

117 Vermutlich Schreibfehler; im Text intendiert: Lehrplatz.
118 LASA, F 15, V Nr. 29, Bd. 11, unfoliiert, Supplik von Konsistorialrat Küster, 29. Januar 1787.
119 Das mehrstufige Delegieren von ‚oben' nach ‚unten' war bereits in der Frühen Neuzeit, etwa in der Habsburger Finanzverwaltung, verbreitet vgl. Hengerer, Prozesse des Informierens in der habsburgerischen Finanzverwaltung im 16. und 17. Jahrhundert, 188–189. Für die Prozeduralität des Berichtens, aber auch der Beschreibbarkeit des Vorgangs ist es wichtig, die Perspektive der Aktenproduktion mit zu berücksichtigen. In diesem Fall ist der Vorgang durch die Provinzialregistratur der Magdeburgischen Kriegs- und Domänenkammer dokumentiert worden. Diese hat im fortlaufenden Vorgang eine Vermittlerposition zwischen dem Salzdepartement (Berlin) und dem Antragssteller bzw. den lokalen Vorgesetzten (Wettin). Dieser Überlieferungszusammenhang bedeutet beispielsweise, dass keine näheren Aussagen zur Original-Gestaltung der Supplik gemacht werden können, da diese in Berlin und nicht in Magdeburg einging und in der Provinzialregistratur nur als Abschrift archiviert wurde. Dasselbe gilt für den Bericht der untersten

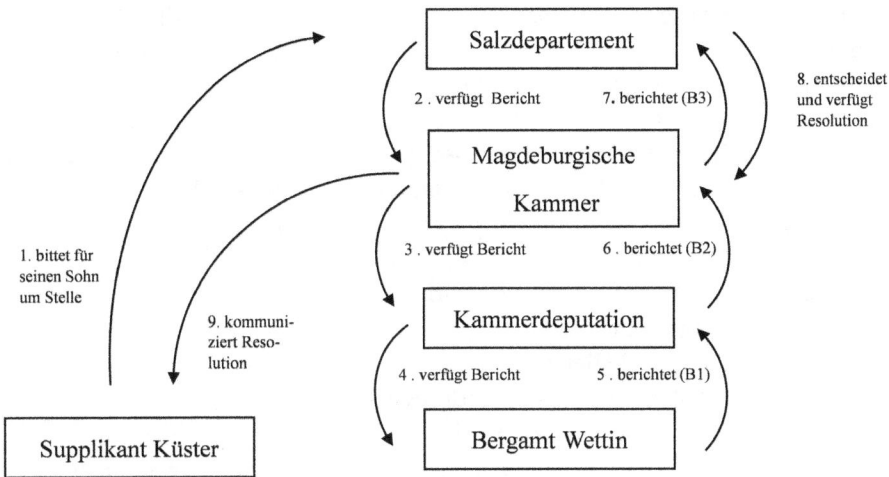

Abb. 6: Berichtsökonomie beim Wettiner Bergamt. Quelle: LASA, F 15, V Nr. 29, Bd. 11.

Der Bericht des Bergamts Wettin (B1) an die Hallesche Kammerdeputation verfährt in inhaltlicher und rhetorischer Symmetrie zur eingereichten Supplikation. Nicht nur verfügt er mit 769 Wörtern über eine ähnliche Länge; der Bericht der kollegialisch verfassten Bergbeamten spiegelt auch beinahe jedem Argument Küsters eine diametral entgegengesetzte Position zurück.

Auch bei den Lokalbeamten nimmt die Frage der Küster'schen Formationsgeschichte den meisten Raum ein. Bevor sie sich im Detail mit den Aussagen des Vaters auseinandersetzen, sprechen die Beamten aber schon im ersten Absatz das Verdikt, „daß sich der Küster noch gar nicht zu einem Bergamtsassessor qualificire".[120] In der Darstellung geht es nun um die Beobachtung und Bewertung derjenigen Laufbahn-Aktivitäten des jungen Küsters, die von seinem Vater zuvor als Argument für eine Beförderung eingebracht wurden. Zunächst wird in einer *refutatio* Laufbahnargument für Laufbahnargument dekonstruiert, wobei sich die Bergbeamten grob an den in der Supplikation unterstrichenen Tätigkeitsfeldern abarbeiten. Das vorherrschende Stilmittel für diese Gegendarstellung ist die *concessio*: Die einzelnen Betätigungen werden zwar anerkannt, aber in ihrem Allgemeinheitsanspruch partikularisiert. Küster habe im „Gruben

---

Behörde, des Wettiner Bergamts, der im Original in Halle (bei der Kammer-Deputation) verarbeitet wurde und deshalb ebenfalls nur als Abschrift nach Magdeburg gesendet wurde.

120 LASA, F 15, V Nr. 29, Bd. 11, unfoliiert, Bericht des Bergamts Wettin an die Hallesche Kammerdeputation, 14. März 1787 (Abschrift).

Bau" beispielsweise „höchstens eine superificielle Kenntniß", die nicht einmal „mittelmäßig" sei. Im Markscheiden habe er – bei dem mitberichtenden Bergmeister – nur „einige Stunden der practischen Markscheider Kunst" genossen und „einmahl zum Abziehen in der Grube" gearbeitet, „welches alles gar nichts heißt". Auch die Verwaltungskenntnisse des jungen Küsters sind nach der Meinung des Bergamts von fragwürdiger Qualität: „In der sehr kurtzen Zeit da er als Auscultator angesetzt worden, ist er zu weiter nichts als zu einigen Abschreiben und Führung des Protocolls gebraucht worden". Für die Komposition eines „schriftlichen Aufsatzes", den ein höherer Verwaltungsbeamter beherrschen müsse, seien seine Fähigkeiten vollkommen unzureichend. Nach diesen Ausführungen heben die Berichterstatter ihr Plädoyer auf eine andere Ebene.

Der Antrag selbst sei „gar sehr zudränglich", da Küster junior für seine Verhältnisse bereits sehr gut versorgt sei. Die Unzufriedenheit des Antragstellers seinen Sohn weiter zu unterhalten, könnten die Bergbeamten zwar nachvollziehen, doch begründe dies allein keine Ansprüche. Stattdessen wird an dieser Stelle der Topos der Angemessenheit aufgerufen.[121] Um die Unangemessenheit von Küsters Begehr zu beweisen, führt das Bergamt zwei Missverhältnisse vor. In einer ersten, quantitativen Vergleichung wird das aktuelle Gehalt des Sohnes (65 Reichstaler) mit demjenigen „einer ganzen Bergmannsfamilie von 6–8 Personen" in Äquivalenz gesetzt. In einem zweiten, qualitativen Schritt wird hingegen die Biographie Küsters darauf befragt, ob sie der anvisierten Zielstelle überhaupt angemessen ist. Die Behörde charakterisiert Küster als „noch ganz roh" und beurteilt den bisherigen Lebenslauf damit als inkompatibel mit einer Assessor-Stelle. Hier tritt die empfindliche Verletzung des Angemessenheitsgebots, „nicht mehr, auch nicht weniger als der Gegenstand erfordert, zu enthalten",[122] besonders deutlich hervor. Aus der Unverhältnismäßigkeit des Ansuchens

---

121 Zur Stilfigur der Angemessenheit allgemein vgl. Bernhard Asmuth, Angemessenheit, in: Historisches Wörterbuch der Rhetorik, Bd. 1, hg. von Gert Ueding, Tübingen 1992, 579–604. Zeitgenössische Stilhandbücher enthalten ebenfalls ausführliche Ausführungen über die Angemessenheit: Johann C. Adelung, Ueber den deutschen Styl, Bd. 1, 147–166.
122 Immanuel Kant, Anthropologie in pragmatischer Hinsicht [1798], in: Kant's Gesammelte Schriften: Akademie-Ausgabe, Abt. I, Bd. 7, hg. von Königlich Preußische Akademie der Wissenschaften, Berlin 1907, 198. Bezeichnenderweise entwickelt Kant seine Anthropologie der Angemessenheit von Erkenntnisvermögen gerade an unterschiedlichen Staatsdienertypen. Wo der subalterne Diener „nur Verstand zu haben" braucht, benötigen „Officier" und „General" zu ihren „verschiedenen Vorkehrungen" ganz andere „Talente". Ebd. Gerade diejenigen Tätigkeiten, die – wie die Assessorenstelle beim Bergamt – Urteilskraft (also das, „was in vorkommenden Fällen zu thun sei, selbst zu bestimmen") erfordern, können „nicht belehrt, sondern nur geübt werden; daher ihr Wachstum Reife und derjenige Verstand heißt, der nicht vor Jahren kommt." Kant, Anthropologie in pragmatischer Hinsicht, 199.

prognostiziert das Bergamt wiederum eine laufbahntechnische Apokalypse: „Wird ihm hiernächst sein Gesuch bewilligt, so ist der Küster auf ewig verlohren, und es wird nie was aus ihm werden. Natürlich wird er dann den Herrn spielen, und von uns würde er keine Anweisung mehr bekommen können."[123] In der Laufbahnlogik der Behörde hat also jeder Karriereschritt ein zeitlich bestimmbares *aptum*, das bei unzeitgemäßer Überschreitung zu fatalen Lebenslauffolgen führen muss. Dass dieses bürokratische Schreckensszenario nicht auf Sachfragen beschränkt bliebe, wird aus dem darauffolgenden Argument deutlich. Denn hier betreten nun auch die Affekte der Berichterstatter die Bühne, die durch die unverhältnismäßige Gehaltsverbesserung des jungen Küsters in schwersten Aufruhr geraten würden.

> Endlich erwägen Hochdieselben, wie kränkend es uns sein müße, wenn ein sehr junger Mensch, der auch noch gar nicht die mindeste Geschicklichkeit hat, die zu einen König [lichen] Bedienten erfordert wird, mit einem so starken Salair angesetzt wird, da wir, so ganz außerordentlich schlecht stehen.[124]

Die Berichtenden geben sich damit endgültig als Mitspieler auf dem bürokratischen Schauplatz des Wettiner Bergamts zu erkennen. Sie sind also nicht nur neutrale Berichterstatter, sondern selbst Protagonisten in der von ihnen berichteten Geschichte. Die Entscheidung über Küster junior hat zwangsläufig auch eine Auswirkung auf sie selbst. Und so lautet der Antrag des Bergamts an die Deputation also, „höhern Orts" daraufhin anzutragen, „den Herrn Consistorialrath Küster mit, seinem Suchen abzuweisen".[125]

Sowohl die Supplik des Vaters als auch der Bericht des Bergamts sind von außerordentlicher Länge. Die Massow'sche Forderung, den Bericht „möglich auf eben der Seite" zu schließen, „wo er angefangen ist",[126] wird von den Bergbeamten mit vier Seiten um ein Vielfaches überschritten. Von der Standardisierung und Formularisierung des Berichtswesens, wie sie in der nachnapoleonischen Periode in Preußen üblich wurde,[127] ist dieser Bericht weit entfernt. Gleichzeitig bedienen sich Supplik und Bericht in der Mobilisierung von Sach- und Affektargumenten eines ähnlichen rhetorischen Repertoires. Gerade der Bericht der Behörde lässt auf auffallende Weise jene emotive Abfederung von Adjektiven und Verben der Entrüstung in neutrale Berichtsverben der indirekten Rede vermissen, die bürokratischen Schreiberzeugnissen gewöhnlich zu eigen ist.[128] Zwei-

---

123 LASA, F 15, V Nr. 29, Bd. 11, unfoliiert, Bericht des Bergamts Wettin, 14. März 1787.
124 LASA, F 15, V Nr. 29, Bd. 11, unfoliiert, Bericht des Bergamts Wettin, 14. März 1787.
125 LASA, F 15, V Nr. 29, Bd. 11, unfoliiert, Bericht des Bergamts Wettin, 14. März 1787.
126 Massow, Anleitung zum praktischen Dienst [...], Bd. 2, 270.
127 Vgl. Haas, Die Kultur der Verwaltung, 231.
128 Vgl. Hull, Government of Paper, 149.

felsohne ist dies ein Effekt der Distanzlosigkeit. Als jeweils homodiegetische Erzähler sind Vater und Bergamtsbeamte Teil der von ihnen erzählten Geschichte und deren imaginierten Auswirkungen. Genau wie der Vater unmittelbar und unvermittelt für den Sohn eintritt, scheinen die Beamten gerade in ihrer Rolle als teilnehmende Beobachter von der rationalen Kanalisierung des Sachverhalts abgehalten zu werden. Die ‚chirale Symmetrie' der beiden Schreiben lässt sich auf Hände zurückführen, die jeweils in gleicher Form gegeneinander schreiben.[129] Sie indiziert eine äquivalente Position in der Kommunikationshierarchie: Sowohl Küster senior als auch das Bergamt sind darin auf der untersten Ebene verortet. Weitschweifigkeit und Affekt sind hier die Regel. Beide Elemente erhalten auf ihrer Reise von Wettin nach Berlin allerdings eine gänzlich neue Form. Eine erste entschlackende Remediatisierung leistet bereits die nächste Inskriptionsstufe: der Bericht der Halleschen Kammerdeputation (B2).[130]

Bereits auf den ersten Blick sticht die Größenveränderung ins Auge: Der Bericht der Deputation an die Magdeburgische Kammer ist um etwa 200 Wörter kürzer als der Bericht des Bergamts. Da die Deputation die Position eines Beobachters zweiter Ordnung einnimmt, wechselt sie „nach eingezogener Auskunft gedachten Bergamts" von der Erzählung augenbezeugter Ereignisse und eigener Meinungen zur heterodiegetischen Erzählung dieser Erzählung. Die Beamten schreiten damit zur indirekten Rede und changieren im Modus zwischen der affirmativeren indikativen Nebensatzkonstruktion mit ‚dass' und dem distanzierteren Konjunktiv. Im ersten, längeren Teil des Berichts (390 Wörter) geben die Beamten B1 in Exzerpten oder Umformulierungen wieder, im zweiten Teil (142 Wörter) binden sie – diesmal homodiegetisch – eigene Bewertungen und Beobachtungen mit ein. Der Originalbericht B1 wird durch dieses Verfahren beinahe auf die Hälfte der Ausgangsgröße reduziert.

Dabei werden drei informationsverarbeitende Verfahren als Kompressionsstrategien eingesetzt. Die erste Strategie besteht aus einer exzerpierenden Lektüre und wörtlichen Kopie einzelner Textpassagen von B1 in B2. Es sind dies insbesondere lebenslaufspezifische Aussagen wie etwa, dass Küster junior sich „noch gar nicht zu einem Bergamts-Assesor qualificiert", sein Wissen „nicht einmal der Kenntniß eines mittelmäßig geschickten Bergmanns gleichkommt" und er „ein junger fast unwissender Mensch" ist. Während diese pointierten Aussagen mit großer Verbindlichkeit im Indikativ übernommen werden, ist die prognostisch-normative Aussage „und es würde nie etwas aus ihm werden" von der Deputa-

---

[129] Für diese Zuspitzung bin ich Noah Willumsen zu Dank verpflichtet.
[130] LASA, F 15, V Nr. 29, Bd. 11, unfoliiert, Bericht der Halleschen Kammerdeputation an die Magdeburgische Kriegs- und Domänenkammer, 20. März 1787.

tion in den distanzierteren Konjunktiv gesetzt. Der hinzugefügte Vorsatz „ist das Bergamt der Meinung, daß" hält die Deputation in der Unentschiedenheit, wobei die Tatsache, dass der nachfolgende Passus überhaupt übernommen wird, wiederum einen affirmativen Effekt generiert. Die wohl wichtigste Direktübernahme stellt aber das Schlussurteil da, denn auch dieses wird von der Deputation wortwörtlich kopiert.[131]

Die zweite Strategie der Deputation besteht aus der gezielten Umformulierung[132] einzelner Passagen aus B1. Diese Technik hat einen informationsverdichtenden und affektmodulierenden Effekt, sie setzt gegenüber dem Ausgangstext eine bestimmte Lesart durch. Die mehrzeilige, listenartige Aufführung der Namen und Gehälter aller höheren Bergbeamten in Wettin wird beispielsweise auf die Formulierung „da nun auch einige Mitglieder des Bergamts in geringen Gehalt stünden" zentriert, rhetorische Fragen und erzürnte Ausrufe aus B1, wie „Was muß ein Auscultator nicht bey den Landes-Collegiis für Arbeiten verrichten und das ganz umsonst", werden in erregungsfreie Aussagen à la „bey anderen Collegiis muß ein Auscultator mehrere Jahre umsonst arbeiten" transformiert. Wo in B1 von „kränkend" die Rede war, heißt es in B2 nur noch „hart". Es scheint als könnte man für die nächsthöhere Adressatenstufe (die Kammer zu Magdeburg) nicht das gleiche Niveau von affektiver Unmittelbarkeit erhalten, wie es noch das Bergamt gegenüber der Deputation an den Tag legte. Der Ton entspricht nun insgesamt viel stärker jenem juridisch-bürokratischen Stil, mit dem man im 18. Jahrhundert

---

[131] Das ist deshalb bedeutend, weil die Verbindlichkeit von organisationalen Bewertungen und Interpretationen im 18. Jahrhundert analog zur Hierarchiestufe der berichtenden Behörde zu- oder abnahm. Vgl. hierzu Hünecke, Institutionelle Kommunikation im kursächsischen Bergbau des 18. Jahrhunderts, 33.

[132] Das von Srikant Sarangi und Stefan Slembrouck stammende Konzept der „bureaucratic reformulation" indiziert die Klassifikation und Interpretation eines Sachverhalts und die Beeinflussung nachgeordneter Handlungen. „To (re)formulate a state of affairs is an act of classification but it also amounts to the imposition of a particular interpretation which informs subsequent actions. (Re)formulation thus links up with situational power." Srikant Sarangi und Stefan Slembrouck, Language, Bureaucracy, and Social Control, Oxfordshire 1996, 129. Das Konzept beruht auf dem linguistischen Begriff der *formulation*: „A member [of a group] may treat some part of the conversation as an occasion to describe that conversation, to explain it, to characterize it, to explicate, or translate, or summarize, or furnish the gist of it, or take note of its accordance with rules, or remarks on its departure of rules." Harvey Sacks, On the Analyzability of Stories by Children, in: Directions in Sociolinguistics: The Ethnography of Communication, hg. von John J. Gumperz, New York 1972, 325–345, hier: 338.

versuchte, den autoritativen Effekt eines rationalen, unbeteiligten und distanzierten Erzählers zu erzielen.[133]

Die letzte Kompositionsstrategie bildet schließlich die gezielte Streichung einzelner Passagen. In stilistischer „Präzision" gilt es „alles was nicht unmittelbar zur Absicht dienet, abzuschneiden",[134] und damit die Entscheidbarkeit der Sache zu beschleunigen. Noch drastischer als die Umformulierung führt die Elimination überflüssiger Perioden zu Informationsverdichtung im engeren, informationstheoretischen Sinn, denn je höher die Redundanz einer Nachricht, desto niedriger ihr Informationsgehalt.[135] Was als redundant und damit uninformativ gilt, ist allerdings von der Ebene des Berichterstatters abhängig. Für die vorgesetzte Behörde sind es genau jene wiederholenden Feststellungen des Bergamts, die eine affektive Färbung aufweisen, etwa dass Küster junior nur mit großem Wohlwollen als Auskultator angestellt wurde oder dass er für die Position eines Assessors untauglich sei. Auch eine theatrale Prolepse wie „wird er dann den Herrn spielen" streicht die Deputation ersatzlos. Insgesamt werden aus dem Kontext von B1 auf diese Weise fast ein Drittel (236 Wörter) der ursprünglichen Berichtssubstanz gelöscht.

Schließlich fügt die Deputation noch einen Absatz über die eigene Evaluation Küsters an. Diese bezieht sich auf einen Aspekt des Lebenslaufs, der vom Bergamt nicht bedacht wurde. Sie stellt anheim zu „gedencken, daß der Auscultator Küster 2 ½ Jahr studiret hat, daß es ihm aber wenig oder gar nichts beym Bergbau und Bergmännischen Kenntniß helfen kann, daß er Chymie gehört, welches nur beym Schmelz- und Hüttenwesen ihm nützlich sein kann." Damit dekonstruiert die Deputation auch das letzte verbliebene Formationsargument des von Küster senior erzählten Lebenslaufs.

Eine noch radikalere Kürzung leistet der letzte Bericht (B3): das Schreiben der Magdeburgischen Kammer an das Salz-Departement in Berlin, wo die Berichts-Kaskade schließlich enden wird.[136] B2 wird hier in nur 211 Wörtern syn-

---

133 Vgl. Peter Becker und William Clark, Introduction, in: Little Tools of Knowledge: Historical Essays on Academic and Bureaucratic Practices, hg. von Peter Becker und William Clark, Ann Arbor 2001, 1–34, hier: 5–9.
134 Adelung, Ueber den deutschen Styl, Bd. 2, 36.
135 Informationen sind in diesem Sinne „Unterschiede, die einen Unterschied machen." Gregory Bateson, Geist und Natur. Eine notwendige Einheit [1987], 4. Aufl., Frankfurt a. M. 1992, 123. S. a. Norbert Wiener, The Human Use of Human Beings, London 1989, 21; Heinz von Foerster, Sicht und Einsicht. Versuche zu einer operativen Erkenntnistheorie, Wiesbaden/Braunschweig 1985, 85.
136 LASA, F 15, V Nr. 29, Bd. 11, unfoliiert, Bericht der Magdeburgischen Kriegs- und Domänenkammer an das Salzdepartement, 29. März 1787.

thetisiert, und zwar zunächst ebenfalls in der Form einer heterodiegetischen Erzählung des vorhergehenden Berichts. Der Kammerbericht erreicht damit die höchste Abstraktionsstufe. Dieser Bericht an höchste Instanz verfährt, anders als B2, ausschließlich umformulierend, wobei die lebenslaufbezogenen Aussagen bar jeglichen Zweifels und mit höchster Verbindlichkeit in den Indikativ gesetzt werden. Die in Supplikation, B1 und B2 mäandernde Erzählung des Lebenslaufs bringt die Kammer pointiert auf zwei Sätze.

> Nach demselben [B2] ist der p[raenominatus] Küster erst kurze Zeit als Bergmann angefahren, hat in der Markscheidekunst nur wenige, in der Baukunst aber noch keinen Unterricht erhalten und ist vorerst nur zum Abschreiben und Protocolliren gebraucht worden. Er besitzt daher gegenwärtig zum Bergamts-Assessor im Grubenbau noch nicht Kenntniß, und in Feder-Arbeiten noch nicht Uebung genug.[137]

Waren die Aussagen zur Qualifikation des jungen Küsters in allen vorgängigen Schreiben durch die Wahl der Figurenrede, des Modus oder der Berichtsverben noch als Sprechakte der subjektiven Beobachtung markiert, löscht B3 den Beobachtungscharakter des Lebenslaufwissens nahezu vollständig aus. Zwar wird die Urheberschaft dieses Wissens mit „nach demselben" indiziert, doch alle daraus abgeleiteten Aussagen – sogar die von der Beobachterposition vollkommen unabhängigen („Er besitzt daher") – erhalten hier durch den Indikativ den Status von gesicherten Prädikationen.

Wichtiger noch ist der Übergang von der intra- auf die extradiegetische Ebene. Nach Abschluss der äußerst dicht gedrängten *narratio* folgt im letzten Satz des Abschnitts die *conclusio* in Form eines von der Erzählung entkoppelten Schlusses. Man könnte also argumentieren, dass erst B3 ein Urteil trifft, das tatsächlich den Status einer assertiven Aussage annimmt und keiner weiteren Beweisführung bedarf (tatsächlich setzt das Salzamt in dem darauffolgenden Reskript die Prädikation in die Tat um, indem sie Küster junior *nicht* befördert). Die weiteren Reformulierungen betreffen die materiellen Bedingungen einer Beförderung, die durch den Mangel eines Fonds gar nicht erst gegeben seien. Hier setzt B3 die Aussagen von B1 und B2 in den Konjunktiv, die projektive Hypothese aus B1 und B2 („so ist der Küster auf ewig verlohren") wird entschärft und von der Kammer mit der Reformulierung „wird in Absicht des Fleißes nicht vorteilhaft, sondern nachteilig sein" deeskaliert. Was also die internen Verhältnisse der untergeordneten Behörde betrifft, kleidet sich die Kammer in wesentlich distanziertere Rhetorik. Unverbindlicher ist auch der letztendliche Antrag der Kammer. Wo B1 und B2 noch auf die Ablehnung des Gesuchs gedrängt hatten, schlägt

---

137 LASA, F 15, V Nr. 29, Bd. 11, unfoliiert, Bericht der Magdeburgischen Kammer, 29. März 1787.

B3 einen diplomatischen Haken, indem es die Entscheidung dem Wohlwollen des Ministers empfiehlt: „So dependiret es lediglich von Eurer König[lichen] Majest[ät] Gnade, ob und wie viel Allerhöchst dieselben dem jungen Küster zur Unterstützung seines Vaters bis zu seiner dereinstigen Beförderung, als ein fixirtes Gehalt [...] zu accordiren, allerg[nä]d[i]gst geruhen wollen". Mit dem Nicht-Explizieren des eigenen Ablehnungs-Vorschlags wird rhetorisch gleichzeitig die Tatsache verdeckt, dass das Gesuch bereits im vorherigen Absatz mit dem Fondsargument faktisch zur Ablehnung empfohlen wurde. Der Effekt ist deresponsibilisierend. Das entscheidende Reskript des Salzdepartements vom 19. April stimmt dem letzten Bericht in allen Punkten zu und trägt der Kammer auf Küster senior den Ablehnungsbescheid zu kommunizieren.[138] Von allen im Entscheidungsprozess involvierten Schriftstücken ist dieses mit 101 Wörtern das mit Abstand kürzeste. Der unzureichende Lebenslauf wird hier lediglich in zwei Wörter aufgelöst, nämlich als die in B3 „enthaltenen Umstände".

Diese Berichtskaskade macht deutlich, wie institutionelle Stellungnahmen von Stufe zu Stufe mit mehr Selbst-Evidenz ausgestattet werden, so dass am Ende der Kette die entscheidenden Daten als unbezweifelbare „Umstände" aufscheinen. Auf dem Weg vom Eingangsschreiben zu B3 sind in der Kette der Inskriptionen all jene Daten getilgt worden, die nicht explizit auf den Lebenslauf des Kandidaten verweisen. In gewisser Weise erzeugen die Behörden dadurch eine Essentialisierung und Potenzierung des Lebenslaufs, der nun ausschließlich diejenigen Elemente enthält, die laufbahnkritisch sind. Dieser Vorgang geht einerseits mit einer informationellen Zuspitzung auf die Karriere einher, die sich in zunehmender Abstraktion und Rationalisierung ausdrückt. Die dadurch erzeugten Distanzen setzen den klinisch isolierten Lebenslauf von der Dichte, Verworrenheit und Aktualität des ursprünglichen Sachverhalts ab. Erst nach mehrfacher schriftlicher Vermittlung wird das Verwaltungsproblem, das der alte Küster durch seine Supplikation produziert, von Berliner Amtsstuben aus auflösbar.[139] Die Entscheidbarkeit über jene Umstände muss allerdings ebenso erzeugt werden, und zwar durch narrative Umstrukturierungen. Die subjektiven Aussagen der Beobachtung und Bewertung (B1), sowie der indirekten Abstraktion und Kontextualisierung (B2) werden in B3 schließlich ihrer narrativen Positionalität entkleidet und stattdessen in den Modus einer universalen und objektiven Assertion („Küster ist ...") übersetzt und vom Aussageort des Beobachters entkoppelt. Die Installation von kommuni-

---

[138] LASA, F 15, V Nr. 29, Bd. 11, unfoliiert, Reskript des Salzdepartements an die Magdeburgische Kriegs- und Domänenkammer, 19. April 1787.
[139] Zum Distanzeffekt von schriftlichen Berichtsverfahren vgl. Krosigk, Von der Beschreibung zur Verdichtung, 147.

kativen Abständen ruft somit mediale Effekte hervor, die, abhängig vom jeweiligen Nah- oder Fernverhältnis, zu einer je neuen Beschreibungsform des Lebenslaufs zwingen.

Man könnte diese ineinander verschachtelten Berichtsverfahren mit einem Begriff Gerhard Neumanns als „meta-narrative Strategien" bezeichnen, die über das erste Erzählen von Küster und Bergamt (B1) – die im Übrigen auch nicht vom eigentlichen Protagonisten der Erzählung wiedergegeben werden – ein zweites und drittes Erzählen (B2 und B3) legen.[140] Die Funktion dieser berichtlichen Transposition liegt darin, über jenen affektiven Konflikt, der beim königlichen Entscheider unerzählbar ist, ein objektives Raster zu legen, das den Fall als ausschließliche Frage von Karriereangelegenheiten aufscheinen lässt. Gleichzeitig ist dieser Konflikt aber die den gesamten Berichtsprozess befeuernde Kraft. Gerade die überbordende Abneigung der Beamten scheint ihre leistungsobjektivierenden Ausführungen besonders in die Länge zu ziehen; angetrieben von der Vehemenz der Berichtenden, verwenden die nachgeordneten Berichterstatter alle Energie darauf, B1 dergestalt in assertive Aussagen zu transformieren, dass der Fall zugunsten der affektiven Tendenz des Bergamts entscheidbar ist. Paradoxerweise wird die antreibende Kraft dabei im Verlauf der Berichterstattung eliminiert, so dass der auslösende Affekt nicht mehr sichtbar ist. Küster wird im Reskript also nicht abgelehnt, weil die Bergbeamten durch die Beförderung in höchsten Aufruhr versetzt werden würden oder die Deputation dieser Einschätzung vorsichtig zustimmt, sondern weil der Assessor aufgrund objektiver Kenntnismängel schlicht nicht im Besitz der nötigen Eigenschaften ist. Um urteilen zu können, wird die affektive Herkunft des Urteils also ausgelöscht. Sie verlöscht in der Sublimation des ursprünglichen Grundes. Wenn Küster senior die letztgültige Resolution von der Kammer erhält, werden die Unterschriften ihn zwar auf singuläre Beamte verweisen, die kollektive Autorschaft des Verdikts wird jedoch in der Inskriptionslogik des Verfahrens verborgen bleiben.[141]

c) Lebensbekanntmachungen

Im Berichtswesen um 1800 wurden Lebensläufe nicht nur durch narrative Verkleinerungen und multiple Berichtsketten neu formatiert. Im internen Schriftverkehr integrierten Beamte eingehende Lebensläufe meist durch konjunktive Reformulierungen in ihre Berichte. Von Zeit zu Zeit griffen die Mittelbehörden

---

140 Gerhard Neumann, Kafka-Lektüren, Berlin 2013, 220.
141 Zur Verwässerung bürokratischer Autorschaft vgl. Hull, Government of Paper, 131–134.

aber auch auf noch explizitere Formen der Lebenslaufkommunikation zurück, Formen, die man am ehesten mit dem heutigen Verständnis eines Lebenslaufs identifizieren würde, da sie separierte Textstücke konstituieren und von allen ein- und ausleitenden *formula* (die stattdessen in die Berichte verlagert sind) gereinigt sind. Als Lebensläufe betitelt wurden diese Texte dem vorgängigen Bericht angehängt, um den darin berichtenden Laufbahnen und Lebensverläufen eine noch höhere Evidenz beizulegen. Die primäre Funktion dieser gleichzeitig ‚purifizierten' Lebensläufe bestand im Bekanntmachen von Kandidaten bei der Berliner Zentralbehörde. Gleichzeitig verdeutlichen sie besonders eindringlich den heteronomen Charakter, den der Lebenslauf einnehmen kann. Ähnlich wie der in spanischen Inquisitionsprozessen zu erzählende „discurso su la vida" des 16. Jahrhunderts, ging es für Bewerber hier explizit um das „Einnehmen einer Position des Beobachters zweiter Ordnung", da ständig antizipiert werden musste, wie „der andere die eigenen Handlungen interpretiert," wie also die bürokratische Autorität das eigene Leben lesen würde.[142] Der Bewerber wurde hier nicht selbstaktiv lebensschreibend, sondern von Dritten dazu aufgefordert und rekapitulierte die eigene Lebensgeschichte von vornherein vor der Folie des institutionellen Lesers.

Dazu ein Beispiel aus dem späten 18. Jahrhundert. 1795 berichtet Staatsminister Friedrich Leopold von Schrötter von den Kandidaten zur Wiederbesetzung einer Landbaumeister-Stelle in Westpreußen. Ein Bewerber, der Kondukteur Grützmacher, wird von Schrötter mit den Worten „da mir der Vorgeschlagene nicht bekannt ist, die Cammer aber wiederholentlich auf seine Ansetzung angetragen hat, so habe ich sein curriculum vitae erfordert und lege solches in der Anlage allerunterthänigst bey",[143] vorgestellt. Grützmacher wiederum leitet seinen Lebenslauf explizit unter der Vorwegnahme der erhofften operativen Funktion weiter. Denn der Befehl um Einreichung des Curriculum Vitae lässt Grützmacher „wohl vermuthen", dass „solches auf meine Zukunft Einfluß" haben wird.[144] Der recht umfangreiche, jeweils zur Hälfte aus Ausbildungs- und Stellengeschichte bestehende Lebenslauf wird von Schrötter auf drastische Weise zurechtgestutzt. Das Verfahren gleicht dabei jenem, das bereits am Beispiel des Wettiner Auskultators Küster demonstriert wurde. In Schrötters Bericht finden sich die wesentlichen Daten des Lebenslaufs in einen Satz ge-

---

142 Siegert, Passagiere und Papiere, 99.
143 GStA PK, II. HA GD, Abt. 9, Westpreußen Netzedistrikt, Bestallungssachen, Tit. XVII Baubediente Nr. 1, fol. 133, Bericht von Staatsminister Friedrich Leopold von Schrötter an Friedrich Wilhelm II., 28. März 1795.
144 GStA PK, II. HA GD, Abt. 9 Westpreußen Netzedistrikt, Bestallungssachen, Tit. XVII Baubediente Nr. 1, fol. 133, Lebenslauf des Kondukteurs Grützmacher, 7. Februar 1795 (Abschrift).

drängt: „Aus demselben gehet hervor, daß er zwar als Vermessungs-Conducteur, nicht aber über architectonische Kenntnisse geprüft worden, welchem Examen er sich also noch würde unterwerfen müssen."¹⁴⁵ Mit den beiden Examina installiert Schrötter hier eine Art verfahrenslogischen Ereignisfilter, der die Vorbedingungen benennt, unter denen die Gesamtheit von Lebensereignissen überhaupt berichtenswert erscheint. Da dies bei Grützmacher durch das Fehlen des architektonischen Examens nicht der Fall ist, wird sein Leben nicht weiter berichtet und sein Lebenslauf bleibt ohne den so herbeigesehnten „Einfluß" auf die Zukunft.

Möchte man weitere Merkmale dieser internen Lebenslaufvermittlung beschreiben, dann sticht gegenüber den in Supliken mitgeteilten Lebensläufen vor allem die Vollständigkeit der Lebensgeschichte ins Auge. Die Regierung von Merseburg macht Innenminister Schuckmann beispielsweise 1829 mit dem von ihr zum Bauinspektor vorgeschlagenen Wegebaumeister Ernst Henke bekannt, dessen Laufbahn sie nicht nur referiert, sondern auch einen „ehrerbietigst beygefügten Lebenslauf"¹⁴⁶ anhängt. Dieser Lebenslauf setzt mit dem frühestmöglichen Lebensereignis ein:

> Im Jahre 1796 bin ich zu Ensdorf in der Grafschaft Mansfeld geboren und der älteste Sohn des dasigen bereits verstorbenen Amtsmanns Henke, bis zum Jahr 1809 im elterlichen Hause durch meinen Hauslehrer unterrichtet, kam ich auf das Gymnasium zu Bernburg, blieb hier während der Jahre 1809, 1810 und 1811 und besuchte alsdann während der Jahre 1812 und 1813 das ehemalige Collegium Carolinum zu Braunschweig. Zu Ende des Jahres <u>1813 trat ich als Freiwilliger</u> in die Königliche Preußische Armee machte hier die Feldzüge von <u>1814 und 1815</u> und in dem letzteren die Schlachten vor Ligny und Belle Alliance mit, und nahm nach beendigtem Kriege 1816 meine Entlassung.¹⁴⁷

Anders als die gewöhnlich in Supliken kommunizierten Lebensläufe setzt diese Erzählung mit der Geburt ein und führt von der Kindheit über die Gymnasialzeit bis hin zum Studium und dem freiwilligen Kriegsdienst. Dass diese Intervalle für die infrage kommende Stellenbesetzung nicht werthaltig sind, wird aus der Tatsache deutlich, dass die Mittelbehörde sie auf nur einen Satz verkürzt („hat derselbe seine frühere Ausbildung auf dem Gymnasio in Braunschweig erhalten"¹⁴⁸). Anders sieht es mit den von den Beamten durch Unterstreichung in den Vordergrund

---

145 GStA PK, II. HA GD, Abt. 9, Westpreußen Netzedistrikt, Bestallungssachen, Tit. XVII Baubediente Nr. 1, fol. 133, Bericht von Staatsminister Friedrich Leopold von Schrötter an Friedrich Wilhelm II., 28. März 1795.
146 GStA PK Rep. 93 B, Nr. 603, unfoliiert, Bericht der Regierung zu Merseburg an Innenminister Schuckmann, 2. Mai 1829.
147 GStA PK Rep. 93 B, Nr. 603, unfoliiert, Lebenslauf von Wegebaumeister Ernst Henke, 26. April 1829 [Hv. i. Orig.].
148 GStA PK Rep. 93 B, Nr. 603, unfoliiert, Bericht der Regierung zu Merseburg, 2. Mai 1829.

gehobenen Militärdienstzeiten aus. Sie werden aus gutem Grund ausführlicher referiert, denn durch die freiwillige Verpflichtung in den Befreiungskriegen konnte sich das gehobene Bürgertum ein Exklusivrecht auf den Staatsdienst erwerben.[149] Der professionelle Anschluss der Laufbahn ist in beiden Versionen beinahe deckungsgleich und wird von der Behörde nur in Details umgearbeitet, etwa wenn anstatt der neun Stationen einer wissenschaftlichen Reise lediglich die beiden durchquerten Länder genannt werden.[150] Explizit auf Anforderung der Behörde verfasste Lebensläufe sind zwar um 1800 nur in wenigen Fällen zu finden,[151] der geringe Anteil an Redundanzen zwischen berichtetem und verfasstem Lebenslauf deutet aber darauf hin, dass hier (vielleicht auch in Konkurrenz zu den wesentlich weitschweifigeren Suppliken) ein Verfahren entsteht, das Lebensverlaufswissen auf möglichst verknappte Weise übermittelt. Damit weist der Lebenslauf als verwaltungsinternes Laufbahn-Kondensat auf eine Genealogie des heutigen Lebenslaufs.

Lebensläufe zeitigen schließlich ein Selbstverhältnis, das selbst berichtartig ist. Dies zeigt ein Fall, der den Lebenslauf explizit als Bericht stilisiert und Auskunft über die Berichtsfähigkeiten des Verfassers geben soll.[152] Der Lebenslauf des jungen Mathematikkandidaten Reichhelm aus dem Jahr 1771 dient nach dem Bericht des Oberbaudepartements nicht primär zur Evaluation von Lebensdaten, sondern zur Überprüfung einer bürokratischen Schreibtechnik: „Es wurde derselbe bedeutet, während der Session des Collegii in der Registratur sein curriculum vitae aufzusetzen, um darum abnehmen zu können, in wie weit Candidatus zu Abfaßung eines Berichts geschickt sey."[153] Der „sehr leidlich gefunden[e]"[154] Lebenslauf Reichhelms bringt als Selbstbericht ein Leben zutage, das den Anforderungen präzisionsverliebter Stilreformer vollkommen entspricht.

---

149 Vgl. René Schilling, „Kriegshelden". Deutungsmuster heroischer Männlichkeit in Deutschland 1813–1945, Paderborn/München 2002, 54–55. Vgl. Strunz, Turbulente Lebensläufe, 205–207.
150 Vgl. GStA PK Rep. 93 B, Nr. 603, unfoliiert, Bericht der Regierung zu Merseburg an Innenminister Schuckmann, 2. Mai 1829.
151 Für weitere Lebensläufe dieses Typus vgl. GStA PK, II. HA GD II. HA GD, Abt. 14 Tit. CLVI, Sect. G, Nr. 40; I. HA Rep. 93 B, Nr. 597, fol. 35–78.
152 Vgl. GStA PK, II. HA GD, Abt. 15, Magdeburg, Bestallungssachen, Tit. XIII Baubediente, Nr. 8, Bd. 1, fol. 41, Lebenslauf von Mathematikkandidat Martin Emanuel Reichhelm, 7. November 1771.
153 GStA PK, II. HA GD, Abt. 15, Magdeburg, Bestallungssachen, Tit. XIII Baubediente, Nr. 8, Bd. 1, fol. 40, Bericht des Oberbaudepartements an das Generaldirektorium, 2. Oktober 1771.
154 GStA PK, II. HA GD, Abt. 15, Magdeburg, Bestallungssachen, Tit. XIII Baubediente, Nr. 8, Bd. 1, fol. 40, Bericht des Oberbaudeprtements, 2. Oktober 1771.

„Vektoralisiert",[155] das heißt in der „doppelten Bedeutung des Geraderichtens und Geradeausrichtens"[156] verfasst, ist bereits der Auftakt des Texts. Er stellt ein Subjekt aus, das „von Jugend an, denen Mathematischen Wißenschafften, durch die einleuchtende Vorstellungen meines Vaters mit vielen Vergnügen entgegen geeilet" ist „und keine Gelegenheit verabsäumet, wo ich meine Käntniße habe verbeßern können."[157] Dergestalt völlig auf die „Vollständigkeit des vorzutragenden Gegenstandes" – nämlich die Genese eines Baubeamten – „mit möglichster Kürze und Präcision" orientiert,[158] folgt auch der weitere Gang des Lebensberichts. „[D]ie allerersten Spuren meines Genies" entdeckt Reichhelm zwar „erst in [s]einem 12ten Jahr", versäumt dann aber keine Gelegenheit sich zum Baubeamten zu qualifizieren.[159] Während Reichhelm bald „einige Jahre in der Bau-Kunst Unterricht" erhält, dann „durch verschiedene Autores [...] mich zu verbeßern gesucht", gelangt er schließlich in den Zustand äußerster Perfektion, indem „ich endlich einige Begriffe in mich gewahr zu werden vermeinte, welche mich zu diesem glücklichen Zeit-Puncte herüber schafften."[160] Mit diesem „glücklichen Zeit-Puncte" indiziert Reichhelm den Zeitpunkt der Abfassung des Lebenslaufs selbst, der mit der mündlichen Prüfung seiner Fähigkeiten durch das Oberbaudepartement zusammenfällt. Ein Lebenslauf, der als Bericht „sehr leidlich gefunden" wird, nimmt das eigene Leben damit immer schon aus der Perspektive der berichtspflichtigen Institution wahr, tastet die eigene Biographie auf Indizien formativer Merkmale ab und entfaltet diese konsequent auf spezialisierte Vervollkommung hin aus.[161]

3 Tabulaturen des Dienstes

a) Diagrammatische Synopsen

Nach der territorialen Neuordnung durch den Wiener Kongress begann die Zentralverwaltung ab 1816 vermehrt damit, Stellenbesetzungen unter Supplementierung von Lebensläufen zu steuern. Die Bauverwaltung wurde nach den Stein-Harden-

---

155 Vogel, Zeremoniell und Effizienz, 45.
156 Vogel, Zeremoniell und Effizienz, 47.
157 GStA PK, II. HA GD, Abt. 15, Magdeburg, Bestallungssachen, Tit. XIII Baubediente, Nr. 8, Bd. 1, fol. 41, Lebenslauf von Mathematikkandidat Martin Emanuel Reichhelm, 7. November 1771.
158 Massow, Anleitung zum praktischen Dienst [...], Bd. 2, 273.
159 GStA PK, II. HA GD, Abt. 15, Magdeburg, Bestallungssachen, Tit. XIII Baubediente, Nr. 8, Bd. 1, fol. 41, Lebenslauf, 7. November 1771.
160 GStA PK, II. HA GD, Abt. 15, Magdeburg, Bestallungssachen, Tit. XIII Baubediente, Nr. 8, Bd. 1, fol. 41, Lebenslauf, 7. November 1771.
161 Zu diesem grundlegenden Verfahren ausführlich vgl. Kap. III.4–5.

bergschen Verwaltungsreformen größtenteils an die Provinzial-Regierungen delegiert, Personalentscheidungen mussten allerdings vom vorgesetzten Berliner Ministerium genehmigt werden.[162] Während die Provinzialbeamten damit einerseits näher zu ihren administrativen Objekten befördert wurden, zog die Berichtspflicht zwischen diesen Agenten gleichzeitig einen umso verbindlicheren Abstand. Als paradigmatisches Medium dieser Distanzierung dienten der Berliner Zentralbehörde in der Zeit größter personeller Umstrukturierungen diagrammatische Synopsen, in die eine Vielzahl von Einzellebensläufen eingetragen wurden. Provinzialregierungen hatten in einer Unmenge von Personaltabellen eine möglichst gedrängte und gleichzeitig vollständige Vorstellung derjenigen Kandidaten abzuliefern, die sie auf die neu einzurichtenden Stellen befördern wollten.

Das Medium der Tabelle stand dabei ganz in der Tradition des kameralistischen Regierungswissens. Bereits im Leibniz'schen "Entwurff gewisser Staats-Tafeln" wurden sämtliche schriftliche Vorgänge des Staates in Form einfach überschaubarer Listen- bzw. Tabellentableaus diagrammatisch verdichtet. Diese Verdichtungen kündigten von einer neuen Stufe der Formalisierung und Positivierung des Verwaltungswissens.[163] In ihm spiegelten sich die zentralen Elemente kameralistischer Regierungskunst und der damit verbundenen ‚Polizeywissenschaft': Verschriftlichung, Informationsverdichtung und Systematisierung im Dienst einer permanenten Aktualisierung und Konkretisierung des Staatswissens.[164] Die Staats-Tafeln sollten dabei den allumfassenden Über- und Durchblick über Territorium und Untertanen gewährleisten. Im Anschluss daran schlug sich der Wissensdurst des kameralistischen Staats über das gesamte 18. Jahrhundert in einer Explosion der Tabellenproduktion nieder.[165] In Preußen wurde das Tabellenwesen nach anfänglichen Schwierigkeiten seit den 1770er Jahren zentralisiert, vereinheitlicht und verdichtet.[166] Bergbauminister Heinitz bejubelte noch kurz vor den napoleonischen Umwälzungen die synoptische Kompressionsfähigkeit der Tabellen, die „auf diese Art verkürzt, von einem weit allgemeinern Nutzen" waren als narrativ „geschriebene Nachrichten".[167] In

---

162 Vgl. Instruktion zur Geschäftsführung der Regierungen in den Königlich-Preußischen Staaten, 255–256.
163 Vgl. Campe, Barocke Formulare, 91.
164 Vgl. Joseph Vogl, Leibniz, Kameralist, in: Siegert; Vogl, Europa, 97–111, hier: 108–111.
165 Vgl. Vismann, Akten, 213–214.
166 Vgl. Marcus Twellmann, „Ja, die Tabellen!" Zur Heraufkunft der politischen Romantik im Gefolge numerisch informierter Bürokratie, in: Berechnen/Beschreiben. Praktiken statistischen (Nicht-)Wissens 1750–1850, hg. von Gunhild Berg, Borbála Z. Török und Marcus Twellmann, Berlin 2015, 141–70, hier: 144.
167 Friedrich Anton von Heinitz, Tabellen über die Staatswirthschaft eines europäischen Staates der vierten Größe nebst Betrachtungen über dieselben, Leipzig 1786, III.

dieser Entwicklungslinie steht schließlich auch die tabellarische Organisation und Aggregation von Lebensläufen.

Vielleicht ist es kein Zufall, dass tabellarische Darstellungen von Personalvorgängen um 1800 gehäuft in den Personalakten von Baubeamten auftauchen. Die Kunst komplexe Daten analytisch aufzubereiten war im Bauwesen im Laufe des 18. Jahrhunderts stetig verfeinert worden. Diagrammatische Bilanzierungen entsprachen den Darstellungskonventionen eines wichtigen bautechnischen Papierwerkzeugs: dem Bauanschlag. Baubeamte mussten um 1800 in der Lage sein, sich in detaillierten Kostenvoranschlägen eine „ausführliche und accurate Berechnung aller und jeder Kosten, so für Bau-Materialien, Fuhrlohn, Arbeitslohn, etc. zu einem vorhabenden neuen Baue" vorzunehmen, um vermittels dieser Auflistung „das Werk selbst anordnen und vollführen können."[168] Die Komposition eines (Bau-)„Werks" basierte damit auf der Elementarisierung seiner konstitutiven Elemente; nur durch analytische Zerteilung in kleinste gemeinsame Prozesse und Teile – menschliche- und nicht-menschliche Ressourcen – ließ es sich als Ganzheit zusammensetzen. Baubeamte übersetzten diese Prinzipien sowohl in Lebensläufe als auch daraus aggregierte Zusammenstellungen: aus der syntagmatischen Dekomposition einer Lebensgeschichte erwuchs die paradigmatische Rekomposition landesherrlichen Dienstes.

Ein Paradebeispiel für Lebens-Inskriptionen diagrammatischen Typus liefern Akten, die im Zuge der Neu-Organisation des Merseburger Regierungsbezirks entstanden sind. In einem ausführlichen Bericht entwirft die Regierung zu Merseburg hierin ein sogenanntes „Organisations-Project", zu dessen „Ausarbeitungen" einerseits eine „Nachweisung der anzustellenden Land-Bau-Beamten" sowie andererseits ein „Verzeichniß der vorhandenen Bau-Beamten mit Heft-Beilagen" gehören.[169] Verzeichnis und Nachweisung bilden in Form zweier Personaltabellen und der dazu gehörigen Lebensläufe unterschiedliche Inskriptionsgrade von Lebensverläufen.

Die „Nachweisung der anzustellenden Land-Bau-Beamten" erfolgt dabei in der Akte an erster Stelle. In ihr werden die grundlegenden Stellen nachgezeichnet, auf die die Baubeamten zu verteilen sind. In der Tabelle bedient sich die Behörde für die Kennzeichnung der Stellen einer quantitativen Darstellung, indem sie das Tätigkeitsprofil anhand der Länge der zu bearbeitenden Chausseen oder Wege bemisst. Die Baubeamten werden lediglich unter Nennung ihres Nachnamens und ihrer administrativen *persona* aufgeführt. Insgesamt ist die Darstellung

---

[168] Bauanschlag, in: Krünitz, Oekonomische Encyclopädie, Bd. 3, 604–650, hier: 604.
[169] GStA PK, Rep. 93 B, Nr. 597, fol. 35–81, Bericht der Regierung zu Merseburg an das Finanzministerium, 17. August 1816.

relativ karg und durch die Verweise auf das Verzeichnis sogar in Teilen redundant. Man kann hieran vielleicht nachvollziehen, weshalb sich Beschwerden über „unnütze Schreiberei" und immer uferlosere „Berichte und Tabellen anstatt von Ergebnisse[n]" zur Jahrhundertmitte anhäuften; gerade bei den „mit öffentlichen Arbeiten beauftragten Techniker[n]".[170] In dem wesentlich dichteren Verzeichnis hingegen werden nicht nur weite Teile der Nachweisung übertragen, sondern auch gänzlich neue Ergebnisse erzeugt, indem verschiedene Lebensläufe in einem neuen Darstellungsraum eingetragen werden.

Die Diagrammatik des Verzeichnisses verdichtet auf nur zwei Seiten die Lebensläufe von sechs Beamten und deren administrative Verwertungsmöglichkeiten (Abb. 7). Jeder Beamte wird dabei in neun unterschiedliche Teilkomponenten zerlegt (Nr., Name, Wohnort, Jetziger Wirkungskreis, Jetziges Gehalt, Alter, Qualifikation, Anstellungsvorschlag, Gehaltsvorschlag). Die Beamten agieren nicht als autonome Repräsentanten ihrer selbst, sondern werden als quasi inventarisierte Gegenstände von Dritten an Dritte präsentiert.[171] Wo die Linearität eines narrativ verfassten oder berichteten Lebenslaufs noch den Schein von Autorschaft wahrt, zeigt die Zerlegung des Beamten in seine analytischen Dienstbestandteile den Punkt an, an dem das Erzählen von Leben endgültig zum Erliegen kommt. Deutlicher noch als in der bürokratischen Verkleinerung des Auskultators Küster wird dem in die Tabelle transponierten Beamtensubjekt ein Status zugewiesen, der es nicht von anderen administrativen Objekten unterscheidet.

Die Position des Lebenslaufs in der Beamtentabelle wird dabei aus dem Eintrag in der Spalte „Vorschläge zur Anstellung" ersichtlich. Denn als Zusammenschau sekundärer Ordnung gründet sich die Tabelle auf die von den Beamten vorher eingereichten Unterlagen: das „erforderte Curriculum vitae" und einen „Aufsatz über die zeitherige jährliche Einnahme". Die zellenförmige Abstraktion unterschiedlicher Dienstkomponenten ermöglicht nicht nur eine geraffte Übersicht über die Personenstandsdaten des jeweiligen Beamten, sie produziert in jeweils einer einzigen Zeile auch die Möglichkeit einer Übertragung zwischen der aktuellen Nutzung („Jetziger Wirkungskreis") und der potentiellen Verwertbarkeit des Beamten in der Zukunft („Bemerkungen über Qualification und Vorschläge zur Anstellung").

---

[170] Robert Mohl, Ueber Bureaukratie, in: Zeitschrift für die gesamte Staatswissenschaft 3 (1846), 330–364, hier: 336.
[171] Siehe hierzu auch Ben Kafkas Ausführungen zur Erfindung der ‚Administration der Dinge'. Auch die Beamten werden im strengen Sinne nicht als Menschen regiert, sondern als Gegenstände verwaltet. Vgl. Ben Kafka, The Administration of Things: A Genealogy, in: West 86th (2012), 1–3, https://www.west86th.bgc.bard.edu/ articles/the-administration-of-things-a-genealogy/, zuletzt geprüft am 04.06.2021.

3 Tabulaturen des Dienstes — 105

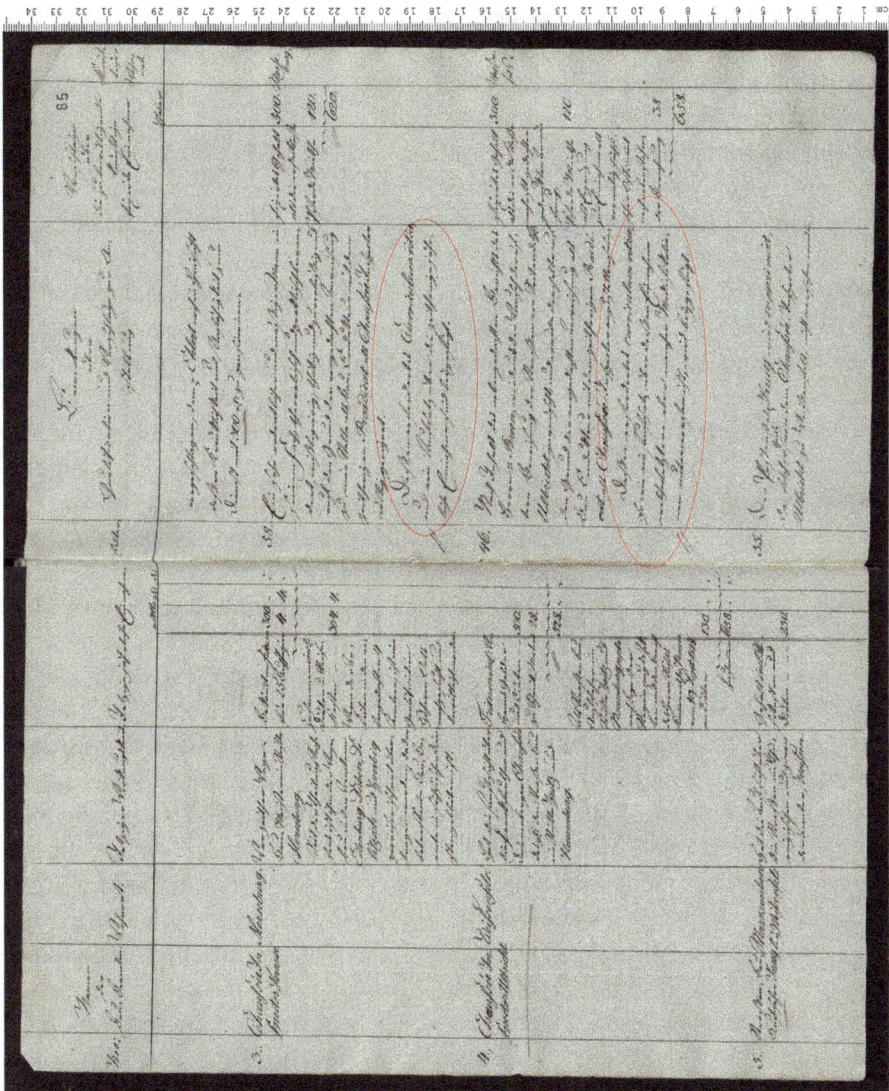

Abb. 7: Verzeichnis der Baubeamten im Regierungsbezirk Merseburg (rote Kreise: Verweis auf Lebenslauf). Quelle: GStA PK, Rep. 93 B, Nr. 597, fol. 84–85.

Da die meisten Beamten in der Neuordnung in ihrem angestammten Wirkungskreis belassen werden, liefert der Verweis auf die aktuelle Verwendung gewissermaßen die diagrammatische Selbstevidenz für ein lineares Dienstkontinuum in der Zukunft. An dieser Stelle vollzieht das Verzeichnis also performativ das bereits im Bericht angekündigte „Organisations-Project": Die projektive Verschaltung von lebensgeschichtlicher Vergangenheit und potenzieller Dienstzukunft wird – ausgehend von den Primärdaten des Lebenslaufs – in der Tabelle in ökonomischer Kürze verdoppelt. Als synoptische Personalübersicht arbeitet sie in einem „Operationsmodus", der es erlaubt durch Lebensläufe „gespeicherte Daten" in personalpolitische „Steuersignale" zu übersetzen.[172] Die Diagrammatik der Tabelle produziert so durch die Synopsis von Aktualität und Potentialität eine ökonomische Sicht- und Steuerbarkeit von Dienstlaufbahnen.

Vergleicht man die Inskription der Laufbahn von Baukonducteur Krause mit seiner Lebenserzählung im angehängten Curriculum Vitae, wird deutlich, dass erst die Ableitung der Tabelle diejenige Verdichtung und Zuspitzung produziert, die die Tabelle als vorgängig postuliert. Die im Verzeichnis zusammengeraffte Laufbahn des Baukondukteurs Krause breitet sich in dessen Lebenslauf nämlich überaus extensiv aus. Was die Spalte „Qualifikation" als „theoretisch und praktisch bewandert" verkürzt, liest sich im Lebenslauf als zwar sukzessive, gleichzeitig aber kontingente und heterogene Reihung unterschiedlicher Tätigkeiten. Als ein ursprünglich der „Jägerey" verpflichteter Lehrling wagt Krause sich, „in der Meinung, daß unter so vielen, mich solches nicht just treffen würde", am Losverfahren zum Militärdienst teilzunehmen, wird eingezogen, findet „durch einen ganz besondren Zufall Gelegenheit [...] die militärische Zeichen-Schule" zu frequentieren, erhält zur besseren Ausführung von „Schanzarbeit" „mathematischen Unterricht" und Ausbildung in „noch einigen darzu nöthigen Wissenschaften". Er verrichtet „oekonomische Ausmeßungen", wird vom Militärdienst entlassen und arbeitet in Folge als „Polier", „Straßenbau-Aufseher" und schließlich „Straßenbau-Inspector".[173] Man hat es hier nicht nur mit disparaten professionellen Sprüngen zu tun (Jägerei – Soldat – Bauinspektor), sondern auch mit einer für einen Baubeamten sehr ungewöhnlichen Laufbahn, die vom praktischen Arbeiter (Polier) zum koordinierenden Verwaltungs- und Planungsbeamten (Bauinspektor) führt. Das Narrativ verläuft trotz der Nachzeichnung eines allgemeinen Aufstiegsvektors vor allem zu Anfang nicht ungebremst linear und ist von zahlreichen Umbrüchen, spontanen Zufällen und Fügungen durchzogen.

---

172 Bernhard Siegert, Passage des Digitalen. Zeichenpraktiken der neuzeitlichen Wissenschaften; 1500–1900, Berlin 2003, 83.
173 GStA PK, Rep. 93 B, Nr. 597, fol. 59, Lebenslauf von Baukonducteur Johann Gottlob Krause, 28. Juli 1816.

Als dargestellte Kontingenz machen diese Ereignisse Krauses Laufbahn als eine potenziell immer auch anders verlaufene vorstellbar.

Diese Kontingenz muss aus der diagrammatischen Kondensation systematisch ausgeschlossen werden. Als Maschine zur Herstellung von laufbahntechnischer Konsequenz berichtet die Tabelle aus dem Lebenslauf Krauses gezielt nur das, was für ihre Erfordernisse zielführend erscheint. Die Zeiten als Polier, Soldat und Jäger werden geflissentlich ignoriert und sind höchstens in der Abstraktion der Charaktermerkmale „praktisch bewandert"[174] wiederzuerkennen. Die Dienstgeschichte hingegen beschränkt sich auf diejenige Tätigkeit, die in direkter Verbindung mit der für Krause angepeilten Kondukteurs-Stelle steht, nämlich die Arbeit als „zweiter Wege-Bau-Meister im Stifte Merseburg" und – nach der preußischen Gebietserweiterung – als Inspektor beim „Wegebau in den Aemtern Eilenburg, Düben, Delitzsch und Zoerbig". Die berichtende Behörde lässt die Laufbahn Krauses in ihrer diagrammatischen Zusammenfassung somit wesentlich konsistenter erscheinen, als es aus dem Lebenslauf hervorgeht.

Wie das Ende seines Schreibens zeigt, verfährt aber auch Krause in seinem auf den ersten Blick unsteten Lebenslauf nicht ohne diagrammatisches Kalkül. Der geteilte Horizont der mit vielen Zufallsereignissen gespickten Karriere liegt nicht in der Konsekutivität der Laufbahn selbst, sondern in deren Adressaten. Krause formt alle Tätigkeiten seiner Karriere als „Dienst" für den Landesherren und ruft damit das frühneuzeitliche Beamtenethos der Treue auf.[175] Erst der Dienst für *einen* Herrn verbindet die heterogenen Zeitelemente Krauses tatsächlich zu einer stringenten Bahn. Um diese Dienstbarkeit darzustellen, wechselt Krause zum Ende des Lebenslaufs das Register. Der sich über eine Seite ausbreitenden Erzählung fügt Krause noch eine listenförmige Kompression der Dienstjahre bei, die gleichzeitig eine summarische Berechnung des Gesamtdiensts vorführt:

Ich diene dem Landesherren also
12 Jahre als Soldat
½ [Jahr als] Straßen-Polier
1 [Jahr als] Straßenbauaufseher im Vogtlandischen und Arnstädter Creiße
11 [Jahre als] in gleicher Qualität beym Frankfurther Chausseebau und

---

174 GStA PK, Rep. 93 B, Nr. 597, fol. 85, Bericht der Regierung zu Merseburg an das Finanzministerium, 17. August 1816.
175 Vgl. Michael Stolleis, Grundzüge der Beamtenethik (1550–1650), in: Staat und Staatsräson in der frühen Neuzeit, Frankfurt a. M. 1990, 197–231, hier: 198–199; Hintze, Der Beamtenstand [1911], Nachdruck, Darmstadt 1963, 7–10.

18 [Jahre als] Straßenbau-Inspector im Stifte Merseburg incl. 1 Jahr mit in vorgedachten 4 gewesenen Leipziger Aemtern
Su[mme]: 43 ½ Jahr.[176]

Noch mehr als die Personaltabelle zeigt die Liste der Dienstjahre eine fundamentale Unterbrechung der narrativen Ökonomie im Lebenslauf an. Die Liste der Dienstjahre vollzieht eine unumkehrbare Ableitung von der Lebenserzählung zur Dienstbeschreibung. Sie tilgt Kontingenz und Agentialität aus der Laufbahn. Auch auf der Ebene der Selbstbuchführung gerät der Lebenslauf also an einen Punkt, an dem sich ein Leben „nicht mehr wirklich erzählen, sondern nur noch errechnen lässt".[177] Das von Krause angewandte Verfahren der Aufzählung hat dabei neben der Zurschaustellung landesherrlicher Treue noch zwei weitere rezeptionsästhetische Funktionen. Zum einen stellt es der Behörde das bereits Berichtete erneut vor Augen und konsolidiert damit das bürokratische Gedächtnis. Noch wichtiger ist aber ein Effekt, der aus dem Aufzählungsverfahren selbst resultiert. Wenn am Ende der Liste ein additives Ergebnis (43 ½ Jahr) steht, dann zeigt sich hierin die kumulative Wirkung der Aufzählung, die als Summe etwas schafft, was in keinem ihrer Teile ausgedrückt werden kann. Auch wenn die einzelnen *facti* unbedeutend erscheinen mögen, birgt ihre Bilanzierung eine vordem inexistente Überzeugungskraft in sich.[178]

Die beiden Ableitungen – die additive Bilanzierung Krauses und die tabellarische Verdichtung des Verzeichnisses – spitzen den Lebensverlauf auf die für das „Organisations-Project" maßgebliche Information zu: den Vektor der Karriere und die verzeitlichte Summe der Dienst-Leistungen. Der narrative Lebenslauf liefert für beide Inskriptionen das informative Rohmaterial. Trotz der Gefahr permanenten, lebensgeschichtlichen ‚Streunens' konstituiert der Lebenslauf so die Bedingung der Möglichkeit für eine papiertechnologische Extrahierung und Weiterverwertung von karriererelevanten Lebensdaten.

b) Organisiertes Rechnen mit Lebensläufen

Die Rechen- und Aufzählungsstrategien von Bewerbern müssen schließlich auch in ein größeres Umfeld „organisierten Rechnens"[179] eingebettet werden. Bereits

---

[176] GStA PK, Rep. 93 B, Nr. 597, fol. 59, Lebenslauf von Baukondukteur Krause, 28. Juli 1816.
[177] Joseph Vogl, Kalkül und Leidenschaft. Poetik des ökonomischen Menschen, Zürich/Berlin 2002, 195.
[178] Vgl. zu dieser klassischen Funktion der *enumeratio*: Marcus F. Quintilianus, Ausbildung des Redners. Zwölf Bücher, hg. von Helmut Rahn, Darmstadt 2011, Bd. 1, VI, 1, 1–2.
[179] Hendrik Vollmer, Folgen und Funktionen organisierten Rechnens, in: Zeitschrift für Soziologie 33 (2004), H. 6, 450–470.

im 18. Jahrhundert war die Nutzung von Listen und Tabellen in der preußischen Verwaltung derart ubiquitär, dass sie zu einer kaum überblickbaren „Flut von Informationen"[180] geführt hatte. Um das Berichtswesen zu konsolidieren, wurden deshalb in zunehmendem Maß Personaldaten wie Gehälter, Dienstjahre, Leistungen, oder Verhalten in quantifizierbare Variablen übersetzt und in aggregierende Inskriptionen übertragen. Ein Beispiel dafür waren die ab Mitte des 18. Jahrhunderts zunehmend zum Einsatz kommenden Conduitenlisten, die schon von zeitgenössischen Kameralisten als effektives Mittel zur Arbeitsüberprüfung beworben wurden.[181] Obwohl man die Conduitenlisten gerade in dieser letzten Funktion zuweilen als wirkungslos eingeschätzt hat,[182] darf ihre Vorreiterrolle für die Konvertierung von komplexen verbalen Informationen in standardisierte Personaldaten nicht unterschätzt werden. Sie fungierten als paradigmatische Medien organisierten Rechnens.

Für die Conduitenlisten tritt erneut der Lebenslauf als Interface zwischen den inneren Operationsketten der Bürokratie und den äußeren Umständen des Beamtenlebens auf den Plan. Als Beispiel hierfür dient ein Verfahren aus der preußischen Seehandlung. Im Jahr 1829 wird der Rendant Rau aufgefordert zur „Vervollständigung der von dem Herrn Chef der Seehandlung angewandten jährlichen Conduiten-Listen der Beamten […] schleunigst" seinen „Vornamen, Geburtsort, Lebens-Alter und Dienstzeit pflichtmäßig anzuzeigen."[183] Rau reicht zu diesem Zweck dann „in der Anlage einen Auszug aus meinem Curriculum vitae"[184] ein. Dieses Exzerpt besteht im Wesentlichen aus einer narrativen Aufzählung aller Dienststationen von 1813 bis 1825, sowie seinem Alter und Geburtsort. Interessant ist hier im Gegensatz zu den bei Stellenbewerbungen eingereichten Lebensläufen das Fehlen von narrativen Kausalverkettungen. Anders als in Initiativbewerbungen folgt hier eine Station ohne Notwendigkeit auf die andere; anstatt kausaler Konjunktionen findet sich eine parataktische Reihung von Sätzen nach

---

180 Twellmann, „Ja, die Tabellen!", 144.
181 Vgl. Thomas Klingebiel, Pietismus und Orthodoxie. Die Landeskirche unter den Kurfürsten und Königen Friedrich I. und Friedrich Wilhelm I. (1688–1740), in: Tausend Jahre Kirche in Berlin-Brandenburg, hrsg. von Gerd Heinrich, Berlin 1999, 293–324, hier: 316. Zur Thematisierung von Conduitenlisten im kameralistischen Diskurs vgl. Johann H. G. Justi, Vergleichungen der europäischen mit den asiatischen und andern vermeintlich barbarischen Regierungen, Berlin/Leipzig/Stettin 1762, 457.
182 Vgl. Hattenhauer, Geschichte des Beamtentums, 195.
183 GStA PK, Rep. 109, Nr. 4939, fol. 35, Verfügung der Seehandlung an Rendant Johann Emanuel Rau, 1. Dezember 1825.
184 GStA PK, Rep. 109, Nr. 4939, fol. 38, Eingabe von Rendant Johann Emanuel Rau an die Seehandlung, 8. Dezember 1825.

dem Schema „[i]m Jahr 1822 ging ich [...], im Monat Juli 1826 ging ich [...]".[185] Diese enumerative Praxis wird intensiviert durch den Bericht des zweiten Seehandlungsdirektors Kayser an seinen Vorgesetzten Rother. Kayser zeigt darin die „nunmehro uns zugekommenen Data nachträglich ganz gehorsamst" an. Das Lebenslauf-Exzerpt wird hier nochmals drastisch verkürzt und auf eine umstandsfreie Reihung der Jahresangaben der unterschiedlichen Berufsstationen reduziert.

> Johann Emanuel Rau ist aus Landsberg an der Warthe gebürtig, 41 Jahr alt, seit dem 1ten April 1816 im Königlichen Dienst, zuerst als Controlleur bei einem Feld-Proviant-Amte, 1814 beim Proviant-Amt zu Cüstrin angestellt, hat in dieser Eigenschaft auch den Feldzug von 1815 mitgemacht, 1816 in Münster eine Versorgung als Proviant-Amts-Controlleur, und 1822 nach erfolgter Auflösung des Proviant-Amts Wartegeld erhalten.[186]

In den Conduitenlisten von 1829, in die die angezeigten Informationen übertragen werden, sind für den Rendanten Rau überhaupt keine Einträge für das eigentliche Objekt der Liste – das Verhalten – verzeichnet. Stattdessen gruppiert sich der Kern des Eintrags um die Personenstandsdaten, die in numerische Einheiten übersetzt sind: Lebensalter, Dienstalter, Besoldung.

In noch einmal verschärfterer Weise findet sich ein derartiges Verfahren auch in Akten der preußischen Militärgerichtsverwaltung. Hier wurde vom Generalauditoriat 1831 sogar eine „Circular-Verfügung", also eine geschlossen-externe Anordnung mit hoher Reichweite, erlassen, die die Einreichung von Lebensläufen zur Reorganisation der Registratur forderte. Anstatt sich wie im Fall Raus nur auf Personenstandsangaben zu beschränken, werden hier bereits Komposition und Form des Lebenslaufs bis ins Detail vorgegeben.

> Um die bei dem General-Auditoriat befindlichen Personal- und Dienstakten zu ordnen und zu vervollständigen, fordern wir Sie auf, uns spätestens binnen 4 Wochen eine kurze Geschichte Ihres Lebenslaufs einzureichen. Sie muß auf einem gebrochenen Bogen geschrieben seyn und Folgendes enthalten:
> 1. Ihren Vor- und Zunamen.
> 2. Den Namen und Stand Ihrer Eltern.
> 3. Den Tag und das Jahr Ihrer Geburt.
> 4. Wo Sie Ihren wissenschaftlichen Unterricht genossen.
> 5. Auf welcher Universität und in welchen Jahren Sie Sich den akademischen Studien gewidmet haben.
> 6. Wann und bei welchem Gerichte Sie als Auskultator und Referendarius gestanden und ob Sie die dritte juristische Prüfung bestanden haben.

---

185 GStA PK, Rep. 109, Nr. 4939, fol. 39, Exzerpt aus dem Lebenslauf von Rendant Johann Emanuel Rau, 8. Dezember 1825.
186 GStA PK, Rep. 109, Nr. 4939, fol. 40, Bericht August Friedrich Wilhelm Kaysers an Christian Rother, 13. November 1825.

7. Wann und wo Sie zum Auditeur ernannt sind, mit Angabe des Tages Ihrer Bestallung. Haben Sie in mehreren Auditeurstellen gedient, so ist die Zeit Ihrer Versetzung und die Dauer Ihres Aufenthalts in jeder Stelle zu bemerken.
8. Ob und seit wann Sie verheirathet sind und mit wem.
9. Ob Sie mit Ihrer Gattin Kinder erzeugt haben, und wie viel davon am Leben sind.
10. Ob und an welchen Feldzügen oder Belagerungen und in welcher Eigenschaft Sie daran Theil genommen haben.[187]

Aus der Art der Fragen wird klar, dass durch die Erhebung eine bestimmte distinkte Entität der Person konstruiert werden soll, die sich aus zwei Komponenten zusammensetzt. Fragen eins, zwei, drei und acht etablieren den Befragten als eindeutig identifizierbares Individuum, das zeitlich fixierbar wird. Als essenzielle Attribute der Person stechen die Familienkonstellation und das Alter hervor. Was gezählt und verzeichnet wird, ist somit ein zuortbarer Eigenname mit bestimmten Familienattributen. Die anderen Fragen hingegen eröffnen einen näheren Blick auf die qualitative Komponente des Diensts, die Laufbahn. Fragen der Ausbildung, Qualifikation (Examination und Attest), Militärdienste und Erstanstellung. Insgesamt ermöglichen diese Fragen die Konstruktion einer prototypischen Laufbahn. Worauf in dieser Studie meist nur induktiv geschlossen werden kann, tritt hier in expliziter bürokratischer Programmatik zutage. Es gilt neben einigen Angaben zum Personenstand (die übrigens in den meisten Initiativbewerbungen fehlen) eine konzise Darlegung der Formationsgeschichte abzuliefern, die eine spezifische Laufbahnzuspitzung hin zum Militärjuristen (Auditeur) vorführt. In dieser Verwendungsweise übernimmt der Lebenslauf also die Rolle eines Basisreservoirs, aus dem Laufbahn- und Personaldaten extrahiert und für organisiertes Rechnen verwendet werden können. Das setzt aber voraus, dass die angestellten Beamten bereits im Lebenslauf dieses Rechnen „antizipieren" und die Darstellung ihres Lebens „graduell auf Zählung, Berechnung, Bewertung und Kategorisierung" umstellen.[188]

Der Lebenslauf taucht also an der Jahrhundertwende zum 19. Jahrhundert als Form auf, die untrennbar mit ihrer institutionellen Verarbeitung verbunden ist. Institutionell überdeterminiert ist der Lebenslauf als Form nicht nur in der Kommunikationsrelation Behörde-Bewerber, wo Bewerber ihn in enger Synchronisation mit der zeitgenössischen Ratgeberliteratur nutzen, um bürokratisch um Stellen zu bitten; auch in der zwischenbehördlichen Kommunikation, wo der Lebenslauf über Berichte, Listen und Tabellen formal beauftragt, angesteuert, wei-

---

[187] GStA PK, VI. HA, FA Müller-Kranefeldt/Bockelberg, Nr. 146, fol. 31, Zirkular-Verfügung des Generalauditoriats, 24. Dezember 1831.
[188] Vollmer, Folgen und Funktionen organisierten Rechnens, 461.

tergeleitet, verkleinert und verarbeitet wird, nimmt er einen immer wichtigeren Platz ein. Gleichzeitig bleibt unklar, an welchem Ort institutionelle Schreibweisen des Lebens ursprünglich entstanden sind: Ob Bewerber die bürokratische Bearbeitbarkeit ihrer selbst über eine spezifische Erzählweise erleichtern wollten, oder ob diese Erzählweise als oktroyierte Maßgabe allmählich nach unten diffundierte. Klar ist nur, dass sich die Ausbreitung des Lebenslaufs als populäre Form der Bewerbung ohne die Entstehung einer Bürokratie, die auf Inskriptionsverfahren beruht, nur schwer plausibilisieren lässt.

Die ökologischen Einbettungen in das Kommunikationssystem der Bürokratie zog in mehrfacher Hinsicht Abstände zwischen Bewerbern, Vermittlern und Entscheidern. Auf Distanz zu Entscheidungsträgern wurden Bewerber nicht nur durch die Mediatisierung ihrer Bitten im Medium des Berichts gesetzt. Auch die Supplikanten setzten sich möglichst weit von der Instanz der Entscheidung ab, indem sie sich kurial vor dem Dezisionismus des Verfahrens niederwarfen. Paradoxerweise machte gerade diese Distanz eine Rezeption von Lebensläufen durch Entscheidungsautoritäten wahrscheinlicher. Erst in der tabellarischen Verdichtung von Lebensdaten konnten Lebensläufe zentral übersehen werden; erst die berichtliche Separation subalterner Affekte und laufbahnkritischer Daten spitzte Suppliken auf ihre Karriereförmigkeit zu; erst kuriale Fehladressierungen machten die Vektoren von Entscheidungen sichtbar. Als Konsequenz distanzierter Verwaltungskommunikation antizipierten Bewerber die Logik des Distanzierens schließlich in ihren eigenen Lebensläufen. Supplikanten, die ihre eigene Formationsgeschichte berichtartig verfassten oder den Dienst für den Landesherren tabellarisch errechneten, schrieben sich bereits vor der formalen Aufnahme in Institutionen als bürokratische Subjekte ein. Das Bürokratisch-Werden des Lebenslaufs war weniger ein Produkt gesetzlicher Vorschriften[189] als der subjektivierende Effekt eines Kommunikationssystems, das Individuen auf Distanz zu sich selbst brachte.

---

[189] Vgl. dazu die unzähligen Lebenslaufvorschriften im Prüfungswesen nach 1815, s. Kap. I.2.

III Karrierepoetik

Am 12. November 1795 leitet die Kurmärkische Kriegs- und Domänenkammer ein Wiederbesetzungsverfahren der „rathäußlichen Kameral und Polizey Stellen in Potsdam"[1] ein, das verdeutlicht, welchen Stellenwert Lebensläufe in modernisierten Verwaltungen einnehmen können. Nachdem der Potsdamer Magistrat gerade durch königlichen Befehl aufgelöst wurde, soll nun in einem Bericht an den König die simultane Neu- und Umbesetzung mehrerer Stellen auf einmal dargestellt werden. Sind Wiederbesetzungen in den hier untersuchten Personalakten aus der Zeit um 1800 in der Regel nur auf die Position eines Angestellten beschränkt, werden hier auf höchste Order die gesamten Amtsgeschäfte des Magistrats personell umstrukturiert, um sie „auf einen beßeren Fuß zu bringen".[2] Konkret zielt das Projekt auf eine Separation von Polizei- und Justizpersonal ab, die der zeitgenössischen Trennung von Kameral- und Justizsachen entspricht.[3] Außergewöhnlich ist weiterhin, dass ein ganzes Dutzend Bewerber Ansprüche auf die offenen Posten anmeldet. Diese Konstellation einer organisatorischen Neustrukturierung bei gleichzeitiger Bewerberfülle zwingt die besetzende Behörde dazu, die Bewerber im Organisationsbericht miteinander ins Verhältnis zu setzen.[4]

Der Bericht der beiden Räte Carl Gottlob Meinhardt und Gottfried Heinrich Rudolphi beginnt mit der Iteration des königlichen Befehls und dem maßgeblichen Besetzungskriterium, namentlich, „Vorschläge zur Besetzung der Magis-

---

[1] GStA PK, II. HA Abt. 14, Kurmark, Tit CLVI, Sect. G, Nr. 40, Bd. 1, unfoliiert, Bericht von Kriegs- und Domänenrat Carl Gottlob Meinhardt und Kammergerichtsrat Gottfried Heinrich Rudolphi an das Generaldirektorium, 12. November 1795.
[2] GStA PK, II. HA Abt. 14, Kurmark, Tit CLVI, Sect. G, Nr. 40, Bd. 1, unfoliiert, Reskript des Generaldirektoriums an die Kurmärkische Kriegs- und Domänenkammer, 15. Oktober 1795.
[3] GStA PK, II. HA Abt. 14, Kurmark, Tit CLVI, Sect. G, Nr. 40, Bd. 1, unfoliiert, Reskript, 15. Oktober 1795. Zur generellen Trennung von Justiz und ‚Polizey' im Diskurs des Kameralismus vgl. Keith Tribe, Governing Economy: The Reformation of German Economic Discourse 1750–1840, Cambridge 1988, 64; Gerhard Pfeisinger, Arbeitsdisziplinierung und frühe Industrialisierung 1750–1820, Wien/Köln/Weimar 2006, 124.
[4] Der Befund einer kompletten personellen Neuorganisation einer einzelnen Behörde findet sich zumindest in den von mir anhand von Archivinventaren durchgesehenen Verwaltungszweigen der Bau- und Bergbauverwaltung vor 1815 nicht. Vgl. Strecke, Inventar zur Geschichte der preußischen Bauverwaltung; Althoff und Brockfeld, Die preußische Berg-, Hütten- und Salinenverwaltung 1763–1865. Möglicherweise verhält sich dies für die Ebene des Kammerpersonals anders, da hierfür aber keine Inventare vorliegen, wäre eine weiterführende Recherche vonnöten. Seit den preußischen Verwaltungsreformen häufen sich makrostrukturelle Personal-Umstrukturierungen an.

trats-Stellen daselbst, mit tüchtigen Subjecten [zu] thun".[5] Rudolphi und Meinhardt fahren fort, indem sie die drei zu besetzenden Stellen samt zugehörigem Gehalt benennen. Nach einer kurzen Darlegung der aktuellen Versetzungsbewegungen kommen sie schließlich auf das zentrale Element des Berichts zu sprechen – die Kandidaten, die sich auf die drei Stellen „gemeldet"[6] haben. Es folgt eine listenförmige Aufführung von 12 Personen, in der sich die Syntax des jeweiligen Personaleintrags aus der momentanen Stelle (Auditeur), des Nachnamens (Wiele) und des Orts (in Potsdam) zusammensetzt. Selbst offensichtlich außer Dienst stehende Personen werden im Partizip Perfekt ihrer vormaligen Stelle geführt, so etwa der „gewesene Sekretair [...] Meyel".[7] Auf diesen Schritt folgt die Beurteilung der Kandidaten. Diese schließt von vornherein diejenigen Supplikanten aus, die den Räten „nicht bekannt geworden" sind und von denen das „Urteil deshalb suspendiert" wurde. Genauso wenig werden diejenigen Kandidaten zur Prüfung vorgelassen, deren persönliche Evaluierung aufgrund der „Kürze der Zeit" unmöglich war. Gleichzeitig stellen die Referenten in einer Art Rechtfertigungskonjunktiv fest, dass die besagten Bewerber ohnehin nachrangig behandelt worden wären, da sie „zum Theil nicht litterati sind, zum Theil in dergleichen Geschäften noch nicht routiniert sein können."[8] Die verbleibenden vier Kandidaten werden nun der Reihe nach bewertet. Als zentrale Beurteilungsquellen erweisen sich dabei einerseits die eingereichten Curricula Vitae, die dem Bericht angehängt sind und andererseits die durchgeführte mündliche Prüfung.

Die Curricula Vitae der erfolgreichen Kandidaten elaborieren prägnant die professionelle Formation des Subjekts. Auf nur einer dreiviertel Seite listet der Auditeur Wiele Geburtsumstände, Studienfach, sowie Anstellungsverhältnisse als Referendar, Auskultator und Auditeur auf.[9] Der Bericht zieht aus den Lebensläufen die Stellenqualität des Subjekts, etwa dass der Auditeur Wiele „als Auditeur examiniert und verpflichtet worden" ist.[10] Die mündliche Prüfung hingegen ur-

---

5 GStA PK, II. HA Abt. 14, Kurmark, Tit CLVI, Sect. G, Nr. 40, Bd. 1, unfoliiert, Bericht Meinhardt und Rudolphis, 12. November 1795.
6 GStA PK, II. HA Abt. 14, Kurmark, Tit CLVI, Sect. G, Nr. 40, Bd. 1, unfoliiert, Bericht Meinhardt und Rudolphis, 12. November 1795.
7 GStA PK, II. HA Abt. 14, Kurmark, Tit CLVI, Sect. G, Nr. 40, Bd. 1, unfoliiert, Bericht Meinhardt und Rudolphis, 12. November 1795.
8 GStA PK, II. HA Abt. 14, Kurmark, Tit CLVI, Sect. G, Nr. 40, Bd. 1, unfoliiert, Bericht Meinhardt und Rudolphis, 12. November 1795.
9 GStA PK, II. HA Abt. 14, Kurmark, Tit CLVI, Sect. G, Nr. 40, Bd. 1, unfoliiert, Lebenslauf von Auditeur Wiele, undatiert.
10 GStA PK, II. HA Abt. 14, Kurmark, Tit CLVI, Sect. G, Nr. 40, Bd. 1, unfoliiert, Bericht Meinhardt und Rudolphis, 12. November 1795.

teilt über „Begriffe", „Kenntniße vom Kamerale" und die „Beurtheilungskraft" selbst. Positiv beschiedene Kandidaten erhalten darüber hinaus eine spezifische konditionale Prognose, unter der ihre Anstellung Erfolg haben könnte. Der Bericht schließt mit einem Vorschlag zur genauen Besetzung und Besoldung der anzustellenden Beamten und stößt einen komplexen, teils auf Kompetenz, teils auf Anciennität gegründeten Vorrückungsprozess des gesamten Verwaltungspersonals an. Der Bericht und das Be- und Versetzungsprojekt findet am 21. November 1795 den „Allerhöchsten Beifall" des Königs und wird „durchgehend genehmigt".[11]

Was dieser Personalvorgang am Ende des 18. Jahrhunderts vorführt, ist ein neuartiges Verfahren des Laufbahnmanagements und der Lebensdarstellung, das auf fünf komplementären Modernisierungen fußt, die im Folgenden kurz skizziert werden. Erstens rückt in der Personalverwaltung um 1800 die Qualifikation und Leistungsfähigkeit von Subjekten ins Zentrum der administrativen Bewertung. Diese Valorisierung hat ihren diskursiven Ort im zeitgenössischen pädagogischen Diskurs des Philanthropismus, der Subjekte unter den Aspekten von Tüchtigkeit und Brauchbarkeit rubriziert. Was für brauchbare Subjekte zählt, sind nicht Bildung oder Vervollkommnung, sondern eine zunehmend spezialisierte Formationsgeschichte. Brauchbarkeit ruft dabei gleichzeitig Fragen des Maßes auf. In der Verwaltung verlangt sie nach einer Skala der Anordnung, die sie im je individuellen Verdienst findet. In dieses diskursive Feld wird sich der Lebenslauf einfügen.

Der Lebenslauf erlaubt zweitens auf einer basalen Ebene Individuen mit von vornherein festgelegten Organisationspositionen zu verknüpfen. Person und Stelle treten in ein metonymisches Verhältnis, indem eine spezifisch formatierte Person als Platzhalter einer Leerstelle fungiert.[12] Dadurch wird eine Verschaltung von Bewerber und Stelle vollzogen.[13] Der gemeinsame Grund, auf dem Stelle und Bewerber verhandelt werden können, wird dabei drittens durch ein konzeptuelles Bindeglied etabliert, das bereits weiter oben beschrieben wurde und die Geschichte der Stellenartigkeit der Person lesbar macht: die epistemische und temporale Form der Karriere. Sie beruht auf drei Aspekten: Valorisierung, Virtualität und Vektoralität. Die Karriere ist damit viertens auf die Darstellung von Lebenszeit in valorisierten Intervallen und Schwellen (d. h. der Formationsgeschichte des Brauchbarkeitsprinzips) angewiesen. Diese Darstellungsfunktion übernehmen Lebensläufe um 1800 in immer stärkerem Maße. Um

---

11 GStA PK, II. HA Abt. 14, Kurmark, Tit CLVI, Sect. G, Nr. 40, Bd. 1, unfoliiert, Reskript des Generaldirektoriums an die Kurmärkische Kriegs- und Domänenkammer, 21. November 1795.
12 Vgl. Stüssel, In Vertretung, 33–35.
13 Vgl. Luhmann, Organisation und Entscheidung, 101–105.

auch die Aspekte der Virtualität und Vektoralität zu integrieren, benötigt der Lebenslauf schließlich fünftens eine Form der projektiven Prognostik. In einer pfadabhängigen Erzählung wird aus dem spezifischen Karrierevektor eines Lebenslaufs eine unbestimmte Zukunft angepeilt; eine Projektion, die die Lücke zwischen dem letzten Element des Lebenslaufs und der angestrebten Stelle überbrücken soll. Diese Lebensläufe tauchen besonders prominent in der reformierten Bauverwaltung auf. Damit, so ließe sich argumentieren, generiert der Lebenslauf in gewisser Weise seine eigene Fortsetzbarkeit, er geriert zu einer autopoietischen Form.

1 Brauchbarkeit

In den für diese Studie analysierten Personalakten tauchen immer wieder zwei Attribute auf, um sich der Werthaftigkeit von Bewerbern zu versichern: Tüchtigkeit und Brauchbarkeit. Schon der Potsdamer Magistrat fahndet dezidiert nach „tüchtigen Subjecten"[14] für die Polizeystellen. Andere Anstellungsberichte verhandeln die Brauchbarkeit von Staatsdienern in endlosen Modulationen. Über einzelne Beamte heißt es, „daß er als ein brauchbarer Feldmesser mit Nutzen angestellt werden kann",[15] dass „seine vorzügliche Brauchbarkeit als Feldmesser"[16] erwiesen sei, dass ein Bauinspektor „mit fixirtem Gehalt vorgefunden und äußerst brauchbar ist"[17] oder, dass „bei der Menge größtentheils brauchbarer Bau-Conducteurs, die sich jetzt in unserm Departement aufhalten"[18] keine Notwendigkeit für departementsfremde Kandidaten besteht. Die Semantik der Brauchbarkeit sickert aber in gleichem Maße auch in die Selbstbeschreibung in Lebensläufen ein. Ein Baurat betont, dass er während vergangener Aktivitäten „einige Brauchbarkeit zu meiner Empfehlung für die künftige Zeit an den Tag

---

14 GStA PK, II. HA Abt. 14, Kurmark, Tit CLVI, Sect. G, Nr. 40, Bd. 1, unfoliiert, Bericht Meinhardt und Rudolphis, 12. November 1795.
15 GStA PK, II. HA GD, Abt. 13, Neumark, Behörden- und Bestallungssachen, Baubediente, Nr. 7, fol. 68, Prüfungsattest für den Mathematikkandidaten Lehmann, 24. Januar 1809 (Abschrift).
16 GStA PK, II. HA GD, Abt. 13, Neumark, Behörden- und Bestallungssachen, Baubediente, Nr. 7, fol. 130, Reskript des Generaldirektoriums an die Neumärkische Kriegs- und Domänenkammer, Mai 1805.
17 GStA PK, I. HA Rep. 93 B Nr. 597, fol. 77, Bericht der Regierung zu Merseburg an das Finanzministerium, 17. August 1816.
18 GStA PK, I. HA Rep. 93 B Nr. 601, unfoliiert, Bericht der Regierung zu Merseburg an das Ministerium des Inneren, 5. Juli 1825.

legen konnte";[19] ein Bergrat preist den Lebenslauf seines Sohns mit dem Schlusssatz „schenken Sie dadurch dem Staate abermahls einen dereinst brauchbaren Mann";[20] ein junger Handelsdiener glaubt, „daß die bey der Handlung so wohl wie bey der Oeconomie erlangten Kenntnisse, mich bey Anwendung des strengsten Fleißes in ein oder dem andern Fach brauchbar machen könnten."[21]

Tüchtigkeitsbeschreibungen finden sich in den Akten nicht minder häufig und korrelieren generell mit Brauchbarkeitsverdikten. Stellenstreichungen werden mit der Exzellenz zukünftigen Personals gerechtfertigt: „Die Stelle des Ober-Wegeinspector wird nach unserm Dafürhalten eingehen können, wenn ein tüchtiger Bauconducteur angestellt wird."[22] Über einen Bauinspektor heißt es in den Conduitenlisten er gehöre „zu den tüchtigsten und brauchbarsten Baubeamten"[23] überhaupt. Ein Zimmergeselle schließlich schreibt seinem Vater die „Absicht" zu, „durch mich dem Staate einen tüchtigen, practischen Hütten-Baumeister zu erziehen."[24]

Das unablässige Sprechen vom brauchbaren Staatsdiener verweist auf einen pädagogischen Diskurs, der das späte 18. Jahrhundert dominiert. Brauchbarkeit ist im historischen Gedächtnis als das vom Neuhumanismus polemisch verworfene Gegenkonzept zur Bildung verankert.[25] Tüchtigkeit hat Brauchbarkeit zur Voraussetzung und befindet sich bis zur Mitte des 18. Jahrhunderts im selben semantischen Wortfeld. Mit Beginn der Sattelzeit bezeichnet Tüchtigkeit jedoch neben der grundlegenden Eignung oder Tauglichkeit auch ein Qualitäts-

---

19 GStA PK, I. HA Rep. 93 B Nr. 413, unfoliiert, Lebenslauf von Baurat Johann Friedrich Moser, 31. Dezember 1830.
20 GStA PK, I. HA Rep. 121, Nr. 269, fol. 24, Supplik von Oberbergrat Friedrich Wilhelm Praetorius an Oberberghauptmann Heinitz, 20. Oktober 1799.
21 GStA PK I. HA Rep. 109 Nr. 2862, fol. 64, Supplik von Ferdinand von Intra an Seehandlungsdirektor Carl August von Struensee, 3. Juni 1796.
22 GStA PK, I. HA Rep. 93 B, Nr. 601, unfoliiert, Bericht der Regierung zu Merseburg an das Ministerium für Handel, Gewerbe und Bauwesen, 19. Dezember 1823.
23 GStA PK, I. HA Rep. 93 B, Nr. 550, unfoliiert, Conduitenlisten der Baubeamten des Regierungsbezirks Coblenz, 1818–1835.
24 GStA PK, I. HA Rep. 121 Nr. 269, fol. 95, Supplik von Zimmergeselle August S. Buschick an Oberberghauptmann Heinitz, 23. März 1801.
25 Vgl. Norbert Ricken, Die Ordnung der Bildung. Beiträge zu einer Genealogie der Bildung, Wiesbaden 2006, 284–288. Ricken argumentiert, dass der „mythisch" verdichtete Gegensatz zwischen utilitaristischer Aufklärungserziehung und kritischer Vernunft als „einseitig inszenierter Streit" seitens der Neuhumanisten angesehen werden muss. Er entwickelt daraus im Anschluss die These, dass sich der Utilitätsgedanke unter dem Vorzeichen einer neuen Sozialität in den Neuhumanismus wiedereinschreibt, und zwar als Zwang zur Individualität; für die philanthropisch inspirierten Neuhumanisten sei nur der individuelle Mensch nützlich, Ricken, die Ordnung der Bildung, 290–291.

attribut, das über die bloß ausreichende Kompetenz eines Individuums hinausreicht und mit ‚gut' zusammenfällt.[26] Brauchbarkeit, so wie sie in den preußischen Personalakten verhandelt wird, verweist auf den philanthropischen Diskurs, in der der Begriff von Pädagogen wie Johann Heinrich Campe, Friedrich Gabriel Resewitz, Christian Gotthilf Salzmann und Peter Villaume entwickelt wird.

a) Philanthropischer Brauchbarkeitsdiskurs

Peter Villaume, der selbst eine philanthropische Lehranstalt in Halberstadt unterhielt, grenzt das gelehrte Brauchbarkeitsverständnis, nach dem alles Instrumentelle brauchbar ist, von einem volkssprachlichen Gebrauch ab, den er selbst präferiert. „In der gemeinen Sprache", so Villaume, ist nur das brauchbar, (1) „was allgemein nützlich ist", (2) „dessen Nutzen die Schädlichkeit bei Weitem übersteigt", (3) was dem gemeinen Mann „zur Erreichung seiner Absichten dienlich ist" und (4) „was die Bedürfnisse des Lebens angeht". Hingegen ist derjenige unbrauchbar, „der nur für sich arbeitet".[27] Der gesamte Diskurs kreist dabei um die Frage, nach welchen Prinzipien die Erziehung von gemeinnützigen Subjekten (und damit sind primär Männer gemeint) erfolgen soll. Brauchbarkeit wird von den Philanthropisten gezielt in Stellung gebracht, um sich gegen das Rousseauistische Bildungsideal der Vervollkommnung *(perfectibilité)* und damit die Idee eines universellen Gelehrtentums bzw. den Geniebegriff zu positionieren.[28] Als Gegenmodell präsentieren sie ein utilitaristisches Erziehungsprogramm, das argumentativ auf vier Pfeilern ruht.

Erstens rekurrieren die Philanthropisten auf einen Sozialitätsbegriff, der unter den Vorzeichen von Bevölkerung und Probabilistik steht.[29] Ihr Subjekt ist ein Subjekt der großen Zahl, der statistischen Stratifikation und des kapablen Durch-

---

[26] Konkret fungiert ‚tüchtig' bis zur Mitte des 18. Jahrhunderts als Synoynm von „‚tauglich, brauchbar, passend, geeignet', vorwiegend als passivische Eigenschaft." Tüchtig, in: Grimm et al., Deutsches Wörterbuch, Bd. 22, Sp. 1494, https://woerterbuchnetz.de/?sigle=DWB&mode=Vernetzung&lemid=GT14070#0, zuletzt geprüft am 04.06.2021. Dann jedoch „wird tüchtig zu einem auszeichnenden begriff, der die grundvorstellung ‚brauchbar, geeignet' als voraussetzung einschlieszt; [...] in einer durch die anwendungsweise mannigfach schattierten weise nähert sich tüchtig hier an die vorstellung ‚gut' und deckt sich teilweise geradezu mit diesem wort." Tüchtig, Sp. 1500.
[27] Villaume, Ob und in wie fern bei der Erziehung die Vollkommenheit des einzelnen Menschen seiner Brauchbarkeit aufzuopfern sey?, 440–441, 444–450.
[28] Vgl. Villaume, Ob und in wie fern bei der Erziehung [...], 438–440.
[29] Dazu allgemein vgl. Michel Foucault, Securité, Territoire, Population: Cours au Collége de France, 1977–1978, Paris 2004.

schnitts: „Die mittelmäßigen Menschen sind die mehresten, der großen Männer sehr wenige, zwischendrin giebts eine große Anzahl auf verschiedenen Stufen."[30] Damit geht gleichzeitig eine Aufwertung der „gemeinen, alltäglichen Geschäfte" gegenüber den ästhetischen und intellektuellen Produkten „großer Dichter" und „künstlichste[r] Maler" einher.[31] Denn die „bürgerliche[n] Gewerbe" der Massen dienen der „Erhaltung des Ganzen",[32] wohingegen der Gelehrte und Künstler „ins Allgemeine, ins Spitzfündige" emporsteigt, „ohne sich oft darum zu bekümmern, wie sich seine Erfindungen in die Welt passen".[33] Nützliche Tätigkeiten ermöglichen also die Reproduktion der gesamten Gesellschaft, wohingegen das gelehrte Wissen keinen derartigen Nutzen aufweisen kann. Wenngleich die Legitimität des Universalgelehrten, Künstlers oder Genies nicht grundsätzlich bestritten wird, so wird sie als Erziehungsideal dennoch verworfen.

Analog zur Entwicklung eines ideal brauchbaren Substrats der Bevölkerung in der Figur der ‚Mittelmäßigen' propagieren die Philanthropisten zweitens eine Theorie mittelmäßiger Tätigkeit, die sogenannte „Fertigkeit". Fertigkeiten dienen zur Intensivierung von Kräften, sie müssen akquiriert werden und „ueber die Erwerbung derselben muß man nur gar zu oft die Veredlung der Kräfte versäumen." Wo das Genie seine Kraft in der Anwendung auf eine Vielzahl von Gegenständen auffaltet und multipliziert, routiniert Fertigkeit spezielle Übungsmuster und erleichtert damit Tätigkeiten, die mechanischen Charakter haben. Durch die Konzentration verstärkt sich die Kraft in der je einzelnen Instanz, schwächt sich aber in den Möglichkeiten ihrer Anwendbarkeit auf andere Gegenstände ab: „Man verliert dabei an Extensität soviel, als man an Intensität gewinnt."[34] Intensität fungiert hier als Marker eines „stetig modulierten Kraft- und Wirkungsmodus".[35] Wenig überraschend differenziert gerade auch der Philanthropist Johann Heinrich Campe in seinem *Wörterbuch der deutschen Sprache* intensiv und extensiv als „dem Grade nach (intensive) im Gegensatz zur Ausdehnung".[36] Für Campe verweist Grad darüber hinaus auf die „Beschaffenheit der inneren Stärke, die Größe der Beschaffenheit".[37]

---

30 Villaume, Ob und in wie fern bei der Erziehung [...], 477–478.
31 Villaume, Ob und in wie fern bei der Erziehung [...], 471.
32 Friedrich Gabriel Resewitz, Die Erziehung des Bürgers zum Gebrauch des gesunden Verstandes, und zur gemeinnützigen Geschäfftigkeit [1773], 2. Aufl., Wien 1787, xvi.
33 Resewitz, Die Erziehung des Bürgers [...], 14–15.
34 Villaume, Ob und in wie fern bei der Erziehung [...], 489–491.
35 Erich Kleinschmidt, Die Entdeckung der Intensität. Geschichte einer Denkfigur im 18. Jahrhundert, Göttingen 2004, 19.
36 Grad, in: Wörterbuch der deutschen Sprache, hrsg. von Johann H. Campe, Braunschweig 1807–1811, Bd. 2, 438; vgl. Kleinschmidt, Die Entdeckung der Intensität, 23.
37 Grad, Wörterbuch der deutschen Sprache, 438.

Für die Philanthropisten, so ließe sich also argumentieren, modifiziert Fertigkeit Kraft, indem sie sie gradualisiert, abstuft und verstärkt. Nicht „der Adel der Seele"[38] und seine Extensität breitgefächerter Kräfte, sondern die Intensität singulärer Kraft ist gefragt. Nur durch Fertigkeit gewinnt Kraft „eine recht nützliche Wirksamkeit in den gemeinen Angelegenheiten des Lebens"; setzt man an ihrer Stelle Kraft im Plural, so „geht alles schwerer, sprung- und stoßweise, unbeständig, unregelmäßig, bald zustark und zurasch, bald zu matt und langsam; bald geschieht zuviel, und öfters zuwenig."[39] Die brauchbare Kraft stuft damit den Grad ihrer Intensität auf das jeweils benötigte Niveau ab, sie ist auf ihren Gegenstand bezogen und strikt pragmatisch einsetzbar. Diese Denkfigur kündigt ein Gesellschaftsmodell an, das nicht auf der Bildung jedes Einzelnen, sondern auf spezialisierter Arbeitsteilung beruht. Eine solche Gesellschaft verwirklicht damit die „allgemeine Regel, daß, vermöge der menschlichen Schwachheit, der mittelmäßige Mensch immer brauchbarer ist als der große Mann."[40]

Zu einer solch spezialisierten Abstufung der Kräfte gesellt sich nun drittens eine spezifische Art der institutionellen Abrichtung. Diese wird zuvorderst dadurch legitimiert, als dass der Gesellschaft eine bestimmte Verfügungsgewalt über ihre Mitglieder zusteht. Im Gesellschaftszustand lässt der Mensch das tierische Leben hinter sich, und „diese Würde, diese hohe Seligkeit hat er ganz der Gesellschaft, vermittelst der Erziehung zu danken". Seine Konstitution als Mensch „ist also nicht sein; sie ist ein Geschenk der Gesellschaft" und an „Bedingungen" gekoppelt, die „von dem Geber" abhängen.[41] Der Staat, der hier mehr oder weniger identisch mit der Gesellschaft gesetzt ist, hat aus diesem Grund nicht nur das Recht, sondern auch die Pflicht, „den Lehrern des Volks und der Jugend vorzuschreiben, welche Kenntnisse, und in welcher Form sie jeder Klasse mittheilen".[42] Daraus folgt zwangsläufig ein neues und fundamentales Recht des Staats auf Brauchbarkeit, „ein Recht, selbst auf das Opfer eines Theils der Veredlung der Einzelnen". Ein solches Recht ist „weit wichtiger, als das Recht über Leben und Tod" und wird damit dem Machtmodell der Souveränität übergeordnet.[43]

Damit schlägt Villaume ein Erziehungsprogramm unter den Prämissen von Brauchbarkeit vor, das sich gleichzeitig als Machttechnologie entpuppt. Als „re-

---

38 Villaume, Ob und in wie fern bei der Erziehung [...], 491.
39 Villaume, Ob und in wie fern bei der Erziehung [...], 490–491.
40 Villaume, Ob und in wie fern bei der Erziehung [...], 512.
41 Villaume, Ob und in wie fern bei der Erziehung [...], 534.
42 Villaume, Ob und in wie fern bei der Erziehung [...], 535.
43 Villaume, Ob und in wie fern bei der Erziehung [...], 537. Zum juridischen Modell der Souveränität vgl. Michel Foucault, Der Wille zum Wissen. Sexualität und Wahrheit I [1976], Frankfurt a. M. 1983, 161–165.

lative Veredlung" besteht ihr Ziel nicht in absoluter, sondern relativer Vollkommenheit: „[D]er höchsten Vollkommenheit, die der Mensch, vermöge seiner Kräfte, und mit Rücksicht auf seinen Stand in der Gesellschaft erreichen kann."[44] Neben der Intensivierung vorhandener und partieller Kräfte tritt hier als zweiter pädagogischer Stützpfeiler eine standesgemäße Abrichtung. Stand umgrenzt den für jedes Subjekt identifizierbaren Berufsstand, der sicherstellt, dass die Gesellschaft als Maschine reibungslos operiert. Der Mensch konstituiert ein „Rad in der großen Maschine der Gesellschaft [...], es muß weder zugroß seyn noch zusauber ausgearbeitet werden".[45] Gleichzeitig wird in der Semantik Villaumes die Standesposition eines Subjekts nicht durch Geburt, sondern eben über den Beruf, d. h. diejenigen Talente und Fähigkeiten, die korporativ einsetzbar sind, festgelegt.[46] Hieraus resultiert wiederum eine Aufgabe für den Erzieher: „[E]r muß seinen Zögling nicht vollkommener machen, als es sein Stand erlaubt; außer wenn er sieht, daß dessen Kräfte ihn offenbar zu einem andern Stand bestimmen."[47] Die Philanthropisten entwickeln aus diesem Schluss einerseits die Forderung nach spezialisierter institutioneller Unterweisung, die für jeden Stand gesondert austariert wird.[48] Andererseits wird eine solche Erziehung an ein Formationsprogramm gekoppelt, das das Leben in einzelne, kompetenzbildende Intervalle untergliedert, die jeweils durch Prüfungen voneinander separiert werden. In Villaumes Erziehungsutopie verordnet, reguliert, überprüft und sanktioniert der Staat dabei die je standesgemäße Formation.

> Mein Vorschlag wäre also folgender. Gegen das Ende der Schuljahre für das Volk, d. h. wann die Knaben dieser Klasse zum Abendmahle vorbereitet werden, müßte der Knabe, der einen Trieb zu studiren vorgiebt, von Obrigkeitswegen geprüft werden. Wenn er nicht tüchtig befunden würde, müßte er sein Vorhaben aufgeben; und nun legte ihm die Obrigkeit die Pflicht auf, binnen einem halben Jahre etwa, einen Stand zu wählen, und die Vor-

---

44 Villaume, Ob und in wie fern bei der Erziehung [...], 542.
45 Villaume, Ob und in wie fern bei der Erziehung [...], 525. Vgl. Barbara Stollberg-Rilingers Ausführungen über das Kompetenzprinzip bei Justi, Barbara Stollbeg-Rilinger, Der Staat als Maschine. Zur politischen Metaphorik des absoluten Fürstenstaats, Berlin 1986, 125–128.
46 Über die aufklärerische Engführung von Stand, Talent und Gesellschaft in der Metaphysik des Berufs vgl. La Vopa, Vocations, Careers, and Talent, 277–279.
47 Villaume, Ob und in wie fern bei der Erziehung [...], 526.
48 Resewitz, Die Erziehung des Bürgers [...], xvi. An diese Forderungen nach technischer Ausbildung schließt selbstverständlich auch der Aufstieg des Fach-, Berufs-, und Realschulwesens seit dem Ende des 18. Jahrhunderts an, das gegen die gymnasial-humanistische Tradition gerichtet war, vgl. Wilhelm Treue, Preußens Wirtschaft vom Dreißigjährigen Krieg bis zum Nationalsozialismus, in: Handbuch der preußischen Geschichte, Bd. 2: Das 19. Jahrhundert und Große Themen der Geschichte Preußens, hg. von Otto Büsch, Berlin 1992, 449–604, hier: 499.

bereitungen dazu anzufangen; wovon er dann, nach Verlauf der Frist, Rechenschaft geben und Zeugnisse beibringen müßte.⁴⁹

Wenn ich hier mit Formation einen anachronistischer Äquivalenzbegriff zu ‚Ausbildung' wähle, dann geschieht dies in der Absicht, die berufliche Spezialisierung und den Erwerb von Fachkenntnissen begrifflich besser zu integrieren. Denn die im Französischen geläufigere Verwendung *formation* konnotiert besonders die spezialisierte Ausbildung und beruflichen Fachkenntnisse.⁵⁰ Gleichzeitig impliziert Formation eine dezidiert institutionelle Einbindung. Genau hier widerspricht der Formationsbegriff damit analytisch den zeitgenössischen Bedeutungsdimensionen von Bildung.⁵¹ Bildung bewährt sich gerade auch unter nachteiligen institutionellen Voraussetzungen, sie entfaltet sich aus der natürlichen Anlage des Individuums.⁵² Mit dem Formationsbegriff sind hingegen die Eckpunkte eines Prinzips berührt, das sich im Laufe des 18. Jahrhunderts allmählich im gesamten Verwaltungsdenken einschreibt. Wo die berufliche Formation im Bildungsroman nur ein Aspekt unter vielen ist, vereinnahmt und determiniert die professionelle *persona* von jetzt an die gesamte Lebensgeschichte eines Bewerbers.

Schließlich loziert *viertens* über der gesamten Brauchbarkeitspädagogik ein meritokratisches Bewertungsprinzip, das „Verdienst" und „Verdienstlichkeit" zur maßgeblichen Bewertungseinheit beruflicher Tätigkeit erhebt. Dabei ist zunächst bemerkenswert, dass der Verdienstbegriff des utilitaristischen Philanthropismus nicht viel gemein hat mit der Verdienstsemantik Gellert'scher Prägung, die zur Mitte des 18. Jahrhunderts dezidiert nicht auf korporative Tätigkeiten angewendet wird, sondern die selbstlose Leistung für eine idealistische Gruppe gleichgesinnter Staatsbürger fokussiert.⁵³ Für die Philanthropisten hingegen kommt Verdienst

---

49 Villaume, Ob und in wie fern bei der Erziehung [...], 598.
50 „Formation s'emploie aussi à propos de l'éducation d'un être humain et, spécialement (v. 1930), pour désigner l'ensemble des connaissances dans un domaine." [Formation wird auch genutzt, um die Bildung eines menschlichen Wesens zu bezeichnen und, in besonderer Weise (seit 1930), das Bündel von Kenntnissen in einem bestimmten Gebiet.] Formation, in: Dictionnaire historique de la lanuge francaise, Bd. 2, hrsg. von Alain Rey, Paris 1992, 1463.
51 Verkompliziert wird die Verwendung des Begriffs Formation dadurch, dass der deutsche Bildungsroman zuweilen als „roman de formation" ins Französische übersetzt wurde. Ich verwende den Begriff hier daher analytisch (und an die neuere französische Semantik angelehnt), um professionelle Ausbildungs- und Spezialisierungstrajektorien zu kennzeichnen.
52 Vgl. Georg Stanitzek, Das Bildungsroman-Paradigma – am Beispiel von Karl Traugott Thiemes ‚Erdmann, eine Bildungsgeschichte', Jahrbuch der Deutschen Schillergesellschaft 34 (1990), 171–194, hier: 180–186.
53 Vgl. Mauser, Konzepte aufgeklärter Lebensführung. Literarische Kultur im frühmodernen Deutschland, Würzburg 2000, 109.

gerade in der Verquickung von Beruf, Talent und Tätigkeit zu voller Blüte. Wenn also in der jüngeren Forschung argumentiert wurde, dass der Leistungsbegriff um 1800 nicht auf die Welt der Erwerbsarbeit angewendet wurde und lediglich als Indikator für bürgerliche Geselligkeit galt,[54] muss umgekehrt für den Verdienst-Begriff eine untrennbare Verkettung von konkurrenzbasierter Berufsabrichtung, qualitativer Tätigkeitsbewertung und legitimer Karriereprogression konstatiert werden.

Bereits der in Preußen tätige Aufklärer Thomas Abbt schloss in seiner Verdiensttheorie den Staatsdienst explizit in eine komplexe Taxonomie der Verdienstlichkeit ein. Sie fächert sich in vier Klassen („hohe", „große", „schöne", „bloße" Verdienste) zu je vier bis fünf Ordnungen auf.[55] Zwar qualifizierte die nur „redliche Verwaltung eines öffentlichen Amtes" das Subjekt weder zur Klasse der „schönen", noch zu der der „hohen Verdienste"; „anhaltender Fleiß und Ausdauern gegen Ueberdruß" im Amt waren aber immerhin Eigenschaften, die Zugang zur fünften und letzten Ordnung des „blossen Verdienstes" gewährten.[56] Wer in seinem Amt über den Modus der Pflichterfüllung hinausging, konnte laut Abbt auch Ansprüche auf „schöne Verdienste" machen. Sei es, indem man in demjenigen „Stande, dem man sich gewidmet, auch ohne den Genuß derer sonst damit verknüpften Vortheile mit Treue und Eifer und Beständigkeit sein Amt verrichte[te]"; sei es, indem man „in einem solchen der Republik einverleibten Stande zur Vervollkommnung desselben aus besten Kräften und mit Erfolge arbeite[te]."[57] Freiwilliger Verzicht auf Remuneration gewöhnlicher Amtstätigkeit produzierte also in gleichem Maße Mehr-Verdienst wie außerordentliche Tätigkeit („aus besten Kräften") und nützliche Wirkungen („mit Erfolge"). Gleichzeitig galt die Vervollkommnung nicht der eigenen Person (wie etwa in Rousseaus Bildungsutopie), sondern dem Beruf, dem sich eine Person widmete.

Auf diese Verdiensttaxonomie bauen auch die Philanthropisten auf und erklären Verdienst und Verdienstlichkeit zu maßgeblichen Elementen der Brauchbarwerdung. Die Hoffnung – insbesondere von Kindern – auf „Anerkennung und gerechte Würdigung verdienstlicher Bemühungen"[58] erheben die Reformer zur pädagogisch-anthropologischen Konstante, die es erlaubt, bereits in der

---

54 Vgl. Verheyen, Die Erfindung der Leistung, Bonn 2018, 99–126.
55 Abbt, Vom Verdienste, Berlin/Stettin 1765, 258–283.
56 Abbt, Vom Verdienste, 283.
57 Abbt, Vom Verdienste, 270.
58 Christian Gotthilf Salzmann, Nachrichten aus Schnepfenthal für Eltern und Erzieher, Leipzig 1786, 95.

Schule ein verdienstbasiertes Belohnungssystem einzuführen.[59] Im Salzmann'schen Philanthropin zu Schnepfenthal erhalten die Zöglinge nicht nur „Ämter", die sie während der Woche auszuüben haben; jeden Samstag werden in einem komplexen Währungssystem Verdienste und Verfehlungen in „Billets", „Marken" und eine alle Verdienste verzeichnende „Meritentafel" übersetzt.[60] Besonders die „Billets" geben Einblick in ein fein gradualisiertes und eng an das Geldsystem angelehntes Remunerationssystem. Nicht nur werden, „um noch gerechter und genauer in der Anerkennung der jugendlichen Verdienste zu verfahren", genaueste „Abstufungen desselben" beobachtet und „dadurch markiert, daß der Allerfleißigste ein ganzes, der weniger aber auch an sich Fleißige nach Beschaffenheit der Grade nur drey Viertel, ein halbes oder wohl gar nur ein Viertelbillet erhält"; die gesammelten Verdienstpunkte werden außerdem einmal pro Woche kumuliert und in ein zentrales Verdienstregister eingetragen, „[d]enn 50 solcher Billets erwerben wieder einen Punct an der Meritentafel."[61]

Der Verdienstbegriff ermöglicht damit eine graduelle Abstufung in der Qualität von Handlungen und folgert aus dieser wiederum ein Recht auf materielle Entschädigung. Bei Krünitz ist der Verdienst nicht nur „das Geld oder Geldeswerthe, was man für geleistete Dienste erworben hat"; als Verdienst gilt auch „der Anspruch auf Belohnung, den man durch Handlungen erworben hat deren innerer Wert ein guter, ein sittlicher ist."[62] Verdienst zeichnet so nicht nur pflichtmäßig erbrachte Dienstleistungen aus (Abbt schloss bloße Dienstverrichtung kategorisch aus seiner Verdiensttaxonomie aus[63]), sondern er prämiert diejenigen Tätigkeiten, die erst in der Matrix vergleichbarer Handlungen einen „inneren Wert" gewinnen, der auf einer Skala der Güte eingeordnet werden kann. Von frühester Jugend an die Aufzeichnung und Auszeichnung außergewöhnlicher Tätigkeit gewöhnt, setzt sich die Verdienstorientierung im Berufsleben fort. Wer sich vermittels staatlicher Auslese dem Berufsstand widmet, zu dem einen das eigene Talent (und das Vermögen der Eltern) bestimmt, ist prädestiniert „sich einiges Verdienst [zu] erwerben."[64] Krünitz rät dem lernenden Jüngling deshalb, sich nicht „durch eingeschränkte Glücks-Umstände niederschlagen" zu lassen und empfiehlt stattdessen „Sitten an Männern" zum Vorbild zu nehmen, „die ihr Verdienst mehr,

---

59 Vgl. Heikki Lempa, Patriarchalism and Meritocracy: Evaluating Students in Late Eighteenth-Century Schnepfenthal, Paedagogica Historica 42 (2006), H. 6, 727–749.
60 Lempa, Patriarchalism and Meritocracy, 735–737.
61 Salzmann, Nachrichten aus Schnepfenthal für Eltern und Erzieher, 105.
62 Verdienst, in: Krünitz, Oekonomische Encyclopädie, Bd. 205, 483.
63 Abbt, Vom Verdienste, 284.
64 Lebens-Art, in: Krünitz, Oekonomische Encyclopädie, Bd. 67, 78.

als das Glück, über dich hinausgesetzt hat."⁶⁵ Nicht die Kontingenz von Geburt und Lebensumständen bestimmt in dieser Leistungs- und Vergleichslogik den beruflichen und sittlichen Erfolg, sondern das, was aus eigener Kraft und relativ zu den Konkurrenten hervorgebracht wird. Das Verdienstprinzip strukturiert in der Reformpädagogik schließlich auch das Design von Laufbahnen, da denjenigen, die sich durch ausgezeichnete Tätigkeit, Fleiß und Wohlverhalten verdient machen, eine in gleichmäßige Karriereetappen gestufte Belohnung zufällt.⁶⁶ Individuen, deren Formationsgeschichten unter der Maßgabe von Brauchbarkeit bewertet werden, sind somit zwangsläufig einem meritokratischen Regime unterworfen, das die Qualität der Berufstätigkeit zum zentralen Gradmesser erhebt.

b) Das Brauchbarkeitsprinzip in der preußischen Verwaltung

Beamtenhandbücher der Frühen Neuzeit führen bereits früh Tugendkataloge, die als Rekrutierungskriterium für gute Beamte dezidiert „subjektive Eigenschaften",⁶⁷ d. h. autonom hervorgebrachte Qualitäten, aufzählen. Zumindest diskursiv geraten bereits hier ‚patronale' Seilschaften in den Verdacht der Leistungshemmnis. Vom guten Beamten wird in diesen Handbüchern vor allem Allgemeinbildung und ein spezifisches Ethos (Frömmigkeit, Unbescholtenheit, Unbestechlichkeit, Aufrichtigkeit, Verschwiegenheit und Treue) verlangt.⁶⁸ In Preußen finden sich auch gegen Ende des 18. Jahrhunderts noch viele Lebensläufe, die das Treue-Prinzip in den Mittelpunkt ihrer Bewerbung stellen.⁶⁹ Zwar erzählen Bewerber hier auch von ihrer Dienstgeschichte, diese firmiert jedoch ganz unter der entbehrungsvollen Hingabe an einen Fürsten. Ein Konducteur erklärt etwa seine „20 jährige mit äußerster Treue und Fleiß wahrgenommene Dienstleistung" mit der Emphase, dass er „6 Jahre an der Münze als Medailleur und 14 Jahre als Feldmeßer, in äußerster Dürftigkeit und Kummer hingebracht" habe.⁷⁰ In einer anderen Bewerbung wagt ein Konducteur „eine Bitte zu Höchstdero Füßen ganz unterthänigst nieder zu legen" und beschreibt wie er „meinem allergnädigsten Landes Herren [...] bis hierher bereits 16 Jahre treu allerunterthänigst gedienet" habe und

---

65 Lebens-Art, in: Krünitz, Oekonomische Encyclopädie, Bd. 67, 125.
66 Vgl. La Vopa, Grace, Talent, and Merit, 300.
67 Stolleis, Grundzüge der Beamtenethik (1550–1650), 212.
68 Stolleis, Grundzüge der Beamtenethik (1550–1650), 212–226.
69 Vgl. dazu auch die quantitative Auswertung von Bewerbungen in Kap. I.4.
70 GStA PK, II. HA GD, Abt 21, Ostfriesland, Bestallungssachen, Tit. XIII Baubediente, Nr. 3a, unfoliiert, Supplik von Konducteur Northeim an Friedrich II., 24. Juni 1783.

„bei dieser meinen kleinen Bedienung mit meiner Familie ansehnlich [habe] zusezen müßen."[71]

Seit dem 18. Jahrhundert kristallisiert sich die Leistungsfähigkeit der Beamtenschaft jedoch immer mehr anhand der Geschichte der universitären Ausbildung und praktischen Tätigkeit heraus. Nicht mehr Treue, sondern fachspezifische Erfahrung und institutionelle Qualifikation werden zum zentralen Kriterium der Beamtenrekrutierung.[72] Die Forschung hat für die Durchsetzung dieser Prinzipien in Preußen gemeinhin den Ausgang des 18. Jahrhunderts identifiziert, seit dem sich in immer mehr Zweigen der Verwaltung obligatorische Laufbahnkriterien durchsetzten.[73] Rolf Straubel hat gezeigt, dass universitäre Qualifikation und praktische Routine schon in der ersten Hälfte des 18. Jahrhunderts wichtige Kriterien für die Rekrutierung des mittleren und gehobenen Verwaltungsapparats darstellten.[74] Klagen über die mangelnde Qualifikation, gerade des adeligen Verwaltungspersonals, waren jedenfalls schon Mitte des 18. Jahrhunderts weit verbreitet. Selbst der dem Adel hochgeneigte Friedrich der Große forderte die Aristokratie auf, sich auf den Universitäten nicht nur den galanten Studien zu widmen, sondern praktische Kenntnisse im Justiz- und Kameralwesen zu erwerben.[75] Bereits in seinem politischen Testament von 1751 verlangte er nach einer talentbasierten Ausdifferenzierung des Verwaltungspersonals: „C'est encore une attention que de bien choisir les personnes avec auxquelles on donne de commissions et d'employer un chacun selon son talent"[76] [Auch das ist zu beachten, daß man die Ämter mit den richtigen Leuten besetzt und einen jeden nach seinen Talenten verwendet].

---

71 LASA, A8, Nr. 105, Bd. 10, fol. 314, Supplik von Landbaumeister J. F. C. Ilse an die Magdeburgische Kriegs- und Domänenkammer, 25. März 1796.
72 Klassisch dazu vgl. Weber, Wirtschaft und Gesellschaft, 125, der die drei Grundpfeiler des rationalen Beamtentums als feste Verteilung von Tätigkeiten, feste Verteilung von Befehlsgewalten, und geregelter Qualifikation der Angestellten charakterisiert.
73 Vgl. Hattenhauer, Geschichte des Beamtentums, 143; Johnson, Frederick the Great and His Officials, 218–223; Mueller, Bureaucracy, Education and Monopoly: Civil Service Reforms in Prussia and England, 76–81; Henning, Die deutsche Beamtenschaft im 19. Jahrhundert, 20–21.
74 Gerade im Justizfach wurden Laufbahnkritierien frühzeitig eingeführt, vgl. Straubel, Adlige und bürgerliche Beamte in der friderizianischen Justiz- und Finanzverwaltung, 44–45. So etwa die Universitätsbildung, die bereits vor ihrer kodifizierten Festschreibung 1770 weit verbreitet war, vgl. Straubel, Beamte und Personalpolitik im altpreußischen Staat, 44–57, oder auch die gewohnheitsrechtlich verankerte Examensprüfung, vgl. Straubel, Beamte und Personalpolitik im altpreußischen Staat, 62–65.
75 Vgl. Straubel, Adlige und bürgerliche Beamte in der friderizianischen Justiz- und Finanzverwaltung, 265–266; Mueller, Bureaucracy, Education and Monopoly, 70–71.
76 Politisches Testament König Friedrichs II., in: Acta Borussica, Bd. 9, Berlin 1907, 339.

Um die Jahrhundertwende spitzen sich die Forderungen nach professioneller Ausbildung zu. Der bayerische Rechtswissenschaftler Johann Michael Seuffert schreibt 1793:

> Ein Staatsbürger, der zu einem öffentlichen Amte angestellt werden will, muß die zur Verwaltung desselben nöthige Geschicklichkeit und Kenntnisse besitzen. [...] Der Kandidat eines öffentlichen Amtes darf seine Jugendjahre nicht mit Nichtsthun verlieren noch darf er sie zur Erlernung und Treibung anderer Gewerbsarten verwenden. Männer, wie sie der Staat braucht, müssen, um keine Stümper oder schädliche Mitglieder in ihrer Art zu werden, sich der Wissenschaft allein, oder doch hauptsächlich widmen, deren Kenntniß die Verwaltung des Staatsamtes, welches er bekleiden soll, erheischet.[77]

Das Preußische Landrecht spiegelt die Spezialisierung im Staatsdienst wider, indem es „specielle Instructionen und Gesetze" fordert, die die notwendigen „Vorbereitungen und Prüfungen [...] nach Verschiedenheit der Fächer und Stufen"[78] ausführen. Spezialschulen und Prüfungsanstalten für die unterschiedlichen Verwaltungszweige wurden bereits im 18. Jahrhundert etabliert. Im Bauwesen traten bereits ab der Einrichtung des Oberbaudepartements 1770 Laufbahn-Regelungen in Kraft, die die „Fähigkeiten und Wissenschaften" der Bewerber mit der „Beschaffenheit der zu bekleidenden Stellen" synchronisieren sollten; jeder der sich zu einem Posten im Bauwesen anschickte, musste fernerhin „scharf geprüft werden, damit das General-Direktorium in den Stande komme, die Vorschläge zur Wiederbesetzung der vacanten Baubedienungen in völliger Zuverlässigkeit und Gründlichkeit zu tun."[79] Mit den preußischen Reformen werden diese Institute intensiviert und zunehmend verwissenschaftlicht. „Die wissenschaftlichen und technischen Deputationen" sollten, so der Wunsch eines zeitgenössischen Beobachters, zu immer effektiveren „Röhren" erwachsen, „in welchen die reinste Intelligenz der Nation [...] der Staatsverwaltung zugeführt wird."[80] Der gute Staatsdiener ist um 1800 nicht länger ein Gelehrter mit möglichst umfassendem Universal- und Konversationswissen, sondern vielmehr mit Fachkenntnissen ausgestattet und utilitaristisch in den spezifischen Verzweigungen der Verwaltung einsetzbar.

---

[77] Johann Michael Seuffert, Von dem Verhältnisse des Staats und der Diener des Staats gegeneinander im rechtlichen und politischen Verstande, Würzburg 1793, 32–33.
[78] Hans Hattenhauer, Hg., Allgemeines Landrecht für die Preußischen Staaten von 1794, Frankfurt a. M./Berlin 1970, § 71.
[79] Verfügung des Etatsministers vom Hagen und anschließender Schriftwechsel, in: Acta Borussica, Bd. 15, 289–290.
[80] Karl Ludwig von Woltmann, Geist der neuen Preußischen Staatsorganisation, Leipzig/Züllichau/Freistadt 1810, 96–97.

Wie auch in anderen europäischen Verwaltungen tauchen in der preußischen Personalverwaltung schließlich Verdienst, Geschicklichkeit und Fähigkeit gegen die Jahrhundertwende immer häufiger als wichtige Gradmesser beruflicher Brauchbarkeit auf.[81] Die Reformer Hardenberg und Altenstein äußern bereits früh Kritik an der Bevorzugung des Adels und setzen sich für den Verkauf der traditionell nepotistisch verwalteten königlichen Domänen ein.[82] Im Zuge der Reorganisation des preußischen Staats formuliert Hardenberg in seiner berühmten Rigaer Denkschrift von 1807 dann die Leitlinien einer kompromisslos verdienstorientierten Besetzungskultur.

> Jede Stelle im Staat, ohne Ausnahme, sei nicht dieser oder jener Kaste, sondern dem Verdienst und der Geschicklichkeit und Fähigkeit aus allen Ständen offen. Jede sei der Gegenstand allgemeiner Ämulation, und bei keinem sei er noch so klein, noch so geringe, töte der Gedanke das Bestreben: dahin kannst du bei dem regsten Eifer, bei der größten Tätigkeit dich fähig dazu zu machen, doch nie gelangen. Keine Kraft werde im Emporstreben zum Guten gehemmt![83]

Es ist daher wenig überraschend, dass seit Ende 18. Jahrhunderts über Personal in impliziten Leistungsvergleichen geurteilt wird. In der abschlägigen Begründung eines Antrags auf Titelerhöhung wird die Titelvergabe bereits 1788 nicht nur an meritokratische Kriterien gekoppelt, sondern auch mit motivatorischen Kalkülen kurzgeschlossen. Mit der „Ertheilung höherer Titul" sei „sehr sparsam umzugehen und solche nur, da also, sich ausgezeichnete Verdienste zeigten"

---

81 Für den Kontext des napoleonischen Venetiens wurde dies von Valentina dal Cin nachgewiesen: „In un contesto in cui l'impiego pubblico non era necessariamente considerato come il frutto di una grazia concessa dal sovrano a seguito di una supplica, ma iniziava ad essere concepito come il riconoscimento di un ‚merito' all'interno del quale, oltre all'attaccamento al governo, giocavano un ruolo competenze specifiche, la nomina di individui poco qualificati e capaci generava sospetti di ‚compravendita' dell'incarico." [In einem Kontext, in dem die Anstellung im öffentlichen Dienst nicht notwendigerweise auf die – auf eine Supplik hin gewährte – Gnade des Souveräns zurückzuführen war, sondern als ‚Verdienst' anerkannt wurde, bei dem die Verbundenheit mit der Regierung, aber auch spezifische Fähigkeiten eine Rolle spielten, erzeugte die die Ernennung unqualifizierter und unfähiger Individuen den Verdacht der Ämterkäuflichkeit.] Valentina da Cin, Il mondo nuovo. L'élite veneta fra rivoluzione e restaurazione (1797–1815), Venedig 2019, 331.
82 Vgl. Robert Bernsee, Moralische Erneuerung, 231–232.
83 Karl A. von Hardenberg, Über die Reorganisation des Preußischen Staats, verfaßt auf höchsten Befehl Sr. Majestät des Königs. Riga, 12. September 1807, in: Die Reorganisation des Preussischen Staates unter Stein und Hardenberg, Bd. 1, hg. von Georg Winter, Leipzig 1931, 302–363, hier: 314.

zu vergeben.⁸⁴ Das gilt umso mehr, da eine inflationäre Vergabe von Titeln dieses symbolische Kapital massiv entwerten würde, da, „wenn solche mittelmäßige Subjecta zu Theil würden, deren Werth verloren ginge und die Ehrliebe erstickt."⁸⁵

Als Gradmesser der Verdienstlichkeit rückte im Bauwesen auch der ökonomische Nutzen der Tätigkeit, etwa die durch effiziente Bauanschläge erreichten Kosteneinsparungen.⁸⁶ Hatte man im 18. Jahrhundert die Leistungsfähigkeit von Baubeamten etwas schwammig „nach ‚Capacité' und ‚Meriten' bemessenden Kriterien" beurteilt, erforderte „die mehr und mehr das Bauwesen bestimmende Kategorie des Ökonomischen" seit dem Ende des 18. Jahrhunderts „immer zwingender nach Objektivierungen, die auch Leistungsquantifizierung und -steigerung ermöglichten."⁸⁷ Nach der Neuorganisation der Bauverwaltung im Jahr 1816 übersendet ein Organisator nicht nur die „tabellarische Lebensbeschreibung" eines Kandidaten, sondern berichtet, dass „in Düsseldorff [dem vorigen Arbeitsort, St.S] nur Eine Stimme über seine Verdienstlichkeit herrscht".⁸⁸ In der konkreten Tätigkeitsbeurteilung eines Bewerbers heißt es 1818, dass „die Verdienstlichkeit [...] um das erreichte Schiffbarmachungs-Geschäft [...] bei dem gegenwärtigen Stande der Arbeit noch nicht beurtheilt werden"⁸⁹ kann. Obwohl die endgültige Beurteilung noch aussteht, macht diese Formulierung deutlich, dass die Kopplung von materiellem Verdienst und beruflicher Verdienstlichkeit untrennbar mit der Qualität der Arbeitsleistung zusammenhängt, denn „[d]ie Zeit desfallsigen außerordentlichen Belohnungen kann erst eintreten, wenn unläugbar nützliche und bedeutende Resultate vor Augen liegen."⁹⁰

All dies zeigt, dass Brauchbarkeit und Verdienstorientierung sich um 1800 als konkrete Maßgaben von Anstellungsprozessen in Preußen niederschlagen. Es gilt nun genauer zu ergründen, welche Rolle Lebensläufen in einer auf Brauchbarkeit fokussierten Organisationskultur zukommt.

---

84 BLHA, Rep. 2 Nr. S 3761, unfoliiert, Bericht von Kammerpräsident Carl Friedrich Leopold von Gerlach an das Generaldirektorium, 24. März 1788.
85 BLHA, Rep. 2 Nr. S 3761, unfoliiert, Bericht von Kammerpräsident Gerlach, 24. März 1788.
86 Vgl. Strecke, Anfänge und Innovation der preußischen Bauverwaltung, 87–89.
87 Strecke, Anfänge und Innovation der preußischen Bauverwaltung, 54.
88 GStA PK, Rep. 93 B, Nr. 556, fol. 36, Bericht von Baurat Carl Wilhelm Redtel an die Regierung zu Köln, 8. Juni 1816 (Abschrift).
89 GStA PK, I. Rep. 93 B, Nr. 669, unfoliiert, Bericht der Regierung zu Münster an das Ministerium für Handel, Gewerbe und Bauwesen, 5. Oktober 1818.
90 GStA PK, I. Rep. 93 B, Nr. 669, unfoliiert, Bericht der Regierung zu Münster, 5. Oktober 1818.

2 Stelle, Person, Karriere

Organisationsentscheidungen werden in der preußischen Verwaltung um 1800 maßgeblich über Stellen realisiert. Stellen benötigen jedoch Personal und dieses muss je erst gefunden werden. Die Anstellungsvorgänge, die für diese Studie untersucht wurden, verdeutlichen die zentrale Rolle von Lebensläufen für Personalentscheidungen. Das oben berührte Besetzungsdrama des Potsdamer Magistrats spricht gleich zu Beginn die verfahrensleitende Problematik an: Die Kurmärkische Kammer versucht für festgelegte Stellen, die dazu passenden „tüchtigen Subjecte[...]"[91] ausfindig zu machen. Die Stellen sind fixiert, gesucht werden die Stell-Vertreter. Vor diesem Hintergrund erstaunt es umso weniger, dass die Bewerber in der Personalliste konsequent unter Aufführung ihrer Titel, man könnte auch sagen als Stellen mit Eigennamenattribut (etwa „Pagen-Hofmeister Schaefer"[92]), gelistet werden. Denn um auf Stellen übertragbar zu werden, müssen Individuen spezifisch formatiert sein; dies ist nur möglich über die Figur einer stellenformatierten Person.

Niklas Luhmann hat in seiner Organisationstheorie eine nähere Qualifikation von Stellen entwickelt: „Stellen sind abstrakte Identifikationspunkte für Rollen, bei denen Personen, Aufgaben und organisatorische Zuordnungen geändert werden können."[93] Für Stellen ist die Frage der Zeit nachrangig, sie beschreiben vielmehr Aktivitätspotenziale, d. h. den Horizont möglicher und für die Stelle notwendiger organisationsinterner Handlungen. In dieser Lesart können Stellen als metonymische Leer-Stellen interpretiert werden, in der die personale Konkretion des Stelleninhabers kontingent bleibt. Nach Luhmann bestimmt nicht die Biographie des Stelleninhabers das Set möglicher Nachfolger, sondern das Handlungsprofil eines Individuums, d. h. seine Fähigkeit, die in der Stelle vorgeschriebenen Organisationshandlungen durchzuführen. Damit geht es bei Stellenbesetzungen um die möglichst lückenlose Abgleichung zwischen der Sachdimension der Stelle (d. h. den Funktionen, Aufgaben und Zuordnungen) und dem, was Luhmann Person nennt.[94]

Luhmann gebraucht den Begriff der Person im Sinne eines „Ordnungsmuster[s] mit hochselektiven Eigenschaften",[95] das in Organisationen gleichzeitig

---

[91] GStA PK, II. HA Abt. 14, Kurmark, Tit CLVI, Sect. G, Nr. 40, Bd. 1, unfoliiert, Bericht Meinhardt und Rudolphis, 12. November 1795.
[92] GStA PK, II. HA Abt. 14, Kurmark, Tit CLVI, Sect. G, Nr. 40, Bd. 1, unfoliiert, Bericht Meinhardt und Rudolphis, 12. November 1795.
[93] Luhmann, Weltzeit und Systemgeschichte, 100.
[94] Vgl. Luhmann, Weltzeit und Systemgeschichte, 100–101.
[95] Luhmann, Organisation und Entscheidung, 285.

immer schon verfügbar erscheint. Die Personalprozesse dieser Studie legen indessen nahe, dass die Person als Entität betrachtet werden muss, die sich erst durch textuelle Figurationen materialisiert und auf eine Stelle beziehbar wird. Person ist deshalb unter den Bedingungen von Organisation keine prä-existente Einheit, sondern eine Stelle, die durch einen Eigennamen ausgefüllt wird bzw. ein Eigenname, der erst durch die Zuweisung einer Stelle Person wird.[96] Wenn Eigennamen durch Stellenzuweisung zu Personen werden, lässt sich dies als besondere Instanz der *Prosopopoiia* verstehen, die der abstrakten Leere der Stelle ein Gesicht verleiht.[97] *Prosopopoiia* fungiert im Kontext organisationalen Handelns also als berufliches *person-making*.[98] Der Lebenslauf spielt hierfür eine entscheidende Rolle.

Bewerbungsunterlagen im Allgemeinen und Lebensläufe im Speziellen verknüpfen Stellen und Individuen durch einen Eigennamen mit Stellenattribut und transformieren sie dabei zu Personen – sie konstituieren *Prosopographien* im wörtlichsten Sinne.[99] Unterbleibt eine solche Verschaltung, wie etwa bei drei Kandidaten im Potsdamer Bewerbungsprozess, die keine Bewerbungsunterlagen einreichen, bleibt der Bewerber „unbekannt"[100] oder besser: „Unperson";[101] sein Name kann keinem Stellenprofil zugeordnet werden. Ein bloßer Eigenname bleibt damit so lange organisatorisch undurchdringlich, wie er ohne Handlungsprofil verbleibt. Erst durch die Besetzung mit einem Stellenattribut materialisiert er sich und wird für Organisationen lesbar. Übertragen auf Stel-

---

96 Diese Nuancierung der rhetorischen Stilfigur der *persona* als funktionale Rollenzuweisung bzw. Handlungsprofil findet sich in der antiken Rhetorik bereits bei Cicero. Vgl. Bernard Schouler und Jean Y. Boriaud, Persona, in: Ueding, Historisches Wörterbuch der Rhetorik, Bd. 6, Tübingen 2003, 789–810, hier: 805.
97 Die Interpretation der Stellenbesetzung als *Prosopopoeiia* oder Gesicht-Verleihung kann freilich nur in dem Sinn vorgenommen werden, als dass eine Leerstelle mit einer Art Maske besetzt wird (Paul de Man kennzeichnet diesen Vorgang als Katachrese der *Prosopopoiia*, Paul de Man, Hypogram and Inscription, in: The Resistance to Theory, Minneapolis/London 1986, 27–53, hier: 44).
98 Vgl. Elizabeth Mackay, Prosopopoeia, Pedagogy, and Paradoxical Possibility: The „Mother" in the Sixteenth-Century Grammar School, in: Rhetoric Review 33 (2014), H. 3, 201–218, hier: 203.
99 Ich verstehe *Prosopopoiia* also im Sinne des eher konventionellen Verständnisses als rhetorische Figur des *person-making* (aber nicht: Personifizierung).
100 GStA PK, II. HA Abt. 14, Kurmark, Tit CLVI, Sect. G, Nr. 40, Bd. 1, unfoliiert, Bericht Meinhardt und Rudolphis, 12. November 1795.
101 Niklas Luhmann, Inklusion und Exklusion, in: Nationales Bewußtsein und kollektive Identität. Studien zur Entwicklung des kollektiven Bewußtseins in der Neuzeit, Bd. 2, hg. von Helmut Berding, Frankfurt a. M. 1994, 15–45, hier: 32.

lenbesetzungen erlaubt die Namenszuweisung die Ausfüllung organisatorischer Leer-Stellen und die Formatierung von Individuen als stellenausfüllende Personen.

Genau darum kann organisationales *person-making* auch eine systemimmanente Wirkmacht entfalten, die sich nur schwer auf empirische Individuen zurückrechnen lässt. So wird der „Conducteur Dietrich, welcher bisher bei der Vermessung im hiesigen Kammeredepartement gearbeitet hat"[102] im August 1793 zum Bauinspektor ernannt und über Monate hinweg konsequent als Person adressiert, die trotz einer Vorladung „in Verlauf von 4 Wochen gar nichts von sich hören ließ" und von der „wir bis jetzt noch keine Nachricht erhalten können".[103] Auf Drängen des Ministers Karl Georg von Hoym „mich von dessen Aufenthalte schleunigst gefällig zu benachrichtigen"[104] stellt Oberbaurat David Gilly schließlich im Dezember 1793 konsterniert fest, dass „derjenige Conducteur welchen Ew[er] Excellentz ich zu einer Bau Bedienung vorgeschlagen, Dulitz und nicht Dietrich heißt", Gilly „also einen Schreibfehler begangen haben" muss.[105] Schreibfehler sind genauso wie Fehladressierungen in bürokratischen Prosopographien nicht vorgesehen; haben Personalunterlagen Namen und Stellen einmal zu einer personalen Einheit verschmolzen sind sie nur unter mühevollen Rekursionen wieder auflösbar.

Der Aspekt der Temporalität, den Luhmann bei Stellenbesetzungen als nachrangig betrachtet,[106] verschwindet natürlich ganz und gar nicht von der Bühne der Besetzungsverfahren. Die Namenszuweisung von Stellen („Conducteur Dietrich") kann zwar als Bedingung der Möglichkeit von Verschaltungen zwischen Individuen und Stellen gesehen werden, doch offenbart sich die tatsächliche Übertragbarkeit erst in der je individuellen Stellengeschichte. Erst sie zeigt die Einpassbarkeit des Subjekts in ein bestimmtes Stellenprofil.

Das lässt sich erneut am Besetzungsbericht der Kurmärkischen Kammer verdeutlichen. Die Bewerber werden hier allesamt unter dem Attribut ihrer ak-

---

102 GStA PK, II. HA GD, Abt. 10, Südpreußen, Bestallungssachen Tit. XIII; Nr. 190, Bd. 1, fol. 6, Reskript von Staatsminister Karl Georg von Hoym an die südpreußische Kriegs- und Domänenkammer, 16. August 1793.
103 GStA PK, II. HA GD, Abt. 10, Südpreußen, Bestallungssachen Tit. XIII; Nr. 190, Bd. 1, fol. 17, Bericht der südpreußischen Kriegs- und Domänenkammer an Staatsminister Hoym, November 1793.
104 GStA PK, II. HA GD, Abt. 10, Südpreußen, Bestallungssachen Tit. XIII; Nr. 190, Bd. 1, fol. 18, Reskript von Staatsminister Hoym an Oberbaurat David Gilly, 24. November 1793.
105 GStA PK, II. HA GD, Abt. 10, Bestallungssachen Tit. XIII, Nr. 190, Bd. 1, fol. 21, Bericht von Oberbaurat Gilly an Staatsminister Hoym, 2. Dezember 1793.
106 „Die Schranke sinnvoller Änderungen, zum Beispiel bei der Auswahl einer neuen Person für die Stelle, liegt nicht im Vorgänger, also nicht in der Zeitdimension", Luhmann, Weltzeit und Systemgeschichte, 100.

tuellen Stellen aufgelistet – Stellen allerdings, die allesamt von den zu besetzenden Positionen divergieren. Die Übertragung findet also zwischen zwei unterschiedlichen Stellenaktualitäten statt, etwa zwischen dem Auditeur Wiele und der Polizey-Rathmanns-Stelle. Um eine solche nicht-identische Übertragung zu gewährleisten, wird durch den Lebenslauf biographische Zeitlichkeit in das Stellenprofil des Bewerbers eingespeist. Diese kann aber nur dann sinnvoll auf die angepeilte Stelle projiziert werden, wenn sie mit einer bestimmten Pfadabhängigkeit darauf verweist, wenn also die Zeitlichkeit des Bewerbers im Großen und Ganzen aus früheren Stellenintervallen oder vorbereitenden Zeitepisoden konstruiert ist, oder anders gesagt: der Vektor des individuellen mit dem Vektor des institutionellen Lebens konvergiert.[107] Ein solches Modell konstituiert eine Karriere im Sinne Luhmanns.[108]

Für den Luhmann'schen Karrierebegriff (dessen Emergenz er semantisch auf das späte 19. Jahrhundert datiert) gelten drei zentrale Bedingungen. Erstens dürfen die infrage stehenden Intervalle nicht zufällig angeordnet werden, sondern müssen in ein auf die jetzige Stelle der Person logisch verweisendes Verhältnis gebracht werden. Die Geschichtlichkeit der Person weist also eine bestimmte Pfadabhängigkeit auf; sie mündet konsequenterweise in die aktuelle Position und lässt keinen Platz für alternative Berufstrajektorien.[109] Nur unter diesen Bedingungen ist es möglich, die Stellengeschichte vektoral in die nahe Zukunft hinzuverlängern, so dass sie auf eine zukünftige und plausible Anschlussposition trifft.

> Jede Karriere wird von der im Moment besetzten Position aus konstruiert und von dort aus eingeteilt in Vergangenheit und Zukunft – in verschiedene karriererelevante Leistun-

---

107 Zum Verhältnis von individuellem Lebenslauf und institutioneller Laufbahn in der Literatur vgl. Lucia Iacomella, Gesteuerte Entwicklungen. Lebensläufe und Laufbahnen in Franz Kafkas Der Verschollene, in: Das Mögliche regieren: Gouvernementalität in der Literatur- und Kulturanalyse, hg. von Roland Innerhofer, Katja Rothe und Karin Harrasser, Bielefeld 2011, 279–294, hier: 289–290.
108 Allgemeiner zu Karriere als Organisationsmuster, das Menschen in verrechenbare Individuen transformiert vgl. Maren Lehmann, Mit Individualität rechnen. Karriere als Organisationsproblem, Weilerwist 2011.
109 In der Organisationstheorie spricht man von Pfadabhängigkeit, wenn a) eine Serie von Ereignissen vorliegt, die einen bestimmten Pfad vorgeben und b) diese Ereignisserie im Laufe der Zeit immer spezifischer wird und zukünftige Handlungsoptionen auf den eingeschlagenen Pfad hin einschränkt: „the dynamics of this sequence brings about a narrowing of the scope of action, which evenentually results in a state of persistance or inertia." Georg Schreyögg, Jörg Sydow und Philip Holtmann, How History Matters in Organisations: The Case of Path Dependence, in: Management and Organizational History 6 (2011), H. 1, 81–100, hier: 83.

gen und in Positionen, deren Erreichen aufgrund der Karrierebiografie wahrscheinlich oder zumindest möglich ist.[110]

Ein zweites wesentliches Merkmal betrifft daher die Virtualität von Karrieren. Die Karriere projiziert von der aktuellen Position auf einem virtuellen Punkt. Diese Projektion soll eine Aktualisierung dieser Virtualität plausibel machen und muss sie dennoch unbestimmt lassen. Die Textur der Karriere besteht aus biographischen Ereignissen, doch diese erhalten ihren Wert nicht aus sich selbst oder einer providentiellen Laufbahnlogik, sondern allein aus der angestrebten Zukunft. Die Karriere verarbeitet Lebensereignisse also einzig unter der Prämisse, dass sie „weitere Ereignisse ermöglichen".[111] Diese Ereignisse bleiben aber stets unsicher und unvorhersehbar, denn sie hängen von Selektionen ab, die nicht allein vom Individuum und nicht nur narrativ getroffen werden.[112] Schließlich beruht ein dritter Aspekt auf der Qualifikation der Karriereelemente. Die Elemente, die die Sequenz einer Karriere konstituieren, sind bei Luhmann von bestimmter Werthaltigkeit. „Eine Karriere ist eine Art Kapitalbildung, wenngleich mit unsicherem Nutzen."[113] Für Individuen geht es deshalb darum „Einzahlungen in den Karrierefonds" vorzunehmen, die sich in „eigene Anstrengungen, Wohlverhalten, Leistungen" unterteilen.[114] Damit zeigt sich, dass die Elemente einer Karriere einer Valorisierung unterliegen. Als Form, die die Vergangenheit für die Zukunft mobilisiert, erfordert Karriere die je spezifische Bewertung vergangener Zeitepisoden für eine genau kalibrierte Zukunft, die sich immer wieder ändern kann.

Und damit manifestiert sich gleichzeitig ein neues Problem in der Praxis der Selbstdokumentation. Denn als Kommunikationsakt muss jedes dieser Elemente als datierbares Ereignis bzw. Intervall präsentiert werden. Bereits Luhmann beobachtet, dass der „Lebenslauf" eine „Kommunikation [...] über die Vergangenheit einer Person" ist, „die deren Zukunft zwar nicht determiniert, aber erwarten lässt."[115] Karrieren entstehen also nicht im luftleeren Raum, sondern sind an konkrete kommunikative Träger angewiesen.

Der papierne Lebenslauf dient im bürokratischen Kosmos um 1800 dazu, der Darstellbarkeit von Karrieren Herr zu werden. Alle drei Grundeigenschaften des Luhmannschen Karrierebegriffs – Vektoralität, Virtualität und Valorisierung –

---

110 Luhmann, Organisation und Entscheidung, 298.
111 Luhmann, Copierte Existenz und Karriere, 196.
112 Vgl. Luhmann, Copierte Existenz und Karriere, 196–198.
113 Luhmann, Organisation und Entscheidung, 298.
114 Luhmann, Organisation und Entscheidung, 299.
115 Luhmann, Organisation und Entscheidung, 105.

schlagen sich in den Lebensläufen der preußischen Verwaltung mit zunehmend starker Dringlichkeit nieder. Als historisch spezifisches Valorisierungsgesetz kristallisiert sich in der preußischen Personalverwaltung bereits in der zweiten Hälfte des 18. Jahrhunderts das Brauchbarkeitsprinzip heraus. Hier materialisieren sich Luhmanns „Anstrengungen, Wohlverhalten [und] Leistungen"[116] vor allem in der Semantik von „Verdienst und der Geschicklichkeit und Fähigkeit".[117] Lebensläufe erlauben aber auch virtuelle Urteile über die mögliche Passung von Personen und Stellen. Aus den Lebensläufen des Potsdamer Magistrats etwa wird Information „entnommen", und es „ergeben sich" Sachverhalte, die bestimmte Prognosen ermöglichen.[118] Über den Auditeur Wiele lautet es etwa: „[E]s lässt sich erwarten, wenn er in diesem gedachten Fach angestellt und Gelegenheit haben wird sich zu routiniren, er seinen Posten gehörig versehen wird."[119] Schließlich nutzen Bewerber den Lebenslauf spätestens seit den preußischen Reformen, um sich mit einer spezifischen Dienstgeschichte vektoral auf Zielpositionen zu projizieren. Die eigene Vergangenheit wird als pfadabhängige Zuspitzungsgeschichte verfasst, die mit einer Zielstelle in Deckung gebracht werden kann.

3 Meritokratisches Erzählen

Karriere kristallisiert sich in den drei Aspekten der Vektoralität, Virtualität und Valorisierung um 1800 also nicht gleichzeitig in den Lebensläufen heraus. Den Auftakt einer modernisierten Lebensdarstellung machen Lebensläufe, die die Valorisierung von Lebenszeit in den Mittelpunkt des Narrativs stellen. Die von Luhmann für eine Karriere als entscheidend veranschlagten „Anstrengungen, Wohlverhalten [und] Leistungen"[120] manifestieren sich in der preußischen Verwaltung des späten 18. Jahrhunderts in erster Linie als lebensgeschichtliche Aktivitäten, die als solche einer mehr oder minder bestimmbaren Bewertung unterzogen sein müssen. Unter dem Vorzeichen von Brauchbarkeit muss die Lebenszeit des Subjekts für den Einsatz in der Gesellschaft bewertbar werden. Dabei ist die organisationale Mitgliedschaft des Subjekts durch korporative Bande (d. h. Berufe) festgelegt, die aus dem Fähigkeitsprofil des Subjekts entspringen. Die Lebenszeit wird

---

116 Luhmann, Organisation und Entscheidung, 299.
117 Hardenberg, Über die Reorganisation des Preußischen Staats, 314.
118 GStA PK, II. HA Abt. 14, Kurmark, Tit CLVI, Sect. G, Nr. 40, Bd. 1, unfoliiert, Bericht Meinhardt und Rudolphis, 12. November 1795.
119 GStA PK, II. HA Abt. 14, Kurmark, Tit CLVI, Sect. G, Nr. 40, Bd. 1, unfoliiert, Bericht Meinhardt und Rudolphis, 12. November 1795.
120 Luhmann, Organisation und Entscheidung, 299.

dabei auf das spezifische Gebiet der Talent- und Fähigkeitsentfaltung reduziert. Die Formationsgeschichte des Individuums rückt in den Vordergrund seiner administrativen Beurteilung.

In dem Moment, in dem Formation und Verdienstlichkeit zentrale Gradmesser für subjektive Brauchbarkeit werden, muss die vergangene Lebenszeit des Individuums in Beurteilungen und Rekrutierungsvorgänge eingeschlossen werden. Jeder Bewerbungsprozess, der mehr als einen Bewerber zur Beurteilung zulässt, verlangt dieser Logik entsprechend danach, diese miteinander ins Verhältnis zu setzen. Konstituiert die Darlegung der Formationsgeschichte – wie in den Akten der Kurmärkischen Kammer – einen gewichtigen Faktor in diesem Prozess, dann müssen die einzelnen Formationsintervalle isomorph sein, um verglichen und bewertet werden zu können. Mit diesen Anforderungen wird eine neuartige Darstellungspraxis von Lebenszeit auf den Plan gerufen, die sich im Lebenslauf niederschlägt. Denn im Lebenslauf ist jedes Intervall in die Chronologie von ähnlich formatierten Vor- und Nachereignissen, aber auch in die Progression des linearen Leseflusses eingebettet. Erst als sukzessive, konsequente und potentiell werthaltige Lebenszeitintervalle können die insularen Aktivitäten des Subjekts derart transfiguriert werden, dass sie auf eine les- und rezipierbare Person verweisen. Dies veranschaulichen erneut Lebensläufe, die im Zuge der Neuordnung des Potsdamer Magistrats 1795 eingereicht wurden.

Der am Ende des Besetzungsprozesses erfolgreich angesetzte Gerichtsreferendar Spitzner (Abb. 8) setzt ohne Umschweife mit der knapp die Hälfte des einseitigen Lebenslaufs umfassenden Qualifikations- und Erfahrungsgeschichte an. Sie führt in wenigen kurzen Sätzen vom Gymnasialbesuch in Zwickau und Privatunterricht beim Vater, über ein Universitätsstudium in Erziehungswissenschaften und Anstellung als Lehrer, zum Studium der Forstwissenschaften und der Rechtswissenschaft in Halle und schließlich zur Anstellung als Referendar. Im Rest des Textes folgen Ausführungen über Routinierung als Referendar und die Vorhersage, dass er aus diesen Gründen „dem Amt eines Polizey-Assesoris daselbst, zur Zufriedenheit der Vorgesetzten vorstehen werde".[121] Man hat es in dieser Konstruktion also mit einer Verdichtung und Elementarisierung der Lebenszeit zu tun, die sich im Kern aus institutionalisierten Formationsintervallen bzw. -schwellen und praktischer Übung zusammensetzt. Der disparat erscheinende Wechsel von den Erziehungswissenschaften zur Forst- und schließlich zur Rechtswissenschaft kann zumindest insofern als kongruenter Kenntniser-

---

[121] GStA PK, II. HA Abt. 14, Kurmark, Tit. CLVI, Sect. g, Nr. 40, Bd. 1, unfoliiert, Lebenslauf von Gerichtsreferendar Siegmund Wilhelm Spitzner, 7. November 1795 (Transkription s. Anlage 4).

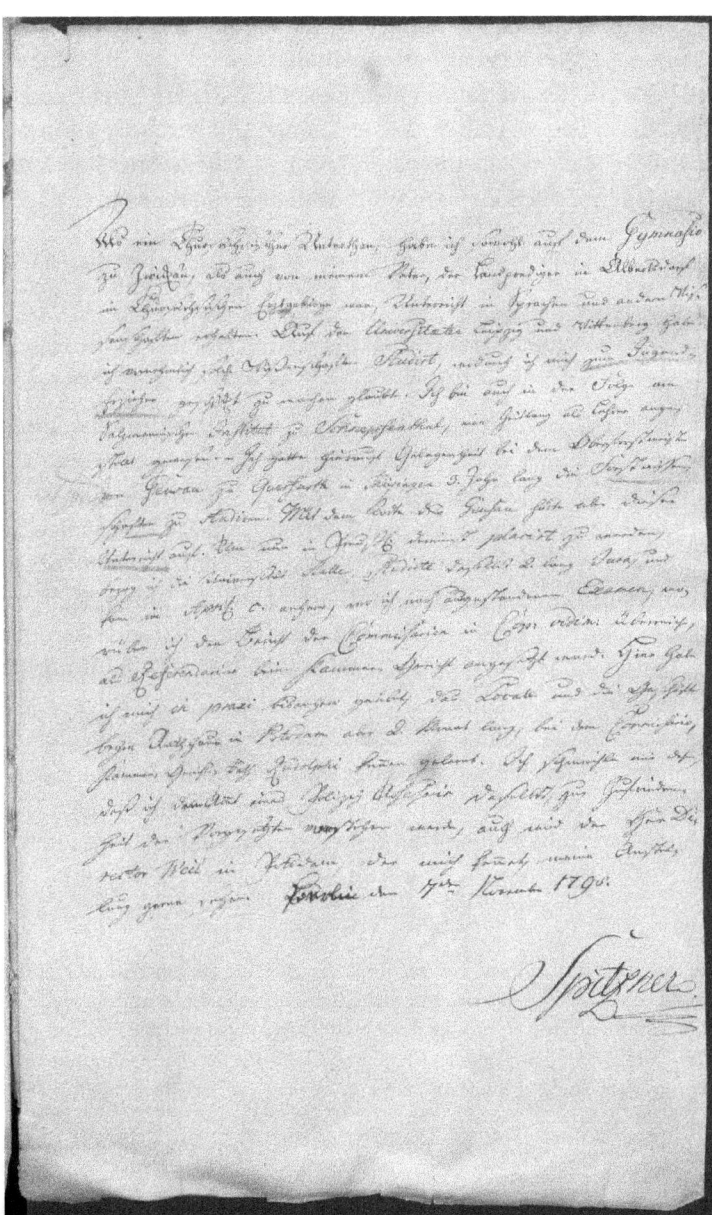

Abb. 8: Lebenslauf von Gerichtsreferendar Spitzner. Quelle: GStA PK, II. HA Abt. 14, Kurmark, Tit. CLVI, Sect. g, Nr. 40, Bd. 1, unfoliiert.

werb plausibilisiert werden, als dass er Bereiche umfasst, die im späten 18. Jahrhundert allesamt unter die Domäne der Polizey fallen.¹²²

Ein ähnliches Konstruktionsverfahren liegt dem ebenfalls erfolgreichen Lebenslauf des Auditeurs Wiele zugrunde. Seine knappe, halbbrüchig verfasste Lebensdarstellung besteht ebenfalls aus paratraktischen Formationssätzen, die allerdings mehr Gewicht auf die Serie bereits innegehabter Stellen legt.

> 1787 ging ich nach Halle, studierte daselbst die Rechte, und gleich nach Beendigung meiner akademischen Laufbahn 1790 ward ich bei dem Magistrat zu Magdeburg als Auscultator und nachher als Referendarius angestellt. 1793 wurde ich von S[eine]r Exzellenz dem General-Lieutenant, jetziger Gouverneur von Danzig und Thorn Herrn Grafen von Kalckreuth ad interim zum Auditeur bei dem Anspach-Bareuthischen Dragoner-Regiment berufen [...].¹²³

Die nahtlose Progression vom Auscultator zum Referendar und zur Verwaltung interimistischer Auditeursstellen vollzieht eine Zuspitzung des Lebenslaufs auf eine Spezialistenposition im preußischen Justizdienst. Es scheint wie eine ironische Pointe, dass bei der geplanten Separation von Justiz- und Polizeisachen im Potsdamer Magistrat letzten Endes gerade die beiden Kandidaten Erfolg haben, die explizit keine Kameralkenntnisse in ihrem Lebenslauf aufführen, sondern spezialisierte Juristen sind.¹²⁴ Die Kameralkenntnisse werden stattdessen aus dem Protokoll der mündlichen Prüfung gezogen und sind durch die Autorität des berichtenden Referenten gewissermaßen unanfechtbar.

Die beiden Lebensläufe rufen explizit Fragen des Maßes auf und ermöglichen so organisiertes Rechnen. Obgleich narrativ dargelegt, erlaubt die Aneinanderreihung von Ausbildungsstationen gleichzeitig das Zählen von Zeitintervallen. Die Ausbildung wird numerisch protokolliert („studirte daselbst 2 [Jahre] lang Jura"¹²⁵)

---

122 Der Zuständigkeitsbereich der ‚Polizey' war zu dieser Zeit für den vergleichbaren Fall des Habsburgerreichs derart allumfassend, dass er sämtliche Regierungsbereiche umfasste, die im Entferntesten mit der Sicherheit und Wohlfahrt der Bevölkerung zu tun hatten. Roland Axtmann, Police and the Formation of the Modern State: Legal and Ideological Assumptions on State Capacity in the Austrian Lands of the Habsburg Empire (1500–1800), in: German History 10 (1992), H. 1, 39–61, hier: 57.
123 GStA PK, II. HA Abt. 14, Kurmark, Tit. CLVI, Sect. g, Nr. 50, Bd. 1, unfoliiert, Lebenslauf von Auditeur Wiele, undatiert.
124 Wie Rolf Straubel festgestellt hat, ist dies allerdings die typische Laufbahn im preußischen Finanzbeamtentum. Die meisten höheren Beamten in der Finanzverwaltung (Steuer-, Kriegs-, und Domänenräte) hatten im 18. Jahrhundert Rechts- und nicht Kameralwissenschaften studiert. Vgl. Straubel, Adlige und bürgerliche Räte in der friederizianischen Justiz- und Finanzverwaltung, 35.
125 GStA PK, II. HA Abt. 14, Kurmark, Tit. CLVI, Sect. g, Nr. 40, Bd. 1, unfoliiert, Lebenslauf von Gerichtsreferendar Spitzner, 7. November 1795.

und die Intervalle lassen sich konsekutiv miteinander verknüpfen. Es geht um das Quantum ihrer Ausdehnung. Die Elemente lassen sich dadurch addieren und führen in der Summe zu einer höheren Wertigkeit der Ausbildungsgeschichte, der Qualifikation (die mitunter ‚Quantifikation' ist). Diese komplexen Übersetzungsvorgänge von Aktivitäten in numerisch datierbare Intervalle zeigen sich besonders drastisch in Lebensläufen, die im Kontext von Pensionsansuchen entstanden sind. Da sich die Höhe der Pension an nichts anderem als der Zahl der Dienstjahre bemisst, versuchen die Beamten durch verschiedene Taktiken die Anzahl derselben möglichst hoch anzusetzen. Besonders anspruchsvolle oder historisch bedeutende Aktivitäten werden dabei als doppelwertig veranschlagt, der Diensteintritt wird im Lichte der vielschichtigen Staatsverwerfungen um 1800 möglichst früh datiert.[126]

Diese Darstellungspraxis gerät im preußischen Ancien Régime jedoch an ihre Grenzen, sobald sie die beiden anderen Aspekte von Karriere, nämlich Virtualität und Vektoralität, inkludiert. Der Lebenslauf des Feldwebels Neydecker expliziert auf paradigmatische Weise, wie eine kontingente Lebensgeschichte auf Stellen maßgeschneidert werden kann und scheitert doch letzten Endes genau hieran. Bereits im Titel zeichnet sich der Verfasser als intimer Kenner der kleinen Form ‚Lebenslauf' aus: In der „ohninteressante[n] Lebens-Geschichte" hebt sich Neydecker, wohlwissend, dass spannungsreiche Großerzählungen wie die eines „Aventurius" (der er selbst „niemahls gewesen" sei) nicht erwünscht sind,[127] vom Genre der publizierten Autobiographik ab.[128] Trotz kontingent wirkender Lebensereignisse versucht Neydecker seine Biographie mit großer Mühe – und weitaus eindringlicher als die erfolgreichen Kandidaten Spitzner und Wiele – auf die lineare Erzählung eines zum Schreiben berufenen Verwaltungsbeamten zuzuspitzen. Während er ursprünglich habe Theologie studieren sollen, zeigt er zu diesem Fach „zu viel Abneigung", die Mutter insistiert schließlich darauf, dass er zum Militär geht, dort wird er allerdings gleich nach Ankunft von seiner ursprünglichen Einheit „zur Garde abgegeben".[129] Diesen Umstand nutzt Neydecker zu einer viertelseitigen Erklärung über die Hintergründe dieser Versetzung, mit der im Wesentlichen seine eigene Brauchbarkeit verteidigt; sie

---

126 Vgl. GStA PK, I HA Rep. 93 B, Nr. 488, unfoliiert, Eingabe von Baurat Matthias Ludwig Scabell an das Ministerium für Handel, Gewerbe und öffentliche Arbeiten, 27. November 1849.
127 GStA PK, II. HA Abt. 14, Kurmark, Tit. CLVI, Sect. G, Nr. 40, Bd. 1, unfoliiert, Lebenslauf von Feldwebel Neydecker, 5. November 1795.
128 Vgl. Niggl, Geschichte der deutschen Autobiographie im 18. Jahrhundert, 26–31; Klaus-Detlef Müller, Autobiographie und Roman. Studien zur literarischen Autobiographie der Goethezeit, Tübingen 1976, 88–93.
129 GStA PK, II. HA Abt. 14, Kurmark, Tit. CLVI, Sect. G, Nr. 40, Bd. 1, unfoliiert, Lebenslauf von Feldwebel Neydecker, 5. November 1795.

produziert Neydecker als „ansehnlichen Mann", der für andere Kompanien derart wertvoll ist, dass er den Status eines ‚Präsents' einnimmt (was auch die Behörde rot unterstreicht):

> hier kann man den Einwurf machen, wie kam es, daß man einen brauchbaren Soldaten abgab? er mußte wohl liederlich seyn? Worauf ich aber erwidern kann daß dieß der Fall niemahls bey mir war, sondern die Compagnie worunter ich stand, war vacant, und der nun antretende Capitain mußte dem alten Herkommen gemäß, dem General einen ansehnlichen Mann zum Praesent machen.[130]

Es folgt der Versuch einer Aufstiegsgeschichte, in der Neydecker 1777 zum Unteroffizier und 1785 wiederum zum Feldwebel befördert wird, in welcher Funktion er auch der für die Zielstelle relevanten Tätigkeit, nämlich „der Regiments-Schreiberey",[131] vorsteht. Den antizipierten Laufbahn-Einwand, dass er keine Ausbildung in Kameralwissenschaften besitzt, versucht er zu entwaffnen, indem er glaubt, sich „noch in jedem Fache Kenntnisse" erwerben zu können. Die Qualität der eigenen Arbeit kennzeichnet Neydecker unter Verweis auf externe Referenzen als „immer thätig und fleißig", seine Einsatzbereitschaft als so umfassend, dass er trotz der Verwaltungstätigkeit „keinen Kriegerischen Auftritt verabsäumet" und derenthalben auch mit einer „Verdienst Medaille" ausgezeichnet wurde.[132]

Und dennoch: Neydeckers Bewerbung wird mit dem kurzen Kommentar abgetan „ein litteratus ist er nicht, worauf doch bey Besetzung der in Rede stehenden Stelle gesehen werden muß".[133] Der Terminus „litteratus" ist dabei keine Anspielung auf den mutmaßlichen Analphabetismus Neydeckers, sondern ein Formationsargument.[134] Das hieß für den mittleren und höheren preußischen Verwaltungsdienst konkret: Nicht jede, wenn auch noch so vektoral vorgetragene Formationsgeschichte war gleich werthaltig. Das mit „litteratus" indizierte Universitätsstudium – und damit die Zugehörigkeit zum gelehrten Stand – hatte im 18. Jahrhundert einen höheren Stellenwert als der mehrjährige Erwerb implizi-

---

130 GStA PK, II. HA Abt. 14, Kurmark, Tit. CLVI, Sect. G, Nr. 40, Bd. 1, unfoliiert, Lebenslauf von Feldwebel Neydecker, 5. November 1795 [Hv. i. Orig.].
131 GStA PK, II. HA Abt. 14, Kurmark, Tit. CLVI, Sect. G, Nr. 40, Bd. 1, unfoliiert, Lebenslauf von Feldwebel Neydecker, 5. November 1795.
132 GStA PK, II. HA Abt. 14, Kurmark, Tit. CLVI, Sect. G, Nr. 40, Bd. 1, unfoliiert, Lebenslauf von Feldwebel Neydecker, 5. November 1795.
133 GStA PK, II. HA Abt. 14, Kurmark, Tit CLVI, Sect. G, Nr. 40, Bd. 1, unfoliiert, Bericht Meinhardt und Rudolphis, 12. November 1795.
134 Zur Bedeutungsübersicht und zum Bedeutungswandel des Begriffspaars *litteratus – illiteratus* vgl. Herbert Grundmann, Litteratus – illitteratus, in: Archiv für Kulturgeschichte 40 (1958), 1–65. Weiterführend zu den *literati* als Gelehrten vgl. Bosse, Bildungsrevolution 1770–1830, 29.

ten Wissens in der „Schreiberey".¹³⁵ Damit erklärt sich auch, warum Neydeckers Lebensgeschichte, obgleich er sich das Potenzial zum kameralistischen Wissenserwerb zutraut, ihn für einen derartigen Querschritt disqualifiziert. Auch stilistisch fällt der Lebenslauf Neydeckers aus dem Raster erwünschter Geschichten. Der eigentümliche Hinweis der Kurmärkischen Kammer, dass aus dem Lebenslauf „seine Art sich auszudrücken entnommen werden"¹³⁶ könne, deutet darauf hin, dass Neydeckers Lebensgeschichte gerade durch die zahlreichen Digressionen und pikaresken Versuche, seinen Lebenslauf an die formalen Mitgliedschaftsbedingungen der Kameralverwaltung anzupassen, abnormen Charakter aufweist. So sehr hier also eine Konstruktion des Lebenslaufs als Vektor gelingt, der auf die Zielstelle projiziert, so sehr werden die Konventionen der Gelehrtenrepublik erkennbar, die Neydecker durch seine Illiterarität, seine rhetorische Digression, seine eigenartige Orthographie und Satzstellung unerfüllt lässt.

Die Bewerbungskultur des letzten Drittels des 18. Jahrhunderts stellt damit die Akkumulation von spezifischen Fähigkeiten und Kenntnissen an spezialisierten Institutionen und in mehr oder weniger rigiden Laufbahnprogrammen über die praktische Arbeit in formal andersgearteten Sektoren (wie etwa dem aktiven Militärdienst). Die Einführung verbindlicher Zugangsschranken belegt außerdem, dass traditionelle Eintrittsformen wie die offene Patronage befreundeter oder verwandter Gönner in Verruf geraten und stattdessen Brauchbarkeit und Tüchtigkeit zu formalen Anstellungskriterien werden.¹³⁷

Gleichzeitig muss konstatiert werden, dass die Bewerbungskultur des Justiz- und Polizey-Personals, obgleich sie großen Wert auf „eigene Anstrengungen, Wohlverhalten, Leistungen"¹³⁸ legt, eine vektorale, „von der im Moment besetzten Position aus konstruierte[]"¹³⁹ Zuspitzungsgeschichte noch nicht honoriert. Bezeichnend an den erfolgreichen Lebensläufen ist, dass gerade die zuletzt besetzte Position nicht unbedingt zur Zielstelle befähigt. Weder Spitzner

---

135 Über die gewohnheitsrechtliche Voraussetzung des Universitätsstudiums für Ratsstellen in der Justiz- und Finanzverwaltung auch schon vor der formalen Festschreibung 1770 vgl. Straubel, Adlige und bürgerliche Beamte in der friderzianischen Justiz- und Finanzverwaltung, 44–45.
136 GStA PK, II. HA Abt. 14, Kurmark, Tit CLVI, Sect. G, Nr. 40, Bd. 1, unfoliiert, Bericht Meinhardt und Rudolphis, 12. November 1795.
137 Siehe hierzu auch: Bernsee, Moralische Erneuerung, 287. Dass Patronage und Netzwerke natürlich nicht wirklich von der Bühne der Besetzungsverfahren verschwanden, wird in Kapitel V ausgearbeitet.
138 Luhmann, Organisation und Entscheidung, 299.
139 Luhmann, Organisation und Entscheidung, 298.

noch Wiele schreiben von Tätigkeiten und Kenntnissen in den kameralistischen Verwaltungszweigen. Der erfolgreiche Spitzner konstruiert seinen Lebenslauf, anders als der erfolglose Neydecker, nicht als pfadabhängige Geschichte einer positionalen Spezialisierung, sondern als Darstellung einer *litteratus*-Biographie, die zwischen verschiedensten gelehrten Tätigkeiten changiert.[140] Möchte man erkennen, wie Lebensläufe vektoralisiert und auf virtuelle Zielpositionen ausgerichtet werden, muss man einen Blick auf das technische Personal werfen.

4 Autopoietische Lebensläufe

Allgemein lässt sich feststellen, dass sich die Verwendung lebenslaufartiger Erzählungen im Bauwesen nach den preußischen Reformen intensiviert. Nicht nur werden in vielen Reorganisationsprojekten Lebensläufe abgefragt, um das bisher noch unbekannte Personal der Vorgängerregierungen zu übersehen und zu filtern; auch Bewerber greifen immer häufiger in ihren Eingaben (die nun vermehrt ‚bürokratischen Briefen' gleichen) auf einen kurzen und konzisen Lebenslauf zurück, um sich auf eine bestimmte Stelle hin zu positionieren.[141] Pfadabhängige Karrieren werden in dem Moment wirkmächtig, in dem das Subjekt selbst in spezialisierte Institutionen eingebettet wird. Für die preußische Baubeamtenschaft gilt das spätestens seit der Einrichtung der Berliner Bauakademie 1799, die ein verbindliches Curriculum für angehende Ingenieure vorschreibt.[142] In mathematischen Wissenschaften ausgebildet und geprüft, stehen die angehenden Beamten vor einer Leiter von Positionen (Feldmesser, Baukonducteur, Baumeister, Bauinspektor, Baurat), die es zu erklimmen gilt.[143] Zu dieser grundlegenden Hierarchisierung kommt in den 1830er Jahren ein allgemeiner Überschuss an Bewerbern im preußischen Staatsdienst. Teilweise bewer-

---

140 Die wundersamen Abzweigungen der Spitznerschen Laufbahn konstatiert auch der *Neue Nekrolog der Deutschen* (1825): „Früher hatte er auf den Universitäten zu Leipzig und Wittenberg Theologie studirt und war sogar schon 2 Jahre lang Prediger in Sachsen gewesen [eine Tatsache, die er in seinem Lebenslauf verschweigt, St.S.], als er Erzieher der Kinder des Kammergerichtspräsidenten Woldermann wurde und sich später zum Rechtsstudium entschloß. [...]" Siegmund Wilhelm Spitzner, in: Neuer Nekrolog der Deutschen 3 (1825), H. 2, 1576–1577, hier: 1576.
141 Vgl. Kap. I.2.
142 Zur Mathematisierung und Institutionalisierung der Baubeamtenausbildung ab 1790 vgl. Bolenz, Vom Baubeamten zum freiberuflichen Architekten, 110–114.
143 Zum professionellen Selbstverständnis der Baubeamten vis-à-vis den juristischen Universalbeamten vgl. Strecke, Prediger, Mathematiker und Architekten, 34.

ben sich nun 10–20 Personen auf eine Stelle.[144] Mit Lebensläufen versuchen Bewerber diese verschärften Konkurrenzbedingungen zu navigieren.

In den Lebensläufen der Baubeamten entfalten Karrieren ein kumulatives Potential, denn jedes werthaltige biographische Element gerät zur Voraussetzung für das jeweils folgende Lebensereignis.[145] In der Luhmann'schen Karrierekonzeption scheint dies zunächst eine Antinomie zu offenbaren, da jedes Ereignis einer Karriere nicht nur von Selbst-, sondern auch von Fremdselektionen abhängt. Aus dieser Perspektive erzeugt sich eine Karriere aufgrund der Selektion Dritter also nicht einfach qua ihrer eingetragenen Daten selbst.[146] Auf der Ebene der Darstellung wird in Lebensläufen aber eben der Eindruck erweckt, als ob jedes Ereignis kausal mit dem darauffolgenden verknüpft sei und als ob eben deshalb der angepeilte Karriereschritt mit geradezu zwingender Notwendigkeit folgen müsse – die tatsächlichen Selektionsprozesse durch vergangene Personalentscheidungen bleiben von der Darstellung oft ausgeschlossen. Systemtheoretisch könnte man deshalb bis zu einem gewissen Grad von einer autopoietischen Operationsweise – oder besser: Projektionsweise – sprechen.[147] Der Lebenslauf verarbeitet Ereignisdifferentiale, die die Bedingung der Möglichkeit aller Folgeereignisse darstellen und die als Information im Sinne Batesons „bei einem späteren Ereignis einen Unterschied ausmach[en]".[148] Der Lebenslauf als dargestellte Karriere generiert damit seine eigene Fortsetzbarkeit; und zwar in permanenter und notwendiger Differenz zu sich selbst.[149] Narratologisch konstituiert der Vektor analeptischer Sequenzen dabei den Untergrund für die proleptische Lebenszeitprojektion.[150]

Ein bezeichnendes Beispiel für den neuen Typus autopoietischer Lebensläufe findet man im Bewerbungsschreiben von Wasserbaumeister Ludwig Henz

---

144 Vgl. Hans-Ulrich Wehler, Deutsche Gesellschaftsgeschichte, Bd. 2: Von der Reformära bis zur industriellen und politischen „Deutschen Doppelrevolution", 1815–1848, München 1987, 305–306.
145 Vgl. Luhmann, Copierte Existenz und Karriere, 196–198.
146 Vgl. Luhmann, Copierte Existenz und Karriere, 195.
147 Die Frage inwiefern die Anwendung systemtheoretischer Konzepte ohne Übernahme des gesamten Theorieüberbaus überhaupt möglich ist, kann hier nur aufgeworfen werden. Den Lebenslauf als geschlossenes System zu bezeichnen, scheint jedenfalls nur auf der Ebene der Ereignisverkettung konsistent zu sein. Streng genommen geschieht auch diese nur projektiv, da die tatsächlichen Folgeereignisse (Karriereprogressionen) nicht durch die narrative Darstellung, sondern durch externe Selektionsprozesse hergestellt werden.
148 Bateson, Geist und Natur, 488.
149 Vgl. hierzu Luhmanns Ausführungen über die Autopoiesis von Organisation: Luhmann, Organisation und Entscheidung, 44–56.
150 Die narratologischen Fachbegriffe wurden im Einklang mit Gérard Genette, Die Erzählung [1998], 3., durchges. und korr. Aufl., Paderborn 2010, gewählt.

aus dem Jahr 1829. Henz bewirbt sich darin beim Innenministerium um Beförderung zum Bauinspektor. Der Lebenslauf, der in dieser Bewerbung erzählt wird, ist stark kondensiert und projiziert den Bewerber mit Vehemenz auf die angestrebte Stelle.

Die ‚Basiserzählung' setzt hier in der Gegenwart des Schreibakts ein und rekurriert auf das drei Tage zurückliegende Schlüsselereignis: „Durch den, am 3ten d[es] M[onats] erfolgten Tod des WasserbauInspectors Fischer in Düsseldorf ist die Stelle desselben erledigt worden" (t_x).[151] Hierauf folgt in Form einer Bitte „um deren hochgeneigte Uebertragung" direkt eine Prolepse (t_{x+1}) in die unmittelbare Zukunft. Der Tod Fischers setzt damit den nun folgenden Formationsbericht in Gang, der die „Uebertragung" plausibilisieren soll. Von der Zeitposition der Basiserzählung aus betrachtet (6. März 1833) folgen nun in ihrer Reichweite immer kürzere autodiegetische Analepsen, die chronologisch angeordnet sind. Die Analepse (t_{x-9}) mit der längsten Reichweite und gleichzeitig dem größten Umfang ruft den grundlegenden Berufs-Topos auf, unter dem sich die Formationsgeschichte Henz' rezipieren lässt: „Seit dem Jahre 1817 habe ich mich fast ausschließlich dem Wasser und Maschinenbau gewidmet". Hierbei wird jedoch gleichzeitig ein radikaler Ereignisausschluss vorgenommen, denn alles was vor diesem grundlegenden Einschlagen des Wasserbau-Pfads situiert ist, ist für die Erzählung irrelevant und wird dementsprechend mit dem Halbsatz „nachdem ich mich mehrere Jahre practisch mit der Wehrniß beschäftigt" abgetan. Mit den nun folgenden Sequenzelementen, die in ihrem Umfang weniger umfangreich sind als t_{x-10}, wird zunächst Erfahrungszugewinn durch eine „architektonische Reise durch ganz Süddeutschland, Oberitalien, die Schweitz und Frankreich" (t_{x-8}), dann Routinierung durch „verschiedene große Bauten im Regierungsbezirk Magdeburg" (t_{x-7}) und schließlich „Anfang 1823 [s]ein zweites Examen" (t_{x-6}) im Baufach evoziert. Mit t_{x-6} wird gleichzeitig ein Schwellenereignis markiert, das den bezahlten Übertritt in den Staatsdient indiziert. Dementsprechend sind die diätarische Anstellung bei der „Schiffbarmachung der Lippe" während der „folgenden zwei Jahre" (t_{x-5}) die temporale Unterlage vor der Henz schließlich 1825 „definitiv als Wasserbaumeister auf dem Ruhrstrom" (t_{x-4}) angestellt wird. Aus der Sequenz t_{x-9} – t_{x-4} wird bereits ersichtlich, dass die Zuspitzung auf die definitive Anstellung einem temporalen Übergang von der allgemeinen Baukunst zur Spezialisierung im lokalen Wasserbauwesen des Ruhrgebiets entspricht. Die anschließenden Analepsen verengen die Er-

---

[151] GStA SPK, I. HA Rep. 93B, Nr. 649, unfoliert, Eingabe von Wasserbaumeister Ludwig Henz an das Ministerium des Inneren, 6. März 1833. Alle folgenden Zitate bis FN 152 sind aus dieser Quelle entnommen.

zählung nun immer weiter auf eine Intensivierung der Tätigkeit im Wasserbau und der Hydromechanik. Es ist die Rede von „der speziellen Bearbeitung der Bauten auf der Ruhr zwischen Herdecke und Werden, worunter 4 Schleusen [...]" (t_{x-3}) fallen, aber auch – in der Absicht dies als Spezialisierung in der Mechanik zu plausibilisieren – „Wegebauten und Bürgermeistereien" sowie die „Anlage von Fabriken und Mühlen" (t_{x-2}). Die letzte Analepse verweist auf die „Genehmigung einer hydrotechnischen Reise durch Holland" 1830 (t_{x-1}), die Henz glaubt „zu [s]einer Ausbildung nützlichst benutzt" zu haben. Damit mündet die Rückblende wieder in die Basiserzählung und endigt, nach einem Aufruf unterschiedlicher Empfehlungen, mit der Konklusion: „Auf den Grund dieser Thatsachen wage ich es mich um die vakante Stelle zu bewerben".

Möchte man der Ästhetik nachspüren, die diese Erzählanordnung vorführt, dann muss man nicht nur registrieren, dass „Thatsachen" als besetzungskritische Daten in Narrativ eingespeist werden, oder dass der narrative Nullpunkt der Erzählung mit dem Datum des Briefs zusammenfällt und den Aufbau der Analepsen so strukturiert, dass Geschichte und Erzählung aber auch erzählendes und erzähltes Ich letztlich in Deckung gebracht werden können. Vielmehr verhalten sich Analepsen und Prolepse so zueinander, dass erstere als Möglichkeitsbedingungen letzterer aufscheinen. Dies ist zunächst dem Umstand geschuldet, dass autopoietische Lebensläufe auf Zielstellen hingeschrieben werden. Die Prolepse „bitte ich um deren hochgeneigte Uebertragung" (t_{x+1}) operiert als ‚Projektiv', das vorgibt mit welchem Vektor der Bewerber seinen Lebenslauf ausstatten muss. Wenn Henz mit t_{x-9} postuliert, seine gesamte Berufslaufbahn sei von 1817 an auf den Wasserbau ausgerichtet gewesen, zeichnet er also zunächst das Trajekt einer ungebremsten hydrotechnischen Flugbahn vor. Diese Setzung bleibt über die Erzählung hin konstant und wird durch die erste Analepse noch einmal verstärkt. Doch wäre es verkürzt, die Ästhetik des Henz'schen Lebenslauf auf dieses ‚ballistische' Moment zu reduzieren. Denn dies ließe das serielle Kontinuum von Zwischenereignissen außer Acht, das die Passage zum projektiven Endpunkt (die „hochgeneigte Uebertragung" der Wasserbauinspektor-Stelle in Düsseldorf) überhaupt erst ermöglicht.

Der Lebenslauf Henz' manifestiert ein informationstechnisches Verfahren. Jede Analepse im Lebenslauf schränkt durch Entropieverringerung die Anzahl möglicher Anschlussereignisse ein, wodurch gleichzeitig die Vorhersagbarkeit bzw. Redundanz der subsequenten Analepse erhöht wird.[152] Während also zu Beginn der Rückblenden eine Vielzahl von Laufbahnen möglich erscheint, ver-

---

[152] Dies entspricht dem Modell der klassischen Informationstheorie: „it is possible to interpret the information carried by a message as essentially the negative of its entropy, and the nega-

ringert die werthaltige Karriere in jedem Folgeereignis allmählich die Zahl alternativer Weggabelungen. Noch t_{x-8} und t_{x-7} in diesem Beispiel enthalten einen Informationsüberschuss, der Henz möglicherweise auch in anderen Branchen des Bauwesens ansetzbar erscheinen lässt, ohne jedoch mit zwingender Konsequenz auf eine spezifische Verästelung zu verweisen.

Entscheidend ist außerdem, dass durch die immer redundantere Sequenz von Analepsen, die informationelle Lücke zwischen den letzten Ereignissen der Kette $t_{x-3} - t_{x-1}$ und dem anvisierten proleptischen Anschlussereignis t_{x+1} möglichst gering ausfällt. Die Erzählung suggeriert also die Pfadabhängigkeit jedes Folgeereignisses. Beim Empfänger muss der Eindruck erweckt werden, als ob die Ereigniskette $t_{x-9} - t_{x-1}$ auf nichts anderes als t_{x+1} hinaus projiziert. Das entscheidende Kriterium für die Fortsetzung der Sequenz besteht gleichzeitig darin, dass jedes neu in die Kette eingefügte Element t_{x-n} die informationelle Differenz zum projektiven Element t_{x+1} verringern muss. Differenz wird also eingeführt, um Invarianz zu gewährleisten; was augenscheinlich die Form einer Addition von Ereignissen annimmt, entspricht gleichzeitig einer immer komplexeren Differenzierung.[153] Für Bewerber gilt im autopoietischen Lebenslauf damit die Inversion des kybernetischen Imperativs: Schreibe deine Karriere stets so, dass sich die Anzahl deiner Wahlmöglichkeiten verringert.[154]

Der Lebenslauf entfaltet sich so relativ in Richtung einer angepeilten Stelle und ist damit an eine Projektion rückgekoppelt, unter deren Vorzeichen die Ereignisverschaltung vorgenommen wird. In der Bewerbung des Wasserbaumeisters Henz wird in Form des primären Inputs (t_{x-9}) ein Element eingespeist, das das projektive Endglied der Kette (t_{x+1}) erwartbar macht. Damit wird der Lebenslauf a priori an das rückgekoppelt, was er in seiner analeptischen Serie erst als konsequente Folge vergangener Ereignisse erscheinen lässt.[155] Andererseits müssen genau diejenigen Ereignisse ausgeschlossen werden, die einer Verdich-

---

tive logarithm of its probability. That is, the more probable the message, the less information it gives." Wiener, The Human Use of Human Beings, 21.

153 Bateson hat diese Grundfigur kybernetischer Informationsverarbeitung als Zusammenspiel von „Summierung" und „Fraktionierung" gekennzeichnet. Bateson, Geist und Natur, 587.
154 Der ethische Imperativ für die Kybernetik Heinz von Foersters lautet: „Act always so as to increase the number of choices." Heinz von Foerster, Understanding Understanding, New York 2003, 227.
155 Das steht in Widerspruch zum klassisch narratologischen Verfahren der modernen Autobiographie, bei der die Gerichtetheit des Lebens erst zum Ende der Erzählung darstellbar wird: „only at the end of one's story can it be unfurled from the beginning as a singular life course." Helga Schwalm, Autobiography, in: Handbook of Narratology [2009], Bd. 1, hg. von Peter Hühn, John Pier, Wolf Schmidt et al., 2., vollst. korr. u. verm. Aufl., Berlin 2014, 14–29, 18.

tung oder Alternativerhöhung zuwiderlaufen. Werden sie dennoch genannt, wie beispielsweise die zeitweilige Beschäftigung Henz' im Mühlenbau, dann werden sie unter Aufbringung rhetorischer Kräfte unter eine Kategorie rubriziert (hier: Mechanik), die die Differenz zur Projektion wieder abmildert.[156] Im Unterschied zur klassischen Autobiographie, bei der die Sequenz vergangener Lebensereignisse vom aktuellen Erzählzeitpunkt aus als sinnhaftes Trajektorium konstruiert wird,[157] geschieht dies im Lebenslauf aus der virtuellen Zeitposition einer wahrscheinlichen Zukunft. Auf diese Weise ließe sich der Lebenslauf in die Kette kybernetischer Erzählverfahren um 1800 einreihen, die die Poetologie der Goethezeit auszeichnet.[158] Wenn bei *Wilhelm Meister* etwa die Lebensrückblende als Input für das „Einschlagen eines neuen Pfades"[159] verrechnet wird, der autobiographische Abituraufsatz angehender Erziehungsbeamter zur Autopoiesis des preußischen Bildungsstaats beiträgt,[160] oder in der romantischen Ökonomie Friedrich von Hardenbergs „jedes Resultat zu seinen Bedingungen, jeder Ausgangspunkt zu sich selbst und jeder Zweck als Funktion seiner Mittel zurückkehrt",[161] dann zeigt sich an allen diesen Schreibweisen von Bildung eine Abkehr vom pietistisch-teleologischen Lebensverlaufsmodell und eine tendenziell unendliche Rückkopplung der jeweils gegenwärtigen Position an die biographische Vergangenheit.

Und dennoch weicht der Lebenslauf in grundlegender Weise von (auto-)biographischen Erzählverfahren um 1800 ab. Der Lebenslauf mobilisiert nicht nur Vergangenheit und Gegenwart für eine offene Zukunft, sondern koppelt Vergangenheit umgekehrt auch an eine immer neu selegierte Zukunft zurück.

---

156 Wasserbau und Mechanik waren in der Bautechnik des angehenden 19. Jahrhunderts verwandte Disziplinen. Vgl. das einschlägige Lehrbuch Eytelweins zur Mechanik und Hydraulik: Johann Albert Eytelwein, Handbuch der Mechanik fester Körper und der Hydraulik. Mit vorzüglicher Rücksicht auf ihre Anwendung in der Architektur, Leipzig 1801.
157 Vgl. Schwalm; Autobiography, 18. Siehe auch Winfried Marotzkis Ausführungen zu der grundlegenden Erzählweise von Biographisierungen: „Das Erzählte wird immer, eben weil es sich um zurückliegende Ereignisse handelt, von dem Erzählzeitpunkt t(x) in der Perspektive der Retrospektive erzählt, bzw. berichtet. Dadurch werden von t(x) aus Ereignisse gerahmt, Zusammenhänge hergestellt, der Erinnerung wird eine Gestalt gegeben." Winfried Marotzki, Aspekte einer bildungstheoretisch orientierten Biographieforschung, in: Bilanzierungen erziehungswissenschaftlicher Theorieentwicklung, hg. von Dietrich Hoffmann und Helmut Heid, Weinheim 1991, 119–134, hier: 128–129.
158 Vgl. Bernhard J. Dotzler, Papiermaschinen. Versuch über Communication & Control in Literatur und Technik, Berlin 1996, 565–566.
159 Dotzler, Papiermaschinen, 566.
160 Vgl. Kittler, Das Subjekt als Beamter, 410–412.
161 Vogl, Kalkül und Leidenschaft, 268.

Da er grundsätzlich nicht-informationshaltige Elemente ausschließt, wäre es bei einer anderen Zielsetzung durchaus möglich, dass die vorher ausgeschlossenen Ereignisse nun wiederum ein neues Narrativ konstituieren und damit eine anders gerichtete Laufbahn evozieren.[162] Die Logik der Ereignisverschaltung offenbart sich überhaupt erst in der Serie pluraler Lebensläufe eines einzelnen Subjekts. Denn genau hierin zeigt sich, dass das, was im Lebenslauf A noch als ‚Projektiv' t_{x+1} eingespeist war, im darauffolgenden Lebenslauf B bereits als Teil der analeptischen Serie fungiert und nun als t_{x-1} wiederum auf ein neues Ziel verweist.[163] Während die angepeilte Stelle also immer wieder neu gesetzt wird, wird das Leben erst durch diese Setzung überhaupt als darauf verweisender Projektionsvektor schreibbar. Weil es sich um keine entelechische Lebensgeschichte handelt, enthüllt der Regelkreis der Lebensereignisse auch keine universalen und hermeneutisch erschließbaren Prinzipien wie Bildung, Vervollkommnung, Identität, psychologische Entwicklung oder Lebenssinn.[164] Die Subjektivität des Spezialbeamten, die Friedrich Kittler erst auf das Ende des 19. Jahrhunderts und die Entstehung der technischen Medien datierte,[165] muss für die technische Beamtenschaft bereits für den Ausgang des 18. Jahrhunderts veranschlagt werden. Die Lebensläufe der Bürokratie zeitigen damit ein dezidiert technisch-utilitaristisches Formationsverständnis. Im Gegensatz zur philo-

---

162 Als einschränkende Bedingung lässt sich hinzufügen, dass es natürlich im Rahmen der zunehmenden Professionalisierung nach Einschlagen eines bestimmten Zweiges sehr schwierig wurde, plötzlich das Abbiegen auf einen gänzlich anderen Sektor zu plausibilisieren. Zumindest innerhalb größerer Verwaltungsbranchen kann man aber durchaus immer wieder Kursänderungen beobachten.
163 So etwa in den beiden Lebensläufen des Bauinspektors Henke aus den Jahren 1825 und 1829. Die Wegebaumeisterstelle, auf die er 1825 anschreibt, fungiert 1829 als letztes Zeitelement seines Lebenslaufs, das die Beförderung auf eine Bauinspektorenstelle plausibilisieren soll. Vgl. GStA PK, I. HA Rep. 93 B, Nr. 601, unfoliiert, Lebenslauf von Baukonducteur Ernst Henke, 31. März 1825 und GStA PK, I. HA Rep. 93 B, Nr. 603, unfoliiert, Lebenslauf von Wegebaumeister Ernst Henke, 26. April 1829.
164 Grundlegend zur modernen Autobiographie vgl. Schwalm, Autobiography, in: Handbook of Narratology [2009], Bd. 1, hg. von Peter Hühn et al., 2., vollst. korr. u. verm. Aufl., Berlin 2014, 14–29, hier: 17–19. Zu Teleologie und Vervollkommnung in der Gelehrtenautobiographie vgl. Stanitzek, Genie: Karriere/Lebenslauf, 244–245. Zur psychologischen Entwicklungsgeschichte vgl. Niggl, Geschichte der deutschen Autobiographie im 18. Jahrhundert, 41–47. Zur Herstellung individueller Identität in der Autobiographie der Sattelzeit vgl. Esselborn, Erschriebene Individualität und Karriere in der Autobiographie des 18. Jahrhunderts, 206–207. Zur These, dass jede Autobiographie einen Lebenssinn evoziert, vgl. Sidonie Smith und Julia Watson, Reading Autobiography: A Guide for Interpreting Life Narratives, Minneapolis 2001, 15.
165 Vgl. Kittler, Das Subjekt als Beamter, 413–416.

sophischen Beamtensubjektivität der Erzieher, in der sich das Humboldt'sche Bildungsprogramm verwirklicht, wird der Lebensverlauf der Baubeamten zu keinem Zeitpunkt an transzendentale Ideale angeschlossen, sondern beständig auf kontingente und spezialisierte Stellen hin (re-)justiert.

IV Schicksal und Entrüstung

Die Karriere erwächst aus den Lebensläufen der preußischen Beamtenschaft als das paradigmatische narrative Muster, um eine bestimmte Souveränität über das eigene Leben anzuzeigen. Mit großem Aufwand nehmen die Bewerber informative Säuberungen vor, die in letzter Konsequenz das Leben als zielgerichtete Laufbahn evozieren; eine Laufbahn, die sich im Fortlauf der in sie eingefädelten Ereignisse wie selbstverständlich von der Unspezifität grundlegender Tätigkeiten und Kenntnisse hin verdichtet auf die spezifischen Anforderungen der angestrebten Stelle. Das Leben wird so auf eine Institution hin geformt, die gleichzeitig diejenigen biographischen Bausteine normativ vorschreibt, die als Aktiva der Karriere angerechnet werden können. Es lässt sich festhalten, dass dieses Darstellungsverfahren unter der Prämisse operiert, dass zufällige Lebensereignisse entweder aus der Erzählung getilgt oder aber so formatiert sein müssen, dass sie in den Pfad der professionellen Selbstformation eingepasst werden können. Dieser Prozess lässt die Ereignisse grundsätzlich als Fabrikationen des Subjekts erscheinen: autonom hervorgebrachte oder erworbene Verdienste, Kenntnisse und Geschicklichkeit, die als Brauchbarkeit verbucht werden können. Der Handlungszustand, in dem sich das Subjekt in der Karriere Ereignisse aneignet, ist deshalb grundsätzlich aktiv; da die Ereignisse autonom hervorgebracht wurden, stellen sie das Subjekt nicht nur als Urheber ruheloser Aktivität aus, sondern suggerieren gleichzeitig eine Souveränität über diejenigen Gegebenheiten, auf die der Beamte einwirkt.

Und doch kann diese markante Form der Selbststilisierung in den Bewerbungen keineswegs als alleiniges oder dominierendes narratives Prinzip isoliert werden. Während die Form der Karriere Ereignisse in erster Linie als autonome Subjektaktivitäten abbildet, zeitigt sich in den Lebensläufen der preußischen Beamten trotz allem wieder und wieder eine Integration passivischer Ereignisse oder, in Anlehnung an einen Begriff Friedrich Balkes, ‚Zustöße'.[1] Was in den Lebensläufen als „Glück" oder „Unglück", „Schicksal" oder „Zufall" auftritt, verweist damit zunächst auf die lange Tradition der *fortuna*; einer blinden und – in den Augen der Bewerber – fast immer ungerechten Macht, die durch die Arbitrarität akzidentieller Ereignisse eine planmäßige Laufbahn unterminiert oder

---

[1] Zu den *tychonta* als politischem Grundbegriff und Gegenspieler zum metaphysischen Substanz-Begriff vgl. Walter Seitter, Menschenfassungen. Studien zur Erkenntnispolitikwissenschaft, München 1985, 175–179. Zur deutschen Übertragung des *tychonta*-Begriffs vgl. Friedrich Balkes Vorwort zur Neuauflage der *Menschenfassungen*, Friedrich Balke, Tychonta, Zustöße. Walter Seitters surrealistische Entgründung der Politik und ihrer Wissenschaft, in: Menschenfassungen. Studien zur Erkenntnispolitikwissenschaft, Neuauflage, Weilerswist 2012, 269–295.

gefährdet hat. Wenn man daher einerseits das Projekt der Karriere als Versuch verstehen darf, den wilden Strömungen der *fortuna* durch maßvolle Eindeichungen, Kanalisierungen und Regulierungen Einhalt zu gebieten,[2] dann tauchen andererseits zufällige Zustöße genau dann in den Lebensläufen auf, wenn begründet werden muss, warum die eigene Karriere unvollkommen oder mangelhaft geblieben ist. Denn wenn das Pendel von „Selbstselektion und Fremdselektion"[3] zu den eigenen Ungunsten ausschlägt, müssen Karrierefehlschläge als unbeeinflussbare Interferenzen höherer Gewalt markiert werden.

1 Zustöße

Anders als die unabgeschlossenen Formationsgeschichten aufstrebender Karriereerzählungen werden die Schicksalsschläge im Tempus einer von der Aktualität des Bewerbers völlig abgekapselten Vergangenheit präsentiert. Wo Ereignisse der Brauchbarwerdung immer auf die Person des Bewerbers zugerechnet werden, werden die Zustöße umgekehrt von den Vorsätzen der Bewerber getrennt und als unvermeidliche Einschläge verzeichnet. Die willkürliche Herrschaft der Fortuna über Laufbahnen steht dabei, etwa in den Unwägbarkeiten der Günstlingskarriere bei Hofe, zwar in einer langen, seit der Frühen Neuzeit bestehenden Tradition.[4] Doch die Zustöße, die in der Welt der Lebensläufe um 1800 anlangen, werden weder einer über allem „waltenden Glücksgöttin" zugeschrieben, noch führen sie in ein Reich „wundersamer Qualitäten und magischer Reichtümer"; weder kann der Bewerber über sie kraft eines inhärenten *virtus* „Sieg oder Nieder-

---

[2] Neben dem Widerstand durch *virtù* ist es genau diese Figur hydraulischer Intervention, die schon Machiavelli gegen die Unwägbarkeiten der reißerischen Ströme der *fortuna* empfiehlt. Nur wer sich durch stromregulatorische Maßnahmen wie die Errichtung von Deichen und Dämmen gegen die anbrausenden Fluten absichert, kann der zerstörerischen Wirkkraft entgehen: „Und ich vergleiche dieß Glück mit einem jener reißenden Ströme, die, wenn sie wüthend werden, die Ebenen ersäufen, Bäume und Häuser zertrümmern, das Erdreich von dieser Seite entführen, an jene anschwemmen; jedermann flüchtet vor ihnen, alles weicht ihrem Ungestüm: da ist an Widerstand nicht zu denken. Und gleichwohl, bei aller dieser ihrer Gewaltsamkeit, hindert dieß doch nicht die Menschen, daß sie in ruhigen Zeiten nicht dagegen könnten mit Dämmen und Deichen Vorkehrungen treffen, daß sie nachher wenn sie wachsen, entweder durch einen Kanal gehen, oder doch ihre Gewalt nicht mehr so ungestüm und verderblich werde." Niccolò Machiavelli, Der Fürst [1532], Stuttgart 1842, 33v. Vgl. Lorraine Daston, Classical Probability in the Enlightenment, Princeton 1988, 152.
[3] Luhmann, Organisation und Entscheidung, 103.
[4] Vgl. Werner Krass, Graciáns Lebenslehre, Frankfurt a. M. 1947, 76.

lage" erringen, noch ihnen in einer „feudalen Erprobung" widerstehen.[5] Gleichzeitig indiziert dies aber nicht, dass damit die Zufallssemantik des neuzeitlichen Probabilismus auf den Plan gerufen wäre und die Zustöße als unvermeidbare Risiken auf dem Weg zu einer Zielstelle eingetragen werden würden. Die Modalität, in der Glücks- und Unglücksfälle, Schicksalsschläge und Fatalitäten ihren Auftritt erhalten, entzieht sich tendenziell jener bereits von den Zeitgenossen primär angeführten Charakteristik des Glücks als Kontingenz: Einem allumfassendem und unterschiedslosem Ereigniszusammenhang, der sich „bey den menschlichen Unternehmungen mit beylaufenden natürlichen Umständen Nebenursachen" überhaupt „begeben oder nicht begeben" kann.[6] Das, was zustößt, fällt gerade dadurch ins Gewicht, dass es sich dem zentralen Charakteristikum probabilistisch-kontingenter Ereignisse verweigert. Weil die Zustöße einer abgeschlossenen Vergangenheit angehören, entziehen sie sich einer Nutzbarmachung für probabilistische Kalküle, lassen sich mintunter nicht aus einer prognostischen Warte heraus rationalisieren und dahin „beurtheilen", welche „Folgen" ein bestimmtes Ereignis „entweder gewiß oder wahrscheinlich nach sich ziehen werde."[7] Das bedeutet freilich nicht, dass sich die Bewerber ihren Widerfahrnissen einfach duldsam beugen würden. Stattdessen kristallisiert sich ein eigentümlich instrumenteller Zusammenhang heraus.

Als Argumente, die in eine Supplik eingebracht werden, verweisen die markierten Widerfahrnisse auf eine grundlegende rhetorische Anlage. Rhetorisch geschult waren Bewerber im Baufach einerseits durch die vielen Schreibanleitungen in Briefstellern, andererseits aber auch durch die spezifische Vorbildung, die sie an höheren Schulen durchlaufen hatten. Die zeitgenössische Ratgeberliteratur war sich einig, dass Stellengesuche nur durch Gnade einer stellenvergebenden Autorität bewilligt werden konnten und dass sich Bewerber der „'Gnade' der Verleihung einer Stelle als würdig zu erweisen"[8] hatten. Diese Würdigkeit verdienten sich Bittsteller nicht nur über die Darstellung von Kenntnissen, Fähigkeiten und Aktivitäten – der Brauchbarkeit, von der im vergangenen Kapitel die Rede war –, sondern auch durch „die glaubwürdige Schilderung unverschuldeter Not und Bedürftigkeit."[9] Zur Erzählung von unverschuldeten Notsituationen und Schicksals-

---

[5] Vogl, Kalkül und Leidenschaft, 178. Für eine umfassendere Begriffsgeschichte der *fortuna* in der Frühen Neuzeit, vgl. Peter Vogt, Kontingenz und Zufall. Eine Ideen- und Begriffsgeschichte, Berlin 2011. S. a. Ute Frevert, Hans in Luck or the Moral Economy of Happiness in the Modern Age, in: History of European Ideas 45 (2019), H. 3, 363–376.
[6] Glück, in: Krünitz, Oekonomische Encyclopädie, Bd. 19, 205–210, hier: 208.
[7] Glück, in: Krünitz, Oekonomische Encyclopädie, Bd. 19, 209.
[8] Luks, Die Bewerbung, 40.
[9] Luks, Die Bewerbung, 40.

schlägen wurden Bewerber aber nicht nur in Briefstellern motiviert. Als sozial relativ homogene Schicht hatten sie eine obligatorische Lateinbildung[10] absolviert und diejenigen, die eine höhere Schule besucht hatten, waren im Unterricht mit zahlreichen Beispielen antiker Glücks- und Schicksalsthematisierung in Kontakt gekommen.[11] Durchblättert man die Curricula und Prüfungsprogramme der besuchten Schulen wird klar, dass die Lektüre lateinischer und griechischer Klassiker sowie deren Übersetzung ins Deutsche omnipräsenter Bestandteil der Ausbildung waren. Auf den Stundenplänen standen nicht nur das dichterische Werk von Vergil, Horaz, Pindar und Cicero, sondern auch Lektüre- und Übersetzungsübungen aus Teilen der Rhetorik, etwa von Ciceros *de Oratore* oder Quintilians *Institutio oratoriae*.[12]

Die klassische Rhetorik sah, etwa in Ciceros *De Inventione*, den Begriff des Zufalls (*casus*) für Ereignisse vor, die für das Handeln des Angeklagten unbeabsichtigte Folgen erzeugten. Das Anführen eines *casus* hatte apologetische Funktion, indem er unrechtmäßige Handlungen als Produkte unwillentlicher Widerfahrnisse

---

10 Voraussetzung für die Annahme an der Bauakademie waren bereits in den ersten Jahren Latein- und Französischkenntnisse, ab 1802 mindestens die Tertia- bzw. Sekundarreife eines Gymnasiasten. Vgl. Lundgreen, Techniker in Preußen während der frühen Industrialisierung, 19–20.
11 Obwohl die meisten Bewerber die Schullaufbahn in ihren Lebensläufen aussparten, finden sich viele Beispiele, die den Besuch höherer (Latein-)Schulen belegen: GStA PK, II. HA, GD, Abt. 15, Magdeburg, Bestallungssachen, Tit. XIII Baubediente, Nr. 1, Bd. 2, fol. 6, Supplik von Johann Christian Huth an die Magdeburgische Kriegs- und Domänenkammer, 8. Januar 1769 (Halberstadt); GStA PK, II. HA GD, Abt. 13, Neumark, Bestallungssachen, Baubediente Nr. 7, fol. 138, Lebenslauf von Johann Ernst Wilhelm Runge, 23. Juli 1805 (Züllichau); GStA PK, II. HA GD, Abt. 13, Neumark. Bestallungssache, Baubediente, Nr. 7, fol. 144, Lebenslauf von Johann Georg Sydow, 30. September 1806 (Stettin); GStA PK, I. HA, Rep. 93, Nr. 556, fol. 42–43, Lebenslauf von Joseph Laurenz Spitz, 1816 (Köln); GStA PK, I. HA, Rep. 93 B, Nr. 556, fol. 56–57, Lebenslauf von Heinrich Weyer, 18. Juni 1816 (Köln); GStA PK, I. HA, Rep. 93 B, Nr. 597, fol. 75–76, Lebenslauf von Philipp Carl Friedrich Mosebach, 11. Juni 1816 (Ronneburg); GStA PK, I. HA Rep. 93 B, Nr. 518, fol. 205, Lebenslauf von Bernhard Adolph Ludwig Ilse, 9. November 1824 (Halle); GStA PK, I. HA Rep. 93 B, Nr. 518, unfoliiert, Lebenslauf von Wegebaumeister Henke, 26. April 1829 (Braunschweig).
12 Allein für die Behandlung Ciceros finden sich in den Lehrplänen und Abiturprüfungen preußischer Gelehrtenschulen von 1787–1806 über 250 Belegstellen. Vgl. Paul Schwartz, Die Gelehrtenschulen Preußens unter dem Oberschulkollegium (1787–1806) und das Abiturientenexamen, Bd. 3, Berlin 1911, 610–611. Einige ausgewählte Beispiele für das Behandeln rhetorischer Texte finden sich in den Curricula und Prüfungen für das akademische Gymnasium in Stettin, das Pädagogium in Züllichau, die Lateinschule des Halleschen Waisenhauses und das Martini-Gymnasium in Halberstadt, also Institutionen an denen manche Baubeamte ihre Schulbildung absolviert hatten. Vgl. Schwartz, Die Gelehrtenschulen Preußens unter dem Oberschulkollegium (1787–1806) und das Abiturexamen, Bd. 2, Berlin 1911, 7–8, 336–357; Bd. 3, 30–31, 177.

plausibilisierte und den Angeklagten dadurch als unschuldig darzustellen suchte.[13] Bewerber nutzen diese Funktion des Zufalls in ihren Lebensläufen, um beispielsweise den negativen Einfluss von Naturereignissen wie des Wetters auf das eigene Handeln zu elaborieren. Noch wichtiger für den Kontext des Bewerbungsschreibens ist aber der passivische Ereignisbegriff der *fortuna*, der sich ebenfalls bei Cicero findet. Im Kontext des Abschlusses der Gerichtsrede kommt Cicero auf die Figur des Wehklagens (*conquestio*) zu sprechen, durch die das Mitleid der Zuhörer erregt werden soll. Das Mitleid, so Cicero, solle „man durch Gemeinplätze [*loci communibus*] bewirken, durch die man die Gewalt des Schicksals [*fortunae vis*] über alle und die Schwäche der Menschen zu erkennen gibt."[14] Was Cicero damit etabliert, ist ein Kurzschluss zwischen Affektproduktion und Schicksalsästhetik, der vermittelt wird über den Rückgriff auf ein empirisch-situatives und gleichsam allgemein-verbindliches Wissen.

Wie zu zeigen sein wird, insistiert eine durch Gemeinplätze vermittelte Verbindung zwischen Affekt und Widerfahrnissen auch nach dem ‚Ende der Rhetorik' und des „Verscheidens der Fortunathematisierung in der Ideengeschichte"[15] in pragmatischen, subalternen Texten – Texten wie dem Lebenslauf. In diesem Sinne stehen die Lebensläufe in der Tradition infamer Suppliken, in denen gerade die „jämmerlichsten Leben" mit einer „Emphase beschrieben" werden, die gewöhnlich nur „den tragischsten angemessen schein[t]."[16] Immer wieder werden Schicksalsschläge und Zufälle apologetisch mobilisiert, um die Mangelhaftigkeit der eigenen Karriere zu legitimieren oder die Missstimmung der eigenen Affekte zu beklagen. Diese stets von außen kommenden Zustöße werden in den Erzählungen als Substitut für mangelnde Verdienste, Geschicklichkeit oder Treue angeführt und führen gleichsam zu einer zeitlichen Dehnung der Erzählung und einer räumlichen Aufspannung des Textes. Die Zeit der Zustöße unterminiert damit die Karrierezeit, sie verlangsamt den ungebremsten Gang selbstproduzierter Formationsereignisse und autonom überwundener Statuspassagen zugunsten einmaliger, narrativ ausgedehnter Einschnitte.

Ein entscheidender zeitlicher Einschnitt, der in den Lebensläufen immer wieder virulent wird, sind historische Ausnahmezeiten. Diese treten als ‚Schicksal' oder ‚Unglück' in der Figur historischer Ereignisse oder Ereignisverkettungen auf, die die zeitliche Abfolge der Karriere-Formation empfindlich stören. Im

---

13 Hanns Hohmann, Casus, in: Ueding, Historisches Wörterbuch der Rhetorik, Bd. 2, Tübingen 1994, Sp. 124–140.
14 Marcus T. Cicero, De inventione: Über die Auffindung des Stoffes. Über die beste Gattung von Rednern, hg. von Theodor Nüßlein, Berlin 2013, 1.106.
15 Vogt, Kontingenz und Zufall, 598.
16 Michel Foucault, Das Leben der infamen Menschen, 319 (modifizierte Übers. d. Vf.).

späten 18. Jahrhundert wird das Schicksal dabei im populären Diskurs nicht mehr im Sinne göttlicher Providenz verstanden, sondern kündet (kritisch beäugt von spätaufklärerischen Zeitgenossen) „von Begebenheiten und Veränderungen eines Dinges, welche nicht in seiner Willkür stehen" und „ohne dessen Zuthun in einer unbekannten Ursache außer ihm gegründet sind."[17] Der rekurrente Topos einer schicksalhaften Ausnahmezeit überformt in den Lebensläufen vor allem lebenszeitliche Darstellungen aus der napoleonischen Zeit. Hier spielen die napoleonische Besatzung Preußens und die daraufffolgenden Befreiungskriege eine entscheidende Rolle, um unvorhergesehene Abweichungen des Lebensverlaufs zu rechtfertigen.

a) Schicksalsschläge

Zunächst scheint es, als stehe der Ereignistypus des Krieges in der Fortunatradition individueller Bewährung. Vermöge des Krieges wird der Bewerber, wie es in einem zeitgenössischen Lebenslauf heißt, „frühzeitig gewöhnt" an „Thätigkeit und Anstrengung".[18] Der Krieg führt so zu einer geistigen wie physischen Abhärtung, die dem Bewerber auch in Zukunft die „von jedem Beamten zufordernde rastlose Thätigkeit und Ausdauer [...] nicht als drückende Beschwerde" erscheinen lässt.[19] Doch gerät die Bewährung als reines Durchhalten angesichts des katastrophalen Ausmaßes der preußischen Niederlage und der daran anschließenden Neuordnung aller Verhältnisse schnell an ihre Grenzen. Zumindest die Invasion von 1806 geht in der Rhetorik der Lebensläufe und Bittschriften einher mit dem völligen Zusammenbruch der persönlichen und dienstlichen Verhältnisse und der Vernichtung der Zukunft der Bittsteller als Personal. Was hier rhetorisch vorherrscht ist der Topos enttäuschter Hoffnungen und „wider Erwarten" eingetretenen „größten Elends", den bereits die klassische Rhetorik als *locus* zur Erregung von Mitleid aufführte.[20] Der Einmarsch der Franzosen taucht in den Lebensläufen in schicksalhafter Gewalttätigkeit als „unglückliche französische

---

17 Schicksal, in: Grammatisch-kritisches Wörterbuch der hochdeutschen Mundart, Bd. 4, hg. von Johann C. Adelung, Wien 1811, Sp. 1439–1440, hier Sp. 1439.
18 GStA PK, I. HA Rep. 93 B, Nr. 500, unfoliiert, Eingabe von Baukonducteur Leutnant George Blank an das Ministerium für Handel, Gewerbe und Bauwesen, 14. Oktober 1822.
19 GStA PK, I. HA Rep. 93 B, Nr. 500, unfoliiert, Eingabe Baukonducteur Blank, 14. Oktober 1822.
20 Cicero, De inventione, 1.108.

Invasion"[21] oder „unglückliche[r] Krieg"[22] auf, der „Jahre lange Leiden" ohne Aussicht „auf beßere Zeiten" nach sich zieht,[23] einen entlassenen Beamten „mit tausenden [s]einer Mitbrüder ins Elend" stürzt, „[s]ein ganzes Habe" zerstört und obendrein, „bey der damaligen Konjuncturey alle Aussicht zur Wiederherstellung" vernichtet.[24] Bewerber stehen in ihren Lebensläufen so einem dramatischen Kollaps der staatlichen wie privaten Ökonomie gegenüber, der „droht", die „unglücklich gewordenen Beamten [...] dem Hungertod Preis" zu geben,[25] sie wieder und wieder ihrer Stellen entledigt, ihre „oeconomische Lage sehr verschüttet"[26] und sie „außer Broterwerb"[27] setzt. Die Vehemenz dieser Schicksalsschläge verdunkelt folglich alle Aussichten auf eine planmäßige Laufbahn, sie mündet in jenen „traurigen Zustande", der, wie ein Beamter lamentiert, „alle meine Aussichten verfinstert, alle meine Hoffnungen vernichtet".[28]

Das hereinbrechende „Unglück", das hier als missliche Verkettung von epochalen und wirtschaftlichen Begebenheiten beschrieben wird, erlaubt manchen ein Arrangement mit der unglücklichen Lage, das zwar zuweilen „zu allerlei Beschäftigungen", jedoch „nie [...] zu einigem Einkommen" führt.[29] Bei anderen verursacht der Krieg das Aufkeimen eines Furchtaffekts, der das Subjekt in eine Fluchtbewegung versetzt. Diese Fälle sind signifikant, denn sie führen in der Jetztzeit der Erzählung zu der paradoxen Herausforderung, die Abkehr von und spätere Rückkehr nach Preußen als Verdienst zu rechtfertigen. So schreibt der Baukondukteur Smeil in seiner Bewerbung: „Aus Noth und Angst getrieben, blieb mir endlich zu meiner Subsistenz kein Mittel übrig, als mein Vaterland im Herbst 1808 mit meiner Familie zu verlassen."[30] Diesem ersten Umschlagen

---

21 GStA PK, I. HA Rep. 93 B, Nr. 413, unfoliiert, Lebenslauf von Baurat Johann Friedrich Moser, 31. Dezember 1830.
22 BLHA, Rep. 2 A I Hb. Nr. 6, fol. 137, Eingabe von Baukondukteur Lambateur an die Regierung zu Potsdam, 21. Mai 1816.
23 GStA PK, I. HA Rep. 93 B, Nr. 413, unfoliiert, Lebenslauf von Baurat Moser, 31. Dezember 1830.
24 GStA PK, I. HA Rep. 93 B, Nr. 500, unfoliiert, Eingabe von Baukondukteur Bernhard Moritz Smeil an das Ministerium für Handel, Gewerbe und Bauwesen, 24. Dezember 1822.
25 GStA PK, I. HA Rep. 93 B, Nr. 413, unfoliiert, Lebenslauf von Baurat Moser, 31. Dezember 1830.
26 BLHA Rep. 2 A I Hb. Nr. 6, unfoliiert, Eingabe von Baukondukteur Wilhelm Karl Herrmann an die Regierung zu Potsdam, 17. Mai 1816.
27 GStA PK, I. HA Rep. 93 B, Nr. 413, unfoliiert, Lebenslauf von Baurat Moser, 31. Dezember 1830.
28 GStA PK, Rep. 93 B, Nr. 597, fol. 71, Lebenslauf von Straßenbauaufseher Carl Melchior, 18. Juni 1816.
29 GStA PK, I. HA Rep. 93 B, Nr. 413, unfoliiert, Lebenslauf von Baurat Moser, 31. Dezember 1830.
30 GStA PK, I. HA Rep. 93 B, Nr. 500, unfoliiert, Eingabe von Baukondukteur Smeil, 24. Dezember 1822. Alle folgenden Zitate bis FN 31 sind aus dieser Quelle entnommen.

des Schicksals folgt in dieser Bittschrift ein zweites, das den Supplikanten, durch „Unterkommen" im „Russischen Staats-Dienst", in „Gelegenheit" und „glückliche Aussichten" versetzt, sich „bald im Forstwesen" und „in manchen anderen Fächern auszuzeichnen" und gar zum „Gouvernements-Revisor befördert" zu werden. In der doppelten Peripetie schicksalhafter Widerfahrnisse gelingt es dem Bewerber trotz der offensichtlichen Flucht aus dem ‚Vaterland' einen Begründungszusammenhang zu etablieren, der letztlich „die Liebe zu meinem Vaterlande in meiner Brust" erweckt. Noch in Riga auf russischem Posten vernimmt Smeil während der Befreiungskriege Neuigkeiten über „das große Fortschreiten" der preußischen Truppen. Er entscheidet sich, bezeichnenderweise allerdings erst 1818, „doch unglücklicher meine Kräfte dem Vaterlande als einem fremden Staate zu opfern" und nach Preußen zurückzukehren.

Das „Schicksal", so Smeil, habe ihn nämlich nicht nur von der „gewünschten Teilnahme an der nachmaligen Befreiung meines Vaterlandes" abgehalten,[31] sondern zu allem Überfluss auch „im Fortschreiten meiner Laufbahn gehemmt."[32] Obwohl die administrative und territoriale Rekonsolidierung Preußens zum Zeitpunkt des Wiedereinmündung in preußische Dienste bereits mehrere Jahre abgeschlossen ist, von „unglücklichen" Verhältnissen dort also kaum die Rede sein kann, beschwört der Bewerber seine Rückkehr nach Preußen so als Opferdienst am ‚Vaterland'. Die aktive Flucht aus Preußen und der nachgesuchte Dienst unter fremder Herrschaft werden dergestalt zu Passiva transfiguriert und dem „harten Drange des Schicksals"[33] zugeschrieben. Die Macht der Zustöße wird damit eingebracht, um der Fortsetzung der eigenen Karriere zu dienen. Durch den Rückgriff auf die Figur des Schicksals kann der Bittsteller eine Serie aktiver Entscheidungen ‚gegen Preußen' als „vielfältige Leiden"[34] rekonfigurieren, die ihn nicht nur von dienstlichen und patriotischen Abweichungen entschulden, sondern umgekehrt sogar als vorzügliche Gründe dienen, ihm gerade deshalb eine Beförderung zuteilwerden zu lassen.

---

31 GStA PK, I. HA Rep. 93 B, Nr. 500, unfoliiert, Eingabe von Baukondukteur Smeil, 24. Dezember 1822. Kriegsfreiwillige, die an den Befreiungskriegen teilgenommen hatten, sollten laut Edikt von 1813 bei Beförderungen und Anstellungen im Zivilfach bevorzugt behandelt werden. Vgl. Eduard von Hoepfner, Die Formation der freiwilligen Jäger-Detachements bei der preußischen Armee im Jahre 1813, in: Militär-Wochenbatt. Beihefte (Januar und Februar 1847), 1–38, hier: 3–4.
32 GStA PK, I. HA Rep. 93 B, Nr. 500, unfoliiert, Eingabe von Baukondukteur Smeil, 24. Dezember 1822.
33 GStA PK, I. HA Rep. 93 B, Nr. 500, unfoliiert, Eingabe von Baukondukteur Smeil, 24. Dezember 1822.
34 GStA PK, I. HA Rep. 93 B, Nr. 500, unfoliiert, Eingabe von Baukondukteur Smeil, 24. Dezember 1822.

An dieser wortwörtlich umständlichen Einbettung aktiver Entscheidungen in passive Widerfahrnisse und der Transformation eben dieser Widerfahrnisse in Beförderungsgründe lässt sich ablesen, dass in den Bittschriften performativ eine bemerkenswerte Verfügungsgewalt über das Schicksal zutage tritt. Ähnlich wie der Geschichtsbegriff, der um 1800 eine epochemachende Transformation von der *historia magistra vitae* zum Kollektivsingular einer „Geschichte an und für sich"[35] unterläuft und damit zu einer von Menschen form- und machbaren Zeitform wird, tritt das Schicksal nun als temporale Kategorie auf, mit der taktische Zukunftspolitik betrieben werden kann.[36]

Zwar lässt sich das Schicksal nicht als Ereigniskategorie umwenden, mit der das Subjekt wahrscheinlichkeitstheoretisch rechnen könnte, doch gerade diese Unberechenbarkeit enthebt den Einzelbeamten von der Verantwortung für curriculare Abweichungen, Hemmungen und Unterbrechungen. Zurechenbar, so suggerieren die Schreiber, sind nur Karriereabsichten, nicht aber deren effektives Scheitern. In der Berufung auf ein unabänderbares, passiv erlittenes Schicksal unterminiert die Eigenzeit des plötzlichen, blitzartigen Einschlags die Aktivzeit karriereförmiger Progression, schlägt die mitunter aktiv betriebene Laufbahnunterbrechung kurzerhand auf die Verlustseite des „Karrierefonds"[37] und lässt sie für die Zukunft einklagen. So kommt es, dass Bewerber, bedingt durch die „traurigen Umstände" des Krieges, ihrem „vorgesetzten Lebensplane" während der Franzosenzeit zwar aktiv „eine andere Richtung geben", die Änderung dieses Trajektoriums aber im Rückblick als passive Interferenz beklagen und darin ein karrieretechnisches *Irrealis* heraufbeschwören können: „Wäre durch den unglücklichen Krieg meine Mutter nicht gänzlich ruinirt und ich in meinen Studien im Baufache gestört worden, so würde ich längst Ansprüche auf eine Baubedientenstelle haben machen können."[38]

Eine grundlegende Anrechenbarkeit fataler *casus* auf die formale Mangelhaftigkeit einer Karriere lässt sich schließlich auch aus den Berichten der Regierungen rekonstruieren. Smeils Bittschrift etwa wird als Widerstreit unterschiedlicher

---

35 Reinhart Koselleck, Vergangene Zukunft: Zur Semantik geschichtlicher Zeiten [1979], 3. Aufl., Frankfurt a. M. 1995, 263.
36 Koselleck zitiert anschaulich den Fall Bismarcks, der in seiner Politik das autonome Walten der Geschichte („Wir können die Uhren vorstellen, die Zeit geht aber nicht rascher") benutzte, um etwa die Angst Bayerns vor einem preußischen Vordringen abzuwiegeln. Gerade in der scheinbaren Autonomie der Geschichte aber verfügte Bismarck über sie und machte sie sich taktisch gefügig, vgl. Koselleck, Vergangene Zukunft, 273–274.
37 Luhmann, Organisation und Entscheidung, 299.
38 GStA PK, I. HA Rep. 89, Nr. 7581, fol. 5, Eingabe von Baukonducteur Gedicke an Kabinettsminister Carl Friedrich Heinrich von Wylich und Lottum, 23. Juli 1825.

Umstandstypen rezipiert: einer „durch unglückliche Umstände veranlaßten Auswanderung" einerseits und dem „Umstand" der nicht-bestandenen „Prüfung im Baufach in Berlin" andererseits.[39] Zwar heißt es im Bericht, dass dieser formale „Umstand" den Bewerber gewöhnlich „zurück setzen" dürfte. Unter der Bedingung allerdings, dass „Gnade vor Recht" gälte, „worauf er sich aber stützt", könnte der Supplik dennoch willfahren werden. Hieran zeigt sich exemplarisch, dass die Evokation schicksalhafter Umstände auch um 1800 noch in einer ästhetischen Zusammenschließung von Sympathie und Schicksal operieren kann. Die Darstellung der Schicksalhaftigkeit eines Lebens wird hier zu einer ästhetischen Aufgabe, die nicht primär das Aufzeigen menschlicher Ohnmacht oder tapferer Bewährung anpeilt. Stattdessen malt der Bewerber unter Rückgriff auf eine historische Ausnahmeperiode situative Zustöße aus, die das Mitleid der Leser erwecken und über das Medium der Gnade das Primat der normalen Karriereprogression aushebeln sollen.

Umgekehrt kann das Schicksal aber auch die Form eines außergewöhnlichen Mikroereignisses annehmen und darin ein Grund für Unzufriedenheit beim Empfänger sein, die der Bewerber dann durch eine umständliche Erzählung der genauen Begebenheiten versucht aufzulösen. In einer Eingabe an Handelsminister Hans von Bülow setzt ein Wasserbauinspektor dem Rezipienten etwa 1818 in grotesker Detailfülle die lebenszeitlichen Hintergründe eines von ihm verschuldeten „schlechten Wegstück[s] im Rour-Departement" auseinander, durch welches er glaubt, sich die „Ungnade" des damals auf dieser Straße reisenden Ministers zugezogen zu haben.[40] Dieses als „Unglück" firmierende Ereignis versucht der Beamte dem Empfänger gegenüber nun durch eine Serie unabänderliche Naturereignisse einerseits und seine immer wieder vereitelten Reparaturintentionen andererseits zu entschulden. Besagtes Wegstück sei, so Wasserbauinspektor Elsner, bereits in einem „von Natur äußerst schlechten" Zustand gewesen, „an dem seit 10 Jahren [...] nichts geschehen" sei, ehe „ein ungewöhnlich lange anhaltendes Regenwetter eintrat", dass die „aus feuchtem Thon bestehende Erde ganz aufweichte" und den „Weg für einige Wochen noch schlechter" machte als zuvor. Gleichzeitig habe Elsner „die sehr nothwendige Verbesserung" bereits früher „selbst zuerst veranlaßt", sei an deren rechtzeitiger „Ausführung" allerdings durch „von oben herab unübersteigerliche Hindernisse" abgehalten worden. Die Unüberwindlichkeit dieser

---
39 GStA PK, I. HA Rep. 93 B, Nr. 500, unfoliiert, Bericht der Regierung zu Bromberg an das Ministerium für Handel, Gewerbe und Bauwesen, 9. Januar 1822. Alle folgenden Zitate bis FN 40 sind aus dieser Quelle entnommen.
40 GStA PK, I. HA Rep. 93 B, Nr. 542, unfoliiert, Eingabe von Wasserbauinspektor Friedrich Wilhem Elsner an Handelsminister Bülow, 28. August 1818. Alle folgenden Zitate bis FN 41 sind aus dieser Quelle entnommen.

als transzendent gerahmten „Hindernisse" entstammt dabei zwei Domänen, die in der Supplik gleichsam zusammengezogen werden. „Von oben herab unübersteigerlich" ist nicht nur die unvorhersagbare Willkür der Natur, wie etwa das „lange anhaltende Regenwetter", das eine „Kiesbeschüttung" verhindert, sondern auch die Tatenlosigkeit der Vorgesetzten, bei denen alle „Vorstellungen ohne Erfolg blieben", obwohl der Supplikant „voraus sagte", dass aufgrund des Wetters „die größten gerechten Klagen über diesen Weg eingehen müßten."

Damit zeigt sich, dass in den Lebensläufen und Bewerbungsschreiben von Beamten dem Schicksal nicht nur der traditionelle Ort suprahumaner Naturgewalt zugewiesen wird. Auch die ‚supra-subalterne' Ebene höherer und höchster Beamter weist eine Unergründbarkeit und Unbeeinflussbarkeit auf, die deren Entscheidungen oder Nicht-Entscheidungen mit schicksalhafter Qualität auflädt. Das Passiv-Bleiben untergeordneter Beamter kann in diesem Sinne nicht nur als hilflose Überforderung angesichts der Gewalttätigkeit transzendenter Ereignisse geltend gemacht, sondern auch als Tugend unbedingten Gehorsams gegenüber einer vorgesetzten Behörde markiert werden.[41] Wenn dann, vermittels höherer Beamten- und Naturgewalt, die „größten gerechten Klagen" eintreten, die der Bauinspektor selbst in hilfloser Passivität bereits „voraus sagte",[42] wird in der Bittschrift ein geradezu tragischer Effekt generiert. Es ist, als ob die ganze unabänderliche „Herrschaft des Himmels und der Erde" angerufen werden müsse, um so „unbedeutende Verstöße oder derart gewöhnliche Unglücke" wie ein schlechtes Wegstück zu erklären.[43] Freilich nimmt auch in schicksalhaften Lebensläufen das Vor-Augen-Stellen tragischer Umstände eine taktisch-rhetorische Funktion ein. Auch sie zielt in letzter Konsequenz auf das Mitleid des Adressaten (in diesem Fall den Urheber der ursprünglichen ‚Ungnade') ab, das durch die besondere Unausweichlichkeit des Malheurs geweckt werden soll. Gerade die tragische Darstellung des ‚Unglücks' dient aus diesem Grund in den Augen der Bittsteller dazu, dieses Unglück *post factum* aus der Welt zu räumen.

---

[41] Zur Gehorsamkeitspflicht des Beamtenstandes vgl. Hintze, Der Beamtenstand, 7–10; Gerhard Oestreich, Geist und Gestalt des frühmodernen Staates, Berlin 1969, 188–192; Waltraud Heindl-Langer, Gehorsame Rebellen. Bürokratie und Beamte in Österreich 1780 bis 1848, Wien/Köln/Weimar 1991, 45.
[42] GStA PK, I. HA Rep. 93 B, Nr. 542, unfoliiert, Eingabe von Wasserbauinspektor Elsner, 28. August 1818.
[43] Foucault, Das Leben der infamen Menschen, 319.

b) Gelegenheiten

Umgekehrt bieten Zustöße aber auch unverhoffte Gelegenheiten zur Bewährung. Wenn der Konkurrenzdruck hoch genug ist und sich genügend Mitbewerber finden, die die formalen Karrierevoraussetzungen erfüllen, haben es Bewerber, die sich nur auf die Verlustseite des Schicksals berufen, in der Regel schwer.[44] Weit günstiger liest es sich stattdessen, wenn die Schicksalszeit des Krieges als Gelegenheit für eine besondere Verdiensthaftigkeit herausgestellt werden kann, die unabänderlichen Zustöße einer bedeutungsschwangeren Zeit also als *kairos* für außerordentliche Aktivität dienen können. Damit sind zunächst all jene Fälle berührt, in denen Bewerber sich als freiwillige Jäger in den Befreiungskriegen hervortun konnten. Der Freiwilligendienst ist in der patriotischen Literatur der Zeit semantisch überdeterminiert und wird wahlweise emphatisch als Auszeichnung „wahrer ‚Männlichkeit'"[45] verstanden, als Möglichkeit zum „kollektiv geehrten sinnvollen Heldentod"[46] verklärt, oder als Verteidigung der geschmähten Nation stilisiert.[47]

Weit profaner und doch nicht weniger effektiv dürften hingegen die gesetzlichen Anreize für das Wagnis der freiwilligen Equipierung gewirkt haben.[48] Parallel zum völkisch-patriotischen Diskurs der heroischen Männlichkeit zirkuliert nämlich die Drohung eines Karrieremalus für den Fall, dass sich Männer nicht für den Freiwilligendienst melden. Im königlichen Manifest vom 8. Februar 1813 heißt es, „kein junger Mann" solle „zu irgendeiner Stelle" gelangen, „wenn er nicht ein Jahr bei den aktiven Truppen oder in diesen Jäger-Detachements gedient hat."[49] Für die bereits in Staatsdiensten stehenden Zivilbediensteten wird am 27. Februar

---

44 Im Falle Smeils etwa wird trotz wiederholter Intervention der Regierung zu Bromberg, die auf seiner außergewöhnlichen Verdienstlichkeit und trostlosen Lage beharrt, das Gesuch um Anstellung als Baukonducteur aufgrund des fehlenden Examens in Berlin abgelehnt. Vgl. GStA PK, Rep. 93 B, Nr. 500, unfoliiert, Verfügung des Ministeriums für Handel, Gewerbe und Bauwesen an Baukonducteur Smeil, 12. Oktober 1824.
45 Karen Hagemann, Tod für das Vaterland. Der patriotisch-nationale Heldenkult zur Zeit der Freiheitskriege, in: Zeitschrift für Militärgeschichte 60 (2001), 307–342, hier: 328.
46 Hagemann, Tod für das Vaterland, 327.
47 Vgl. Hagemann, Tod für das Vaterland, 329.
48 Zur enormen Varianz von Motiven außerhalb des Topos patriotischer Aufopferung s. a. Leighton S. James, For the Fatherland? The Motivations of Austrian and Prussian Volunteers during the Revolutionary and Napoleonic Wars, in: War Volunteering in Modern Times: From the French Revolution to the Second World War, hg. v. Christine G. Krüger und Sonja Levsen, New York 2010, 40–58, hier: 53–54.
49 Rudolf Ibbeken, Preußen 1807–1813. Staat und Volk als Idee und in Wirklichkeit, Köln/Berlin 1970, 393.

1813 ein analoger Karrierebonus angekündigt, der verspricht, dass „jeder Offiziant", der an den Kriegen als Freiwilliger teilgenommen habe, „im Civil-Dienst besonders berücksichtigt und ihm vor solchen Dienern, deren Verhältnisse es gestattet hätten, auch der Fahne zu folgen, der Vorzug eingeräumt" werde.[50] Mit dieser Regelung wird es ganz offiziell möglich, Unterbrechungen der Karriere als besonders herausragende Ersatzleistungen ins Spiel zu bringen, mit denen ordnungsgemäß fortschreitende Beamte überholt werden können. Tatsächlich wird die gleichsam geforderte wie geförderte Auszeit von Beamten so zu einem „Zwang zur Freiwilligkeit"[51] überformt und mündet in die Lebensläufe als eine „staatsbürgerliche Pflicht",[52] die der detaillierten Schilderung gar nicht mehr bedarf. Entsprechend oft liest man in den Lebensläufen nach 1815 daher kursorisch von der Dienstzeit als Freiwilliger.[53] Begründungsbedürftig erscheint vielmehr das Gegenteil, der Verbleib im bisherigen Amt, etwa wenn ein Beamter seine Nicht-Teilnahme am Krieg durch ein „heftiges Nervenfieber" und den „Grund, daß er der einzige Ernährer armer vater- und mutterloser Geschwister war", entschuldigt.[54] Eine besonders auszeichnende und andere Karrieremängel ausgleichende Kraft entfaltet der Freiwilligendienst hingegen nur selten, zu inflationär verbreitet ist er unter den Beamten.[55]

---

50 Hoepfner, Die Formation der freiwilligen Jäger-Detachements bei der preußischen Armee im Jahre 1813, 3–4.
51 Ibbeken, Preußen 1807–1813, 394.
52 GStA PK, I. HA Rep. 93 B, Nr. 577, unfoliiert, Eingabe von Baukonducteur Georg Friedrich Gustav Cardinal von Widder an das Ministerium für Handel, Gewerbe und Bauwesen, 7. Oktober 1823.
53 Typische Formulierungen sind etwa: „die Feldzüge im Jahre 1813, 14 und 15 habe ich als Freiwilliger mitgemacht", GStA PK, I. HA Rep 93 B, Nr. 431, unfoliiert, Eingabe von Baukonducteur George Carl Theodor Mens an das Ministerium für Handel, Gewerbe und Bauwesen, 3. August 1822; „füge ich noch die Bemerkung hinzu, daß ich in dem Kriegsheere gegen Frankreich als freiwilliger Jäger gedient habe", GStA PK, I. HA Rep. 93 B, Nr. 500, unfoliiert, Eingabe von Baukonducteur Siegfried Bleeck an das Ministerium des Inneren, 3. April 1828; „1813 trat ich im Alter von 31 Jahren als Freiwilliger bei der Artillerie ein", GStA PK, I. HA Rep. 93 B, Nr. 640, unfoliiert, Eingabe von Baukonducteur Johann Joseph Fritsche an Handelsminister Bülow, 16. Juni 1821; „diente im Feldzuge des Jahres 1813 und 14 als Freiwilliger in der Ostpreußischen Landwehr", GStA PK, I. HA Rep. 93 B, Nr. 640, unfoliiert, Eingabe von Baukonducteur Otto Friedrich Weiss an Handelsminister Bülow, 26. April 1822; "im Jahre 1813 trat ich freiwillig in die Artillerie um meine Pflicht als Staatsbürger nachzukommen", GStA PK, I. HA Rep. 93 B, Nr. 577, unfoliiert, Eingabe von Baukonducteur Widder an das Ministerium für Handel, Gewerbe und Bauwesen, 7. Oktober 1823.
54 GStA PK, I. HA Rep. 93 B, Nr. 587, fol. 162, Eingabe von Bauinspektor Carl Leopold Nünneke an Handelsminister Bülow, 24. August 1819.
55 Für eine detailliertere Analyse multivalenter Bewerbungsstrategien im Kontext von Freiwilligen- und Kriegsersatzdienst im preußischen Rheinland um 1815 vgl. Strunz, Turbulente Lebensläufe, 205–209.

Doch erlauben die „einbrechenden gewaltigen Wechsel des Schicksals einer Welt"[56] auch ein einmaliges, gegen die *longue durée* einer stockenden Karriere wägbares Gegengewicht. Im Jahr 1831 soll der nach dem Krieg angestellte Baukonducteur Ludwig Belitski über den Umweg der Pensionierung aus dem aktiven Dienst entlassen werden. Die Gründe für diese Zwangspensionierung sind mannigfach; neben einer grundlegenden „Unfähigkeit", die „zum Theil in körperlichen Uebeln ihren Grund zu haben scheint", klagt die Behörde über „Unbeholfenheit", „Mangel an Geschäftskenntnißen und Fertigkeiten" sowie die „Unfähigkeit sich diese zu verschaffen", im Allgemeinen jedoch eine „Schwäche des Körpers und Geistes".[57] Das grundlegende Unvermögen, das die unbedingte und sofortige Abwicklung der Belitski'schen Laufbahn erfordert, zieht gleichzeitig eine sehr bescheidende Pension nach sich, gegen deren Höhe Belitski, nach Benachrichtigung durch die Regierung, Klage anhebt. Um zu einer höheren Gnadenpension zu gelangen, reicht Belitski eine Supplik ein, die als Gründe bisher „unbekannte Verdienste"[58] aufführt. Folglich setzt die Supplik im „beigehenden curriculum vitae" apologetisch „ein großes Unternehmen" in Szene; es erzählt eine singuläre heroische Tat Belitskis, die gegenüber der restlichen Lebenserzählung enorme Ausmaße annimmt.[59]

In seinem Lebenslauf, so schildert es Belitski, wirft der Krieg wie auch bei vielen anderen einen zerstörerischen Schatten über die Karriere des 1805 noch jungen Feldmessers. Als der „unglückliche Krieg" ausbricht, wird Belitski „nicht nur brodloß", vielmehr die gesamte „Laufbahn zerißen und mein Fortschreiten im Baufache gehemmt."[60] Die Kriegswirren führen ihn zurück in seine Heimatstadt Danzig, wo er „auf beßere Zeiten" hofft, schließlich aber, da er sich „nicht halten" kann, „bei den Franzosen [s]ein Unterkommen" als „Ingeneur Topograf" findet. Dieser als traurige Verkettung unglücklicher Umstände dargestellten Schilderung seines Abfalls vom Vaterland folgt eine erstaunliche Peripetie. Der Waffenstillstand erlaubt ihm 1813 „so glücklich" zu sein, „durch Umstände" den „Abschied von den Franzosen zu erhalten." Dieser Abschied wiederum gestattet Belitski die

---

56 GStA PK, I. HA Rep. 76 Vf., Lit. V Nr. 1, fol. 1, Eingabe von Schulamtskandidat Wilhelm Vollmer an Kultusminister Karl vom Stein zum Altenstein, 4. August 1821.
57 GStA PK, I. HA Rep. 93 B, Nr. 630, unfoliiert, Bericht der Regierung zu Liegnitz an das Innenministerium, 6. November 1828.
58 GStA PK, I. HA Rep. 93 B, Nr. 630, unfoliiert, Bericht der Regierung zu Liegnitz, 6. November 1828.
59 GStA PK, I. HA Rep. 93 B, Nr. 630, unfoliiert, Eingabe von Baukonducteur Ludwig Belitski an Innenminister Schuckmann, 18. November 1828.
60 GStA PK, I. HA Rep. 93 B, Nr. 630, unfoliiert, Lebenslauf von Baukonducteur Belitski, 18. November 1828. Alle folgenden Zitate bis FN 61 sind aus dieser Quelle entnommen.

Verwirklichung eines langen gehegten patriotischen Unternehmens. „Schon lange", so lässt er verlauten, hoffte er „einen vollständigen Plan von der Festung Danzig anlegen zu können", er schmuggelt schließlich einige Papiere aus der Festung, geht „mit Gott in der größten Lebensgefahr weil ich alle meine Brouillons bei mir hatte [...] glücklich durch die französischen Vorposten" und gelangt ins „Haupt-Quartier in Zuckau vor Danzig", wo er die Broullions den befehlshabenden Offizieren unterbreitet. Im Verlauf der nächsten Wochen entwirft er aus den Skizzen „in kurzer Zeit [...] einen speciellen Plan", der die „Festung mit allen inneren und äußeren Werken" verzeichnet. Dieser Plan soll laut Belitski schließlich als Grundlage für die Belagerung dienen und durch die Verlagerung des Angriffspunkts vom stark befestigten Hagelsberg auf den exponierteren Bischofsberg „viele Menschen erhalten."[61]

Belitski bringt also die einmalige Größe einer genutzten Gelegenheit ins Spiel, um die gesamte Laufzeit seiner schlecht gelungenen Karriere aufzuwerten. Er, dem diese Tat schließlich als „frühere Verdienstlichkeit"[62] angerechnet wird, bedient mit seinem Narrativ weniger den patriotischen Großdiskurs männlicher Opferbereitschaft, als eine ökonomische Transaktionslogik.[63] Mit seinem Heroismus begibt sich Belitski nämlich in die Sphären des Verdienstes. Und der ist bereits seit der Zeit der Aufklärung in komplexe Taxonomien aufgegliedert. Hier lässt sich Belitskis Tat in die „erste Ordnung" der „großen Klasse" einordnen.[64] Diese umfasst, so die Verdienstlehre Thomas Abbts, „große Taten, kluge Anstalten, wodurch die Sicherheit eines Volkes, oder der Friede unter demselben erhal-

---

61 GStA PK, I. HA Rep. 93 B, Nr. 630, unfoliiert, Lebenslauf von Baukondukteur Belitski, 18. November 1828. Die Frage ‚wie es wirklich gewesen ist' steht aufgrund der methodischen Anlage dieser Studie als Formgeschichte eher im Hintergrund. In der zeitgenössischen Kriegsgeschichtsschreibung finden sich allerdings Hinweise darauf, dass die Belagerung Danzigs 1813 durch russische und preußische Truppen die Belagerung zunächst vom Hagelsberg aus geplant wurde, dann aber der Bischofsberg zum neuen Angriffspunkt erklärt wurde. Auch der Verweis auf die (laut Belitski seinem Plan zu entnehmende) starke Befestigung des Hagelsbergs fehlt nicht. Der Bischofsberg sei ausgewählt worden, „weil die Franzosen, seit Danzig in ihrem Besitze war, den Hagelsberg und den Holm durch viele neue Werke fast unangreifbar gemacht hatten." Carl Friccius, Geschichte der Befestigungen und Belagerungen Danzigs, Berlin 1854, 254. Das historische Subjekt Belitski scheint hingegen im Gedröhne einer Geschichtsschreibung großer Generäle und Heermeister verloren gegangen zu sein.
62 GStA PK, I. HA Rep. 93 B, Nr. 630, unfoliiert, Innenminister Schuckmann an Friedrich Wilhelm III., 5. November 1830.
63 Zu jenen diskursiven Großkonstellationen während des Krieges vgl. Karen Hagemann, „Mannlicher Muth und teutsche Ehre". Nation, Militär und Geschlecht zur Zeit der antinapoleonischen Kriege Preußens, Paderborn/München 2002.
64 Vgl. Abbt, Vom Verdienste, 265.

ten wird."⁶⁵ Im Zentrum der Anrechenbarkeit steht damit weniger die klassisch heroische Frage, ob und auf welche Weise ein Subjekt sein Leben für einen höheren Zweck riskiert hat, als die Problematik welchen zivilisatorischen Wert eine Tat hat.⁶⁶

Welchen „Werth" sein Kartenwerk habe, fragt Belitski in seinen Eingaben mehrmals selbst und liefert die Antworten gleich in Form numerischer Daten nach. Es sind einerseits „mit 24 Canonen angelegte und verdeckte Reduits",⁶⁷ deren Schlagkraft die preußisch-russischen Truppen kraft seiner planerischen Einzeichnung entgehen können, andererseits aber „viel Arbeit", die „bespart" wurde und „tausende von Menschen",⁶⁸ die vor dem sicheren Tod gerettet wurden. Das Aufwiegen der kartographischen Arbeit in Kanonen und geretteten Menschenleben erlaubt Belitski so letzten Endes eine Verrechenbarkeit seiner Tat mit ökonomischen und biopolitischen Überlegungen. Seine Pension wird also nicht nur aus den „mildesten Rücksichten" gewährt, sondern besonders mit Blick auf seine „frühere Verdienstlichkeit" mit 60 Thalern zusätzlichem „Gnadengehalt" aufgewertet.⁶⁹ Ein Fall wie dieser verdeutlicht, dass auch ein offensichtlich gescheiterter Lebenslauf gerettet werden kann, wenn der Bewerber in der Lage ist, nicht-laufbahnrelevante Tätigkeiten als Verdienste während historischer Ausnahmezeiten zu stilisieren, die den Kalkülen des Staates dienlich sind. Der Akt souveräner Gnade ist vor diesem Hintergrund weniger eine Geste höchsten Mitleids als die Offenbarung der Bewegbarkeit des ökonomischen Staatsherzens.

2 Sympathetische Zustoßkommunikation

Tatsächlich stellt sich damit die Frage, welchen Status das Mitleid in der Kommunikation von karriereetechnischen Unglücksfällen überhaupt hat. Briefsteller bemerken, dass Bittschriften nach einer „Sprache" verlangen, die „der Sache selbst angemessen" sei, konstatieren für diese „Sache" aber bedeutende Anforderungen: „Oefters erfordert diese eine lebhafte Sprache des Affekts, in welchen

---

65 Abbt, Vom Verdienste, 265.
66 Vgl. Michael Gamper, Der große Mann. Geschichte eines politischen Phantasmas, Göttingen 2016, 56–57.
67 GStA PK, I. HA Rep. 93 B, Nr. 630, unfoliiert, Lebenslauf von Baukonducteur Belitski, 18. November 1828. Alle folgenden Zitate bis FN 68 sind aus dieser Quelle entnommen.
68 GStA PK, I. HA Rep. 93 B, Nr. 630, unfoliiert, Eingabe von Baukonducteur Belitski an Innenminister Schuckmann, 5. Dezember 1828.
69 GStA PK, I. HA Rep. 93 B, Nr. 630, unfoliiert, Bericht von Innenminister Schuckmann an Friedrich Wilhelm III., 5. November 1830.

uns das Gewicht derselben versetzt, wenn es zumal darauf ankommt, ähnliche Gemüthsbewegungen in dem Anderen zu erwecken, die uns zur Erreichung unserer Absicht behüflich seyn können."[70] Schon diese Formulierung zeigt an, dass die „Sprache des Affekts" eigentlich auf einen Affekt der Affekte abzielt. Über allen empirischen „Gemüthsbewegungen" steht ein sympathetisches Begehren, das die Kommunikation dieser Affekte bezweckt. Der affektive Gravitationseffekt, den die „Sache" direkt auf den Bittsteller ausübt, lässt sich nur indirekt beim Empfänger auslösen. Eine Mitleidsproduktion, die die Gewährung der Bitte bezweckt, ist daher nur unter der Bedingung von Sympathiekommunikation möglich; sie erfordert eine Sprache, die die Umstände der Bitte gleichzeitig affektiv übersetzt und sympathetisch weiterleitet.

Die Rede von unglücklichen Schicksalsschlägen oder glücklichen Gelegenheiten operiert damit grundsätzlich in einem sympathetischen System, das auf bürokratische Gerechtigkeit abstellt. Sie imaginiert eine Welt von Karriereentscheidungen, in der die Gunst von Vorgesetzten nicht von den redlichen Absichten der Bewerber, sondern von mehr oder weniger unbeeinflussbaren Umständen abhängt und erklärt damit ein spezifisches „Feld sozialer Praxis" zu einem Raum, der „kontingente Ereignisse mit affektiven Urteilen zur Deckung bringt."[71] Die für diese Konstellation grundlegende *Theory of Moral Sentiments* von Adam Smith, die Ende des 18. Jahrhunderts gleich zweimal ins Deutsche übersetzt wurde,[72] rückt den Einfluss des Glücks *(fortune)* für die Sympathie dabei nicht ohne Grund in die Nähe des Verdiensts *(merit)*. Der „Verdienst" umschreibt jene Handlungen, die – so die Übertragung des deutschen Übersetzers 1770 – „belonungswürdig scheinen", also danach verlangen zu „vergelten, wieder [zu] bezahlen, für empfangenes Gutes Gutes wieder [zu] geben", weil sie der „geschickte Gegenstand der Dankbarkeit" sind.[73] „Dankbarkeit" *(gratitude)* aber entsteht nicht aus den Motiven und Absichten des Handelnden, sondern primär aus dem Vergnügen oder Missvergnügen, das die Folgen der Handlung auf das Gegenüber ausüben.[74] Da jedoch „die Folgen der Handlungen alle mit einander unter der Herrschaft des Glücks stehen",[75] verringert dieses merklich „unser Gefühl von Verdienst," wenn

---

70 Kerndörffer, Leipziger Briefsteller oder ausführliche und gründliche Anleitung zum Briefeschreiben, 243.
71 Vogl, Kalkül und Leidenschaft, 89.
72 Adam Smith, Theorie der moralischen Empfindungen. Nach der dritten Englischen Ausgabe [1767], Braunschweig 1770; Adam Smith, Theorie der sittlichen Gefühle [1791], Leipzig 1791–1795.
73 Smith, Theorie der moralischen Empfindungen, 153–154.
74 Vgl. Smith, Theorie der moralischen Empfindungen, 222–260.
75 Smith, Theorie der moralischen Empfindungen, 233.

die Handlungsabsicht „mit ihren abgezielten Wirkungen fehlgeschlagen ist."[76] Verdienstgefühl und Kontingenz übersetzen sich in diesem Sympathiemodell nahtlos in ein utilitaristisches Bewertungssystem, das Handlungen nach dem Prinzip der Nützlichkeit beurteilt; einem Prinzip, das auch in den Akten der preußischen Baubeamtenschaft allgegenwärtig ist.[77] In der deutschen Übertragung von Smith heißt es folglich auch:

> Der Mensch der nicht eine einzige wichtige Handlung aufzuweisen hat [...] kann auf keine sehr grosse Belohnung Anspruch machen, wenn gleich seine Unnüzlichkeit keiner anderen Ursache als allein dem Mangel einer bequemen Gelegenheit nüzlich zu seyn, beizumessen ist.[78]

Was die Sprache des Affekts für Bittsteller nun leistet, ist die Beleuchtung des eigenen Lebens aus der angenommenen Perspektive des Gegenübers: der Position des „Zuschauer[s], in dessen Empfindungen ich in Absicht auf mein eigenes Verhalten einzudringen suche."[79] Für Bewerber geht es also zunächst darum, in ihren Bittschriften in den „Platz des Anderen"[80] zu schlüpfen und den eigenen Lebenslauf im Modus des ‚Als Ob' eines bürokratischen Lesers zu beurteilen. Sie führen ihr eigenes Leben so vor dem Hintergrund des amtlichen Bewertungssystems vor und definieren Karriereziele, die in der bürokratischen Logik aufgrund von unglücklichen Zustößen geradezu zwingend scheitern müssen. Wie ein durch den Krieg gebeutelter Konducteur namens Herrmann ausführt: „Eine langwierige Krankheit und mehrere unvorhergesehene Familien Ereignisse verzögerten indes die Erreichung jenes Ziels, und der später eintretende Krieg vernichtete es gänzlich."[81]

Jenseits aller Absichten und Vorsätze beschwören Bewerber damit ein Zustoßsystem, das vergangene Unglücksfälle und Karriereunterbrechungen wie selbstverständlich aufeinander bezieht, naturalisiert und darin die unwillkürliche Lesart des bürokratischen Beobachters antizipiert. Und doch enthält jede Bewerbung auch ein zweites Moment der Einfühlung. Denn nachdem Bewerber vor den Augen ihrer Vorgesetzten einen „dichten Raum kontingenter Ereignisse und Urteile" imaginiert haben, wird dieser „in einen Raum personaler Zurech-

---

76 Smith, Theorie der moralischen Empfindungen, 234.
77 Vgl. Kap. III.3.
78 Smith, Theorie der moralischen Empfindungen, 258.
79 Smith, Theorie der moralischen Empfindungen, 276.
80 Vogl, Kalkül und Leidenschaft, 91.
81 GStA PK, I. HA Rep. 93 B, Nr. 431, unfoliiert, Eingabe von Baukondukteur Karl Wilhelm Herrmann an das Ministerium für Handel, Gewerbe und Bauwesen, 30. Juli 1818.

nung zurückübersetzt", aus dem sie versuchen „ein Kriterium der Rechtmäßigkeit zurückzugewinnen."[82] Mit dem, was man ein ‚Als Ob' zweiter Ordnung nennen könnte, stellt der Bewerber darauf ab, sich „in dem Lichte anzusehen [...] worin er erscheinen müßte, worin er würde erschienen seyn, wenn seine edelmütigen Absichten mit einem glücklichen Erfolge wären gecrönet worden."[83]

Bewerber wie jener Kondukteur Herrmann werfen implizit die Frage auf, wo sie jetzt stünden, wenn sie nicht an der Durchführung ihrer Absichten gehindert worden wären: „Da ich bereits im 36ten Lebens-Jahre stehe und früher schon in einem festen Posten diente [...] so glaube ich den Wunsch, nach so manchen Stürmen des Schicksals, die Aussicht meine Zukunft etwas mehr gesichert zu sehen, nicht unterdrücken zu dürfen." Den aktuellen Ist-Zustand markiert Herrmann als unverschuldete Fehlentwicklung, die dem altersgerechten Soll-Zustand entgegensteht. Was dem Bewerber an Brauchbarkeit in Dienstjahren, Leistungen und Erfahrungen fehlt, wird aufgewogen durch die Emphase „in den letzten Jahren nach Kräften bemüht gewesen" zu sein, „dem Preuß[ischen] Staate nützlich zu werden."[84]

Der Modus energetischen Strebens tritt so an die Stelle nicht-verwirklichter Verdienste und nötigt dem Adressaten eine Bewertungsempfehlung auf: Die Anstellung eines unglücklichen „Inländers" würde „neuen Beweis davon geben, daß keiner von ihnen unverschuldeterweise [...] zurückstehen dürfe."[85] Verdienst und Nicht-Verdienst wird in Lebensläufen damit in einer doppelten Einfühlung vorgeführt. Einerseits als – von Glücks- und Unglücksfällen beherrschte – Erfolgs- oder Misserfolgsgeschichte, andererseits aber als – von der tatsächlichen Laufbahnentwicklung unabhängiges – aktivistisches *a priori*, das immer schon die tatsächliche Karriere prädiziert. Die Sprache des Affekts als sympathetisches Verfahren bringt also schickliche Absichten, vorgesetzte Ziele und aufgebrachte Kräfte als genauso wirkliche Objekte des Verdiensts hervor, wie die tatsächlich vollbrachten Leistungen.

Damit zeigt sich schließlich der reale Einsatzpunkt sympathetischer Zustoßkommunikation. Zufälle, Unfälle, Schicksalsschläge und Gelegenheiten kommen zunächst als Ereignisse ins Spiel, die den Bewerber unvermittelt als institutionelle Person treffen und seinen objektiven Karriereverdienst schmälern oder mehren. Verdienst ist dabei fest in die Semantik der Brauchbarkeit eingelassen und leitet

---

82 Vogl, Kalkül und Leidenschaft, 90.
83 Smith, Theorie der moralischen Empfindungen, 260.
84 GStA PK, I. HA Rep. 93 B, Nr. 431, unfoliiert, Eingabe von Baukondukteur Herrmann, 30. Juli 1818.
85 GStA PK, I. HA Rep. 93 B, Nr. 431, unfoliiert, Eingabe von Baukondukteur Herrmann, 30. Juli 1818.

sich aus nützlichen Handlungskonsequenzen ab. Gleichzeitig öffnen die Zustöße aber den Blick in ein prä-kontingentes Reich der Zurechnung, das hinter jedem „Mangel einer bequemen Gelegenheit"[86] ein unablässiges Streben nach Brauchbarwerdung sichtbar macht. Stellen Karriereerzählungen den Verdienst verwirklichter Laufbahnen aus, so ermöglichen Zustoßerzählungen die Kommunikation unverwirklichter Absichten, die im Modus rastlosen Bemühens geschildert werden.

Hinter allen passiven Einschlägen und Gelegenheiten findet sich also ein ebenso ruheloser Raum der Aktivität wie bereits in denjenigen Lebensläufen, in denen aufstrebende Karrieren geltend gemacht wurden. Nicht nur steht das ganze Leben in Lebensläufen, die um 1800 an Institutionen adressiert werden, somit unter der Ägide der Verausgabung; nicht nur eröffnen jene Ereignisse, die klassischerweise als Zeichen einer willkürlichen *fortuna* figurierten, nun den Blick auf ein Subjekt, das von frühester Kindheit bestrebt ist, nützlich zu werden; vor allem operiert hinter der Herrschaft des Schicksals ein unablässiges und allumfassendes Verdienstsystem, ein meritokratischer Generalbass, der den „Unterschied zwischen Beweggrund, Ausführung und Folge"[87] einer Handlung zugunsten permanenten Aktivismus nivelliert; eines Aktivismus schließlich, der zu jeder Zeit und in jedem Handlungsmodus ein Leben vorstellt, das als Leben für eine Institution gelebt wird und daher jenseits allen empirischen Erfolgs oder Misserfolgs als Verdienst veranschlagt werden kann.

3 Bürokratische Gerechtigkeit

Mit sympathetischer Zustoßkommunikation wurde es möglich, die Logik der Verdienstorientierung auch dann aufrecht zu erhalten, wenn man von dezidiert gescheiterten oder gehemmten Karrieren erzählte. Auch dann, wenn Bewerber – teilweise ornamental ausgeschmückt – vom Einbruch karriereferner Zustöße sprachen, ging es doch in letzter Konsequenz darum, die bisherigen Misserfolge auszumerzen und nach vielen gescheiterten Versuchen endlich ein Recht auf ‚Karriere' einzuklagen. Gerade an der Apologetik des Schicksals zeigt sich deshalb ein Nachleben der Rhetorik nach deren vermeintlichem Ende, das nicht zuletzt auch über die lange Tradition der rhetorisch präfigurierten Briefsteller Eingang in die Suppliken gefunden hat.[88] Die „Sprache des

---

86 Smith, Theorie der moralischen Empfindungen, 258.
87 Vogl, Kalkül und Leidenschaft, 89.
88 So heißt es zur Sektion der Bittschriften in einem zeitgenössischen Briefsteller etwa, dass man in Suppliken „Erzählungen" einbinden müsse, die „alle zur Sache dienliche Umstände enthalten, und also nach dem Endzweck bald sehr ins einzelne gehen, Sache, Personen, Zeit,

Affekts"[89] war dafür zentral. Während man das, was einem ungewollt zustieß, in besonderem Maße für den Affekt der Affekte – das Band der Sympathie zwischen Absender und Adressat – nutzen konnte, betraten in den Lebensläufen und Bewerbungsschreiben gleichzeitig eine Unmenge expliziter „Gemüthsbewegungen"[90] die Bühne, die, wie herauszustellen ist, ebenfalls genuin rhetorisch angelegt waren und auf bürokratische Gerechtigkeit abzielten. Zunächst gilt es allerdings die auf den ersten Blick kontraintuitive Verbindung zwischen Affektbekundung und Bürokratie zu beleuchten.

a) Affekte in der Bürokratie

Folgt man Webers kanonischen Ausführungen zur Bürokratisierung, dann gilt für bürokratische Entscheidungen das Primat der Zweckrationalität. Nicht ein „Reich der freien Willkür und Gnade" oder „persönlich motivierten Gunst und Bewertung", nicht also das affektive Band zwischen Entscheider und Bittsteller bilden im Selbstverständnis bürokratischer Herrschaftsformen die Grundlage des Entscheidens, sondern „ein System rational diskutabler ‚Gründe'", das sich in die „Subsumtion unter Normen" oder die „Abwägung von Zwecken und Mitteln" übersetzen lässt.[91] Die Zweckrationalität des Entscheidens liegt damit quer zu dem, was Weber das „affektuelle Sicherverhalten" nennt. Jenes ist an die Gegenwart der eigenen Befindlichkeit gefesselt, es sucht den Sinn seines Handelns ausschließlich in der Affekthandlung selbst, nicht aber in nachgelagerten Normen oder Zwecken: „Affektuell handelt, wer sein Bedürfnis nach aktueller Rache, aktuellem Genuß, aktueller Hingabe, aktueller kontemplativer Seligkeit oder nach Abreaktion aktueller Affekte (gleichviel wie massiver oder wie sublimer Art) befriedigt."[92] Man hat, ausgehend vom Weber'schen

---

Ort, Gelegenheit, Ursachen, Hülfsmittel, Bewegungsgründe und Absichten genau angeben." Johann C. C. Rüdiger, Anweisung zur guten Schreibart in Geschäften der Wirthschaft, Handlung, Rechtspflege, Policey-, Finanz- und übrigen Staatsverwaltung, Halle 1792, 248–249. Zur näheren Analyse von Anstellungsgesuchen in Briefstellern vgl. Luks, Die Bewerbung.
89 Kerndörffer, Leipziger Briefsteller oder ausführliche und gründliche Anleitung zum Briefeschreiben, 243.
90 Johann Heinrich Bolte, Berlinischer Briefsteller für das gemeine Leben. Zum Gebrauch für deutsche Schulen und für jeden, der in der Briefstellerei Unterricht verlangt und bedarf, Berlin 1795, 94.
91 Weber, Wirtschaft und Gesellschaft, 565.
92 Weber, Wirtschaft und Gesellschaft, 12.

Modell, moderne Bürokratie und Affekte in der historischen Forschung folglich lange als antagonistisch und miteinander unvereinbar betrachtet.

Noch in der neuesten Forschung wird vor allem der Staatsdienst als – idealiter – affektfreier Raum charakterisiert. Eine solche Affektfreiheit hätte beispielsweise bereits das vormoderne Ethos der spanischen *corrigadores* (Hofdiener) geprägt. Die *corrigadores* stellten ein möglichst neutrales Gebaren im Umgang mit dem Hofpublikum zur Schau, das weder Freundlichkeit noch Unfreundlichkeit ausdrückte und tilgten im Idealfall jegliche Emotionalität aus Mimik, Gestik und Sprache, um nicht in Gefahr zu kommen, manipuliert zu werden.[93] Eine wesentliche Schwelle für die Konsolidierung eines affektfeindlichen Beamtenideals scheint die Zeit um 1800 zu sein. Der in Frankreich etablierte Begriff der ‚Bürokratie' wurde synonym mit einer Beamtenschaft gesetzt, die als interessen- und leidenschaftslos verrufen war.[94] Im französischen Kaiserreich Napoleons gerieten die affektgeladenen Bewerbungspraktiken der alten Eliten in den besetzten Staaten in die Kritik. Während lokale Eliten auf Gunsterweise und die Mobilisation von Affekten setzten, etablierten die französischen Behörden zumindest pro forma ein System, das Gönnerschaft und Gefühlsrhetorik sanktionierte.[95]

Auch im Preußen des späten 18. und frühen 19. Jahrhunderts scheinen Affekte und Bürokratie zunächst antagonistisch gelagert zu sein. Hegel forderte in seiner Rechtsphilosophie, dass die Staatsdiener, um dem Interesse des Allgemeinen gerecht zu werden, „Leidenschaftslosigkeit, Rechtlichkeit und Milde des Benehmens"[96] als sittliche Grundpfeiler ihrer selbst etablieren müssten. In seiner Untersuchung der preußischen Reformbürokratie hält Robert Bernsee fest, dass ein solches Beamtenethos (vermittels einer auf Dienstvorschriften, fixen Etats und internen Kontrollen basierten Verwaltung) dazu führte, den „althergebrachten *emotional style*" der ständischen Beamtenschaft zu delegitimieren.[97] Die Untersagung von Geschenkpraktiken hätte das alte System der Ehrbeziehungen erschüttert und damit den Beamten die Möglichkeiten genommen, sich zu traditionellen Emotionspraktiken zu verhalten.[98] Eben hier setzt um 1800 auch

---

93 Vgl. Arndt Brendecke, "Monitor Yourself!" The Controlled Emotions of Spanish Office Holders in the Early Modern Period, in: Administory 3 (2018) H. 1, 20–29, hier: 21–23.
94 Vgl. Bernd Wunder, Geschichte der Bürokratie in Deutschland, Frankfurt a. M. 1986, 7.
95 Vgl. Michael Broers, The Napoleonic Empire in Italy, 1796–1814: Cultural Imperialism in a European Context? London 2005, 198.
96 Hegel, Werke, Bd. 7, § 295.
97 Robert Bernsee, Gefühlskalte Bürokratie. Emotionen im Verwaltungshandeln des frühen 19. Jahrhunderts, in: Administory 3 (2018), Nr. 1, 147–163, hier: 159 (Hv. i. Orig.).
98 Vgl. Bernsee, Gefühlskalte Bürokratie, 159.

die publizistische Bürokratiekritik an. Dem Staatsdienst fehle es, so paraphrasiert Bernsee die zeitgenössischen Kritiker, nicht nur „an Einfühlungsvermögen", vielmehr sei der gesamte bürokratische Apparat durch das Fehlen von „Ehr-, Treue- oder Pflichtgefühl" dem „moralischen Niedergang" preisgegeben.[99] Vor diesem Hintergrund verwundert es nicht, dass Adelung den bürokratischen „Geschäfts-Styl" zum paradigmatischen Modell affektfreier Kommunikation erklärt. Als „kälteste und ungeschmückteste" Kommunikationsform sei er einzig auf „Bestimmtheit und Kürze" angelegt und erfordere, „allen rednerischen Schmuck" abzulegen.[100] Auch Marx unterscheidet noch eine „affektvolle Sprache der Verhältnisse selbst"[101] und eine Sprache der „amtlichen Beurteilung",[102] wobei erstere zur Leidenschaft der „Volkszustände[]" geschlagen wird und letztere in „amtlichen Berichten" vorherrsche.[103]

Diese Befunde stehen in eigentümlichem Widerspruch zu den überbordenden Affekten und Passionen in den Eingaben und Lebensläufen an die preußische Verwaltung. Wieder und wieder sprechen Bewerber gegenüber höheren und höchsten Empfängern von „Wünschen",[104] „Hoffnungen",[105] „Sorgen",[106] „Kummer",[107]

---

[99] Bernsee, Gefühlskalte Bürokratie, 155–156.
[100] Adelung, Ueber den deutschen Styl, Bd. 2, 33.
[101] Karl Marx, Rechtfertigung des Korrespondenten von der Mosel [Rheinische Zeitung 15. bis 20. Januar 1843], in: Werke, Bd. 1, Berlin 1976, 172–199, hier: 190.
[102] Marx, Rechtfertigung des Korrespondenten von der Mosel, 187.
[103] Marx, Rechtfertigung des Korrespondenten von der Mosel, 190.
[104] „[B]in ich so glücklich diesen meinen sehnlichsten Wunsch erfüllt zu sehen", GStA PK, II. HA GD, Abt. 15, Magdeburg, Bestallungssachen, Tit. XIII Baubediente, Nr. 8, Bd. 2, fol. 132, Supplik von Konducteur Dunckelberg an Staatsminister Friedrich Wilhelm von der Schulenburg-Kehnert, 10. April 1799.
[105] „[U]nseren Bau-Conducteurs würde sonst die Hoffnung, fixiert angestellt zu werden ganz benommen", GStA PK, I. HA Rep. 93 B, Nr. 601, unfoliiert, Bericht der Regierung zu Merseburg an das Ministerium für Handel-Gewerbe und Bauwesen, 5. Juli 1825.
[106] „Daß ich die Gnade gehoerig zu schaetzen weiß, im Fall Hochdieselben durch Employment, eine Last von Sorgen von mir waelzen, unter denen ich ansonsten liegen muß." GStA PK, I. HA Rep. 109, Nr. 2862, fol. 13, Supplik von John M. Carstens an Seehandlungsdirektor Carl August von Struensee, 2. Dezember 1796.
[107] „Ich habe also in und für ihn eine glückliche Aussicht, sie aber fest zu gründen und seinen Talenten die angemessene Nahrung, so wie ich es wünschte zu geben, dies erlauben meine Kräfte und meine Einkünfte bey der Erhaltung meiner aus 11 Personen bestehenden Familie nicht, und dies macht mir Kummer", GStA PK, I. HA Rep. 121, Nr. 269, fol. 24, Supplik von Oberberggrat Praetorius an Oberberghauptmann Heinitz, 20. Oktober 1799 [Hv. i. Orig.].

„Furcht",[108] „Trauer"[109] oder „Verdruss";[110] mehr noch: Sie mobilisieren diese Affekte für ihre Bewerbungen und fordern die Adressaten auf, spezifische Gefühlslagen zu beheben. Ohne dass sich hieraus eine klare Taxonomie spezifischer Befindlichkeiten ableiten ließe, operieren die meisten dieser Bekundungen in einem affektivem Kollektivsingular, der vor allen Dingen eine Abweichung vom routinemäßigen (und affektfreien) Normalzustand anzeigt. Das passt zu dem Befund, dass unter Beamten Affekte zuweilen sogar zu konstitutiven Prinzipien des Parteienverkehrs werden.[111]

In den Lebensläufen und Bewerbungsschreiben um 1800 liest man dementsprechend häufig von negativ gestimmten Zuständen. Diese scheinbar inneren Zustände, das deutete bereits die Analyse der Zustöße an, sind manchmal auf den Einschlag unerwarteter Ereignisse, manchmal auf ungünstige Zufälle, oft jedoch auf ungerechte höhere Personalentscheidungen zurückzuführen. Das „harte Schicksal" trifft etwa einen Offizianten, der binnen einer Woche seine „sämtliche 3 Kinder an deren Blattern" und kurz danach seine „Ehe-Frau durch Chagrin" verliert.[112] Das Schicksal macht ihn so mit einer „Welt" der „Fatalitäten" bekannt, in der der „traurige Zufall" herrscht. Es ist eine unglückliche Welt, die nicht nur kraft des Zufalls todbringende Krankheiten über die Nächsten bringt, sondern aus diesen Todesfällen einen abgeleiteten todbringenden Affekt des Kummers (Chagrin) erwirkt, der schließlich auch den Bewerber selbst befällt, ihn zwar nicht tötet aber doch „sehr betäube, und niederschlug." Ähnlich niederschlagend ergeht es einem langjährigen Beamten, der unter widrigen Umständen seinen Dienst versehen muss. Dabei markiert er als Auslöser für vergangene Missstimmungen die „schrecklichen Geschäfte", die „[s]einen Empfindungen entgegen waren", aber auch die Bürosituation eines „ungesundesten Kerker[s], bei den qualvollsten Geschäften vor welchen öfters menschliches

---

108 „Alle diese Umstände lassen mich eine sehr trübe und sorgenvolle Zukunft fürchten", GStA PK, I. HA Rep. 93 B, Nr. 640, unfoliiert, Eingabe von Baukondukteur Weiss an Handelsminister Bülow, 26. April 1822.
109 „[E]s ein trauriges Loos für mich seyn würde, wenn ich mich zeitlebens als Zimmergeselle in der Welt herum treiben sollte", GStA PK, I. HA Rep. 121 Nr. 269, fol. 95, Supplik von Zimmergeselle Buschick an Oberberghauptmann Heinitz, 23. März 1801.
110 „[K]am am Sonnabend Nachmittag zurück und verfügte sich noch in dem schlechten Wetter an demselben Tage zu einer Dauerarbeit bei Neustadt. Hierbei fand er eine Gelegenheit zum Verdruß", BLHA, Rep. 2 A I Hb. 6, fol. 118, Bericht der Regierung zu Potsdam an das Finanzministerium, 16. Mai 1816.
111 Vgl. Heindl-Langer, Gehorsame Rebellen, 322–326; Burkhardt Wolf, Kafka in Habsburg: Mythen und Effekte der Bürokratie, in: Administory 1 (2016), 193–221, hier: 212.
112 GStA PK, II. HA Abt. 14, Kurmark, Tit. CLVI, Sect. G, Nr. 40, Bd 1, unfoliiert, Lebenslauf von Christian Heinrich Schüler. Alle folgenden Zitate bis FN 113 entstammen aus dieser Quelle.

Gefühl zurückbebet."[113] Es wäre allerdings verfehlt dieses „Gefühl" als Zeichen einer epochalen reflexiven Innerlichkeit zu interpretieren,[114] die die sinnlichen Empfindungen einer Situation zu „Empfindnissen" des „Angenehmen oder Unangenehmen" transformieren, „Gefallen oder Mißfallen" auslösen und so dem Subjekt etwas „anthun."[115] Eingetragen in einen Lebenslauf werden die Affekte vielmehr zu Agenten von sozialen Rangierbewegungen.

b) Entrüstung als Enthemmung

Reduzierte man die Beschreibung von Gefühlen nämlich auf die Artikulation einer epochentypischen Innerlichkeit oder beamtenuntypischen Emotionalität, würde man die grundlegende Funktion dieser Affekte verkennen. Schon die kommunikative Anlage des Mediums Supplik macht deutlich, dass es sich hier keineswegs nur um authentische Geständnisse innerer Zustandswelten handeln kann.[116] Die Substanzialität, die Affekten beigemessen wird, ist vielmehr ein inhärenter Effekt der Affektkommunikation selbst.[117] Wie Luhmann am Beispiel der Angst deutlich machte, gewinnen Affekte einen wesentlichen Teil ihrer Schlagkraft erst in der Übermittlung an andere. Als Kommunikationsakt ist die Artikulation von Angst „immer authentische Kommunikation, da man

---

113 GStA PK, II. HA GD Abt. 14 Kurmark, Tit. CXV, Sect. W Nr. 28, fol. 139, Supplik von Aktuar Lindhorst, 14. Oktober 1791.
114 Zur epochalen Geltung affektiver Innerlichkeit um 1800 s. Bernhard Greiner,"... that until now, the inner world of man has been given ... such unimaginative treatment": Constructions of Interiority around 1800, in: Rethinking Emotion: Interiority and Exteriority in Premodern, Modern and Contemporary Thought, hg. von Rüdiger Campe und Julia Weber, Berlin 2014, 137–171.
115 Johann Nicolas Tetens, Philosophische Versuche über die menschliche Natur und ihre Entwicklung, Bd. 1, Leipzig 1777, 185–186.
116 So auch der Befund zur scheinbaren Affektgeladenheit von Patronagebriefen in der Frühen Neuzeit, die nicht als „Aussagen über das affektive Verhältnis der Korrespondenzpartner" zu werten, sondern vielmehr auf rhetorische Konventionen in Briefstellern zurückzuführen sei. Birgit Emich et al., Stand und Perspektiven der Patronageforschung. Zugleich eine Antwort auf Heiko Droste, in: Zeitschrift für historische Forschung 32 (2005), H. 2, 235–265, hier: 242–243.
117 Maßgebliche Studien zur Geschichte der Gefühle um 1800 gehen zwar von einer historischen Variabilität der Gefühlssemantik aus, gestehen den Gefühlen selbst aber eine subjektive Substanzialität jenseits den Aussagebedingungen in den Quellen zu. Vgl. Anne-Charlott Trepp, The Emotional Side of Men in Late Eighteenth-Century Germany (Theory and Example), in: Central European History 27 (1994), H. 2, 127–152, hier: 133; Anne-Charlott Trepp, Sanfte Männlichkeit und selbständige Weiblichkeit. Frauen und Männer im Hamburger Bürgertum zwischen 1770 und 1840, Göttingen 1996, 25–26.

sich selbst bescheinigen kann, Angst zu haben, ohne daß andere dies widerlegen können."[118] Es kommt also darauf an, Affekte, besonders diejenigen, die in genuin kommunikativen Medien wie Lebensläufen oder Bewerbungsschreiben zur Geltung kommen, als grundsätzlich rhetorisch überformte Interventionen zu analysieren, die ein bestimmtes Interesse verfolgen. Im Folgenden soll es daher nicht darum gehen, welcher spezifischen zeitgenössischen Semantik die Affekt- und Gefühlsbekundungen zuzuordnen sind. Am Beispiel der besonders prominenten Entrüstung soll stattdessen gezeigt werden, wie konkret Affekte der Mobilisierung von erstarrten Rangverhältnissen dienen.

Ein instrumentelles Interesse am Erzählen affektiver Schieflagen lässt sich auf der Ebene von schreibtechnischen Programmierungen schon an den *formula* für Bittschriften ablesen. Was in Supplikationen Eingang findet, zerfällt, den Konventionen der Form entsprechend, in „Veranlassung", „Bitte", „Beweggründe" und die „genaue Erzählung von Umständen."[119] Die Erzählung von Umständen aber führt in ein Reich der Affekte. Hier „leidet[120] das Bittschreiben die über den Erzählungsstyl sich etwas erhebende Sprache des Affekts"; eine Sprache, die „lebhafte und starke Schilderungen" hervorbringen soll, die „mit Vortheil ausgemahlt" sein müssen.[121] Es sind „Schilderungen", die dann zur Anwendung kommen, wenn „es auf Affektenerregung ankommt, und ein plötzlicher Entschluß bewirkt werden soll"; Erzählungen also, die jene Bitten ausgleichen sollen, „die selbst nicht so recht zulässig wäre[n] und von schwachen Gründen unterstützt würde[n]."[122]

Damit zeigt sich, dass Affektkommunikation besonders dann relevant wird, wenn die Aufführung von Gründen dürftig ausfällt. Sie bildet daher auch hier ein Gegengewicht zu jenen Erzählungen, in der die Karriere nur als abgebremst, unterbrochen oder unvollständig erzählt werden kann, mehr noch: Sie stilisiert die gehemmte Karriere selbst als eine Ursache für negative Affekte. Expliziert wird dieser Ausgleichseffekt auch in den Lebensläufen selbst. Ein Bauinspektor bittet 1818 etwa „auf die Traurigkeit meiner Lage Rücksicht zu nehmen" und etabliert zur Begründung ein sympathetisch-curriculares Band, indem jene

---

118 Niklas Luhmann, Ökologische Kommunikation. Kann die moderne Gesellschaft sich auf ökologische Gefährdungen einstellen? [1985], 4. Aufl., Wiesbaden 2004, 240. Vgl. Albrecht Koschorke, Wahrheit und Erfindung. Grundzüge einer allgemeinen Erzähltheorie, Frankfurt a. M. 2012, 42.
119 Sonnenfels, Über den Geschäftsstyl, 92–93.
120 „Leiden" nimmt hier den Sinn von „verstatten", „den Umständen, den Absichten gemäß sein" an. Leiden, in: Adelung, Grammatisch-kritisches Wörterbuch der hochdeutschen Mundart, Bd. 2, Wien 1811, Sp. 2008.
121 Bolte, Berlinischer Briefsteller für das gemeine Leben, 238.
122 Bolte, Berlinischer Briefsteller für das gemeine Leben, 238.

„Traurigkeit", „nur der ganz fühlen kann, welcher schon einmal wie ich diesmal in seiner Carrière rückwärts gegangen ist."[123]

Ein wesentlicher Effekt, den die Affekte rhetorisch hervorzubringen suchen, ist deshalb die Mobilisation von gehemmten Laufbahnen. Diese Hemmungen werden erzählerisch auf verschiedene Art in Szene gesetzt, korrelieren aber meist mit dem Ausdruck von Entrüstung. Besonders oft schreiben Beamte die Unangemessenheit der eigenen Laufbahn heteronomen Kräften zu, die den eigentlichen Verdiensten keine Gerechtigkeit haben widerfahren lassen und dafür andere ungerechterweise zum Zuge haben kommen lassen. Ein Kondukteur legt nahe, sich „Mühe" gegeben zu haben, „Bautenausführungen zu sehen" und dadurch „die einem Baubedienten nöthigen Kenntniße [...] zu verschaffen", kontrastiert diese Mühe dann aber mit der ihm unverhofft verschlossenen gebliebenen Karriere. „Wieder Assistent werden" zu müssen, also „nicht weiter [zu] kommen", führt ihn zu einem Gefühl, das er als „äußerst unangenehm" kennzeichnet und das ihn „um so mehr schmerzen" muss, „da all meine übrige Bekannte längst fixirt sind, und ihr Auskommen haben."[124]

Baurat Nauck spricht von einer Serie der „Kränkungen und Misshandlungen",[125] die ihren Grund im unangemessenen Fortschreiten gleichaltriger Bekannter haben. Zunächst wird ein Bauinspektor, obwohl er „den Feldzug nicht mitgemacht" hat, „im Collegio sein Vordermann" und erhält „ungeachtet er nur das Landbauwesen im Bezirk von Minden zu verwalten habe" nun ein „um 100 Reichstaler höher bestimmt[es]" Gehalt. Wo Nauck „alles zum Opfer gebracht" habe, „mißhandelt" wurde und „bei unzureichendem Dienst-Einkommen, sich durch pecuniaire Verlegenheiten überall gehemmt" sehe, stünden andere entgegen allen Verdiensten „hinreichend dotirt". Hier leitet die Serie unverdienter Zurücksetzungen den Beamten zu „erlittenen Kränkungen" und einem „Gemüth", dass „keine Ruh findet", ehe dem Brodeln der Affekte „ein zureichender Etat" gegenübergestellt wird, der endlich „Satisfaction" spendet. Ein dritter Offiziant schließlich befindet sich „in Hoffnung daß Ew[er] König[liche] Majestät" ihn „zum Deich-Commissario allermildest befördern lassen", muss dann allerdings mitansehen, wie der König nicht ihn, sondern „einen nahmens Hermes" befördert und obendrein noch den „Sohn des hiesigen Landsyndici Kettler zum extraordinairen Feldmeßer" anstellt, wodurch er „an [s]einen Verdienst

---

[123] GStA PK, I. HA Rep. 74, Abt. K X Nr. 28, unfoliiert, Eingabe von Wasserbauinspektor Elsner an Christian Rother, Direktor des Zentralbüros des Ministeriums für Finanzen, 28. August 1818.
[124] GStA PK, II. HA GD, Abt. 11, Neuostpreußen, I Bestallungssachen, Nr. 83, Bd. 2, fol. 115, Supplik von Kondukteur Tripp an Staatsminister Schrötter, 31. Mai 1801.
[125] GStA PK, I. HA Rep. 93 B, Nr. 669, unfoliiert, Lebenslauf von Bauinspektor Friedrich Nauck, 20. März 1818. Alle folgenden Zitate bis FN 126 entstammen dieser Quelle.

ein ansehnliches" verliert.[126] Nun sieht er sich mit der Gefahr konfrontiert, dass der junge Kettler „dem Deich-Commissario zum Assistenten zuzugeben" werde und ihm damit „vollends alle Hoffnung abschneiden" würde, „jemahls weiter zu emergiren" und folglich „mit [s]einer Familie zu Grunde gehen müße[]."[127]

Was hier zur Geltung kommt, ist – in unterschiedlicher Intensität – die Entrüstung über das eigene Zurückbleiben und das ungerechte Fortschreiten anderer. Das Medium der Bittschrift bietet den drei Bewerbern einen privilegierten Ort zur Beschreibung dieser Affekte, die ohne den kommunikativen Kanal des Supplizierens gar nicht an höhere Beamte artikulierbar wären. Der Kommunikationsakt wiederum erlaubt es den Affekten, so ließe sich mit Sara Ahmed argumentieren, retrospektiv ein sie verursachendes Objekt zuzuschreiben, wobei die Affinität zwischen Affekt und Affektursache über eine der Gewohnheit entlehnte „closeness of association"[128] etabliert wird. Im Fall der enttäuschten Baubeamten besteht diese Verbindung zwischen Affekten der Entrüstung und einer unverdienten Karriereprogression vergleichbarer Kollegen.

Dass nun gerade organisationsinterne Rangfragen zum bevorzugten Ursachenbündel für bürokratische Entrüstung stilisiert werden, ist kein Zufall. Ihre „closeness of association" lässt sich vielmehr genealogisch aus einer langen Tradition der Affektrhetorik ableiten.[129] Für Aristoteles ist die Entrüstung der Komplementärbegriff zum Mitleid, dem „Empfinden von Schmerz über unverdientes Unglück" und figuriert folglich als „Empfinden von Schmerz über unverdientes Glück."[130] Schon er schlägt einen habituellen Konnex zwischen Entrüstung und ‚Unverdienst', denn „[e]s gehört sich ja [...] über diejenigen [...] denen es gutgeht, ohne daß sie dessen würdig sind, entrüstet zu sein, denn was einem wider Verdienst [*para tēn axian*] zukommt, ist ungerecht."[131] Die axiologische Begründung der Entrüstung verweist damit, wie es die Kommentatoren vermerken, auf das Prinzip der „distributiven Gerechtigkeit", das

---

126 GStA II. HA GD, Abt. 21, Ostfriesland, Bestallungssachen, Tit. XIII Baubediente, Nr. 3a, unfoliiert, Supplik von Ingenieur Friedrich Wilhelm Magott an Friedrich II., 18. September 1769.
127 GStA II. HA GD, Abt. 21, Ostfriesland, Bestallungssachen, Tit. XIII Baubediente, Nr. 3a, unfoliiert, Supplik von Ingenieur Magott, 18. September 1769.
128 Sara Ahmed, Happy Objects, in: The Affect Theory Reader, hg. von Melissa Gregg und Gregory J. Seigworth, Durham/London 2010, 29–51, hier: 40.
129 Vgl. Rüdiger Campe, Presenting the Affect: The Scene of Pathos in Aristotle's Rhetoric and Its Revision in Descartes's Passions of the Soul, in: Campe; Weber, Rethinking Emotion, 36–57, hier: 43.
130 Aristoteles, Rhetorik, hg. von Gernot Krapinger, Stuttgart 2007, II, 2, 1378 b 9–23.
131 Aristoteles, Rhetorik, II, 2, 1378 b 9–23.

Macht, Ämter und Ansehen gemäß der Werthaftigkeit (*axia*) einer Person verteilt, die wiederum von der Verfassung eines Staats abhängt (in der Oligarchie ist der Referenzwert etwa Reichtum, in der Aristokratie Tugend).[132] Verallgemeinert ließe sich formulieren, dass der Affekt der Entrüstung in den Unwuchten der sozialen Rangordnung begründet liegt und dann aufkeimt, wenn Güter an andere verteilt werden, die sich den Normen eines kontingenten Wertsystems entsprechend noch nicht ausreichend ausgezeichnet haben. Dieses Wertsystem wird über die Kommunikation von affektiven Schieflagen selbst mit konstituiert.

Der „Beamtenstand"[133] scheint für Unwuchten dieser Art geradezu prädestiniert; eine hierarchisch strukturierte Ämterleiter wartet hier darauf, von miteinander rivalisierenden Subjekten (zeitgenössisch auch *Competenten* genannt[134]) möglichst schnell erklommen zu werden. Um 1800 ist diese Ämterleiter im Bauwesen stark zergliedert und in unterschiedlichste Wertsemantiken eingelassen, allen voran die des (kenntnis- und tätigkeitsbasierten) Verdienstes, aber auch der Ancienität und der freiwilligen Aufopferung fürs Vaterland. Der Beamtenstand konstituiert damit erstens ein in sich geschlossenes axiologisches System, das Subjekte permanent rhetorische Kämpfe um gerechte Einstufung ausfechten lässt. Diese Kämpfe steigern sich in den Bewerbungsschreiben und Lebensläufen konsequent zu ‚Affektszenen'[135]. Gleichaltrige Kollegen, die bereits fest angestellt sind, Bekannte, die trotz fehlender Militärzeit höhere Gehälter genießen, Söhne von Honoratioren, die einen lang gedienten Ingenieur überrunden, entrüsten nicht qua ihrer Persönlichkeit oder ihres Charakters, sondern wegen ihres Erfolgs bei amtlichen Wettläufen.

---

132 Aristotle, Rhetoric, hg. von Edward M. Cope und John E. Sandys, Cambridge 1877, Bd. 2, 109.
133 Hintze, Der Beamtenstand, 5.
134 Mit diesem Begriff vergleichen Anstellungsberichte immer wieder die sich gemeldeten Kandidaten auf eine Stelle miteinander, z. B. „Wir würden keinen Anstand nehmen, uns für einen dieser Competenten und zwar dem nach Maasgabe seiner Ancienität als Baumeister, zu erklären [...]." GStA PK, I. HA Rep. 93 B, Nr. 445 fol. 94, Bericht der Regierung zu Potsdam an das Ministerium des Inneren für Handels- und Gewerbeangelegenheiten, 15. März 1830.
135 Im Original: „scenes of affects". Campe, Presenting the Affect, 46. Affektszenen konstituieren sich für Campe bei Aristoteles als Darstellungen kontinuierlicher sozialer Differenzen und Differenzierungen: „The Aristotelian *pathos* is identified, finally, only on the level of the circumstances or the situation that define the relation between various actors (for instance, the relation between the superior and the less powerful, the more and the less wealthy man, etc.). According to this description, affect is not a matter of 'consciousness' but a scene to perform or a situation to narrate. It is the schema for unfolding a continuous world of perceived differences and distinctions, the imaginary world of the social as has become apparent with the definition of anger." Campe, Presenting the Affect, 45.

Das Nahverhältnis der Bauoffizianten erlaubt dabei eine permanente Beobachtung der amtlichen Rangierbewegungen. Als *Con-Currenten* um Ämter kürzen sie das ihrem Wert angemessene *curriculum* auf unlautere Weise ab und bringen damit die relationale Ordnung der Stellen auf empfindliche Weise durcheinander. Der Wettlaufcharakter des Curriculum Vitae, der als Metapher bereits in der römischen Kaiserzeit existierte,[136] erlaubt es gleichzeitig eine anonyme Macht anzuklagen, die alle Kollegen auf ihrer Laufbahn vorantreibt, und nur den Bittsteller unberücksichtigt lässt. Die Affekte spielen sich somit nicht in der Kant'schen Innenwelt des Subjekts ab, sondern in einer „continuous world of action and reaction";[137] sie entfalten sich auf dem Schauplatz eines klar umgrenzten sozialen Milieus, dessen Spielregeln über eine intrinsische Wertskala geregelt und in situativen Akten des Überschreitens oder Unterlaufens verletzt worden sind. Vor diesem Hintergrund ist die Re-Inszenierung der Überschreitung in der kleinen Form ‚Lebenslauf' essenziell: Hier wird nicht nur die situative Emergenz des Affekts nacherzählt, sondern im Kontext eigener und fremder Laufbahnen verortet. Erst in der Erzählung der Lebensumstände wird ersichtlich, dass gerade die eigene Beförderung verdient gewesen wäre oder diejenige der Rivalen unverdient.

Über die Serie von Hemmungs- und Übervorteilungsereignissen entwerfen zu kurz gekommene Bewerber damit zweitens auch eine affektiv und situativ enthemmte Alternativversion des eigenen *curriculums*. Jede Laufbahnerzählung wird hier von einer zweiten Erzählung möglicher Laufbahnen flankiert, die in einer „Zeit des historischen Konjunktivs"[138] situiert ist. In diesen Alternativlaufbahnen artikuliert sich ein revisionistisches Begehren: Die Momente zunichte gemachter Aufstiegsmöglichkeiten werden nicht nur als affizierende Konfusion der sozialen Rangordnung inszeniert, sondern verweisen an jedem Punkt auf eine Karriere, wie sie eigentlich hätte gewesen sein sollen. Bauinspektor Elsner berichtet von der Zeit nach dem Krieg, während der er „so viel Arbeit" hatte, dass er sich nur „an wenige Behörden wegen [s]einer künftigen Stellung wenden" konnte, „andere dagegen [...] je weniger sie vielleicht fühlten, eine Regierungsrathstelle zu verdienen, um desto mehr" darum „schrieben" und dies die

---

136 Die Semantik der Konkurrenz und die Möglichkeiten curricularer Abkürzungen existierte für die Metapher des *curriculum vitae* bereits bei Seneca. Das *curriculum vitae* dient hier zwar als individueller „Wettlauf des tugendhaften Lebens [...], der allerdings durch die vielen großspurigen Bahnen anderer Rennwägen zu neuen Spitzenleistungen angetrieben wird." Carsten Flaig, Curriculum Vitae.
137 Campe, Presenting the Affect, 39.
138 Joseph Vogl, Über das Zaudern, Zürich/Berlin 2008, 48.

„Folge" hatte, dass er „unbeachtet blieb."[139] Ein anderer Offiziant lamentiert über „Gehalt, daß mir gebührt hätte", „Besoldung, zu welcher mich schon mein Dienstalter berechtigt" und ein „unglückliches Amt", welches „ich vor 15 Jahren, lieber [...] nicht angenommen" und stattdessen „einen sichereren Weg zu meinem besseren Glück gesucht" hätte.[140] Jeder Moment versagter Beförderung enthält so eine Bifurkation, die die von ihm „divergierenden Ereignislinien"[141] enthält.

Tatsächlich ist genau das Insistieren auf verbauten Gelegenheiten, verschlossenen Karrierepfaden und ungebührlichen Zurücksetzungen ein sprachpragmatischer Kunstgriff, durch den die Beamten versuchen, die Hemmungen letztlich in ihr Gegenteil zu übersetzen. Bauinspektor Nauck etwa „überreich[t]" die „Schilderung seiner „bedrückten Lage" einzig mit dem Zweck, seinen „unzureichenden Besoldungs-Etat zu verbessern" und „das Gehalt zu bewilligen", das seine „Vorgänger im Amte gehabt" haben, vor allen Dingen aber seine „noch unbestimmte Rangfolge im Regierungs-Collegio zu Münster zu bestimmen."[142] Die Geschichte der amtlichen Übergehungen und Vernachlässigungen ist also nicht nur erzählerisch inszeniert, sondern verfolgt, indem sie die Behebung der Karrierehemmung in der Gegenwart präfiguriert, eine „Politik der Performanz".[143] Das was in der Vergangenheit nicht gewährt wurde, wird als ungerecht markiert, um es so in der Gegenwart nachträglich herbeizuführen. Das affektiv aufgeladene Sprechen von Entrüstung fungiert damit als Paradebeispiel sophistischer Rhetorik: es zeigt, vermittels der entrüsteten Rede, auf virtuelle Gelegenheiten, die durch eben dieses Zeigen performativ in die Aktualität überführt werden sollen.[144] Bewerber, die der vorgesetzten Behörde derartige Entrüstungsdramen vorführen, supplizieren nicht länger um die Gnade des Souveräns, sondern fordern die Wiederherstellung bürokratischer Gerechtigkeit.

Die Behörden begegnen der Entrüstung ihrer Beamten schließlich drittens auch nicht auf der Ebene einer psychopathologischen Innerlichkeit. Vielmehr konfrontieren Vorgesetzte die Erzählungen gehemmter Laufbahnen mit Gegen-

---

139 GStA PK, I. HA Rep. 74, Abt. K X Nr. 28, unfoliiert, Eingabe von Wasserbauinspektor Elsner, 28. August 1818.
140 GStA PK, II. HA GD Abt. 14 Kurmark, Tit. CXV, Sect. W Nr. 28, fol. 145, Supplik von Aktuar Lindhorst, 14. Oktober 1791.
141 Vogl, Über das Zaudern, 45.
142 GStA PK, I. HA Rep. 93 B, Nr. 669, unfoliiert, Lebenslauf von Bauinspektor Friedrich Nauck, 20. März 1818.
143 Vismann, Akten, 218.
144 Vgl. Barbara Cassin und Andrew Goffey, Sophistics, Rhetorics, and Performance; or, How to Really Do Things with Words, in: Philosophy & Rhetoric 42 (2009), H. 4, 349–372, hier: 353–354.

erzählungen. Es gilt das Primat der Umstandsbereinigung. Bauinspektor Naucks Entrüstungstirade etwa wird nicht auf der Ebene der Affekte gekontert, sondern über eine Alternativerzählung der affizierenden Situation neutralisiert. So heißt es im Bericht Hardenbergs und Bülows, dass Nauck „beinah vor allen Bau-Beamten der ungemeine Vorzug" bewilligt worden sei, „400 Reichstaler Pferde Unterhaltungskosten zu genießen", er für seine „in den lezten Feldzügen geleisteten Militairdienste" bereits „besondere Berücksichtigung und seine Ansetzung als Rath zu verdanken" habe und außerdem „bald eine fernerweile Verbesserung durch Aufrücken zu erwarten haben wird."[145] Angezweifelt wird damit nicht die Entrüstung, sondern die ihr zugrunde liegende Axiologie. Indem Nauck sich für verdienstvoller hält als er ist, überhaupt „der seitherigen Erfahrung nach nicht leicht zufrieden gestellt"[146] werden könne, kann eine Bereinigung der Affektlage unmöglich über eine Bewilligung des Gesuchs vollzogen werden. Vielmehr geht es für die Behörde darum, die Szene der Affekte ins rechte Licht zu setzen, sie mit allen anderen Umständen der Rangbildung abzugleichen und dadurch zu entdramatisieren. Man könnte also argumentieren, dass die Strategie höherer Stellen zur Beseitigung von Affektlagen darin besteht, Bill und Unbill der zugrundeliegenden Umstände zu erforschen, und dementsprechend eine „Disposition" zu verfügen, womit sich der erregte Beamte „füglich beruhigen könne."[147]

Die Lebensläufe und Bewerbungsschreiben, die um 1800 in die Registraturen der Verwaltung eingehen, sind also keineswegs Zeugnisse einer gefühlskalten und affektfeindlichen Bürokratie. Und doch sind sie nicht gänzlich unvereinbar mit dem publizistischen Feindbild, das die modernisierten administrativen Strukturen als „'kaltes, seelenloses Maschinenwesen'"[148] charakterisiert. Die Entrüstung, die in den Lebensläufen zur Geltung kommt, ist dezidiert negativ gepolt. In den Kommunikationsakt der Supplik eingebettet, wird sie in das Verhältnis zwischen Bewerber und Behörde eingesenkt, um sie ein für alle Mal aus der Welt zu schaffen. Der von der Behörde immer wieder verfügte Appell „sich zu beruhigen",[149] da der Grund der Affekte, die fehlgeleitete Laufbahn, bereits auf dem

---

145 GStA PK, I. HA Rep. 93 B, Nr. 669, unfoliiert, Bericht Bülow und Hardenbergs an Friedrich Wilhelm III., 10. November 1818.
146 GStA PK, I. HA Rep. 93 B, Nr. 669, unfoliiert, Bericht Bülow und Hardenbergs, 10. November 1818.
147 GStA PK, II. HA GD Abt. 14 Kurmark, Tit. CXV, Sect. W, Nr. 28, fol. 138, Bericht Johann Heinrich von Carmers an das Generaldirektorium, 10. Dezember 1791.
148 Bernsee, Gefühlskalte Bürokratie, 148.
149 Beispiele für diese Phrase in Verfügungen der Behörden: GStA PK, II. HA GD Abt. 14 Kurmark, Tit. CXV, Sect. W Nr. 28, fol. 153, Reskript des Generaldirektoriums an Aktuar Lindhorst, 26. Dezember 1791; GStA PK, I. HA Rep. 93 B, Nr. 474, unfoliiert, Verfügung des Ministeriums für Handel, Gewerbe und Bauwesen an Baukonducteur Ernst Wilhelm Springer, 5. November 1827.

Weg der Besserung sei, weist auf den emotiven Idealzustand des tätigen Staatsdieners. Er suggeriert, dass kein Grund für ein Aufwallen von Entrüstung bestehen kann, solange das *aptum* der aktuellen Laufbahnprogression gewahrt bleibt.

Gerade jene Bewerbungen, die nicht aufhören ihre Affekte gegen den bürokratischen status quo zu mobilisieren und mit der Replik „sich zu beruhigen" abgespeist werden, zeugen dabei auch von der Nachbarschaft dieses Schreibens zur Ethik des Querulierens. Im Medium der Supplik abgefasst, reihen sich die Affektbekundungen mühelos unter jene „bittenden Klagen und klagenden Bitten",[150] mit denen die preußische Verwaltung um 1800 überflutet wurde und die sie mit allen Mitteln zu disziplinieren suchte. Die Allgegenwärtigkeit von Entrüstungskommunikation im Bewerbungsprozess zeigt indes, dass das Querulieren längst ins Innere der Bürokratie gewandert ist. Der Körper der Bürokratie – das Personal – ist selbst von widerstrebenden Wünschen und Begehren durchzogen. Die bürokratischen Instanzen, die mit diesen affektpolitischen Einsätzen konfrontiert werden, können daher gar nicht anders, als ihrerseits Strategien zu entwickeln, um die freigesetzten Erregungspotentiale einzufangen. Die Bürokratie entwickelt eine Form des Affektmanagements und versucht die bewerberseitige Kopplung von Ereignissen und Affekten aufzutrennen, indem sie die affizierenden Ereignisse rekontextualisiert oder delegitimiert. Die Bauverwaltung pocht so auf das untragische Auflösen von Affekt- und Schicksalsdramen. Die Kommunikation von bewerberseitiger Entrüstung vollzieht sich dabei vor dem Ideal eines affektiven Nullzustands und etabliert ein einklagbares Recht auf Affektfreiheit. Die Macht der Zustöße und Entrüstung zeigt aber auch, wie sehr das biografische Geschick eines Bewerbers selbst in einem institutionalisierten Laufbahnsystem von der rhetorischen Geschicklichkeit in einer Bewerbung abhängt. Sie offenbart einmal mehr, dass Karrieren fabriziert werden müssen und sogar Karriererückschritte dergestalt aufbereitet werden können, dass sie ins Stocken gekommen Laufbahnen re-mobilisieren.

---

150 Gaderer, Staatsdienst, VI-5.

V Verflechtungen

1791 nimmt der Baurat und Stadtgerichts-Actuarius Johann Otto Lindhorst eine ihm wieder einmal versagte Beförderung zum Anlass, eine bittere Klage auf die Personalpolitik des Berliner Magistrats anzustimmen. Ohne sie beim Namen zu nennen, prangert er in seinem Schreiben eine Kultur der Begünstigung, Patronage und institutionellen Seilschaften an. Eingebettet ist dieser implizite Vorwurf in einen Lebenslauf, der von kontinuierlichen Benachteiligungen durchzogen ist und sich als „Geschichte meiner Amtsverwaltung"[1] darstellt. Die Erzählung setzt mit der Schilderung des auslösenden Ereignisses – dem „Tod des hiesigen Stadtgerichts-Actuar" – ein, der Lindhorsts „Hoffnung zu einer Verbesserung belebte", aber sie „auch dieses mal, so wie vormals schon dreimal" zutiefst enttäuschte. Die Schuldigen sind schnell benannt, die Ursache ebenso. Es ist das „mit keinen beifalswürdigen Gründen zu rechtfertigende Betragen des Magistrats", das sich Lindhorst nun durch seine Laufbahnschilderung anschickt, „in seinem ganzen und wahren Umfang" zu beleuchten.[2] Was folgt, ist eine Geschichte ungerechtfertigter Zurücksetzungen und verdienstloser Bevorzugungen.[3] Fünf Jahre nach Beginn des Referendariats (einem Zeitpunkt, zu dem er sich gerade davon „hatte abhalten lassen, eine andere Laufbahn, zu [...] betreiben") werden ihm bei einer Vakanz der „Sohn des damaligen Bürgermeisters, gleichen Stammes" und „Schwiegersohn des Bürgermeisters" vorgezogen – zwei Subjekte die ihre Dienstdifferenz zu Lindhorst dank ihrer Verwandtschaftsnetzwerke mehr als wett machen können.[4]

Die Erzählung wird als Serie entstandener Vakanzen und möglicher Gehaltsverbesserungen fortgesetzt, deren Charakter aber immer unbefriedigend bleibt. Mal erhalten die anderen Aktuare eine zusätzliche „Bonification", mal nivelliert

---

1 GStA PK, II. HA GD Abt. 14 Kurmark, Tit. CXV, Sect. W Nr. 28, fol. 139–147, Supplik von Aktuar Johann Otto Lindhorst an das Generaldirektorium, 14. Oktober 1791.
2 GStA PK, II. HA GD Abt. 14 Kurmark, Tit. CXV, Sect. W Nr. 28, fol. 139, Supplik von Aktuar Lindhorst, 14. Oktober 1791.
3 Die Magistrate waren im Preußen des 18. Jahrhunderts notorisch dafür bekannt, durch Patronage korrumpiert zu sein. Unter anderem aus diesem Grund entzog Friedrich Wilhelm I. ihnen bereits 1720 die Autonomie städtischer Entscheidungsgewalt. Seit dieser Zeit waren die Magistrate einem königlichen Kommissar oder Steuerrat unterstellt. Vgl. Horst Carl, Das 18. Jahrhundert (1701–1814). Rheinland und Westfalen im preußischen Staat von der Königskrönung bis zur "Franzosenzeit", in: Rheinland, Westfalen und Preußen. Eine Beziehungsgeschichte, hg. von Georg Mölich, Veit Veltzke und Bernd Walter, Münster 2011, 45–112, hier: 61.
4 GStA PK, II. HA GD Abt. 14 Kurmark, Tit. CXV, Sect. W Nr. 28, fol. 140, Supplik von Aktuar Lindhorst, 14. Oktober 1791.

sich eine Gehaltsverbesserung durch zusätzliche Kosten für „Canzellisten", mal sind „ungünstige Berichte" Schuld an der Verwehrung einer Beförderung.[5] Es sind Ereignisse, die allesamt einer feindlich gesinnten Macht zugeschrieben werden und in der ratlosen Verzweiflung kulminieren, wie der Magistrat es „zu meiner innigsten Kränkung geschehen lassen" konnte, „daß weit jüngere im Dienst die Früchte meiner, nach so vielen Jahren, mühsam und kummervoll errungenen Rechte genießen".[6] Nicht nur erlaubt das Medium der Supplik dem Querulanten Lindhorst hier in aller Dringlichkeit bürokratische Gerechtigkeit einzuklagen;[7] nicht nur macht Lindhorst hier eine parasitäre Logik geltend, die ihn zu bitterer Entrüstung führt; mit den „mühsam und kummervoll errungen Rechten" benennt er außerdem das, was weiter oben als karriererelevante Leistungen vorgestellt wurde. Diese allein von ihm zu verantwortenden und produzierten Verdienste stehen für Lindhorst in empfindlichem Widerspruch zu einer Besetzungskultur, die auf die autonome Verdiensthaftigkeit nur sekundär Bezug nimmt und im Zweifel ‚patronalen' Banden mehr Gewicht beimisst. Auch wenn es hier nicht explizit zum Ausdruck kommt – Lindhorsts Supplik ist durchtränkt vom Vorwurf einer durch und durch korrumpierten Besetzungspraxis.

Die Lindhorst'sche Elegie markiert dabei gleichzeitig die scheinbaren Grenzen des Lebenslaufs als einer Form, die sich gewöhnlich als Geschichte einer eigenmächtig hervorgebrachten Karriere ausnimmt. Patronage und Ämterkauf können darin als Störfaktoren beklagt werden, als Gründe für eine Anstellung oder Beförderung taugen sie nicht. Im Lebenslauf, so scheint es, lässt sich von der Erfolgs- oder Misserfolgsgeschichte der eigenen Karriere nur insofern sprechen, als dass sie verdient ist oder aber durch den unverschuldeten Einfluss äußerer Kräfte gehemmt wurde. Als Kennzeichen von verdienten Karrierefortschritten oder unverdienten Laufbahnrückschritten konnten zwei dichotome Erzählregime identifiziert werden. Eine knappe, gedrängte Erzählung produktiver formativer Ereignisse und eine weitschweifige, umständliche Schilderung außergewöhnlicher Zeitepisoden im Leben der Bewerber, die eine schnörkellose und zielorientierte Brauchbarwerdung unterbrachen oder vereitelten. So disparat diese curricularen Ereignisfolgen erscheinen mögen, so werden sie doch durch den geteilten Referenten zusammengehalten, der ihnen zugrunde liegt. In beiden Fällen ist das Aussagesubjekt iden-

---

5 GStA PK, II. HA GD Abt. 14 Kurmark, Tit. CXV, Sect. W Nr. 28, fol. 142, Supplik von Aktuar Lindhorst, 14. Oktober 1791.
6 GStA PK, II. HA GD Abt. 14 Kurmark, Tit. CXV, Sect. W Nr. 28, fol. 146, Supplik von Aktuar Lindhorst, 14. Oktober 1791.
7 Vgl. Gaderer, Staatsdienst, VI-4–VI-5.

tisch mit dem Subjekt der Erzählung, dessen Leben aufgrund bestimmter Tätigkeiten (Ausbildung, Berufserfahrung, Projekte) oder Widerfahrnisse (Krieg, Schicksal, Zurücksetzung) diesen oder jenen Verlauf genommen hat. Die Legitimität einer Bewerbung emaniert damit aus der Selbstfürsprache eines Subjekts, das zugleich Erzähler und Protagonist des eigenen Lebens ist.

Jedoch: So eingängig die Separation zwischen selbstbezeugtem Lebenslauf und fremdbezeugter Protektion erscheint, so wenig kann man diese Dimensionen in den Lebensläufen um 1800 tatsächlich trennen. Selbst Lindhorst verzichtet in seinem Schreiben nicht darauf, die eigene Verdienstlichkeit durch ein angehängtes Zeugnis Dritter (die „Zufriedenheit" seiner „Dienstverwaltung" betreffend) hervorzuheben.[8] Die Geschichte der Bürokratiekritik zeigt indes auch, dass sich die bürokratische Selbstbeschreibung, die zwischen einer „rationalen", leistungsmäßig-bürokratischen und einer „irrationalen", d. h. „allen rein persönlichen, [...] dem Kalkül sich entziehenden"[9] Form der Amtsführung unterscheidet, so nicht aufrecht erhalten lässt.[10] Der von bürokratischen Institutionen immer wieder fabrizierte Gegensatz von rationaler und patrimonialer (und Patronage-artiger) Herrschaft wurde durch die neuere Institutionengeschichte aufgebrochen, aktuelle Studien aus der Patronageforschung verorten die konstitutive Funktion von Patronage für jede Form von Bürokratie gerade in ihrer vertrauensstiftenden Dimension.[11]

In diesem Kapitel soll darum gezeigt werden, dass Laufbahnen nur in den seltensten Fällen in einfacher Verfassung erzählt werden können und gerade in der Vervielfachung der Stimmen, die deren Verlauf bezeugen (sei es in Empfehlungsschreiben, Arbeitszeugnissen oder Prüfungsattesten) eine immense Wertsteigerung erfahren. Wo die von Weber protokollierte Selbsterzählung der Bürokratie auf der Annahme basiert, dass Karrieren ausschließlich auf rationalen und vor allen Dingen autonom erzeugten Subjektqualitäten wie Qualifikation und Leistung

---

8 GStA PK, II. HA GD Abt. 14 Kurmark, Tit. CXV, Sect. W Nr. 28, fol. 140, Supplik von Aktuar Lindhorst, 14. Oktober 1791.
9 Weber, Wirtschaft und Gesellschaft, 563.
10 Siehe hierzu auch den Befund Valentina dal Cins über den Gebrauch von Lebensläufen in der venezianischen Bürokratie während der Napoleonischen Zeit. Obwohl hier eine neue Leistungsethik entstand, die sich vor allem anhand der Darlegung von Qualifikations- und Berufsgeschichten materialisierte, verloren die alten Progressionsagenturen wie soziale Klasse, Reichtum oder Netzwerke nicht an Bedeutung. Vgl. dal Cin, Presentarsi e autorappresentarsi di fronte a un potere che cambia, 84.
11 Heiko Droste, Patronage in der Frühen Neuzeit. Institutionen und Kulturform, Zeitschrift für historische Forschung 30 (2003), 555–590, hier: 571–573. Die Feststellungen Drostes teilweise korrigierend und präzisierend vgl. Birgit Emich et al., Stand und Perspektiven der Patronageforschung, 239–242. Für den preußischen Kontext, vgl. Bernsee, Moralische Erneuerung.

gründen,[12] zeigt die Bewerbungskultur um 1800, wie gerade die scheinbar objektiven Qualitäten sich selbst und ihren Wert erst durch Vermittlung, d. h. durch Netzwerke im allgemeinsten Sinne konstituieren. Leistung und Patronage stehen somit in einem dynamischen Wechselverhältnis.

1 Patronage in Preußen um 1800

Patron-Klient-Beziehungen waren in den Gesellschaften der Frühen Neuzeit genauso ubiquitär wie lokal variabel.[13] Im Allgemeinen kann man diese Beziehungen mit Guido Kirner als „persönliche, dauerhafte, asymmetrische und reziproke Tauschbeziehung[en]"[14] verstehen, in denen Personen unterschiedlichen Standes Ressourcen austauschten, von denen beide Seiten profitierten. Besonders im Bereich der höfischen Administration konnte so beispielsweise die Treue eines Klienten mit der Protektion und Einflussnahme bei Stellenbesetzungen erkauft werden.[15] In der politischen Theorie der Frühen Neuzeit war dies nicht unbedingt moralisch defizitär, denn der Beamtendienst war patrimonial kodiert. Treue und Lebensführung (*conduite*) galten als wesentlich wichtigere Indikatoren für die Güte eines Fürstendieners, als die Leistungsfähigkeit (sei es durch Qualifikation, Dienstführung, Erfolg etc.).[16] Die eminente Wichtigkeit patronaler Vermittlungen steigerte sich gerade in einer Zeit zunehmender Bürokratisierung. Bewerber, die nicht im Stapel eingehender Bittschriften verloren gehen wollten, wussten sich oft nur durch den gezielten Hinweis eines Gönners der Aufmerksamkeit des bearbeitenden Beamten zu versichern.[17] Fürstendiener operierten damit in „einer Gesellschaft mit einer wildwüchsigen Vielfalt von Qualifikationen und Karrieren, die durch Patronageverhältnisse strukturiert wurde."[18] Diese relativ weit verbreitete Praktik von Patronage geriet im deutschsprachigen Raum im Laufe des 18. Jahrhunderts zunehmend ins Kreuzfeuer der Kritik.

---

12 Vgl. Weber, Wirtschaft und Gesellschaft, 561–563.
13 Vgl. Emich et al., Stand und Perspektiven der Patronageforschung, 258.
14 Guido O. Kirner, Politik, Patronage und Gabentausch. Zur Archäologie vormoderner Sozialbeziehungen in der Politik moderner Gesellschaften, in: Berliner Debatte Initial (2003), H. 4–5, 168–183, hier: 170.
15 Vgl. Kirner, Politik, Partonage und Gabentausch, 170.
16 Vgl. Droste, Patronage in der Frühen Neuzeit, 577. Siehe dazu auch die frühneuzeitliche Beamtenethik, für die Treue zum Herrscher die höchste Tugend des Fürstendieners war, Stolleis, Grundzüge der Beamtenethik (1550–1650), 198–199.
17 Vgl. Steffen Martus, Aufklärung. Das deutsche 18. Jahrhundert – ein Epochenbild, Berlin 2015, 308–309.
18 Martus, Aufklärung, 310.

a) Kameralistische Patronagekritik

Ein Lamento grundsätzlicher Art stimmte Joseph von Sonnenfels 1786 über die Ämtervergabe im Habsburgerreich an. In seiner Schrift „Ueber den Nachtheil der vermehrten Universitäten" beklagte er – ganz ähnlich wie auch Kritiker in Preußen[19] – eine drohende Akademikerschwemme, die zu einem unnützen Aufwuchs von Ämtern, der Steigerung von Protektion und Schmeichelei und dem Ausschluss wirklich leistungsfähiger Staatsdiener führen würde.[20] Sonnenfels skizzierte damit ein grundlegend patronales Betriebsklima. Taktische Schmeichelei sei bei Stellenbesetzungen immer erfolgreicher als die Ehrlichkeit des fähigen Mannes. Die unfähigen Günstlinge hätten vielmehr „die Nothwendigkeit eingesehen, sich nur durch fremden Beistand" – also durch das Fürsprechen anderer – „geltend zu machen."[21] Das Arsenal der dazugehörigen Klientel-Techniken verschafft dem Günstling einen derart ausnehmenden Wettbewerbsvorteil, dass er Stellen bereits innehabe, bevor der Fähige überhaupt von einer Vakanz erfahre.

> Er [der Günstling, St.S] versäumt es nicht, findet diesen Beistand, ebnet sich den Zutritt, ist zudringend, ungestüm, zuversichtlich, spiegelt Fähigkeiten vor, oder bringt es dahin, daß von Fähigkeit keine Frage aufgeworfen wird, demüthiget sich, kriecht, wird angenommen, und hat nicht selten schon die Versicherung der Bedienung in seiner Tasche, ehe der Fähige, durch seinen Fleiß an sein Pult geheftet, es nur inne geworden, daß irgend eine Bedienung zu vergeben war.[22]

Auch der Kameralist Johann Heinrich Gottlob Justi beklagte zu Anfang des letzten Jahrhundertdrittels grassierende Unbildung und Klüngelei im europäischen Beamtentum. Beeindruckt von der bürokratischen Organisation des Qing-Reichs, dessen Beschreibung ihm der französische Jesuit Jean Baptiste du Halde geliefert hatte,[23] erschienen ihm die Fürstendiener an den europäischen Höfen von „gründliche[r] Gelehrsamkeit"[24] unendlich weit entfernt. Anstatt „dem Volke" durch „erzeigte Wohltaten" zu dienen, verwendeten sie ihre ganze Kraft auf die Kunst „wodurch

---

19 Für den preußischen Kontext s. etwa [Anonym], Ueber die zu große Anzahl der Studierenden, in: Berlinische Monatsschrift 12 (1788), H. 2, 251–266, hier: 253–254.
20 Joseph von Sonnenfels, Ueber den Nachtheil der vermehrten Universitäten, in: Gesammelte Schriften, Bd. 8, Wien 1786, 243–272. Vgl. Heindl-Langer, Gehorsame Rebellen, 93–94.
21 Sonnenfels, Ueber den Nachtheil der vermehrten Universitäten, 266.
22 Sonnenfels, Ueber den Nachtheil der vermehrten Universitäten, 265–266.
23 Vgl. Johanna M. Menzel, The Sinophilism of J. H. G. Justi, in: Journal of the History of Ideas 17 (1956), H. 3, 300–310, hier: 302.
24 Justi, Vergleichungen der europäischen mit den asiatischen und andern vermeintlich barbarischen Regierungen, 459.

man sich bey vielen Höfen in Gunst setzen und empor steigen" könne, also die Art und Weise sich unverdiente Karrieren zu verschaffen. Nicht selten gereichten ihnen dabei „Intriguen, Cabalen, Anverwandtschaften, Bestechungen, Schmeicheleyen und schändliche Dienstleistungen" als Mittel zum Zweck, also all jene Verflechtungen, die der verdienstvolle Bewerber ablehnen musste.[25] Dem stellt Justi einen Lobgesang auf die Rekrutierungsprinzipien der Mandarine gegenüber: die Vergabe von Ämtern nach „Verdiensten, Fähigkeiten und Geschicklichkeiten".[26] Da diese Prinzipien in Preußen bald zu Kriterien für Bestallungen werden sollten, bildete die friderizianische Administration für Justi daher konsequenterweise eine Ausnahme unter den europäischen Staaten und der Patronagepraxis.[27]

b) Administrative Maßnahmen und ihre Wirkung

Das Verdikt von der preußischen Sonderstellung im Panorama europäischer Bürokratien war nicht nur ein zeitgenössischer Topos. Es bildet bis heute einen Streitpunkt in historiographischen Debatten, in deren Zentrum die Frage steht, wie leistungsbasiert die Rekrutierung der preußischen Beamtenschaft tatsächlich war.[28] In jedem Fall gerieten die Günstlings- und Verwandtschaftsnetzwerke, die

---

[25] Justi, Vergleichungen der europäischen mit den asiatischen und andern vermeintlich barbarischen Regierungen, 460–461.
[26] Justi, Vergleichungen der europäischen mit den asiatischen und andern vermeintlich barbarischen Regierungen, 465. In China zeichne sich dieses Qualifikationsprinzip, so Justi, durch ein dreistufiges Ausbildungssystem aus, durch das die staatlichen „Bedienungen nach Verdiensten" verteilt werden sollen. Erst nach Absolvieren der zweiten Stufe könnten sich Personen auf öffentliche Ämter bewerben. Der Abschluss jeder Stufe sei durch ein „gewöhnliches Examen" indiziert, das jeder Student ablegen muss. Es folge schließlich während des Bewerbungsprozesses noch eine Spezialprüfung, durch die festgestellt werden solle, „zu was für einem obrigkeitlichen Amte ein solcher Gelehrter eigentlich tüchtig sey." Justi, Vergleichungen der europäischen mit den asiatischen und andern vermeintlich barbarischen Regierungen, 419–420.
[27] Justi, Vergleichungen der europäischen mit den asiatischen und andern vermeintlich barbarischen Regierungen, 465.
[28] Stellvertretend für zwei Pole der aktuellen Debatte sind Rolf Straubel, für den Patronage in den preußischen Zivilbedienungen des 18. Jahrhunderts zwar existierte, individueller Leistung aber immer untergeordnet wurde, vgl. Straubel, Beamte und Personalpolitik im altpreußischen Staat, 149, 156–182; und Robert Bernsee, für den die von Straubel herausgearbeiteten Qualifikations- und Leistungsprinzipien in der Besetzungspraxis dadurch unterwandert wurden, dass Adelige – prozentual an der Gesamtbevölkerung gemessen – extrem privilegiert wurden, die Routinierung auf Verwaltungsstellen ein hohes Eigenkapital erforderte und persönliche Beziehungen die Progression enorm beschleunigten, vgl. Bernsee, Moralische Erneuerung, 227. Hier

an vielen europäischen Höfen herrschten, in Preußen zu einem Problem: Patronage als Praxis in der Ämtervergabe konnte in Preußen zur Mitte des 18. Jahrhunderts nicht länger als Selbstverständlichkeit existieren, sondern erwuchs zu einer Frage, die unterschiedliche Antworten zeitigte.[29] Ein Index dieser Problematisierung zeigt sich zunächst in den verschiedenen gesetzlichen Maßnahmen, mit denen sich Friedrich Wilhelm I. und Friedrich II. der patronalen Einflussnahme auf Bestallungen zu erwehren suchten. Anders als in Königreichen wie Sachsen oder Hannover sollten in Preußen sogar subalterne Beamte – dort von Ministern bestallt – direkt vom König ernannt werden.[30] Das sogenannte Indigenatenverbot (Verbot von Einheimischen) sollte ausschließen, dass sich Beamte in ihrer Heimatprovinz bewerben konnten. Um der Bildung lokaler Patronage-Verbünde vorzubeugen, hatten Fürstendiener turnusmäßig in eine andere Provinz zu wechseln.[31] Die Cocceji'schen Justizreformen läuteten wiederum eine Reihe von Laufbahnreformen ein, die für immer mehr Verwaltungszweige Universitätsstudium, Referendariate und Prüfungen (ab 1770 institutionalisiert in der Oberexaminationskommission) vorschrieben.[32] Auf der Ebene der Justiz- und Finanzräte setzte sich durch diese Maßnahmen allmählich eine „kompetenzorientierte Auswahl"[33] durch. Anstoß dafür war die, in den Augen der Zeitgenossen, miserable Qualifikation („weder genugsame Wißenschaft noch Erfahrung"[34]) der bisherigen Räte und Präsidenten in der preußischen Verwaltung. Es galt zu verhindern, „daß sonderlich in den Provinzen kein ungeschicktes Subjectum Gelegenheit finde durchzuschleichen."[35]

Andere Untersuchungen haben allerdings gezeigt, dass diese Antikorruptionsmaßnahmen nicht den umfassenden Erfolg zeitigten, der in ihrer kodifi-

---

sei allerdings bemerkt, dass Bernsees Untersuchung, im Gegenteil zu der von Straubel, nur auf sehr wenigen selbst ausgewerteten archivalischen Personalunterlagen fußt.
29 Zu dieser Konzeption von „Problemen" vgl. Michel Foucault, Die Sorge um die Wahrheit [1984], in: Schriften in vier Bänden, Bd. 4, 823–836, hier: 829–830.
30 Vgl. Hintze, Acta Borussica, Bd. 6,1, 279. Die identische Aussage findet sich auch bei Dorn, The Prussian Bureaucracy in the Eighteenth Century, 404–405, der allerdings auf Hintze zurückgreift.
31 Vgl. Hintze, Acta Borussica, Bd. 6,1, 278–279.
32 Grundlegend hierzu vgl. Mueller, Bureaucracy, Education and Monopoly, 76–81. Zur Einführung des Justiz-Referendariats vgl. Johnson, Frederick the Great and His Officials, 113–117.
33 Hans Martin Sieg, Staatsdienst, Staatsdenken und Dienstgesinnung in Brandenburg-Preußen im 18. Jahrhundert (1713–1806), Berlin 2003, 40.
34 Straubel, Adlige und bürgerliche Beamte in der friderzianischen Justiz- und Finanzverwaltung, 263.
35 Immediatbericht von Philipp Joseph von Jariges, 11. November 1755, in: Acta Borussica, Bd. 10, Berlin 1909, 352–353.

zierten Programmatik angelegt war. Bereits Hubert Johnsons Analysen der *Acta Borussica* legten nahe, dass sich die einzelnen Maßnahmen nicht zu einem geordneten, standardisierten Rekrutierungssystem verdichteten und dass Cliquenbildung in der zivilen Bürokratie gang und gäbe war.[36] Obwohl sich Friedrich II. offiziell gegen jede Form von Ämtererschleichung wandte, ließ er in manchen Bereichen der Verwaltung, wie etwa der französischen Regie, Ämterkäuflichkeit offen zu. Die Ämter selbst waren meist schlecht bezahlt, ihre Einträglichkeit beruhte auf dem Recht Sondergebühren (z. B. Sporteln) zu erheben; auch dadurch war der Einflussnahme auf Stellenbesetzungen Tür und Tor geöffnet.[37] Auch der preußische Militärapparat des Ancien Régime war von einem engmaschigen Netz wechselseitiger Gunsterweise durchzogen. Adel und Königshaus intervenierten hier häufig in Personalentscheidungen.[38]

Durch das Einschwören auf den Landesherren und das unbedingte Treuegebot schritt der Souverän vor allem dann in vermeintliche Patronage ein, wenn er seine eigenen Interessen bedroht sah und agierte damit de facto als „oberster Patron".[39] Progressive Beamte wie der Kriegs- und Domänenrat Joseph von Zerboni di Spossetti, der gegen Ende des 18. Jahrhunderts Kritik an der korrumpierten Rekrutierungspolitik des Ministers von Hoym übte, wurden aufgrund des verletzten Treuegebots zu Haftstrafen verurteilt. Die „Verletzung der landesherrlichen Ehrfurcht"[40] war in diesem Fall ein ungleich schwerwiegenderes Delikt als die Verletzung des Patronageverbots.

Erst als mit Anbruch des Reformzeitalters ein Wandel vom Fürsten- zum Staatdienst eingeläutet wurde, sollte sich dies grundlegend verändern.[41] Mit der Einführung des Allgemeinen Landrechts (ALR) waren die Beamten formal nicht mehr dem Souverän, sondern der abstrakten Körperschaft des Staats unterstellt.[42] Nebenverdienste und Gebühreneinnahmen wurden zwar nicht gänz-

---

36 Vgl. Johnson, Frederick the Great and His Officials, 49–56.
37 Vgl. Bernsee, Moralische Erneuerung, 64.
38 Vgl. Carmen Winkel, Im Netz des Königs. Netzwerke und Patronage in der preußischen Armee 1713–1786, Paderborn 2013.
39 Bernsee, Moralische Erneuerung, 154.
40 Robert Bernsee, Zur Legitimität von Patronage in Preußens fürstlicher Verwaltung. Das Beispiel der Korruptionskritik des Kriegs- und Domänenrates Joseph Zerboni (1796–1802), in: Integration, Legitimation, Korruption. Politische Patronage in Früher Neuzeit und Moderne, hg. von Ronald G. Asch, Birgit Emich und Jens I. Engels, Frankfurt a. M. 2011, hier: 276–280.
41 Vgl. Emich et al., Stand und Perspektiven der Patronageforschung, 265.
42 Vgl. Kurt G. A. Jeserich, Die Entwicklung des öffentlichen Dienstes 1800–1871, in: Deutsche Verwaltungsgeschichte, Bd. 2: Vom Reichsdeputationshauptschluss bis zur Auflösung des Deutschen Bundes, hg. von Karlheinz Blaschke, Kurt G. A. Jeserich, Hans Pohl et al., Stuttgart 1983, 302–332, hier: 304–305; Wilhelm Bleek, Von der Kameralausbildung zum Juristenprivi-

lich abgeschafft, aber in ihrem Umfang stark eingeschränkt.[43] Gleichzeitig wurde das Qualifikationsprinzip nun rechtlich verankert und der Ämterkauf unter Strafe gestellt.[44] Absprachen zwischen Stelleninhaber und potentiellem Nachfolger erforderten seit dem ALR die ausdrückliche Genehmigung einer Behörde, Patrone die einer „nicht tauglichen Person" eine Stelle verschafften, sollten für den daraus „entstandenen Nachtheil" haften.[45] Anstatt partikularer Gruppenzugehörigkeiten sollten universell erwerbbare Kriterien zur Maßgabe von Besetzungen werden.[46] Die Reformbeamtenschaft schloss an diese rechtliche Grundierung an. Im Reformdiskurs meritokratisch positionierte Beamte wie Karl vom Stein zum Altenstein opponierten beispielsweise gegen die Differenzierung zwischen „mechanischem" (subalternen) und „geistigem" (höheren) Staatsdienst mit dem Argument, dass dadurch Patronage befördert werden würde.[47] Eine solche Trennung „erzeugt bei den Untergeordneten ein knechtisches Wesen",[48] da aufgrund des ausgeprägten Supernumerarien-Wesens[49] „bloß Reiche das unsichre Spiel wagen können", Bildung vernachlässigt werde und stattdessen ein „ängtliches Suchen nach Konnexionen" und „häufigere Kabelen, um jemand aus dem Spiel zu bringen" vorherrschten.[50] Aus diesem Grund plädierte Altenstein sowohl dafür, alle Positionen im Staatsdienst einigermaßen

---

leg. Studium, Prüfung und Ausbildung der höheren Beamten des allgemeinen Verwaltungsdienstes in Deutschland im 18. und 19. Jahrhundert, Berlin 1972, 26–29.
43 Vgl. Bernsee, Moralische Erneuerung, 178–183.
44 Vgl. Jeserich, Die Entwicklung des öffentlichen Dienstes 1800–1871, 304–305.
45 Hattenhauer, Hg., Allgemeines Landrecht für die Preußischen Staaten von 1794, § 75.
46 Dies konstituiert ein Grundmerkmal von Bürokratisierungsprozessesn, vgl. Shmuel N. Eisenstadt, Bureaucracy and Bureaucratization, in: Current Sociology 7 (1958), H. 2, 99–124, hier: H. 110.
47 Altenstein, Stellungnahme des Geheimen Oberfinanzrats Freiherr von Altenstein [...], 543.
48 Altenstein, Stellungnahme des Geheimen Oberfinanzrats Freiherr von Altenstein [...], 543.
49 Als Supernumerarius galt in Preußen ein unbesoldeter Angestellter (z. B. Kanzlist, Registrator, Referendar) im öffentlichen Dienst, der bei seinen Arbeiten Erfahrung sammelte, um später als Rat oder dergleichen angestellt zu werden. Eine (nicht ganz) zeitgenössische Polemik verdeutlicht die Prekarität dieser Stellen: „[...] Supernumerarius zu deutsch: Ueberzähliger. Damit ist nun keineswegs gesagt, daß die zur Verrichtung der Geschäfte des öffentlichen Dienstes erforderliche Anzahl der Arbeiter bereits vollständig da sei, das heißt nur, die im Etat ausgeworfenen bezahlten Stellen sind besetzt, zur Erledigung der Arbeiten aber ist darum doch noch eine ansehnliche Mehrzahl unentbehrlich. Dazu werden nun jene sogenannten Ueberzähligen, eigentlich Unbezahlte, angespannt. Denn diese Leute erhalten keine Besoldung, unter dem Vorwande, sie müßten erst den Dienst lernen." Karl Ludwig Krahmer, Preußische Zustände. Dargestellt von einem Preussen, Leipzig 1840, 99.
50 Altenstein, Stellungnahme des Geheimen Oberfinanzrats Freiherr von Altenstein [...], 544.

auskömmlich zu dotieren, als auch für alle Stellen eine hohe Qualifikation vorauszusetzen.[51]

Eine ebenso starke Abneigung gegen den „mechanischen Staatsdienst" zeigte auch der spätere Innenminister Friedrich von Schuckmann, der in der Konfiguration dieser Beamtenstellen einen „Geiste des Strebens nach solchen Stellen" witterte. Ein solcher Geist verkörpere sich in Beamten, die nicht „aus Liebe und Beruf" handelten, sondern „bloß egoistisch für den Ertrag der Stelle" dienten.[52] Gleichzeitig entstand für Schuckmann aus dieser instrumentellen Orientierung auch die Tendenz, Ämter durch nicht verdienstbasierte Verflechtungen zu erlangen, indem „Nepotismus, Empfehlung und verdienstlose Bewerbung zu den Stellen führt."[53] Aus diesen Gründen wurden nun in nahezu allen Verwaltungsbereichen verpflichtende Studien- und Prüfungsvorgaben festgelegt, die aus den Augen der Reformer nicht durch patronale Interventionen umgangen werden konnten.[54]

Für Robert Bernsee indiziert der Reformdiskurs und seine Maßnahmen allerdings weniger eine Abschaffung als eine Verschiebung von Patronage. Wo vorher „familiäre, ständische oder traditionelle Solidaritäten" die patronale Einflussnahme bestimmten, entstanden bei den Reformern Verflechtungen zwischen Personen gleicher „Gesinnung" (d. h. aufgrund „änliche[r] Erfahrungen und Wertvorstellungen").[55] Diese von Bernsee betitelte „Gesinnungspatronage" floss als „neuer ‚Wein' [...] in die ‚alten Schläuche' der Patronage".[56] Sie legitimierte die bewusst parteiische Einflussnahme der Reformer auf „die Karrieren von Gesinnungsgenossen", indem sie deren bevorzugte Klienten als Teil einer gemeinsamen „Leistungselite" definierte, Bildung und Qualifikation zu unabdingbaren Beförderungsgründen stilisierte und damit eine Reproduktion soziokulturell ähnlich strukturierter Gruppen ermöglichte.[57]

---

51 Vgl. Altenstein, Stellungnahme des Geheimen Oberfinanzrats Freiherr von Altenstein [...], 544.
52 Friedrich von Schuckmann, Ideen über Finanz-Verbesserungen von den ehemaligen königl. preuß. Kammer-Präsidenten in Ansbach und Bayreuth und Geheimen Ober-Finanz-Rath, Tübingen 1808, 12.
53 Schuckmann, Ideen über Finanz-Verbesserungen [...], 12.
54 Vgl. Bernsee, Moralische Erneuerung, 287.
55 Bernsee, Moralische Erneuerung, 327.
56 Bernsee, Moralische Erneuerung, 327.
57 Bernsee, Moralische Erneuerung, 327.

c) Der Lebenslauf als Antipatronage-Instrument?

Die Patronagekritik der Reformbeamten, aber auch die früheren Anti-Korruptionsmaßnahmen unter Friedrich Wilhem I. und Friedrich II., waren also ambivalent. Obwohl es zunächst intuitiv erscheint, die Verdienstkultur des späten 18. und frühen 19. Jahrhunderts auf geradezu paradigmatische Weise im Lebenslauf verkörpert zu sehen, spiegelt sich auch in den Bewerbungsmedien die Ambivalenz der Patronagekritik wider. Diese Widersinnigkeit muss näher begründet werden.

Mit den immer rigideren Laufbahnbeschränkungen nach den preußischen Reformen,[58] aber auch der stärkeren Konkurrenz[59] nahm im Allgemeinen die Verwendung von Lebensläufen oder lebenslaufartigen Passagen in Bewerbungen zu. Die Antipatronage-Maßnahmen (vor allem die Einführung eines übergreifenden Prüfungswesens und die Verpflichtung zu akademischer Qualifikation) erschienen im Lebenslauf als objektive Leistungsindikatoren. Bewerber suggerierten über die Darlegung der bisherigen Dienststationen, dass sie der ausgeschriebenen Stelle aus qualitativen Gründen gerecht werden konnten. Konnten sie dies nicht, dann versuchten die Kandidaten, den Mangel an Verdiensthaftigkeit höheren Gewalten („Zustößen") zuzurechnen und die eigene Verdienstabsicht als ungebrochen hervorzuheben. Hinter dem Mangel an angemessener Karriereprogression oder nützlichen Errungenschaften tauchte in diesen Lebensläufen ein stetig bemühtes und aktives Subjekt auf, das entgegen seinem Willen an der Verwirklichung seiner Absichten gehemmt wurde.

Auf den ersten Blick mutet der Lebenslauf also als Gegeninstrument zu einer auf informellen Empfehlungen und Bestechungen fußenden Rekrutierungspraxis an – als mögliche Teilantwort auf das allgegenwärtige Problem der Patronage. Tatsächlich ist dieser Befund aber nur scheinbar konsistent. Anstatt nämlich Kenntnisse und Leistungen, aber auch Schicksalsschläge und Kränkungen für sich selbst sprechen zu lassen, wurden Bewerber nicht müde, ihre Anschreiben mit

---

58 Nicht nur wurden für beinahe alle staatlich alimentierten Berufe obligatorische Prüfungen eingeführt, sondern zur Prüfungsanmeldung musste man in vielen Fällen Lebensläufe einreichen. Vgl. Kap. I.2.
59 Während man einerseits neue Ausbildungsinstitute wie die Berliner Bauakademie oder das Bergwerks-Eleven-Institut einrichtete, wuchs die Zahl der tatsächlichen Verwaltungsstellen nach 1815 kaum an, im Verhältnis zur Allgemeinbevölkerung schrumpfte die Zahl der Beamten pro Einwohner sogar. Vgl. Bernsee, Moralische Erneuerung, 289–293.

patronalen Absicherungen zu versehen. Solche ‚Hintertüren zur Macht' versuchten Bewerber durch drei unterschiedliche Strategien in ihre Suppliken einzubauen. Erstens reichten angehende Beamte ihre Bittschrift häufig unter Nennung bestimmter Vorgesetzter, Gönner oder Bekannter ein, die mit der Autorität ihrer Kompetenz oder Entscheidungsbefugnis die Qualität des Bewerbers garantieren sollten. Bekanntschaft zu einem legitimen Experten oder Entscheider evozierte beim Adressaten ein Mehr-Vertrauen, das auf sich allein gestellte Bewerber nicht in Anspruch nehmen konnten. Zweitens hefteten Bewerber ihren Gesuchen sehr oft Unterlagen bei, in denen ihre Aussagen mit Zeugnissen oder Referenzen verdoppelt oder supplementiert wurden. Drittens beruhte ein wesentliches Element der Verdienstkultur – die Prüfung – auf einer referentiellen Struktur, denn wer geprüft war, musste dies in der Regel über Zeugnisse beweisen, die wiederum von mehr oder weniger wohlgesinnten Prüfungskommissionen ausgestellt wurden.

2 Autorität von Namen und Titeln

Spätestens seit der Frühaufklärung war in der deutschsprachigen Publizistik Autorität in Form des „praejudicum auctoritatis"[60] – in einer zeitgenössischen Übersetzung Adelungs: das „Vorurtheil des Ansehens"[61] – in Verruf geraten. Der „Glantz menschliches Ansehns"[62] führte in der Urteilskraft zu übereilten Fehlschlüssen, indem „man einem andern, den man für weise hält, ohne Prüfung glaubt."[63] Gleichzeitig war aber selbst noch Aufklärern wie Johann Caspar Lavater bewusst, „daß Zeugnisse und Authoritäten selbst in Sachen des Verstandes bey den meisten mehr gelten als Gründe".[64] Die Expansion des Prüfungswesens war im preußischen Beamtentum denn auch ein Versuch der Autorität vorgeblich glaubwürdiger Patrone entgegenzuwirken, was sich nicht zuletzt auch an den Bewerbungsunterlagen der Baubeamten um 1800 zeigt.

---

60 Christian Thomasius, Einleitung zu der Vernunfft-Lehre, Halle 1691, 305.
61 Ansehen, in: Adelung, Grammatisch-kritisches Wörterbuch der hochdeutschen Mundart, Bd. 1, Wien 1811, Sp. 368.
62 Christian Thomasius, Herrn Christian Thomasii Drey Bücher der Göttlichen Rechtsgelahrheit, Halle 1709, 6.
63 Ansehen, in: Adelung, Grammatisch-kritisches Wörterbuch der hochdeutschen Mundart, Bd. 1, Sp. 368.
64 Johann Caspar Lavater, Physiognomische Fragmente, zur Beförderung der Menschenkenntniß und Menschenliebe, Bd. 1, Leipzig/Winterthur 1775, 23.

Doch trotz der Konstruktion von autonom hervorgebrachter Kompetenz in Lebensläufen hält die Macht autoritativer Namensnennungen auch in einer vermeintlich leistungsbasierten Bewerbungskultur weiter Einzug. Das zumindest zeigt eine genauere Analyse der Namenspolitik in den Lebensläufen von Bewerbern. Ein erstes Indiz dafür, dass die Selbstfürsprache und Autoritätsfreiheit von Lebenserzählungen eher in das Reich meritokratischer Fiktionen als zur schreibpraktischen Wirklichkeit gehören, zeitigt sich in all jenen Bewerbungsschreiben, in denen Bewerber den Namen eines angesehenen Vorgesetzten, Funktionärs oder Protektors fallen lassen.[65] Die Funktion dieser autoritativen Namensnennung variiert dabei von Schreiben zu Schreiben. Es lassen sich aber zwei größere namenspolitische Strategien unterscheiden.

a) Kompetenzautoritäten

Die mit dem Leistungsanspruch näher verbundene Strategie besteht darin, die eigene Lebensgeschichte unter die Ägide eines eminenten Experten zu stellen.[66] Wenn sich der Bauinspektor Nietz 1845 darauf beruft, „das Glück gegen 2 Jahre von dem verstorbenen Ober-Landes-Bau-Director Herrn Schinkel" als Assistent angestellt und ihm „als Zeichner Hülfe"[67] geleistet zu haben, dann stilisiert sich der Bewerber dabei als Extension einer unbezweifelbaren technischen und künstlerischen Autorität. Der bereits verstorbene Schinkel kommt hier nicht als direkt agierender Patron zum Einsatz, sondern als Schutzheiliger des preußischen Bauwesens. Unter diesem Namen gedient zu haben, scheint dem Bewerber bereits Grund genug, um jegliche Zweifel über die eigenen Fähigkeiten zu beseitigen. Als Jünger des berühmten Baumeisters positioniert sich der zeichnerische Assistent als unmittelbarer Empfänger eines großartigen Wissens. Schinkel wird so als auratischer Name in Szene gesetzt, dessen architektonisches Genie

---

65 Zur Funktion dieser als *Namedropping* bekannten Figur s. Martin Jays Analyse von autoritativen Eigennamen in den kritischen Geisteswissenschaften. Trotz dem Foucault'schen Insistieren auf „Autor-Funktionen" statt „Autor-Namen" hält sich der autoritativ-legitimierende Effekt von *Namedropping* auch in der poststrukturalistischen und postmodernen Theorie. Vgl. Martin Jay, Name-Dropping or Dropping Names? Modes of Legitimation in the Humanities, in: Force Fields: Between Intellectual History and Cultural Critique, Oxfordshire/New York 1993, 167–179.
66 Die Figur des „Experten" oder „Sachverständigen" zeichnete sich in Preußen vor allem durch einen hohen Grad an technischer Spezialisierung und eine starke kameralistische Orientierung auf Gemeinwohl und Nützlichkeit aus. Vgl. Klein, Nützliches Wissen, 88.
67 GStA PK, I. HA Rep. 93 B, Nr. 441, fol. 31, Eingabe von Bauinspektor Johann Nietz an die Regierung zu Potsdam, 11. Dezember 1845.

wie von selbst auf seine Untergebenen ausstrahlen muss.[68] Als Garant der eigenen Leistungsfähigkeit wird Schinkel im Jahr 1849 auch im Lebenslauf des Baurats Scabell benannt. Hier kommt er jedoch nicht als genialischer Vorgesetzter, sondern Gutachter „des Ottobrunnen-Monuments in Pyritz" zum Einsatz, „worüber ein Schreiben" Schinkels „und S[eine]r Majestät des jetzigen Königs, letzteres von einem werthvollen Geschenk begleitet, in meinen Akten ist."[69] Der Name Schinkel wird dabei nicht nur durch ein Attest begleitet, sondern dem Namen des Königs beigestellt und mit royaler Autorität aufgeladen. Welchen Stellenwert diese Namensnennung einnimmt, lässt sich dabei auch an der Tatsache ablesen, dass alle weiteren Bauprojekte ohne den Namen der begutachtenden Autorität aufgeführt werden.

Wer kein derart hohes symbolisches Namens-Kapital aufweisen kann, und das gilt für die Mehrzahl der Beamten, versucht diesen Mangel durch die längerfristige Kontiguität zu einem bestimmten Stelleninhaber auszugleichen. Ein Beamter wie der Kondukteur Wieblitz kann sich nicht so sehr auf den Eigennamen seines Vorgesetzten, den „Landbaumeister Kieck", berufen, als vielmehr auf die Tatsache, dass er unter dessen Titel „Landbaumeister" „11 Jahr" gedient und dabei „alle Vorkommenheiten in Oeconomie-Bausachen bearbeiten" geholfen hat.[70] Diese Nähe wird auch im Bericht des Oberbaudepartements als Vorteil gegenüber dem auf sich allein gestellten Kondukteur Grapow gepriesen: „Der p[raenominatus] Wieblitz hat indeßen doch vor dem p[raenominatus] Grapow voraus, daß er sich seit vielen Jahren bey dem Landbaumeister Kieck aufgehalten."[71] Eine totale Einsicht in das Stellenprofil und die Länge des Dienstes wiegen dabei die mangelnde Reputation des Patrons auf. Gleichzeitig geht auch die Argumentation in eine etwas andere Richtung. Wieblitz bringt hier keinen Reputationseffekt zur Geltung, sondern deutet vielmehr an, dass durch die zeit-

---

[68] Man könnte die Übertragung von generellen Eigenschaften einer vorgesetzten Autorität auf deren Untergebene deshalb mit einem populären psychologischen Konzept auch als *halo effect* bezeichnen. Vgl. Edward L. Thorndike, A Constant Error in Psychological Ratings, in: Journal of Applied Psychology 4 (1920), H. 1, 25–29. Die Beamten in Ministerium und Oberbaudepartement hat diese Bewerbungsstrategie scheinbar nicht überzeugt, die Bewerbung des Schinkel-Schülers wurde nicht weiter beachtet. An seiner Stelle wurde ein Bauinspektor namens Briest zum Baurat ernannt. GStA PK, I. HA Rep. 93 B, Nr. 441, fol. 38 ff., Erlass von Friedrich Wilhelm IV. an die Regierung zu Potsdam, 22. Februar 1847.
[69] GStA PK, I HA Rep. 93 B, Nr. 488, unfoliiert, Eingabe von Baurat Scabell an das Ministerium für Handel, Gewerbe und öffentliche Arbeiten, 27. November 1849.
[70] GStA PK, II. HA GD, Abt. 12, Pommern, Tit. XV, Nr. 1, Bd. 2, fol. 65, Supplik von Kondukteur Wieblitz an Friedrich Wilhelm II., 1. Februar 1792.
[71] GStA PK, II. HA GD, Abt. 12, Pommern, Tit. XV, Nr. 1, Bd. 2, fol. 46, Bericht des Oberbaudepartements an das Generaldirektorium, 17. November 1791.

liche und räumliche Kontiguität zu einer Stelle deren Kompetenz auf ihn übertragen wurde.

Ein ähnlicher Mechanismus greift auch im Fall des Magdeburgischen Kondukteurs Bühlert, der sich 1779 bei Minister Friedrich Wilhelm von der Schulenburg-Kehnert um einen Baumeisterposten bewirbt. Bühlert bringt hier explizit den Namen des Magdeburgischen Baurats Mathias Stegemann ins Spiel, unter dessen Leitung er gearbeitet und den er gebeten hat, ihn zu dem infrage stehenden Posten vorzuschlagen.[72] Stegemann unterbreitet den Vorschlag, der Minister respiziert sämtliche Bewerbungen und trifft schließlich eine Entscheidung zugunsten Bühlerts, den er, da er mit Stegemann „bekannt" sei, am leistungsfähigsten einschätzt.[73] Auch hier strahlt die Nähe zu einer anerkannten Experten-Stelle einen Teil ihrer Kompetenz auf den Bewerber aus. Während Schinkel kraft seines Eigennamens überzeugt, emaniert die Autorität von derartigen Fürsprechern weniger aus den Eigennamen „Kieck" und „Stegemann", als deren Titeln „Landbaumeister" und „Baurat".

Diese Kompetenzübertragung ist aber nicht nur in dienstlichen Unterordnungsverhältnissen präsent. Viele Bewerber schreiben sich durch die Erzählung frühzeitiger Lehrer-Schüler-Verhältnisse bereits in jungen Jahren in die preußische Bauverwaltung ein. Wer seine Formationsgeschichte vermittels der Nennung anerkannter titulierter Ausbilder erzählt, geriert sich gleichzeitig als Empfänger eines legitimen Wissens. Eine solche Namensstrategie findet sich kurz nach der Einrichtung des Oberbaudepartements 1771 in dem Bewerbungsschreiben eines jungen Baueleven.

> Die allerersten Spuren meines Genies entwickelten sich erst in meinem 12ten Jahr, und von dieser Zeit habe ich theils von einem Artillerie-Lieutenant Nahmens Schultz, jetzt in Colberg befindlich, in der Geometrie und vor deßen Abgehung von dem bey der König[lichen] Pommerschen Krieges- und Domainen Cammer stehenden Land-Bau-Meister Knüppeln einige Jahre in der Bau-Kunst Unterricht erhalten.[74]

Auch hier sind die Unterschiede zur Evokation eines Namens wie Schinkels augenfällig. Der Mathematikkandidat Reichhelm ruft keine unhintergehbare und

---

[72] GStA PK, II. HA GD, Abt. 15, Magdeburg, Bestallungssachen, Tit. XIII Baubediente, Nr. 8, Bd. 1, fol. 86, Supplik von Kondukteur Johann Valentin Bühlert an Staatsminister Schulenburg-Kehnert, 20. August 1779.
[73] GStA PK, II. HA GD, Abt. 15, Magdeburg, Bestallungssachen, Tit. XIII Baubediente, Nr. 8, Bd. 1, fol. 108 und 112, Protokoll des Oberbaudepartements, 8. April 1780 und Reskript von Staatsminister Schulenburg-Kehnert an die Magdeburgische Kriegs- und Domänenkammer, 11. April 1780.
[74] GStA PK, II. HA GD, Abt. 15, Magdeburg, Bestallungssachen, Tit. XIII Baubediente, Nr. 8, Bd. 1, fol. 41, Lebenslauf von Mathematikkandidat Reichhelm, 7. November 1771.

absolute technische Autorität als Garant seiner eigenen Kompetenz auf, sondern unternimmt den Versuch, sich durch die Benennung legitimer Ausbilder als Rezipient eines legitimen Wissens zu stilisieren. Diese Personifikation der Ausbildung anhand einzelner Lehrer ist besonders vor der finalen Institutionalisierung durch die Bauakademie von Belang. Solange eine spezialisierte Ausbildungsinstitution fehlt, können sich Bewerber zwar auf einen allgemeinen mathematisch-naturwissenschaftlichen Bildungsweg berufen, bedürfen zur Legitimation für das Bauwesens aber oft des Namens eines titulierten Unterweisers.[75] So auch im Beispiel des Baumeisters Johann Christian Huth, der nach der allgemeinen Schilderung des „Studio Mathematico" an der „Schule zu Hildburghausen", dem „Gymnasium zu Coburg in Franken" und der „Universität Halle" zu einer Benennung des konkreten Lehrers schreitet: „Auf letzterer [der Universität Halle, St.S.] habe ich mich hauptsächlich unter Anweisungen eines alten und erfahrenen Ingenieurs-Capitans Nahmens Stumpff der Landmeßkunst und practischen Baukunst befließen."[76]

Sowohl in Reichhelms als auch in Huths Lebenslauf sind die Eigennamen der Lehrer irrelevant, ihre Bekanntschaft kann beim Leser nicht vorausgesetzt werden. Deshalb auch der umständliche Versuch sie dem Adressaten durch genaue Benennung der positionalen und lokalen Verhältnisse bekannt zu machen. Ein Artillerie Lieutenant „Nahmens Schultz" oder ein „Ingenieurs-Capitans Nahmens Stumpff" ziehen ihre pädagogische Autorität gerade nicht aus der Reputation ihres Eigennamens, sondern aus der Tatsache, dass sie innerhalb der preußischen Verwaltung eine benennbare und lokalisierbare technische Stelle besetzen. Was hier zählt, ist weniger die tatsächlich überprüfbare Fähigkeit der Instruktoren als der durch den Verwaltungsapparat verliehene Titel. Während durch die Benennung Schinkels als Vorgesetzter ein kleiner Teil dessen exzeptioneller Qualität auf den Benennenden abfärben sollte, suggerieren die Bewerbungsschreiben Huths und Reichhelms, dass die Bewerber sich durch die Unterweisung bei legitimen Stelleninhabern zu einer ähnlichen Stelle qualifizieren. Die Autorität, die hier ausgespielt wird, entspringt nicht mehr der Reputa-

---

75 Vgl. hierzu auch die Ausführungen Reinhart Streckes zur Baubeamtenausbildung vor der Einrichtung der Bauakademie. Stand und Qualität der Ausbildung hing bis 1799 maßgeblich vom Charisma, den Lehrfähigkeiten und dem Status des jeweiligen Mentors ab. Strecke, Anfänge und Innovation der preußischen Bauverwaltung, 118.
76 GStA PK, II. HA, GD, Abt. 15, Magdeburg, Bestallungssachen, Tit. XIII Baubediente, Nr. 1, Bd. 2, fol. 5, Supplik von Johann Christian Huth an die Magdeburgische Kriegs- und Domänenkammer, 8. Januar 1769.

tion des außergewöhnlichen Experten, sondern der Legitimität des institutionell verankerten Titels.[77]

Trotz der Unterschiede wird an diesen Beispielen deutlich, wie sehr das vermeintliche Kompetenzprinzip des Lebenslaufs an das symbolische Kapital hochdekorierter Experten oder autoritativer Titel und Stellen gekoppelt ist. Das zeigt sich besonders an den beiden letzten Fällen. Hier gründet die Autoritätssprache der Bewerber eindeutig auf „bürokratischen Taxonomien", die die Ausbildungsschritte und Titel, die zählen, zu einem „gleichförmig durchgegliederten Begriffssystem zusammenfassen".[78] Sich in die Verwaltung einschreiben heißt in diesem Fall, eine didaktische oder dienstliche Kontiguität zur anerkannten Stellentaxonomie herstellen zu können. Damit bewahrheitet sich das, was Bourdieu als typische Erscheinung des modernen Bildungs- und Verwaltungsapparats gekennzeichnet hat, der „keine Kompetenz – wie zum Beispiel die Qualifikation eines Ingenieurs" produziert, „ohne zugleich den Effekt einer zeitlosen und universellen Garantie dieser Kompetenz – also den Titel eines Ingenieurs – mit zu produzieren."[79] Der ämterebnende Charakter dieser Titel war den Zeitgenossen wohl bekannt. Schon Peter Villaume wusste, dass mit den titulierten „Namen [...] manche Vorzüge verbunden" sind. Denn „wer diesen Namen nicht führt, kann zu wenigen Aemtern gelangen, alle Pfründen sind ihm verschlossen."[80] Den eigenen Namen neben solche institutionellen Namen stellen zu können, verschaffte Bewerbern gegenüber auf sich allein gestellten Kandidaten einen maßgeblichen Wettbewerbsvorteil.

b) Entscheidungsautoritäten

Während die erste Modalität der Namenspolitik sich in erster Linie auf die symbolisch legitimierte Kompetenz der Genannten gründet, kommt in vielen Lebensläufen auch eine weitere Strategie zum Einsatz, die die Linie zwischen Ansehensmacht (*auctoritas*) und Entscheidungsmacht (*potestas*) kontinuierlich verwischt.[81] Im Wesentlichen sind damit Namensnennungen gemeint, die das

---

77 Vgl. Pierre Bourdieu und Luc Boltanski, Titel und Stelle. Zum Verhältnis von Bildung und Beschäftigung, in: Titel und Stelle. Über die Reproduktion sozialer Macht, hg. von Pierre Bourdieu et al., Frankfurt a. M. 1981, 89–115, hier: 106.
78 Bourdieu und Boltanski, Titel und Stelle, 106.
79 Bourdieu und Boltanski, Titel und Stelle, 99.
80 Villaume, Ob und in wie fern bei der Erziehung [...], 504.
81 Eine lehrbuchmäßige Unterscheidung dieses *locus classicus* während der römischen Republik und frühen Kaiserzeit findet sich bei Karl-Heinrich Lütcke, »Auctoritas« bei Augustin. Mit einer Einleitung zur römischen Vorgeschichte des Begriffs, Stuttgart/Berlin/Köln/Mainz 1968, 29–33. Hier wird auf der Unterschiedlichkeit der beiden Begriffe beharrt, *potestas* als „Amts-

Ziel haben, das Bekanntschaftsverhältnis zwischen dem Bewerber und den entscheidungs- oder vorschlagsberechtigten Behörden hervorzuheben. Solche Bekanntschaften sind im späten 18. und frühen 19. Jahrhundert nicht mehr ohne weiteres offen als soziales Kapital benennbar. Vielmehr müssen die Patrone durch geschickte rhetorische Umformulierungen in Zeugen der eigenen Leistungsfähigkeit transformiert werden. Ein Beispiel: Der 1780 erneut supplizierende Martin Emanuel Reichhelm lässt in einem *Who's Who* der preußischen Verwaltungselite nicht nur die Namen der ihm bekannten „Ministre Baron von der Schulenburg", des „Ministre von Gaudi" und des „jetzigen Cammer Praesidenten der Magdeburg[ischen] Krieges- und Domainen Cammer, von Winckel" fallen, sondern qualifiziert diese Bekanntschaft explizit mit der Begründung, dass sich der König bei ihnen „ohnzubezweifelnde Nachrichten" in Hinsicht seines „bisherigen physicalischen und moralischen Verhaltens" einziehen könne.[82]

Die Autorität dieser Namensnennungen speist sich aus der administrativen Macht, die den Benannten beikommt. Personalentscheidungen über höhere Baubeamte werden vor und nach 1806 – zumindest formal – stets von Ministern getroffen; einen solchen „theuerste[r] Protector"[83] anrufen zu können, hat also bereits entscheidungsfördernde Effekte. Auf der Ebene der Provinzbehörden hin-

---

macht" wird von einer höheren Instanz verliehen und auf eine untergebene Instanz ausgeübt, *auctoritas* als „Personenmacht" gründet sich indessen im privaten Ansehen der Person und muss von der bürokratischen Dimension des Amts unterschieden werden. Lütcke gesteht aber auch ein, dass bereits bei Cicero besonders Beamten eine bestimmte *auctoritas* zugestanden wurde, die sich nicht allein auf das Ansehen der Privatperson gründete, sondern auch aus dem *honor* des Amts selbst erwuchs. Unter Augustus wird die *auctoritas* schließlich institutionalisiert und zum „Rechtsgrund" der kaiserlichen Legislatur.
82 GStA PK, II. HA GD, Abt. 15, Magdeburg, Bestallungssachen, Tit. XIII Baubediente, Nr. 8, Bd. 1, fol. 119, Supplik Martin Emanuel Reichhelms an Friedrich II., 25. Dezember 1780. Die Ablehnung dieses Gesuchs durch das Generaldirektorium macht deutlich, dass ein lediglich auf die Autorität hoher Entscheider gegründetes Gesuch schon im 18. Jahrhundert schlechte Chancen hatte. Nicht nur erreichte die Supplik – wie die meisten anderen Immediatsuppliken – überhaupt nicht ihren wirklichen Adressaten, den König von Preußen. Das von Oberbaurat Zitelmann (eigentlich dem Oberbaudepartement zugeordnet) erarbeitete Konzept würdigt das *Namedropping* auch mit keiner Silbe. Stattdessen arbeitet sich Zitelmann ausschließlich an den Sachgründen des Versetzungsgesuchs ab, nämlich der Bitte des Beamten um mehr Zeit für seine eigenen mathematischen Forschungen. Da eine solche theoretische Beschäftigung als „Spekulationen und Neben-Geschäfft" nicht in die Stellenbeschreibung eines Bauinspektors gehörten, wurde das Gesuch mit deutlichen Worten abgelehnt. GStA PK, II. HA GD, Abt. 15, Magdeburg, Bestallungssachen, Tit. XIII Baubediente, Nr. 8, Bd. 1, fol. 121, Reskript des Generaldirektoriums an Martin Emanuel Reichhelm, 25. Dezember 1780.
83 GStA PK, II. HA GD, Abt. 14, Kurmark, Tit. IX Nr. 3 fol. 45, Supplik von Baumeister Georg Christoph Berger an Staatsminister Valentin von Massow, 14. Oktober 1765.

gegen entwächst die Autorität der Regierungsräte aus dem Recht, im Medium des Berichts Personalvorschläge zu unterbreiten.[84] Wer sich in seiner Supplik auf die Bekanntschaft mit einem lokalen Regierungs- oder Baurat beruft, impliziert dadurch, bereits in einem Vertrauensverhältnis zur lokalen Verwaltungselite zu stehen.[85]

Aus der Perspektive der Provinzialbehörde ist persönliche Bekanntschaft sogar eine Grundvoraussetzung, um als bewerbendes Subjekt überhaupt wahrgenommen und damit vorgeschlagen werden zu können. Das lässt sich gut an der Bekanntschaftsterminologie der Vorschlagenden demonstrieren. Auf der Seite der vorschlagenden Provinzialbehörde wird die Bekanntschaft in der Regel mit dem Argument der Beurteilbarkeit eingeführt. Nur wer persönlich „bekannt" ist, kann physisch beobachtet, und nur wessen Verdienste auf diese Weise beobachtbar sind, kann evaluiert werden. So lässt sich etwa eine berichtliche Stellungnahme des Potsdamer Baurats Redtel aus dem Jahr 1831 interpretieren, in der dieser über die Beförderbarkeit der Wegebaumeister im lokalen Regierungsbezirk spricht.[86] Von allen überhaupt angestellten Wegebaumeistern sind Redtel nur vier „persönlich bekannt" und nur über diese vier erlaubt er sich ein Urteil. Bekanntschaft fungiert hier als temporale Beständigkeit im System, den Grad der Beständigkeit differenziert Redtel im Folgenden anhand der temporalen Extension der Bekanntschaft. „Die beiden ersteren habe ich jedoch nur kurze Zeit auf einmal gesehen; ihre Arbeiten kenne ich gar nicht und vermag daher ihre Qualifikation nicht zu beurteilen."[87] Anders sieht es hingegen bei dem Wegebaumeister Weyer aus, den er schließlich auch für eine Beförderung empfiehlt: „Den p[raenominatus] Weyer kenne ich seit 17 Jahren als einen tüchtigen, fleißigen und redlichen Mann [...] und trage keine Bedenken ihn dafür zu empfehlen."[88]

---

84 So zumindest der Befund für die Zeit nach 1815, in der für die höheren Beamtenstellen eine Berichtspflicht gegenüber dem Ministerium herrschte, das für die endgültige Entscheidung zuständig war. Vgl. Instruktion zur Geschäftsführung der Regierungen in den Königlich-Preußischen Staaten, 255–256.
85 Das geht sogar so weit, dass sich intern bekannte Beamte gar nicht gesondert bewerben mussten, sondern oftmals direkt in Vorschlag gebracht wurden. Dies indiziert einmal mehr die internen, mündlich angelegten Dynamiken von Organisationen, die sich auf Umwegen aus dem schriftlichen Niederschlag des Verwaltungshandelns ergeben. Für einen paradigmatischen Fall eines internen Vorschlags siehe z. B. GStA PK, I. HA Rep. 93 B, Nr. 579, unfoliiert, Bericht der Regierung zu Erfurt an das Finanzministerium, 14. November 1838.
86 GStA PK, I. HA Rep. 93 B, Nr. 447, fol. 62–63, Bericht von Baurat Redtel an das Ministerium des Inneren für Handels- und Gewerbeangelegenheiten, 6. Juli 1833.
87 GStA PK, I. HA Rep. 93 B, Nr. 447, fol. 62, Bericht von Baurat Redtel, 6. Juli 1833.
88 GStA PK, I. HA Rep. 93 B, Nr. 447, fol. 62, Bericht von Baurat Redtel, 6. Juli 1833.

Eine lange Bekanntschaft produziert damit Vertrauen als „vergegenwärtigte Zukunft",[89] sie gewährt Weyer den Kredit einer „riskanten Vorleistung",[90] indem aus den selektiven Informationen, die aus der Vergangenheit über ihn in der Gegenwart vorliegen, eine ungewisse Zukunft bestimmt wird.[91] Eine derart vergegenwärtigte Zukunft „erzeugt Bestände, in dem Maße, als ihre gegenwärtigen und ihre künftigen Gegenwarten identisch bleiben."[92] Es wäre also fatal, Bekanntschaft einfach nur als Nebenaspekt der eigentlichen Bewertungspraxis zu interpretieren. Sie operiert vielmehr als Katalysator personaler Wahrnehmung, der die Eigennamen bestimmter Bewerber von vornherein zu Personen und damit zu potentiellen Stelleninhabern verdichtet.[93] Nicht zufällig erhält ein Kandidat wie Weyer, der als administrative *persona* länger bekannt ist als alle anderen Bewerber, auch die beste Arbeitsbewertung. Die grundlegende personale Vorgrundierung der dienstlichen Evaluation ist entscheidender als die Bewertung selbst, denn sie wirkt als prä-evaluativer Aufmerksamkeits- und Selektionsfilter.

Dieser selektiven Aufmerksamkeit versuchen sich die Bewerber umgekehrt auch in ihren Suppliken zu versichern. Bewerber insistieren in ihren Schreiben zuerst auf der persönlichen Ausprägung des Bekanntschaftsverhältnisses, etwa wenn sich der Distriktbaumeister Helmkampf in seiner Bewerbung auf die „Gnade" beruft, „Euer Hochgräflichen Excellenz sowol von Person als aus meiner frühern Geschäftsführung bekannt zu sein".[94] Ein anderer Bewerber macht sich nicht einmal die Mühe die dienstliche Bekanntschaft gesondert hervorzuheben, er beschränkt sich auf den Verweis dem vorschlags- und empfehlungsberechtigten Personal, d. h. dem „Regierungs-Rath-Präsidenten Herr v[on] Wißmann zu Frankfurth a[n] [der] O[der] als auch dem dortigen Staats-Rath und Oberforst-Meister Herrn Lemke und dem Regierungs-Bau-Rath Herrn Mathias [...] persönlich bekanndt"[95] zu sein. Wer als Person unbekannt ist, kommt hingegen fast nie in die Gunst von der Lokalbehörde vorgeschlagen zu werden (nicht Vorgeschlagene konnten sich natürlich trotzdem direkt bei der Berliner Zentrale bewerben).[96]

---

89 Niklas Luhmann, Vertrauen. Ein Mechanismus der Reduktion sozialer Komplexität, Stuttgart 1989, 12.
90 Luhmann, Vertrauen, 23.
91 Vgl. Luhmann, Vertrauen, 20.
92 Luhmann, Vertrauen, 12.
93 Zur Korrelation von Person und Stelle im Lebenslauf vgl. Kap. III.2.
94 GStA PK, I. HA Rep. 93 B, Nr. 587, unfoliiert, Eingabe von Distriktbaumeister Helmkampf an Handelsminister Bülow, 17. Dezember 1819.
95 GStA PK, I. HA Rep. 93 B, Nr. 431, unfoliiert, Eingabe von Bauinspektor Daniel Schiller an Handelsminister Bülow, 22. Juli 1822.
96 „Nicht bekannt" und aussortiert werden in Bewerbungsprozessen im Übrigen auch Personen, die nicht zur persönlichen Vorstellung erscheinen. Bei den Stellenbesetzungen im Potsdamer Magis-

Die besetzungskritische Problematik dieser sozialen Präselektion ist den Bewerbern durchaus bewusst. Gegenüber Innenminister Schuckmann führt ein Bauinspektor 1832 die erfolglose Bewerbung bei der Regierung zu Frankfurt (Oder) auf die Tatsache zurück, „dieser Regierung auch unbekannt"[97] zu sein:

> [E]in Schicksal, welches leider in allen ähnlichen Fällen, wo ich auf Versetzung in ein anderes Regierungs-Departement antrage sich wiederholen, und mir, wenn die Zustimmung der betreffenden Königlichen Regierungen zu solch einer Versetzung nothwendig ist, eine allerdings nur betrübte Aussicht auf Erfüllung meines Wunsches eröffnen dürfte.[98]

Was für die Autorität dieser Namensnennungen zählt, ist nicht mehr die inkorporierte Kompetenz („Schinkel", „Artillerie-Lieutenant", „Landbaumeister"), die kraft ihrer Unterweisungsfunktion auf die Bewerber übergeht, sondern die Entscheidungsautorität der Benannten. Als Minister und Räte üben sie Entscheidungs- und Vorschlagsfunktionen aus. Sich durch persönliche Bekanntschaft in Kontiguität zu solchen Namen zu setzen, suggeriert, dass der Bewerber einen grundsätzlichen Vertrauensvorschuss bei den Entscheidungsbevollmächtigten genießt. Die Implikation dieses Vertrauensvorschusses soll auch beim Adressaten Vertrauen erwecken und generiert so eine vertrauensbildende Kettenreaktion. Wer einmal bei einem legitimen Entscheider bekannt ist, kann dieses Vertrauen auf der nächsthöheren Entscheidungsebene als Kapital einbringen, um sich auch dort vertraut zu machen.

Bekanntschaft mit organisationsinternen Autoritäten – sei es kraft ihrer Kompetenz oder Entscheidungsbefugnis – überzieht auch in einer strikt auf formalen Zulassungskriterien fußenden Organisation wie der preußischen Bauverwaltung jeden Besetzungsprozess mit einer Rationalität zweiter Ordnung. Wer sich allein auf den selbst formulierten Lebenslauf beruft, hat gegenüber denjenigen das Nachsehen, die ihre Formationsgeschichte in ein Netz autoritativer Namen einbetten können. Das Namensnetzwerk, so ließe sich in Anlehnung an Luhmann argumentieren, produziert damit eine binäre Trennung zwischen Bekannten und Unbekannten. Unbekannte werden von der bürokratischen Personwerdung ausgeschlossen und bleiben „Unperson";[99] trotz aller formalen Zugangsberechtigungen ist es für sie schwer, Anschluss an die Organisation zu finden.

---

trat von 1795 heißt die entsprechende Begründung im Bericht an das Generaldirektorium etwa: „Der Güldenberg Schaefer und Meyel sind dem Krieges- und Domainenrath Meinhardt nicht bekannt geworden daher er auch sein Urteil von ihm suspendirt hat." GStA PK, II. HA Abt. 14, Kurmark, Tit CLVI, Sect. G, Nr. 40, Bd. 1, unfoliiert, Bericht Meinhardt und Rudolphis, 12. November 1795.
97 GStA PK, I. HA Rep. 93 B, Nr. 446, fol. 136, Eingabe von Bauinspektor Schüler, 5. Mai 1832.
98 GStA PK, I. HA Rep. 93 B, Nr. 446, fol. 136, Eingabe von Bauinspektor Schüler, 5. Mai 1832.
99 Niklas Luhmann, Inklusion und Exklusion, 32.

3 Patronale Interventionen

Die Anrufung mächtiger Namen in Lebensläufen ist in den engen Kreisen der preußischen Bauverwaltung in der Regel valide. Man stößt jedenfalls kaum auf Hinweise, dass ein Name zu Unrecht aufgerufen wird.[100] Da die Bekanntschaft aber nur selten genauer qualifiziert wird und die Selbstfürsprache von Bewerbern außerdem einen prekären Glaubwürdigkeitsstatus hat, sind die Behörden auf weitere Informationen angewiesen, die die Art der Bekanntschaft näher ausbuchstabieren. Wer kann, sichert den Namensverweis daher über einen Paratext ab, der als Empfehlungsschreiben oder Arbeitszeugnis nähere Aussagen über die Qualifikation des Subjekts trifft. Es lässt sich dabei vor allem nach den preußischen Reformen eine Verschiebung vom unverblümt als Patronage stilisierten Referenzschreiben zum leistungsobjektivierenden Arbeitszeugnis beobachten. Die den Lebenslauf flankierenden Paratexte sollen einerseits die Glaubwürdigkeit des Lebenslaufs gewährleisten und bestimmen andererseits teilweise dessen Eigentextualität. Er entfaltet erst im Verbund mit Attesten und Referenzen seine besondere Schlagkraft.

a) Höchste Empfehlungsschreiben

Im preußischen Bauwesen verlief die Besetzung offener Stellen seit der einsetzenden Professionalisierung in den 1770er Jahren über das zuständige Territorialdepartement und das Oberbaudepartement.[101] Man hatte hier durch die Prüffunktion einer Fachbehörde bereits früh einen Verfahrensfilter eingerichtet. Bittschriften richteten sich zwar formal an den König (unechte Immediatsupplik), wurden aber de facto ausschließlich im Generaldirektorium oder Oberbaudepartement bearbei-

---

100 Validieren lässt sich diese Hypothese hingegen, anders als in einer ethnographischen Studie, nicht. Wo nur noch Einsicht in die ‚toten Buchstaben' des Archivs möglich ist, lassen sich manche Kommunikationskanäle unmöglich rekonstruieren.
101 Der typische Geschäftsgang im Generaldirektorium kann an einem Beispiel aus dem Jahr 1780 verdeutlicht werden. Nach Eingang der meist halbbrüchig beschriebenen Supplik im Departement des Ministers von der Schulenburg-Kehnert wurde dieses durch einen vortragenden Rat bearbeitet und im Plenum der Minister und Räte mit einem Votum vorgetragen. Dieses Gremium folgte dem Votum des vortragenden Rats meist. Das Votum wurde dann durch einen Dezernenten in den Marginalien des eingehenden Aktenstücks niedergeschrieben. Hieraus erarbeite der expedierende Sekretär das Konzept, dessen revidiertes Mundum schließlich alle Minister im Namen des Königs unterschrieben. Sofern offene Fragen zur Qualifikation bestanden, wurde vor der Entscheidung das Oberbaudepartement konsultiert. Siehe GStA PK, II. HA GD, Abt. 15 Magdeburg, Bestallungssachen, Nr. 8, Bd. 1. Vgl. Hintze, Acta Borussica, Bd. 6,1, 156–157.

tet. Anders als im preußischen Militär war die überwältigende Mehrzahl der Beamten in der Bauverwaltung bürgerlicher Herkunft.[102] Dadurch war der Rückgriff auf adelige Patrone wesentlich seltener als in anderen Sektoren, in der für das Vorantreiben der eigenen Karriere vor allem die Einbindung in aristokratische Netzwerke zählte.[103] In einigen Fällen kam es trotzdem zur Patronage mächtiger Adeliger oder Fürsten, die die bearbeitenden Räte vor Entscheidungsprobleme stellten. Die Anschreiben der Bewerber gingen dann meist nicht direkt beim Generaldirektorium ein, sondern wurden im Anhang des Empfehlungsschreibens weitergeleitet.[104] Dass diese Interventionen nicht nur von ‚außen' aus der ständischen Gesellschaft kamen, sondern auch die Organisation selbst implizierten, liegt in der Tatsache begründet, dass Adelige meist die höchsten Entscheidungspositionen in der preußischen Bürokratie besetzten.[105]

Ein Extremfall dieser organisationsinternen Eingriffe sind Empfehlungen aus dem Umfeld des Königshauses. Gerade an diesen Interventionen lässt sich jedoch gut die Autorität patronaler Einflussnahme zeigen. Im Jahr 1777 etwa richtet Kronprinz Friedrich Wilhelm eine unmissverständliche Empfehlung an den zuständigen Minister Friedrich Wilhelm von Derschau, in der er sich für die Aufnahme eines Klienten in das Oberbaudepartement ausspricht.

---

102 Vgl. Strecke, Prediger, Mathematiker und Architekten, 29–30.
103 Paradigmatisch dafür sind die adeligen Patronage-Netzwerke im preußischen Militär. Vgl. Winkel, Im Netz des Königs, Paderborn 2013, 228–253.
104 Die Reformzeit scheint in dieser Hinsicht nicht als Zäsur gewirkt zu haben. Einflussreiche Adelige nahmen auch nach 1815 auf Besetzungen Einfluss. Einige Beispiele für die Konsistenz vor- und nachreformerischer Adelsempfehlungen: GStA PK, II. HA GD, Abt. 13, Neumark, Bestallungssachen, Baubediente Nr. 2, unfoliiert, Empfehlungsschreiben von Oberstleutnant von Schenckendorff für Deichinspektor Johann August Friedrich Schade, 18. Februar 1795; GStA PK, II. HA GD, Abt. 17, Minden, Tit. II Nr. 2a, Empfehlungsschreiben von Staatsminister Heinitz für Konduktuer Friedrich Traugott Claudius, ca. 1797; GStA PK, Rep. 74 Abt. K X Nr. 28, fol. 15, Empfehlungsschreiben von Generalmajor Gustav von Rauch für Bauinspektor Elsner, 19. Mai 1815; GStA PK, I. HA Rep. 93 B, Nr. 500, unfoliiert, Empfehlungsschreiben des Fürsten Anton Radziwiłł für Baukonduktuer Johann Ludwig Friedrich Schindler, 23. Dezember 1821; GStA PK, I. HA Rep. 93 B, Nr. 530, fol. 123, Empfehlungsschreiben des Fürsten Albrecht zu Wittgenstein-Berlebergs für den Unterwegebauinspektor Johann Konrad Graefinghoff, 9. Mai 1830.
105 Noch am Ende des 18. Jahrhunderts gehörten ca. 80% der höchsten Beamten (Staatsminister und Kammerpräsidenten) dem Uradel an. Nach den Reformen wurde die Spitze der preußischen Bürokratie durch die Nobilitierung von vormals Bürgerlichen zugangsoffener, so dass sich die höchste Entscheidungsebene sozial stärker durchmischte. Vgl. Bernsee, Moralische Erneuerung, 289–293. Zur Vormachtstellung des Adels in den höchsten, repräsentativen Staatsämtern, vgl. Bleek, Von der Kameralausbildung zum Juristenprivileg, 69–73.

Wohlgebohrener, vielgeehrter Herr Geheimer Etats- und Krieges-Ministre! Ew[er] Wohlgeb[oren] werden aus beykommenden Schreiben des Bau-Inspectoris Vatteri, ersehen, wozu er gerne gelangen möchte. Wenn nun dieselben gedachten Menschen, welches Ich Mich, in Rücksicht er bey Meinem Hochseeligen Vater gewesen, annehme, zu der vorgeschlagenen Stelle, baldigst behüflich seyn wollen, wird Mir dadurch eine wahre Gefälligkeit angezeiget werden. Ich verbleibe übrigens Ew[er] Wohlgeb[oren] wohl affectionirter Freund![106]

Dieses Schreiben erhellt auf paradigmatische Weise die Wirkmächte einer Empfehlung, die sich auf die Autorität eines Patrons gründet. Ohne sich die Mühe zu machen das konkrete Anliegen des Klienten (Beförderung zum Oberbaurat im Oberbaudepartement) zu erläutern, verweist der Kronprinz *en passant* auf das „beykommende Schreiben", in dem ihn der Klient Vatteri um Protektion zur Erlangung einer Ratsstelle bittet und aus dem der Minister die Bitte selbst zu „ersehen" habe. Abwesend sind auch die Sachgründe seines Einsatzes (also die Qualität des anzustellenden Klienten). Stattdessen stützt der Kronprinz seine Empfehlung auf zweierlei. Einerseits die Treue des Klienten zu seinem Vater, Prinz August Wilhelm, andererseits die affektive Wirkung („eine wahre Gefälligkeit"), die die Erfüllung der Empfehlung auf ihn selbst und die Absender-Adressaten-Beziehung („verbleibe übrigens Ew[er] Wohlgeb[oren] wohl affectionirter Freund") haben wird. Die Billigkeit des Anliegens scheint hingegen außer Zweifel zu stehen.

Was sich im Empfehlungsschreiben des Kronprinzen niederschlägt, entspricht dem, was Rüdiger Campe als institutionelle Ethik des Ciceronischen *patronus* ausgemacht hat.[107] Der Patron spricht hier in zwei komplementären Funktionen. Zunächst tritt er als Advokat auf, der von der eigenen Fürsprache genauso stark affiziert wird wie der Adressat seiner Rede. Die Selbstaffizierung erlaubt es ihm nicht nur im Namen des Klienten aufzutreten, sondern mit der Autorität seines Eigennamens als Maske des Repräsentierten zu sprechen: „he no longer speaks in a name of legal party only, but he rather speaks in his own name *for* the client".[108] Dazu gesellt sich auf der anderen Seite eine untrennbare Verbindung zwischen Glaubwürdigkeit und Stand, da bestimmte Statusgruppen gar nicht anders konnten, als wahr zu sprechen.[109] Übertragen auf das Empfehlungsschreiben des Kronprinzen heißt das, dass sich Friedrich

---

106 GStA PK, II. HA GD, Abt. 3, Gen.-Dep., Tit. XII, Nr. 4, Bd. 1, fol. 24, Empfehlungsschreiben von Kronprinz Friedrich Wilhelm für Bauinspektor Vatteri, 10. April 1777.
107 Vgl. Rüdiger Campe, An Outline for a Critical History of *Fürsprache. Synegoria* and Advocacy, in: Deutsche Vierteljahrsschrift für Literaturwissenschaft und Geistesgeschichte 82, Nr. 3 (2008), 355–381, hier: 375.
108 Campe, An Outline for a Critical History of *Fürsprache*, 375.
109 Campe, An Outline for a Critical History of *Fürsprache*, 375.

Wilhelm mit seinem eigenen Namen für den Klienten einsetzt und durch seine königliche Position die Glaubwürdigkeit seiner Aussage garantiert. Dieser selbstaffizierende Akt ist so autoritativ, dass der Bewerber nicht einmal mehr selbst beim Minister vorsprechen muss, sondern anstatt seiner Supplik ein „Vor-Schreiben" für sich sprechen lässt.[110]

Ein solches Vorgehen musste mit den Kalkülen der reformierten Bauverwaltung kollidieren. Was die Stellenbesetzung beim Oberbaudepartement angeht, lag die Entscheidungskompetenz im späten 18. Jahrhundert gar nicht mehr wirklich beim vom König adressierten Minister. Anhand der konkreten papierenen Bearbeitung lässt sich nachvollziehen, dass der Minister zwar der formale Adressat und Antwortkonzipient, nicht aber der reale Leser und Bearbeiter war. Vor dem eigentlichen Konzept des Ministers ist in der Akte ein kleiner Zettel geheftet, der einen Entscheidungsvorschlag durch den Geheimen Finanzrat Gottfried Conrad Wilhelm Struve, seines Zeichens erster Direktor des Oberbaudepartements, beinhaltet (Abb. 9).[111]

Struve setzt hier die Technik der *prosopopoiia* ein, denn er schreibt die Vorlage explizit mit der Stimme des Ministers (spricht also nicht in seinem, sondern im Namen des Ministers von Derschau). Dabei führt er allerdings Argumente an, die aus den internen Kalkülen der Bauverwaltung stammen. Der Kronprinz wird darin vor vollendete Tatsachen gestellt, indem Struve konstatiert, dass bei der Neubesetzung der Ratsstelle bereits gegen Vatteri votiert wurde. Dessen Nicht-Besetzung rechtfertigt Struve ausschließlich mit dienstpragmatischen Gründen. Da Vatteri schon „mit so vielen Geschäften und Reisen in seinem Departement chargirt" sei, würden durch eine zusätzliche Aufgabe im Oberbaudepartement „die Geschäfte entweder des einen, oder des andern, Postens negligiret wer-

---

110 Für den vorliegenden Fall liegt denn auch keine direkte Bewerbung des Klienten vor. Dieser wendet sich mit der Bitte um ein „gnädigstes Vor-Schreiben" stattdessen direkt an den Kronprinzen und überlässt ihm die weitere Advokatur. Der besseren Verständlichkeit halber ist sein Gesuch hier wiedergegeben. „Durchlauchtigster Großmächtigster Cron-Printz, Gnädigster Printz und Herr! Ew[er] König[liche] Hoheit stelle allerunterthänigst vor: Wie von dem Ober-Bau-Departement zu Berlin ich schon vor geraumer Zeit als Ober-Bau-Rath bey diesem Collegio erwählt und dem General-Directorio vorgeschlagen bin, mithin es nun auf die Approbation des General-Directorii und deßen ferneren immediaten Vortrag ankommt. Dahero Ew[er] König[liche] Hoheit wegen dieser Stelle nochmahls um ein gnädigstes Vor-Schreiben an den Etats-Ministre von Derschau allerunterthänigst bitte, und in tiefster Devotion ersterbe. Ew[er] Königliche Hoheit allerunterthänigster Knecht. Der Bau-Inspector Vatteri", GStA PK, II. HA GD, Abt. 3, Gen.-Dep., Tit. XII, Nr. 4, Bd. 1, fol. 25, Supplik von Bauinspektor Vatteri an Kronprinz Friedrich Wilhelm, 8. April 1777.
111 GStA PK, II. HA GD, Abt. 3, Gen.-Dep., Tit. XII, Nr. 4, Bd. 1, fol. 26, Entscheidungsvorschlag des Oberbaudirektors Struve, 16. April 1777.

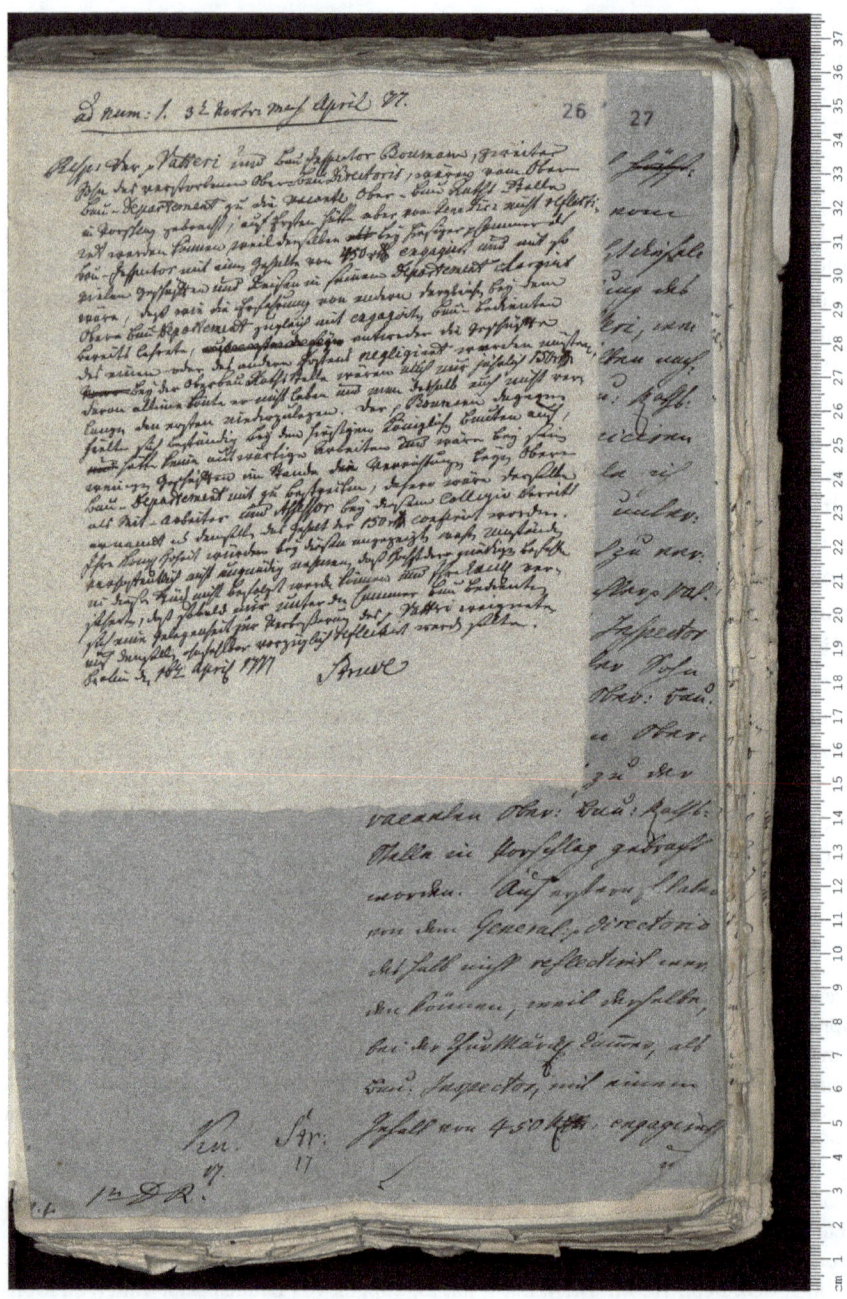

Abb. 9: Entscheidungsvorschlag des Oberbaudirektors Struve. Quelle: GStA PK, II. HA GD, Abt. 3, Gen.-Dep., Tit. XII, Nr. 4, Bd. 1, fol. 26.

den müßen".[112] Den Machtspruch des künftigen Monarchen kann er trotzdem nicht ganz umgehen, hält dessen Umsetzung aber in zeitlicher Suspension. Struve bewahrt sich die affektive Inklination „wohl affectionirt" durch das Versprechen, dass, sobald sich „eine Gelegenheit zur Verbeßerung des p[raenominatus] Vatteri ereignete, auf denselben ohnfehlbar vorzüglich reflectirt werden sollte."[113] Die Selbstevidenz dieses Argumentation zeigt sich in der wortgetreuen Übernahme der Schlüsselpassagen in das Konzept des Ministers von Derschau, der dieses mit wenigen Änderungen auch unterschreibt.[114] Bewerber die keine intime Kenntnis des Geschäftsgangs hatten und sich auf das Wort eines adligen Gönners beriefen, liefen somit Gefahr, Fehladressierungen vorzunehmen und Gunstbeziehungen geltend zu machen, die in der konkreten Entscheidungspraxis randständig waren.[115]

Ein zweiter Fall, diesmal aus den Akten der preußischen Seehandlung, zeigt eine noch stärkere Kollision zwischen der Autorität des Fürstenhauses und den neu etablierten Leitwährungen ‚Qualifikation' und ‚Verdienst'. Im Jahr 1797 präsidierte der als Modernisierer angesehene Minister von Struensee über die Verwaltung der Königlichen Seehandlung. Er und der ihm unterstellte Rat Jean Baptiste L'Abaye entschieden über alle eingehenden Stellengesuche und beschieden die Bewerber positiv oder negativ.[116] Die Seehandlung als königliches Kredithaus war in erster Linie mit kaufmännischen Angestellten besetzt; anders als in der Bauverwaltung waren die Eintrittsbarrieren dadurch weniger professionalisiert und die Heterogenität der Bewerber größer. Am 11. Mai 1797 ging bei Struensee ein Empfehlungsschreiben Friedrich Wilhelms (diesmal des künftigen III.) ein (Abb. 10).

---

112 GStA PK, II. HA GD, Abt. 3, Gen.-Dep., Tit. XII, Nr. 4, Bd. 1, fol. 26, Entscheidungsvorschlag Struves, 16. April 1777.
113 GStA PK, II. HA GD, Abt. 3, Gen.-Dep., Tit. XII, Nr. 4, Bd. 1, fol. 26, Entscheidungsvorschlag Struves, 16. April 1777.
114 Als einzige Korrektur wird eine Passage über die Rechtfertigung der Beförderung des Gegenkandidaten Boumann gestrichen, der wegen seiner geringeren Nebenarbeiten in die Stelle eines Oberbaurats aufrücken konnte. GStA PK II. HA GD, Abt. 3, Gen.-Dep., Tit. XII, Nr. 4, Bd. 1, fol. 27, Kommunikationsschreiben von Staatsminister Friedrich Wilhelm von Derschau an Kronprinz Friedrich Wilhelm, 16. April 1777.
115 Vatteri musste sich mit seiner Beförderung ins Oberbaudepartement allerdings nur wenige Jahre gedulden. 1783 wurde er aufgrund geleisteter Dienste zum Oberbaurat ernannt. Vgl. Krüger, Das Bauwesen in Brandenburg-Preußen im 18. Jahrhundert, 173, 288.
116 Die Akten hierzu finden sich in: GStA PK, I. HA Rep. 109, Nr. 2862.

Wohlgebohrener, viel geehrter Herr Geheime Etats-Minister!

Da meinen Nachrichten zufolge, bey der von Ew[er] Wohlgebohren abhängenden Direction der Seehandlungs-Societät ein gewißer Pflug mit Tode abgegangen ist und die Zahl der, ohne Gehalt dienenden jungen Leute dadurch um einen Arbeiter sich verringert haben wird; So glaube ich um so weniger eine Fehlbitte besorgen zu dürfen, wenn ich zu künftiger Versorgung und iezt zu einem Mitarbeiter, Ihnen den zweyten Sohn meines Küchmeisters Reißert[117] empfehle. Der junge Mensch hat in einem Alter von 16 Jahren, iezt seit einem halben Jahre schon, in der Canzley des Armen-Directorii zu Berlin gearbeitet, ist in der lateinischen und franzosischen Sprache, nach des Vaters Versicherung geübt und würde also mit mehrern Vorkenntnißen seine Laufbahn antreten. Ich aber würde in Rücksicht des Vaters dagegen verbleiben

des Herrn Geheimen Etats-Ministers
sehr wohl affectionirter Freund
Friedrich Wilhelm[118]

Wie schon 20 Jahre zuvor ist dem Kronprinzen auch hier der interne Geschäftsgang der Behörde unbekannt, was für ihn zählt ist das dynamisierende Ereignis („ist ein gewißer Pflug mit Tode abgegangen") und dessen Effekt („dadurch um einen Arbeiter verringert"). Und genauso wie im Fall Vatteri muss der Klient des Kronprinzen auch hier nicht selbst Rechenschaft über die eigene Person ablegen; das Schreiben Friederich Wilhelms allein genügt. Die ausschlaggebende Ursache für die Empfehlung macht der Kronprinz durch die Benennung der Patron-Klient-Beziehung transparent, denn der empfohlene Reißert ist „zweite[r] Sohne meines Küchmeisters". Er kleidet seine Intervention damit als wohlwollenden Dank für die Einsätze seines Dieners. Anders als seinem Vater Friedrich Wilhelm II. scheint dem zukünftigen Friedrich Wilhelm III. auch die Logik des reformbürokratischen Sprachspiels durchaus bewusst, denn als Gründe für die Aufnahme Reißerts unter die Eleven der Seehandlung benennt er in den „Vorkenntnißen" ausdrücklich meritokratische Kriterien. Gleichzeitig bleibt aber auch hier bis zum Ende der Empfehlung klar, dass die Affektökonomie Vorrang gegenüber Leistungskalkülen hat: Nicht wegen der Verdiensthaftigkeit des jungen Pflugs, sondern „in Rücksicht des Vaters" werde der Kronprinz als „sehr wohl affectionierter Freund" des Ministers „verbleiben".[119]

---

117 Laut Adresskalender des Jahres 1798 lautet der Name des königlichen Küchmeisters Reißer und nicht Reißert. Königliche Preußische Academie der Wissenschaften, Hg., Adreß-Kalender der Königlich Preußischen Haupt- und Residenz-Städte Berlin und Potsdam, Berlin 1798, 17.
118 GStA PK, I. HA Rep. 109, Nr. 2862, fol. 54, Empfehlungsschreiben von Kronprinzen Friedrich Wilhelm von Preußen an Staatsminister Struensee, 11. Mai 1797.
119 GStA PK, I. HA Rep. 109, Nr. 2862, fol. 54, Empfehlungsschreiben, 11. Mai 1797.

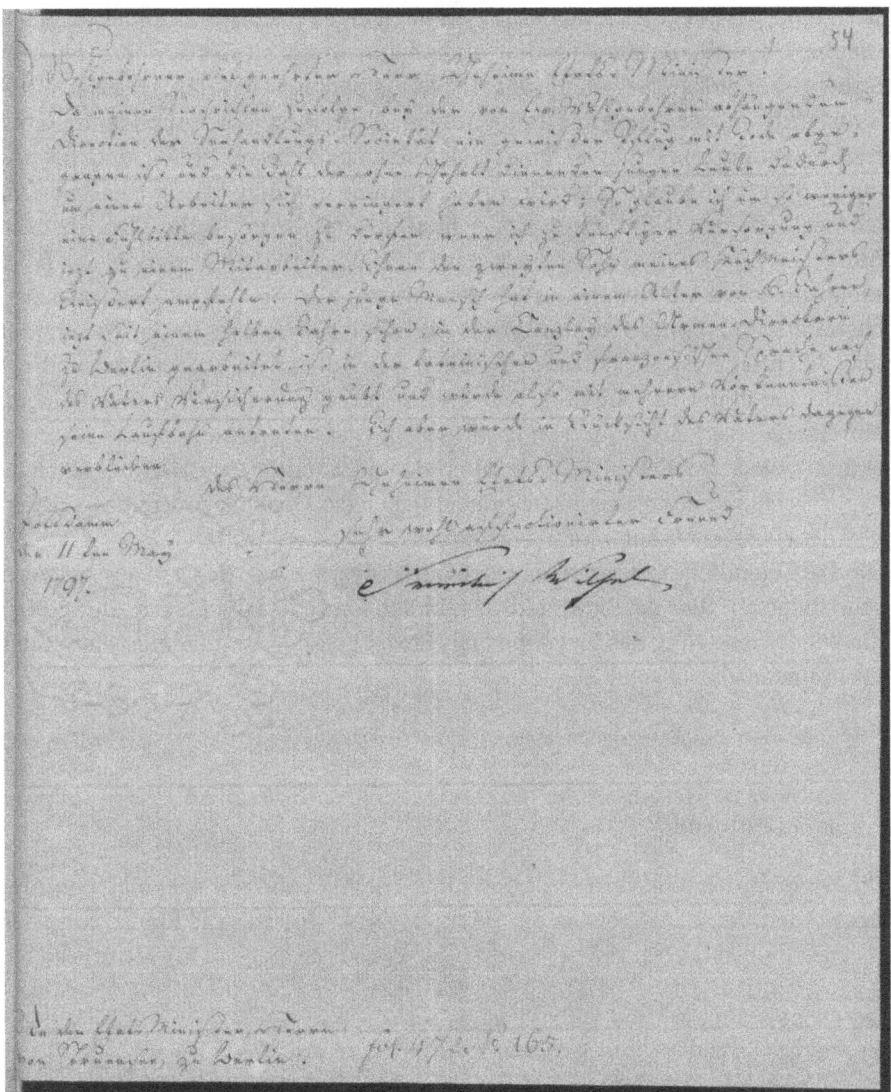

Abb. 10: Empfehlungsschreiben von Kronprinz Friedrich Wilhelm von Preußen an Staatsminister Struensee. Quelle: GStA PK, I. HA rep. 109, Nr. 2862, fol. 54.

Wenn der administrativ höherrangige, standesgemäß aber untergebene Minister von Struensee dem Kronprinzen Friedrich Wilhelm auf dessen patronale Intervention zwar versichert, seinem Gesuch zu entsprechen, den Klienten aber trotzdem ablehnt, dann zeigt sich hierin, noch stärker als im Fall Vatteri, sowohl eine Krise der Selbstaffizierung als auch eine Erosion der standesgemäßen Glaubwürdigkeit. Da die Autorität und Glaubwürdigkeit des Kronprinzen von Struensee nicht angezweifelt werden kann, bedient sich der Adressat eines Kunstgriffs, der die Autorität formal unangetastet lässt, den Supplikanten aber trotzdem aufgrund einer anders gelagerten Logik bewertet.[120] Zunächst, so macht Struensee deutlich, würde eine Aufnahme unter die Eleven „die Aussichten zur weiteren Beförderung nur sehr weit aussehend" verbessern, da „die übrigen 9 [Eleven, St.S.] vorher anderweitig placirt werden müssen".[121] Trotz kronprinzlichen Machtworts ordnet der Minister also die Geltungskraft des Anciennitätsprinzips über die Autorität des Königshauses.[122] Struensee schaltet aber noch eine zweite Barriere zwischen das Votum des Kronprinzen und die Platzierung in der Seehandlung. Selbst wenn sich Reißert mit den Bedingungen einverstanden erklären würde, müsste er sich – genauso wie alle anderen Kompetenten – einer fachlichen Prüfung durch den Seehandlungsrat L'Abaye unterziehen.[123] Nicht nur das Anciennitäts- sondern auch das Qualifikationsprinzip werden also der königlichen Autorität übergeordnet.

Der eigentliche Coup zeichnet sich allerdings erst zum Schluss des Antwortschreibens ab. Hier macht Struensee nämlich klar, dass die Entscheidung über die Wiederbesetzung des Elevenpostens längst gefallen ist, die Intervention des Kronprinzen also obsolet ist:

> Unter eben diesen Aussichten habe ich einen Bruder des verstorbenen Pflug, weil es dem Vater über den schleunigen Verlust zween seiner Söhne einigen Trost zu gewähren schien, als Eleven bei der Seehandlungs-Societaet angestellt, wodurch also die erledigte Stelle wieder besetzt worden.[124]

Die Widersprüchlichkeit dieser Informationspolitik kann nur spekulativ ergründet werden. Am plausibelsten erscheint es, dass Struensee die Empfehlung des

---

120 GStA PK, I. HA Rep. 109, Nr. 2862, fol. 55, Kommunikationsschreiben von Staatsminister Struensee an Kronprinz Friedrich Wilhelm von Preußen, ca. Mai 1797.
121 GStA PK, I. HA Rep. 109, Nr. 2862, fol. 55, Kommunikationsschreiben von Staatsminister Struensee, ca. Mai 1797.
122 Zum Anciennitätsprinzip vgl. Hanns-Eberhard Meixner, Anciennitätsprinzip, in: Wörterbuch der Mikropolitik, hg. von Peter Heinrich und Jochen S. zur Wiesch, Wiesbaden 1998, 11–13. Auf der Ebene der Räte war das Anciennitätsprinzip im Preußen des 18. Jahrhunderts zwar von Belang, wurde in der Regel aber Qualifikations- und Leistungskriterien untergeordnet. Vgl. Straubel, Beamte und Personalpolitik im altpreußischen Staat, 86–89.
123 GStA PK, I. HA Rep. 109, Nr. 2862, fol. 55, Kommunikationsschreiben von Staatsminister Struensee, ca. Mai 1797.
124 GStA PK, I. HA Rep. 109, Nr. 2862, fol. 55, Kommunikationsschreiben von Staatsminister Struensee, ca. Mai 1797.

Kronprinzen formal angemessen rezipiert und deren Willfahren in der Schwebe hält, indem er vage andeutet, Reißert bei Bedarf einer Prüfung unterziehen zu können. Gleichzeitig bahnt seine rhetorische Strategie mit ihren vielschichtigen Einschränkungen aber den Schlussvermerk an, der das Begehr Friedrich Wilhelms *post factum* zur Unmöglichkeit deklariert.

Es wäre nun verfehlt, die Präferenz für geprüfte Kandidaten als grundlegende Ablehnung von Patronage zu deuten. Das ist vor allem deshalb brisant, weil Carl August von Struensee in der Forschung als Verfechter einer meritokratischen Verwaltungselite gilt, die sich für die Wahrung des Qualifikationsprinzips einsetzte.[125] Patronage geht in Struensees Behörde, der Preußischen Seehandlung, vielmehr eine dynamische Wechselbeziehung mit den Verdienstzeugnissen von Subjekten ein. Wie leistungsfähig ein Bewerber ist, lässt sich für Struensee nämlich nicht ausschließlich aus Lebensläufen und Suppliken entnehmen, sondern muss durch supplementierende Beilagen abgesichert werden. Wie wichtig die intermediale Verkettung von Verdienst und Patronage ist, zeigt eine quantitative Auswertung der Annahme- und Ablehungsbescheide von Seehandlungseleven. Von den 66 zwischen 1796 und 1798 um eine Anstellung als subalterner „Supernumerarius" ansuchenden Bewerbern werden nur drei Personen uneingeschränkt positiv beschieden (Tab. 3).

Die geringste Aussicht auf Erfolg haben dabei diejenigen Bewerber, die ihren Lebenslauf für sich sprechen lassen und von keinem Fürsprecher unterstützt werden. Das zeigt etwa das Bewerbungsschreiben des Kaufmannssohns Piautaz, der einen beinahe mustergültigen Lebenslauf vorlegt.[126] Piautaz schildert hier eine Karriere, die ihn nach beendetem Studium in „Heidelberg und Maintz" auf „verschiedene Reisen in Handelsgeschäften" führt, wo er sich „ziemliche Handelskenntniße" aneignet. Durch die Feldzüge gegen Napoleon ergibt sich eine

---

125 Struensee fügte sich damit in den modernisierenden Konsens der Minister des Generaldirektoriums um 1800 ein, die sich bei vielen personalpolitischen Entscheidungen den Wünschen des Königshauses zu beugen hatten. Waren die Minister für die Besetzung der ihnen direkt unterstellten Finanzräte relativ autonom, mussten sie bei vakanten Stellen im subalternen Beamtentum oder den Provinzialverwaltungen häufig den Vorschlägen des königlichen Kabinetts folgen. Das Leistungs- und Qualifikationsprinzip wurde dabei vor allem gegen die Praxis der Invalidenversorgung in Stellung gebracht, durch die der König versuchte, altgediente Militärs finanziell abzusichern. Minister wie Struensee setzten sich gegen diesen Zwang zur Bevorzugung von Invaliden teilweise erfolgreich gegen den König zur Wehr, etwa wenn sie für besonders wichtige Stellen die fachliche Eignung und Überprüfung von Kandidaten durchsetzten. Vgl. Rolf Straubel, Carl August von Struensee. Preußische Wirtschafts- und Finanzpolitik im ministeriellen Kräftespiel (1786–1804/06), Berlin 1999, 51–53.
126 GStA PK, Rep. 109, Nr. 2862, fol. 23, Supplik von Joseph Maria Piautaz an Staatsminister von Struensee, ca. Februar 1797.

Tab. 3: Bescheide Carl August von Struensees über Anstellungsgesuche in der Seehandlung in Korrelation zu Empfehlungen (1796–1798). Quelle: GStA PK, Rep. 109 Nr. 2868.

	Positiver Bescheid	Notiert	Notiert mit Prüfung	Negativer Bescheid	Gesamt
Ohne Empfehlung		3	5	27	35
Mit Empfehlung niederrangig (i. d. R. Vater)	1	3	3	8	15
Mit Empfehlung hochrangig (Adel, Königshaus, etc.)	2	5	3	6	16
Gesamt	3	11	11	41	66

„günstige Gelegenheit" in den „König[lichen] Preuß[ischen] Staate versetzt zu werden". Piautaz wird in die „Stelle eines Buchhalters bei der Feldkriegs-Casse" befördert, versieht diese während drei Feldzügen und wird schließlich mit der „vollen Zufriedenheit" seiner „Vorgesetzten" verabschiedet. Jetzt möchte er sich, da er „Handelskenntniß", „deutsch, französisch und italienisch" sowohl mündlich als auch schriftlich beherrsche, um Verwendung in der Seehandlung bewerben. Doch trotz dieser im Verhältnis zu den übrigen Bewerbern reichhaltigen Formationsgeschichte wird der Kaufmannssohn nicht einmal auf die Reserveliste der Supernumerare gesetzt. Die Antwort Struensees fällt mit dem Hinweis auf die „vielen Supernumeraren und Eleven", die „auf weitere Versorgung warten", gleichermaßen allgemein und lapidar aus.[127]

Eine der wenigen positiv beschiedenen Bewerbungen nimmt sich demgegenüber im Lebenslauf äußerst knapp aus, detailreiche Schilderungen von Qualifikation, Kenntnissen und Anstellungsarten unterbleiben. Wenig forciert begründet der Supplikant Stolpe sein Gesuch: „Vielleicht setzen die Handlungskenntniße [...], die ich bey die Herren Gebrüder Benecke [zu erlangen], die beste Gelegenheit hatte, mich in Stand, in einem oder dem anderen Posten [...] zu arbeiten."[128] In welchem Sinne die Tätigkeit bei den Beneckes konkret in Stand setzend wirkt, zeigt erst die Verdopplung des Lebenslaufs durch ein Referenzschreiben der eben

---

[127] GStA PK, Rep. 109, Nr. 2862, fol. 24, Reskript von Staatsminister Struensee an Piautaz, 22. Februar 1797. Trotz des abschlägigen Bescheids wurde Piautaz später sogar noch Geheimer Oberfinanzrat. Vgl. Joseph Maria Piautaz, in: Neuer Nekrolog der Deutschen 3 (1825), H. 2, 897–907.
[128] GStA PK, Rep. 109, Nr. 2862, fol. 35, Supplik von Buchhalter Stolpe an Staatsminister Struensee, 24. März 1797.

genannten Brüder. Der „in jedem Handlungsfach fähige junge Mann, deßen Treue und Fleiß wir geprüft haben" wird vorbehaltslos empfohlen. Zudem fügen die Beneckes die Bemerkung hinzu, dass „der Vater von nicht geringem Vermögen [ist], [...] und gern bereit seyn [würde], für ihn die verlangende Caution zu leisten."[129] Welches von diesen Argumenten letztlich den Ausschlag gibt, oder ob die Entscheidung auf etwas ganz anderem (etwa der spezifischen Beziehung zwischen Struensee und den Beneckes) fußt, lässt sich aus dem Aktenvorgang nicht rekonstruieren. Struensee bescheidet die Gebrüder Benecke jedenfalls aufgrund des „gute[n] Zeugniß[es] welches Sie in Ihrem Schreiben [...] geben",[130] positiv, viele andere Bewerber mit ähnlich lautenden Empfehlungen werden hingegen aussortiert. Obwohl also davon auszugehen ist, dass sich eine Supplementierung durch Referenzen tendenziell karrierefördlich auswirkt, bleibt die tatsächliche Valorisierung unsichtbar. Das nach außen transparente Kenntlichmachen der Patronage-Beziehung, wie es der preußische Kronprinz explizierte, ist im Verhältnis Benecke-Struensee auf die Innenseite der Kommunikation gewandert. Wo der offizielle Diskurs und die „formale Verfahrensrationalität" keinen legitimen Ort mehr für Patronage vorsieht, muss Patronage sich in ein Feld „der alltäglichen und inoffiziellen Praktiken" verschieben.[131]

Da der Transparenzdruck auf schriftliche Kommunikationsmedien im Zuge der bürokratischen Antikorruptionsreformen um 1800 ansteigt, kommt dem Medium der Mündlichkeit eine zunehmend vorentscheidende Rolle zu. Die Indizien für solche mündlichen Einflussnahmen sind naturgemäß in den Akten rar gesät. Mancher Bewerber macht in seinem Schreiben aber trotzdem Anspielungen auf vorherige mündliche Zusicherungen wie etwa ein Bewerber, der „bey [s]einer pörsönlichen Anwesenheit" vermeint hat, „noch einige entfernte Hoffnungen wegen des in Wusterhausen anzusezzenden Conducteurs" erhalten zu haben."[132] Noch stärker zeigt dies der Fall des Bauinspektors Steinau im Jahr 1849, für dessen Bewerbung ein Gönner namens Becker (vermutlich Oberbaurat in der technischen Baudeputation) eine Empfehlung bei Handelsminister August von der Heydt abgibt. Die überbordende Rechtfertigungsrhetorik, die mit der Figur der „Ausnahme" argumentiert, setzt hier bereits mit dem zweiten Satz

---

129 GStA PK, Rep. 109, Nr. 2862, fol. 36, Empfehlungsschreiben der Gebrüder Benecke an Staatsminister Struensee; 24. März 1797.
130 GStA PK, Rep. 109, Nr. 2862, fol. 37, Kommunikationsschreiben von Staatsminister Struensee an die Gebrüder Benecke, 25. März 1797.
131 Kirner, Politik, Patronage und Gabentausch, 172.
132 GStA PK, II. HA GD, Abt. 14, Kurmark, Tit. IX Nr. 8a, fol. 19, Supplik von Paul Samuel Gotthold Licht an den Geheimen Kabinettsrat Ludwig Friedrich August Moers, 12. Oktober 1789.

des Schreibens ein und zeigt, dass zur Jahrhundertmitte im Medium der Schrift kaum mehr patronageartige Interventionen erfolgen können: „So geringe Neigung ich auch im Allgemeinen besitze, unberufen in solche Angelegenheiten mich zu mischen und mit Empfehlungen meine Vorgesetzten zu belästigen, so sehe ich mich doch nothgedrungen, im vorliegenden Falle eine Ausnahme zu machen."[133] Nach seinem Vortrag folgt gegen Ende nochmals eine zweite Entschuldigung, mit der Becker versucht, sein Begehr als uneigentliche Protektion zu kodieren: „Ew[er] Hochwohlgeboren bitte ich daher gehorsamst, meinen Antrag zu entschuldigen, zu dem nicht Neigung zu protegieren sondern mir allein die Wahrnehmung des Besten des Dienstes mich veranlaßt hat."[134] Ganz zum Schluss wird aber auch hier deutlich, dass die Empfehlung aus der Briefkultur herausgedrängt wird, da der Patron anbietet, „noch mündliche Äußerungen hinzufügen" zu können, „die gewiß ins Gewicht fallen würden."[135]

Während also schriftliche Patronage zunehmend problematisch wird, zeigt sich gleichzeitig der für moderne Organisationen so zentrale „Zwang zur ‚Objektivität' [...], um den Eindruck zu erzeugen, dass die Entscheidung zugleich gerecht und quasi zufällig ein Individuum vor anderen bevorzugt."[136] Dass gerade aus Personalakten solche Objektivitätseindrücke gewonnen werden, ist sicher kein Zufall. Als Protokolle scheinbar vorgängiger Kommunikation tragen sie einen „präsentistischen Zug", der suggeriert, dass sie „im Gegensatz zu anderen Schriftspeichern kommunikative Handlungen ohne weitere Verluste auf die Ebene der Schrift hinüberretten und damit die Live-Übertragung eines Geschehens garantieren."[137] Medientechnisch ist daran interessant, dass Personalakten zwar Selektionsprozesse transparent machen sollen, die Selektionskriterien von Entscheidungen im Medium jedoch oftmals unsichtbar bleiben oder von rationaler Rechtfertigungsrhetorik verdeckt werden. In diesem Sinne sind Akten also keineswegs nur der papierne Niederschlag des gesamten Verwaltungshandelns, sondern in komplexe (und über den Aktenvorgang hinausreichende) Kalküle eingebettet, deren eigentliche Motive im Lichte der Rationalität des Verfahrens verborgen bleiben.

---

133 GStA PK, I. HA Rep. 93 B, Nr. 615, unfoliiert, Empfehlungsschreiben des Becker an Handelsminister August von der Heydt, 21. Mai 1849.
134 GStA PK, I. HA Rep. 93 B, Nr. 615, unfoliiert, Empfehlungsschreiben des Becker, 21. Mai 1849.
135 GStA PK, I. HA Rep. 93 B, Nr. 615, unfoliiert, Empfehlungsschreiben des Becker, 21. Mai 1849.
136 Luhmann, Organisation und Entscheidung, 288.
137 Vismann, Akten, 23.

b) Vom Empfehlungsschreiben zum Arbeitszeugnis

Mit dem „Zwang zur Objektivität" ist zugleich die Frage nach den Kommunikationskanälen in Organisationen berührt.[138] Durch den Einfluss der bürokratischen Reformbewegung seit dem Ende des 18. Jahrhunderts und deren Insistieren auf Qualifikation, Verdienst und Prüfung steigt auch der Druck auf Verwalter, diesen Prinzipien auf möglichst transparente Weise gerecht zu werden. Während ein Patron wie der Kronprinz seine Empfehlung noch ohne weiteres offen über den „Beziehungskanal"[139] aussprechen konnte, also jenen Kanal, über den primär Anerkennung und Ablehnung, Nähe und Distanz, Wohlwollen und Aversion kommuniziert wird, können Verwaltungsbeamte auf diesem Wege keine Empfehlungen mehr einreichen. Klassische Gunsterweise wie die des preußischen Kronprinzen finden sich in einem professionalisierten Verwaltungssektor wie dem Bauwesen, besonders seit der Reformzeit, praktisch überhaupt nicht mehr und werden, wenn überhaupt, mit Apologetik abgegeben.

Patrone und Klienten, die ihre gegenseitige Affektion für eine Beförderung nutzen wollen, müssen fortan primär auf informell-mündliche Kanäle zugreifen. Lediglich in den Begrifflichkeiten von Bekanntschaft sind sie in der schriftlichen Kommunikation noch als Andeutung von personaler Affinität zwischen Patron und Klient adressierbar.[140] Die Effektivität solcher informellen Kanäle hängt aufgrund der mündlichen Verfasstheit aber wesentlich von räumlicher Nähe und Intimität ab. Ein Rat in der ostpreußischen Kammer kann sich für einen Klienten, der sich in Minden um einen Posten bewirbt, nicht ohne weiteres informell bei den Amtskollegen einsetzen. Wer sich aus der Distanz für einen Klienten verwenden will, muss sowohl die Aporie der mündlichen Verfasstheit von informellen Empfehlungen umgehen als auch die Parteilichkeit eines offenen Empfehlungsschreibens vermeiden. Wenn Berichte und Bewerbungsbeilagen um 1800 immer seltener von „Protektion", „Patronen", „Klienten" und „Affektion" sprechen, indiziert dies also weniger das Ende von Rekrutierungsseilschaften oder deren völliges Aufgehen in informell-mündlichen Empfehlungen als vielmehr die Verschiebung von Patronage-Einsätzen in ein anderes Medium.

---

138 Zur Taxonomie organisationaler Kommunikationskanäle vgl. Wolfgang Sofsky und Rainer Paris, Figurationen sozialer Macht. Autorität, Stellvertretung, Koalition, Opladen 1991, 206–209.
139 Sofsky und Paris, Figurationen sozialer Macht, 207.
140 Siehe hierzu auch: Luhmann, Organisation und Entscheidung, 294–297. Aus der hierzu korrespondierenden soziologischen Perspektive wären die „objektiven" Leistungen von Subjekten (und deren Anerkennung) durch ökonomisches, soziales und kulturelles Kapital konstituiert und vermittelt. Für ein eindrucksvolles Beispiel aus jüngster Zeit vgl. die preisgekrönte Studie Lauren A. Riveras: Lauren A. Rivera, Pedigree: How Elite Students Get Elite Jobs, Princeton 2015.

Spätestens seit dem 16. Jahrhundert war das schriftliche Zeugnis – oder Attestat – ein wirkmächtiges Medium, mit dem sich die Obrigkeit verhoffte Dienstverhältnisse zu steuern. Protestantische Schulordnungen forderten von einem angehenden Lehrer schon früh „ein schriftliches Zeugniß über sein Leben und seine Gelehrsamkeit".[141] Die prüfenden Inspektoren und Superindentenden sollten bei der Anstellung auch auf „Zeugnisse über seine Sitten und seine Gelehrsamkeit"[142] zurückgreifen. Rigoroser und formalisierter zugleich gestaltete sich die Situation für das zünftige Handwerk und das Gesinde. Als prototypische Subjekte der Sozialdisziplinierung[143] hatten sie sich bei der Beendigung eines Dienstverhältnisses von ihren Meistern oder Hausvätern eine „Kundschaft"[144] oder ein „Zeugniß"[145] ausstellen zu lassen, das Auskunft über Wohl- und Missverhalten gab. In diesen Zeugnissen sollte neben einer genauen Beschreibung der *Conduite* die biometrischen Merkmale, der Rechtsstatus, und die Dienstzeit der Bediensteten aufgeführt werden.[146] Aus Stellenanzeigen des 18. Jahrhunderts lässt sich entnehmen, dass nur „wer mit guten Zeugnissen versehen" war, „sich eine an-

---

141 Ordnung des Gymnasiums in Nordhausen, 1583, in: Evangelische Schulordnungen, Bd. 1: Die Evangelischen Schulordnungen des 16. Jahrhunderts, hg. von Reinhold Vormbaum, Gütersloh 1860, 362–395, hier: 368–369.
142 Ordnung des Gymnasiums in Nordhausen, 363.
143 Vgl. Oestreich, Geist und Gestalt des frühmodernen Staates, 187–196.
144 Klaus Stopp, Hg., Die Handwerkskundschaften mit Ortsansichten. Beschreibender Katalog der Arbeitsattestate wandernder Handwerksgesellen (1731–1830), Bd. 1: Allgemeiner Teil, Stuttgart 1982.
145 Königliche Preußische und Kurbrandenburgische neuverbesserte Gesindeordnung vor die Königlichen Residenzstädte Berlin. 2. Februar 1746, in: Quellen zur Neueren Privatrechtsgeschichte Deutschlands, Bd. 2: Polizei- und Landesordnungen, hg. von Wolfgang Kunkel, Gustaf K. Schmelzeisen und Hans Thieme, Weimar 1969, 306–323, hier: 307.
146 Das kaiserliche *Fundamentalpatent* von 1731 sah für Gesellenzeugnisse folgendes Formular vor: „des Handwercks derer N. in der Stadt N. bescheinigen hiemit: daß gegenwärtiger Gesell Nahmens N. von N. gebürtig, so .... Jahr alt, und von *Statur* ... auch Haaren ... ist, bey uns allhier ... Jahr ... Wochen in Arbeit gestanden, und sich in solcher Zeit über treu, fleissig, still, friedsam, und ehrlich, wie einem jeglichen Handwercks-Burschen gebühret, verhalten hat, welches wir also *attestiren*". „Auszug aus dem Fundamentalpatent vom 16.8.1731." In Stopp, Die Handwerkskundschaften mit Ortsansichten, Bd. 1, 14. Zeitgenössische Vorgaben für ein Gesindezeugnis sind aus den Gesindeordnungen zu entnehmen. Etwa hier: "§ 2. Dieser Erlassungsschein oder Gezeugnis soll 1) des Dienstboten Vor- und Zunamen, 2) Geburtsort, 3) Alter, 4) Größe und Statur nebst Farbe der Haare oder andere Kennzeichen, 5) ob verheiratet oder nicht, 6) die Zeit, wie lange er gedienet hat, 7) sein wahres, gutes oder schlimmes Verhalten in sich fassen[...]." Königliche Preußische und Kurbrandenburgische neuverbesserte Gesindeordnung vor die Königlichen Residenzstädte Berlin, 307.

sehnlich Station versprechen" konnte.[147] An den Vorgaben dieser sozialdisziplinierenden Schriftpraxis ist bemerkenswert, dass sie weder Aussagen über den Lebensverlauf noch über die Leistungsfähigkeit der Subjekte trafen. Stattdessen wurden als zentrale Dienstkriterien das Wohlverhalten und die Rechtmäßigkeit einer Person veranschlagt, zwei Kriterien, die in den Lebensläufen der höheren Beamtenschaft wesentlich weniger relevant waren.

Trotzdem finden Zeugnisse auch dort immer weitere Verbreitung. Anders als in den Zeugnissen der niederständischen Handwerker, Dienstboten oder Hausmädchen steht im Zentrum dieser Atteste aber nicht das Verhalten oder der Rechtsstatus, sondern die konkreten Fähigkeiten und Tätigkeiten des Subjekts – sie fungieren damit als prototypische Arbeitszeugnisse.[148] Nimmt man den Lebenslauf als Grundlage der Bewerbung, dann schlägt sich in beigehefteten Arbeitszeugnissen seine fürsprechende Verdopplung nieder. Der Patronage-Einsatz des Arbeitszeugnisses folgt dabei einer spezifischen Logik: Der Patron attestiert dem Klienten diejenige Leistungsfähigkeit, die er in seinem Bewerbungsschreiben behauptet. Das Zeugnis in der Personalverwaltung impliziert also eine Praxis, die die im Lebenslauf getroffenen Aussagen über legitime Paratexte verdoppelt. Es schafft eine Form objektivierten symbolischen Kapitals, das die Gültigkeit der bezeugenden Autorität auch in Kreise einträgt, in denen keine persönlichen Bekanntschaftsnetze reklamiert werden können.

Eine Ursache für diese tätigkeitsbezogene Zeugenschaft mag darin liegen, dass im Bauwesen Verdienste besonders markant objektivierbar waren.[149] Der Diskurs über die Tüchtigkeit von Baubeamten wurde gerne an objektivierten und quantifizierten Markern vollzogen. Gute oder schlechte Wegstücke,[150] die Geschwindigkeit bei Revisionen und Dienstreisen,[151] die Kosten in Bauanschlägen,[152] oder die gene-

---

147 Notificatoria, in: Wochentliche Königsbergische Frag- und Anzeigungs-Nachrichten, 5. Januar 1765.
148 Heutige Personalmanagement-Lehrbücher führen als zentrale Merkmale von Arbeitszeugnissen die „Beurteilung von Fachwissen, Leistungen, besonderen Erfolgen, Einsatzbereitschaft, Weiterbildungsaktivitäten" sowie die „Beurteilung des Verhaltens zu Vorgesetzten und Kollegen" auf. Dirk Holtbrügge, Personalmanagement [2005], 7. Aufl., Berlin 2018, 129.
149 Vgl. auch Strecke, Anfänge und Innovation der preußischen Bauverwaltung, 54.
150 GStA PK, I. HA Rep. 93 B, Nr. 542, unfoliiert, Eingabe von Wasserbauinspektor Elsner an Handelsminister Bülow, 28. August 1818.
151 GStA PK, I. HA Rep. 93 B, Nr. 576, unfoliiert, Bericht der Regierung zu Erfurt an Finanzminister Bülow, 19. November 1816.
152 GStA PK, II. HA GD, Abt. 11, Neuostpreußen, I Bestallungssachen, Nr. 82, Bd. 1, fol. 197, Bericht der neuostpreußischen Kriegs- und Domänenkammer an das Generaldirektorium, 25. September 1797.

relle Qualität der Baukenntnisse[153] wurden in Berichten, Gutachten und Attesten als konkrete Gründe angeführt, durch die Baubedienstete miteinander ins Verhältnis gesetzt werden konnten. Diese Leistungsobjektivierungen sind deshalb auch in den Arbeitszeugnissen von großer Bedeutung.

Arbeitszeugnisse beginnen besonders nach der Neukonstituierung des preußischen Staats 1815 zu proliferieren. Viele Baubediente aus anderen Staaten drängen in den Staatsdienst, über ihre Fertigkeit lassen sich jedoch intern kaum Urteile bilden. Der Baukondukteur Ilse antizipiert diese Beurteilungsproblematik 1824 in einem Lebenslauf, den er über verschiedene Zeugnisse absichert. Dabei ist zu bemerken, dass schon Ilses Lebenslauf als „Beleg", d. h. als Zeugnis über „manchen Dienst", den Ilse „dem Staate geleistet" hat, auftritt.[154] In Ilses autodiegetisches Zeugnis erster Ordnung sind insgesamt vier heterodiegetische Zeugnisse zweiter Ordnung eingebettet, die in den Marginalien des Lebenslaufs mit „Anlage No. 1–4"[155] indiziert sind. Die Atteste sind also in unterschiedlich ausgeklügeltem Grad hypertextuell mit dem narrativen Text der Lebenserzählung verflochten. Diese Verlinkungen führen von der bloß vagen Andeutung im Fließtext bis hin zu kunstvoll illustrierten Marginaliensystemen. Im Textbild des Ilse'schen Lebenslaufs erscheint der Marginalien-Verweis genau auf derselben Höhe wie die Erwähnung des Attests im Fließtext, erlaubt den lesenden Beamten also instantan die im Lebenslauf gemachten Behauptungen mit dem jeweiligen Zeugnis abzugleichen (Abb. 11).

---

153 GStA PK, II. HA GD, Abt. 12, Pommern, Tit. XV, Nr. 1, Bd. 2, fol. 12, Reskript des Generaldirektoriums an die Pommersche Kriegs- und Domänenkammer, 1. Juni 1791.
154 GStA PK, I. HA Rep. 93 B, Nr. 518, fol. 203, Eingabe von Baukondukteur Ilse an Handelsminister Bülow, 9. November 1824. Den Lebenslauf als „Zeugnis" für die eigene Kompetenz zu verwenden, verweist dabei auf eine personalpolitische Tradition, die ins frühe 18. Jahrhundert zurückreicht. So lautet ein Befund aus der kursächsischen Bergverwaltung, der sich partiell auch auf Lebensläufe aus der preußischen Bauverwaltung anwenden lässt. Wenn der Lebenslauf als einziges „Zeugnis" agieren sollte, war es wichtig, diesen Text über die notarielle Beglaubigung eines autoritativen Vorgesetzten abzusichern. Vgl. Hünecke, Institutionelle Kommunikation im kursächsischen Bergbau des 18. Jahrhunderts, 37, 105. Eine solche notarielle Praxis lässt in Preußen vor allem bei Anstellungen junger Kondukteure, die erst unter einem Vorgesetzten gearbeitet haben, beobachten. So beglaubigt etwa der Magistrat von Crossen den kurzen Lebenslauf des angehenden Baubeamten Nacke mit den Worten: „Daß, so viel uns bekannt, vorstehendes Curriculum vitae des Kondukteur Johann Rudolph Nacke, der Wahrheit gemäß abgefaßt wurde, wird hierdurch auf Verlangen bescheinigt." GStA PK, II. HA GD, Abt. 13, Neumark, Behörden- und Bestallungssachen, Baubediente, Nr. 7, fol. 53, Lebenslauf von Johann Rudolph Nacke, 21. März 1803.
155 GStA PK, I. HA Rep. 93 B, Nr. 518, fol. 205, Lebenslauf von Baukondukteur Ilse, 9. November 1824 [Hv. i. Orig.].

Abb. 11: Lebenslauf von Baukondukteur Ilse mit Zeugnisverweis. Quelle: GStA PK, I. HA Rep. 93 B, Nr. 518, fol. 205.

Der rhetorische Stellenwert dieser Zeugnisse und ihrer Einflechtungen in den Lebenslauf ist kaum zu überschätzen. „[D]aß die erworbenen Kenntniße und die Uebungen der Erkenntniskräfte [ihn] zu der Vorbereitung der Lebensart, der [er] sich widmen würde, beförderlich seyn würden", verdankt Ilse dem „von der lateinischen Schule des Waisenhauses ertheilten angeschlossenen Attest[] vom 29ten Maerz 1808".[156] Dabei schreibt er die eigene Schullaufbahn explizit mit den Worten der besuchten Institution, deren Zeugnis, „daß die erworbenen Kenntnisse und die Uebungen der Erkenntniskräfte [...] ihm zu der Vorbereitung der Lebensart, der er sich widmen wird, beförderlich seyn werden",[157] fast im Wortlaut mit der Passage im Lebenslauf übereinstimmt. Ilse akzeptiert und internalisiert damit die institutionelle Laufbahnvorhersage zu einem Grad, der die autonome Urteilskraft über den eigenen Lebenslauf dispensiert. Die professionelle Qualität des Subjekts emaniert damit für Autor und Leser weniger aus der Selbstaussage als aus der flankierenden Bezeugung. Gleichzeitig präpariert Ilse den eigenen Lebenslauf auch für die institutionelle Lektüre durch die Berliner Baubeamten, die aufgrund der genauen Übereinstimmung zwischen eigener und fremder Laufbahnerzählung gar nicht erst die Mühe auf sich nehmen müssen, ihre institutionelle Hermeneutik an eigenwillige autobiographische Digressionen anzulegen.

In den weiteren Zeugnissen wird hingegen weniger eine bestimmte Qualität als eine zeitliche Transition bezeugt: Sie fungieren als legitime Belege beruflicher Statuspassagen.[158] Das im Lebenslauf angekündigte „Anstellungs-Arrêté" des damaligen westphälischen Finanzministers von Bülow (der jetzige preußische Handelsminister und Adressat) figuriert nicht nur als Benachrichtigung über die berufliche Ernennung „zum Bau-Conducteur im Harzdepartement", sondern auch als sprachlicher Vollzug dieser Statuspassage, indem sie Ilse anweist, sich „sofort bei dem Ober-Ingenieur des Departements zu melden".[159] Die Wichtigkeit dieses Zeugnisses unterstreicht nicht zuletzt auch der beigehende Bericht der Regierung zu Aachen an Handelsminister von Bülow, das als Zeugnis dritter Ordnung ebenfalls Bezug auf das „Arrêté" nimmt und die damit verbundene Ernennung durch den „westphälischen Finanz-Minister", auch hier jetziger Adressat des Schreibens, ins Gedächtnis zurückruft. Es scheint, als wolle Ilse bei Bülow

---

156 GStA PK, I. HA Rep. 93 B, Nr. 518, fol. 205, Lebenslauf von Baukondukteur Ilse, 9. November 1824, Transkription s. Anlage 5.
157 GStA PK, I. HA Rep. 93 B, Nr. 518, fol. 210, Zeugnis der lateinischen Schule des Waisenhauses zu Halle (Abschrift), 19. März 1808.
158 Grundlegend zum Begriff der *status passage* vgl. Barney G. Glaser und Anselm L. Strauss, Status Passage, London 1971.
159 GStA PK, I. HA Rep. 93 B, Nr. 518, fol. 211, Verfügung des westphälischen Finanzministers Hans von Bülow an Ilse, 2. November 1809 (Abschrift).

durch die ausdrückliche Benennung einer früheren Bestallungshandlung eine zeitliche Kontinuität zwischen der früheren Anstellung und der erwünschten Berufung herstellen.

Um die Wahrscheinlichkeit dieser Bestallung zu erhöhen, sind die zwei verbleibenden Zeugnisse so konzipiert, dass sie in der Zusammenstellung eine einschlägige Laufbahn evozieren. Nach der bereits frühzeitigen Vorbereitung für das Baufach auf der Lateinschule und der Erstanstellung durch Bülow folgt eine intermittierende Dienstzeit als Militäringenieur, die durch eine legitime Entlassungsurkunde bezeugt wird. Daran schließt sich eine unbezeugte diätarische Anstellung bei mehreren Straßenbauten im Regierungsbezirk Aachen und schließlich – diesmal wieder mit Attest – die rühmliche Beauftragung zur Errichtung des neuen Schauspielhauses in Aachen an.[160] Auch diese Zeugnisse können als performative Sprechakte der Dienstaufnahme und Dienstbeendigung gelten. Während das Militärattest und der korrespondierende Verweis im Lebenslauf das Augenmerk auf die Leistungen legt, von denen sich Ilse „entledigt"[161] hat, vollzieht das Anstellungsattest wiederum die offizielle Transition zur „Aufsicht bei dem Bau des neuen Theaterhauses", für die Ilse „ausersehen" wurde.[162] Die Emphase der „völligen Entledigung" im Militärzeugnis setzt das Subjekt für diejenige Verwertung im Zivildienst frei, die das Anstellungsattest dann belegt. Naturgemäß kann die Qualität der Leistung auch nur in diesem – dem Abschiedszeugnis – gewürdigt werden. Dort aber wird sie mit den Prädikaten des „regesten Bemühen[s]" und „äußerst anständigen moralischen Betragens" versehen, die zusammen „das beste Zeugniß seines Eifers abgeben".[163]

Es ist signifikant, dass die bezeugten vier Laufbahnereignisse in einem auffallenden Missverhältnis zur Fülle der im Lebenslauf dargelegten Stationen stehen. Weder sichert Ilse frühe Tätigkeiten im „Kartenzeichnen" oder im „Bureau der General Domainen Verwaltung" über Atteste ab,[164] noch beruft er sich für Interimstätigkeiten wie „diätarische Beschäftigungen" im Bauzeichnen, bei Kostenanschlägen und Vermessungen oder der Ausführung der „Chaussée Anlagen

---

160 GStA PK, I. HA Rep. 93 B, Nr. 518, fol. 205, Lebenslauf von Baukondukteur Ilse, 9. November 1824.
161 GStA PK, I. HA Rep. 93 B, Nr. 518, fol. 205, Lebenslauf von Baukondukteur Ilse, 9. November 1824. S. a. GStA PK, I. HA Rep. 93 B, Nr. 518, fol. 212, Zeugnis des Kapitäns von Bartsch, 21. Oktober 1815 (Abschrift).
162 GStA PK, I. HA Rep. 93 B, Nr. 518, fol. 213, Anstellungszeugnis der Regierung zu Aachen, 4. Februar 1823 (Abschrift).
163 GStA PK, I. HA Rep. 93 B, Nr. 518, fol. 212, Zeugnis des Kapitäns von Bartsch, 21. Oktober 1815 (Abschrift).
164 GStA PK, I. HA Rep. 93 B, Nr. 518, fol. 205, Lebenslauf von Baukondukteur Ilse, 9. November 1824.

der Actien Straße von Düren nach Eschweiler (2 ¼ Meilen) und von Jülich nach Stollberg (2 ½ Meil[e]n)" auf Zeugen.[165] Die Kombination der Atteste bezeugt trotzdem eine paradigmatische Karriere, die von den frühesten Anlagen zum Baubeamten über die Erstanstellung unter Bülow, den Militärdienst, die weitere Spezialisierung im Kameralbau und schließlich die ‚Adelung' im Prachtbau führt. Der Bewerber tariert das Verhältnis mehrstimmig-bezeugter und einstimmig-unbezeugter Ereignisse so geschickt aus, dass an den unabgesicherten Aussagen keine Zweifel mehr aufkommen. Indem Ilse also eine gerade hinreichende Anzahl von Zeugnissen präsentiert, die eine einschlägige Berufslaufbahn heraufbeschwören, kann er sein Karrierekapital durch unbezeugte Zusatzereignisse gefahrlos erhöhen. Der Ausgang der Bewerbung spricht in jedem Fall für den Erfolg der Zeugnistaktik: Ilse wird im Bericht der Regierung vorgeschlagen, und vom Ministerium schließlich auch als Nachfolger des Kondukteurs Brix angestellt.[166]

Damit sollte deutlich werden, dass Zeugnisse keineswegs nur als flankierende Paratexte operieren, die den eigentlichen Haupttext unterstützen, sondern dessen Eigentextualität – teilweise sogar wortwörtlich – vorwegnehmen. Die textuelle Konformität zwischen Lebenslauf und Zeugnis verweist auf die grundlegende Prekarität der Selbstfürsprache von Supplikanten. Erst ein Patron, der den Lebenslauf seines Klienten fürsprechend verdoppelt und diesem eine bestimmte Qualität attestiert, kann sicherstellen, dass die Behörden den autodiegetischen Darstellungen eines Lebenslaufs Glauben schenken. Wo man bei der offensichtlichen Patronage eines Empfehlungsschreibens wie des Kronprinzen einen unverdienten Vertrauensvorschuss vermutete, befürchten Vorgesetzte bei der selbst ausgesagten Leistung eines insularen Lebenslaufs zweifelhaften Verdienst. Es verwundert daher nicht, dass Bürokraten den Ausführungen ihrer Klienten erst dann vertrauen, wenn sie durch Zeugnisse eine zweite *persona* konstruieren, die ihnen den Lebenslauf der Bittsteller als ‚institutionelle Wahrheit'[167] präsentieren.

Die Extremform dieser Schreibweise konstituieren Lebensläufe, in denen der selbstverfasste Teil vollkommen auf Zeugnissen aufbaut oder gar nicht mehr existiert. Zu besichtigen sind solche Attestproliferationen besonders gegen Ende einer Beamtenlaufbahn, wenn die Staatsdiener gegenüber der vorgesetzten Behörde Zeugnis über ihre Karriere abgeben. Oberwegeinspektor Wesermann hält es 1829 für seine „Pflicht" dem zuständigen Minister „von seiner langen Dienst-

---

165 GStA PK, I. HA Rep. 93 B, Nr. 518, fol. 208, Lebenslauf von Baukondukteur Ilse, 9. November 1824.
166 GStA PK, I. HA Rep. 93 B, Nr. 530, fol. 220., Erlass des Ministeriums für Handel, Gewerbe und Bauwesen an die Regierung zu Aachen, 20. Oktober 1824.
167 Im Original: „institutional truth", Sarangi und Slembrouck, Language, Bureaucracy, and Social Control, 48.

führung durch beiliegende Zeugnisse Rechenschaft abzulegen".[168] Zur Unterstützung seines Anliegens – eine außerordentliche Schreibhilfe – gilt es durch die Atteste „eine Menge nützlicher Erfahrungen"[169] zu dokumentieren. In einer eindrucksvollen Kompilation von 45 extra für diesen Zweck abgedruckten Zeugnissen (Abb. 12) präsentiert Wesermann nicht nur eine stringente, von 1791 bis 1829 verlaufende Karriere, die sich aus zahlreichen Einzeltätigkeiten, Ernennungen und Gratifikationen zusammensetzt. Er führt hier vor allem auch Buch über den exzeptionellen Charakter seiner Dienstführung, die von „besonderer Thätigkeit",[170] „vortrefflichen Werken",[171] „Geschicklichkeit",[172] „Auszeichnung"[173] und „Ehrenzeichen"[174] geprägt ist. Das Subjekt als authentischer Generator von Lebenszeitnarrativen wird in Wesermanns Zeugnis-Lebenslauf hingegen ausgelöscht. Wesermanns eigene Stimme tritt in seinem Lebenslauf nicht auf, die narrative Verbindung zwischen den einzelnen Zeugnis-Ereignissen bleibt den Lesern überlassen. Gleichzeitig vereinfacht dieses doch ungewöhnliche Verfahren die Lektüre radikal. Die Frage der Selbstzeugenschaft wird gar nicht erst gestellt, die Zeugnisse Dritter werden zur exklusiven Erzählinstanz über das eigene Leben erhoben. Vielleicht könnte man die Referenzpraxis der Atteste damit als fortdauernde und immer intensivere Versuche verstehen, die hermeneutischen Sümpfe der selbstverfassten Lebensgeschichte trockenzulegen.

Aufschlussreich sind allerdings auch Lebensläufe, die auf die eigene Erzählung nicht verzichten wollen, sie aber trotzdem mit einer Vielzahl von Zeugnissen absichern. Seit der Pensionsregelung von 1825 müssen Baubeamte oft gewohnheitsrechtlich einen Lebenslauf über ihre Dienstgeschichte einreichen,[175] den sie

---

168 GStA PK. I. HA Rep. 93 B, Nr. 530, fol. 42, Eingabe von Oberwegeinspektor Heinrich Moritz Wesermann an Innenminister Schuckmann, 12. November 1829.
169 GStA PK. I. HA Rep. 93 B, Nr. 530, fol. 42, Eingabe von Oberwegeinspektor Wesermann, 12. November 1829.
170 GStA PK, I. HA Rep. 93 B, Nr. 530, fol. 45, Zeugnis Nr. 11, 26. April 1805 (Abschrift).
171 GStA PK, I. HA Rep. 93 B, Nr. 530, fol. 46, Zeugnis Nr. 16, 21. März 1814 (Abschrift).
172 GStA PK, I. HA Rep. 93 B, Nr. 530, fol. 46, Zeugnis Nr. 21, 22. März 1814 (Abschrift).
173 GStA PK, I. HA Rep. 93 B, Nr. 530, fol. 47, Zeugnis Nr. 44, 11. Juli 1827 (Abschrift).
174 GStA PK, I. HA Rep. 93 B, Nr. 530, fol. 47, Zeugnis Nr. 45, 20. Januar 1829 (Abschrift).
175 Beispiele für die Anwendung dieser Lebenslauf-Maßgabe: GStA PK, I. HA Rep. 93 B Nr. 601, unfoliiert, Eingabe von Wegeinspektors Krause an das Ministerium für Handel, Gewerbe und Bauwesen, 13. April 1825; GStA PK, I. HA Rep. 93 B, Nr. 630, unfoliiert, Eingabe von Wegebaumeister Belitski an das Ministerium des Inneren, 6. November 1828; GStA PK, I. HA Rep. 93 B, Nr. 413, unfoliiert, Eingabe von Baurat Moser an das Ministerium des Inneren für Handels- und Gewerbeangelegenheiten, 31. Dezember 1830; GStA PK, I. HA Rep. 93 B, Nr. 615, unfoliiert, Eingabe von Baurat Wilhelm Karl Herrmann an den Oberpräsidenten Johann Eduard Christoph von Schleidnitz, 20. Februar 1849. In dieser Eingabe schreibt Herrmann, dass er zuvor eine Aufforderung des Oberpräsidenten erhalten habe, eine „förmliche Dienstlaufbahn [...] aufzustellen" und nachzurei-

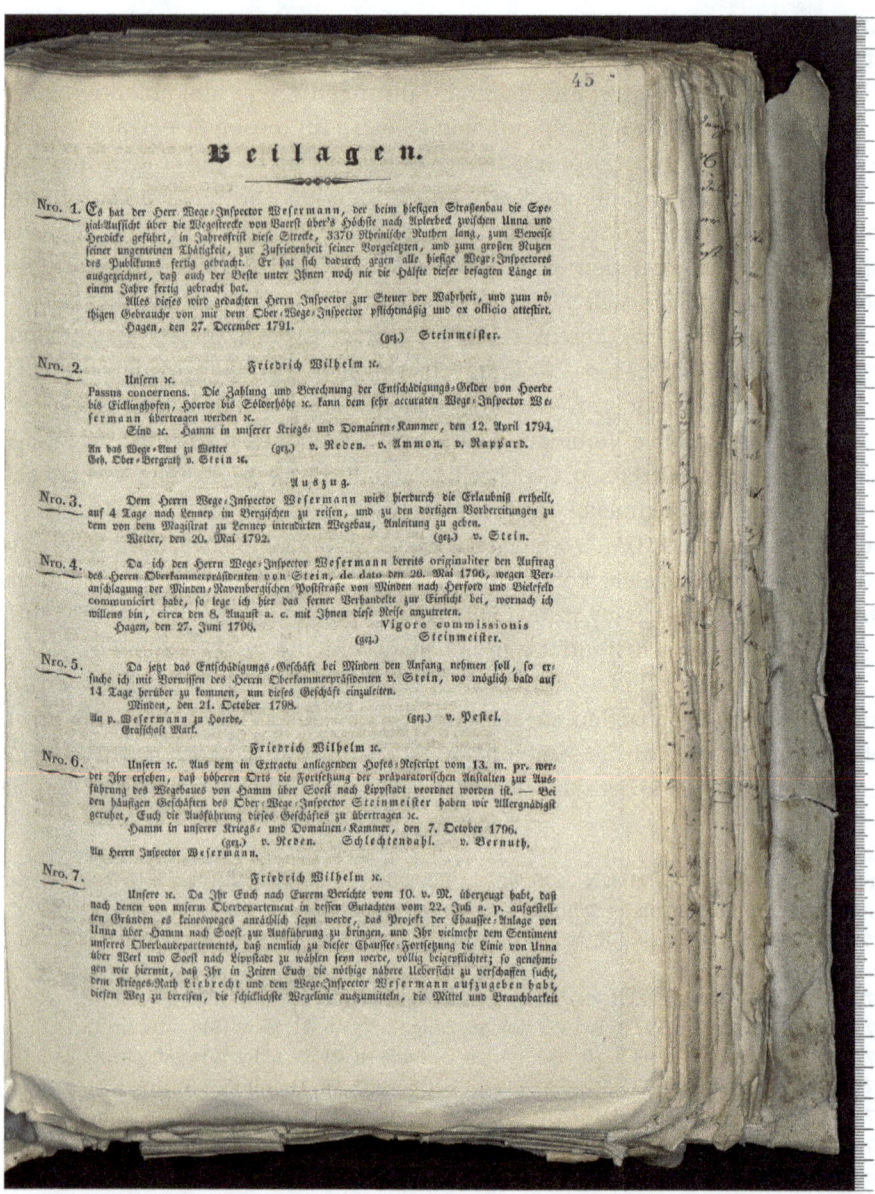

Abb. 12: Gedruckte Zeugnisse des Oberinspektors Wesermann. Quelle: GStA PK, I. HA Rep. 93B, Nr. 530, fol. 45.

---

chen, GStA PK, I. HA Rep. 93 B, Nr. 615, unfoliiert, Eingabe von Baurat Hermann, 20. Februar 1849.

über zahlreiche Zeugnisse abzusichern versuchen.[176] Die räumliche Trennung von Fließtext und marginalisierter Attestreferenz erlaubt hier eine zuweilen exorbitante Häufung von Referenzen. So führt beispielsweise der um Pensionierung ansuchende Baurat Scabell 77 Atteste in den Marginalien an, die noch das kleinste pensionsrelevante Ereignis minutiös sekundieren. Und wirklich erweist sich die Sammlung institutioneller Schwellenzeugnisse als vital, da, wie es im Bericht der zuständigen Regierung heißt, „die über ihn in seinem früheren Dienstverhältniß früher verhandelten Personal-Acten nicht mitgetheilt worden"[177] sind. Die Dokumentationsrationalität Scabells folgt in diesem Fall den Erfordernissen des Pensionsreglements, laut dem die Pensionshöhe nur für „diejenigen Jahre gerechnet" werden, „welche der Beamte wirklich in Staatsdiensten zugebracht" hat.[178]

Die kollegialische Behörde greift „in Beziehung auf Feststellung seiner Dienstzeit" also lediglich auf „die aus 77 Foliis bestehenden von dem Scabell selbst gesammelten und zusammengestellten seine Dienstlaufbahn betreffenden Dienstpapiere" und die „auf Erfordern" von ihm „selbst aufgestellte unterschriebene und eingereichte orginaliter beiliegende Darstellung seiner Dienstlaufbahn" zurück.[179] Die Stimme des peniblen Selbst-Registrators tritt in dieser „Darstellung der Dienstlaufbahn" hinter die Autorität der Beilagen zurück, bereits der zweite Satz seines Lebenslaufs beinhaltet 11 Zeugnisverweise.

Unterm 30ten Juny 1806, also in meinem 23ten Jahre, erhielt ich das Befähigungs-Attest als Feldmesser und wurde in demselben Jahre gleich, nachdem ich das Prüfungszeugniß erhalten hatte, vereidet. Am 22ten July 1809 wurde ich als Bauconducteur für befähigt anerkannt, unterm 5ten März 1810 mit der Assistenz des Ober-Deichinspectors Debeau in Müllerose beauftragt, unterm 31ten May 1810 mit Wahrnehmung der sämmtlichen Dienstgeschäfte desselben betraut, unterm 2ten September 1810 zum Bauinspector in Müllerose ernannt, und, unterm 12ten October 1811 durch die Verleihung des Characters als Ober-Wasser-Bauinspector beehrt.[180]	fol: 1 fol: 2/3 fol: 4–7 fol: 8/9 fol: 10 fol: 11

---

176 Zur Normierung der Pensionsregelung vgl. Bernsee, Moralische Erneuerung, 245. Die genauen Regelungen sind aus dem dazugehörigen Gesetzestext zu entnehmen. Vgl. Friedrich Wilhelm III., Pensions-Reglement für die Civil-Staatsdiener vom 30. April 1825.
177 GStA PK, I. HA Rep. 93 B, Nr. 488, Bericht der Regierung zu Potsdam an das Ministerium für Handel, Gewerbe und öffentliche Arbeiten, 12. Dezember 1849.
178 Friedrich Wilhelm III., Pensions-Reglement für die Civil-Staatsdiener vom 30. April 1825, 12.
179 Friedrich Wilhelm III., Pensions-Reglement für die Civil-Staatsdiener vom 30. April 1825, 12.
180 GStA PK, I. HA Rep. 93 B, Nr. 488, unfoliiert, Lebenslauf von Baurat Scabell, 27. November 1849.

In Fällen wie diesen, so ließe sich argumentieren, besteht die Textur der Karriere im Prinzip aus nichts anderem als einem Exzerpt von Attesten, deren schiere Masse einen Choral unbezweifelbarer Autoritäten anstimmen soll. Hier fällt die Bedeutung von Autorität genau mit dem zusammen, was Adelung das „verbindliche Gewicht eines Zeugnisses"[181] nennt. Der neuzeitlichen Logik folgend wiegt deren versammelte Fülle als „Consensus mehrerer Personen" so schwer, „daß es unmöglich ist, ihnen einen Hintergedanken zu unterstellen und anzunehmen, sie hätten miteinander konspiriert".[182] Indem also eine Vielzahl administrativer Stimmen eine vom Zeitpunkt A bis Zeitpunkt B ununterbrochene Laufbahn dokumentiert und bezeugt, „muss ein und dieselbe Sache" beim Adressaten fast zwangsläufig „als wahr" erscheinen, in jedem Fall aber so, „wie jene Personen es behaupten."[183]

Die Heraufbeschwörung einer stringenten Dienstlaufbahn ist indes nur ein Kalkül, das Scabell mit seinem Zeugnisreigen verfolgt. Als aufmerksamer Leser des Pensionsreglements weiß er auch, dass sich die Berechnung der Pensionshöhe nicht nur an der quantitativen Anzahl der Dienstjahre bemisst, sondern „in außerordentlichen Fällen" über den Regelsatz hinaus um „höchstens 1/8 der Besoldung" erhöht werden kann.[184] Die zentralen Kriterien für diese außerordentlichen Pensionszulagen sind „eine vorzügliche Dienstführung" und „ein ungewöhnlicher Aufwand" seitens des Beamten „bei besonders unverschuldeten Unglücksfällen".[185] Auch im Bereich der Atteste manifestiert sich also die Valenz von Zustoßkommunikation.[186] Scabell versucht nun, sich die auf Papier geronnenen Tätigkeitsaussagen seiner Patrone zu eigen zu machen, um die Behörde davon zu überzeugen, dass er sich auf besonders verdienst- und gefahrvolle Weise für den Staat aufgeopfert hat. Seine Patrone bestätigen in ihren Zeugnissen dementsprechend nicht nur die Quantität der Dienstzeit, sondern auch die außergewöhnliche Qualität der Tätigkeit.

So mündet die Wiedergabe des Zeugnisses des General Postamts über die „Verbesserung und Vertiefung des Stettin-Swinemünder Fahrwassers", etwa in das Verdikt eines „<u>notorisch</u> großartige[n] und bis dahin allgemein für unaus-

---

181 Autorität, in: Adelung, Grammatisch-kritisches Wörterbuch der hochdeutschen Mundart, Bd. 1, Sp. 674.
182 Antoine Arnauld und Pierre Nicole, Die Logik, oder, die Kunst des Denkens [1662], 2. Aufl., Darmstadt 1994, 329.
183 Arnauld und Nicole, Die Logik, 329.
184 Friedrich Wilhelm III., Pensions-Reglement für die Civil-Staatsdiener vom 30. April 1825, 19.
185 Friedrich Wilhelm III., Pensions-Reglement für die Civil-Staatsdiener vom 30. April 1825, 19.
186 Vgl. Kap. IV.2.

führbar gehaltene[n] [...] Unternehmen[s]."[187] Der „ungewöhnliche Aufwand", der sich direkt auf die leibliche Konstitution des Supplikanten auswirkt, wird über zwei Zeugnisse, die „Erbauung der großen Cholera-Quarantaine-Anstalt auf der Insel Rügen" betreffend, belegt. Sie stellen drastisch die „größten Strapazen und Entbehrungen aller Art mit vielfacher Lebensgefahr" heraus.[188] Neben diesen Attesten dienen Scabell circa 40 weitere Zeugnisse dazu, seinen institutionellen Lesern vorzuführen, dass seine Dienstlaufbahn unmöglich nach „gewöhnlicher Rechnung" (43 Jahre) veranschlagt werden kann, sondern „nach so vielfacher persönlicher Thätigkeit" und „erheblicher Beschädigung", überhaupt „mit Rücksicht auf meine Leistungen [...] die volle Pension für 50 Jahre" verlangt.[189]

So imposant diese attestarische Selbstschrift zunächst wirkt, sosehr kollidiert sie im speziellen Fall mit einer anders gelagerten Zeugenschaft. Der Bericht des Ministeriums an den König erkennt zwar die Verdienstlichkeit Scabells (und damit die Legitimität der Zeugnisse) an, bringt sie aber in Widerstreit mit einer unvorteilhaften Fama. Nicht aus Akten, sondern aus dem „Ruf, welcher bei den ihm untergeordneten Baubeamten und weiten Kreisen im Publicum verbreitet ist", rekonstruiert das Ministerium für Handel, Gewerbe und öffentliche Arbeiten „manche Vernachläßigungen seiner Dienstpflichten", teils „widerrechtlich begünstigte" Lieferanten und eine Beförderung des „eigenen Privatvortheils".[190] Eine diesbezüglich veranlasste Untersuchung kann Scabell weder be- noch entlasten, der Infamie-Ruf vereitelt aber zumindest den Antrag um eine außerordentliche Erhöhung der Pension.[191]

Hieran wird deutlich, dass die Rhetorik der verdienstvollen Zeugnisse nur eine Seite der Subjektqualität beleuchtet, die durch bürokratische Netzwerke und Seilschaften beinahe notwendig voreingenommen ist. Kein einziges der 77 Zeugnisse Scabells fällt negativ aus, in den meisten ist von „Ernennungen", „Verleihungen" „Anerkennungen" oder „Gratifikationen" die Rede. Das scheint zunächst der simplen Tatsache geschuldet, dass Scabell der Einzige ist, der

---

187 GStA PK, I. HA Rep. 93 B, Nr. 488, unfoliiert, Lebenslauf von Baurat Scabell, 27. November 1849. [Hv. i. Orig.].
188 GStA PK, I. HA Rep. 93 B, Nr. 488, unfoliiert, Lebenslauf von Baurat Scabell, 27. November 1849.
189 GStA PK, I. HA Rep. 93 B, Nr. 488, unfoliiert, Lebenslauf von Baurat Scabell, 27. November 1849.
190 GStA PK, I. HA Rep. 93 B, Nr. 488, unfoliiert, Bericht von Handelsminister Heydt an Friedrich Wilhelm IV., 29. Dezember 1849.
191 GStA PK, I. HA Rep. 93 B, Nr. 488, unfoliiert, Bericht von Handelsminister Heydt, 29. Dezember 1849.

über sich selbst Buch geführt hat, wodurch eine Abgleichung mit institutionellen Personalakten von vornherein vereitelt wird. Zudem beruft Scabell nur wohlgesonnene Patrone zu Zeugen und präsentiert eine ihm genehme Selektion an Attesten. Dennoch sind die präsentierten Schriftstücke offizieller, teilweise sogar notarieller Natur. Die enorme Pluralität der Belobigungen und Gratifikatonen kann nicht nur auf dyadische Freundschaftsbeziehungen zwischen Scabell und einzelnen Vorgesetzten reduziert werden. Der durchweg positive Generalbass, der alle Atteste, Belobigungen und Ernennungen durchwirkt, ist vielmehr ein fundamentaler Bestandteil dessen, was Marx als die „*bürokratischen* Medien"[192] bezeichnete. Sie bilden jene „Überlieferungen", die neben der „reellen Wirklichkeit" eine „*bürokratische* Wirklichkeit" etablieren, eine Wirklichkeit, „die ihre Autorität behält, so sehr die Zeit wechseln mag."[193] Zeugnisse als bürokratische Medien bilden ihr Subjekt notwendig nicht als Privatperson, sondern als kontingente Vollzieher des Staatsinteresses ab. Ist dieses Staatsinteresse – im Falle Scabells, der Bau von Häfen, Monumenten und Schlössern, die Aushebung von Schiffen oder die Vertiefung des Fahrwassers – erfolgreich objektiviert worden, müssen die amtlichen Vorgesetzten „ihren Beamten" beinahe notwendig „höheres Vertrauen schenken als den Verwalteten".[194] Dieses Vertrauen übersetzt sich dann konsequenterweise in positive Arbeitszeugnisse, in denen den Beamten die pflichtgemäße Verfolgung des Staatszwecks bescheinigt wird.

In dieser Hinsicht markieren die Zweifel, die trotz der Fülle von Zeugnissen an Scabells Lebenslauf aufkommen, möglicherweise eine Zäsur. Kollidiert die „amtliche Einsicht"[195] der Zeugnisse nämlich mit dem zweifelhaften „Ruf", den der Beamte in der bürgerlichen Gesellschaft genießt, dann kündet dies vielleicht vom Aufziehen einer neuen Mediengesellschaft. Das Ministerium berichtet Friedrich Wilhelm IV. nicht nur von Korruptionsvorwürfen „in weiten Kreisen im Publicum", sondern auch von „gehäßigen Zeiungsartikeln", die Scabell des widerrechtlich verschafften „eigenen Privatvortheil[s]" bezichtigen.[196] Scabell wird daher nicht nur in seiner Funktion als Verwalter, sondern auch in seinem Status als Staatsbürger beurteilt. Der Fall zeigt, dass der Souverän „gehäßige Zeitungsar-

---

192 Marx, Rechtfertigung des Korrespondenten von der Mosel, 186 [Hv. i. Orig.]. Den Hinweis auf diese Bürokratieanalyse habe ich Ben Kafkas fulminanter Bürokratiestudie entnommen. Ben Kafka, The demon of writing. Powers and failures of paperwork, New York 2012, 114–118.
193 Marx, Rechtfertigung des Korrespondenten von der Mosel, 186 [Hv. i. Orig.].
194 Marx, Rechtfertigung des Korrespondenten von der Mosel, 186.
195 Marx, Rechtfertigung des Korrespondenten von der Mosel, 186.
196 GStA PK, I. HA Rep. 93 B, Nr. 488, unfoliiert, Bericht von Handelsminister Heydt, 29. Dezember 1849.

tikel" in der amtlichen Beamtenbewertung um die Jahrhundertmitte nicht mehr ignorieren kann. Für Marx jedenfalls ist das Entstehen einer „freien Presse"[197] der erste Indikator einer Verwischung der Distanz zwischen Verwalteten und Verwaltern; sie kündet von einer Welt, in der die Membranen der Bürokratie porös geworden sind und der vormals unfehlbare Beamtenstand unter mediale Beobachtung gestellt wird.

4 Prüfung und Patronage

a) Zeitalter der Prüfung

Auch das schriftliche Arbeitszeugnis ist also nicht ohne *praejudicum*. Was der bayerische Jurist Johann Michael Seuffert über die Mangelhaftigkeit des Sittlichkeits-Zeugnisses (etwa für das Gesinde) beklagte, lässt sich ohne Umschweife auch auf die Arbeitszeugnisse der preußischen Bauverwaltung übertragen.

> Kurz: da es eine so schwere Kunst um die Menschenkenntniß ist; so werden die Zeugnisse schon in Hinsicht der Wissenschaft, welche bey dem bezeugenden Subjecte vorausgesetzt wird, verdächtig. Will man aber erst auf die Wahrhaftigkeit der Attestanten Rücksicht nehmen, welche Menge von Zweifeln drängen sich dem Beurtheiler solcher Zeugnisse auf? Der Eine sagt in seinem Zeugnisse mit Vorsatze Unwahrheiten, der Andere irre geführt von der Selbsttäuschung. Jener gönnt seinem Clienten etwas Gutes, meynt seines künftigen Glückes wegen verlohne es sich wohl der Mühe, ein Aug zuzudrücken; glaubt wohl gar, sein Client werde sich bessern. [...] Wie schwer ist es, alle diese Zweifel zu beseitigen, und wie wenig Gewicht haben die Zeugnisse ohne Beseitigung dieser Zweifel?[198]

Geblendet von Zuneigung und Wohlwollen würden die Patrone Fähigkeiten und Charakter besser beurteilen, als dies „wahrhaftig" der Fall sei. Es bedarf zur Beurteilung eines Subjekts von außen also mehr als nur eines eindrucksvollen Lebenslaufs samt wohlmeinender Zeugnisse früher Arbeitgeber. Als entscheidendes Einstiegskriterium in den preußischen Verwaltungsdienst kristallisierte sich um 1770 die Prüfung heraus. Damit unterschied sich das preußische Bauwesen deutlich von der ansonsten als Vorbild veranschlagten französischen Bauverwaltung, in der die Rekrutierung neuer Eleven und Beamter legitim auf Empfehlungen vorgesetzter Ingenieure fußte.[199] In der Instruktion des reformerischen Staatsminis-

---

197 Marx, Rechtfertigung des Korrespondenten von der Mosel, 190.
198 Seuffert, Von dem Verhältnisse des Staats und der Diener des Staats gegeneinander im rechtlichen und politischen Verstande, 52–53.
199 Vgl. Picon, L'invention de l'ingénieur moderne, 92–93.

ters Ludwig Philipp vom Hagen vom 17. April 1770 hieß es in Bezug auf das Bauwesen, daß „alle diejenigen, welche als Baubedienten in den Provinzen bestellet werden wollen [...] von dem Ober-Baudepartement wegen ihrer Fähigkeiten und Wissenschaften in Bausachen nach Beschaffenheit der zu bekleidenden Stellen scharf geprüfet werden müssen".[200] Die ebenfalls 1770 gegründete Oberexaminationskommission assistierte bei der Organisation dieser Prüfungen.[201] Aspiranten für höhere Baubeamtenstellen (Bauinspektoren, Landbaumeister, Bauräte und Baudirektoren) mussten nicht nur Examen in technischen Wissenschaften ablegen, sondern auch „Zeichnungen und Anschläge von wichtigen Land- und Wasserbauten" entwerfen sowie „ein mündliches Examen" bei Mitgliedern des Oberbaudepartements machen.[202] Die Prüfung sollte gleichermaßen eine fein differenzierte Abstufung zwischen einzelnen Kandidaten gewährleisten, als auch die grundlegende institutionelle Legitimation der Bewerber bescheinigen. Hieran zeigt sich auch, wieso die Darlegung der Formationsgeschichte über Lebenslauf und Zeugnisse allein nicht ausreichen konnte.

Denn während der Lebenslauf samt den dazugehörigen Zeugnissen als additiv und konsekutiv formuliertes Lebenszeitnarrativ durchaus in der Lage war, die grundlegend infrage kommenden Bewerber qua Qualifikation und Erfahrung von denen zu trennen, die dem vorgeschriebenen Laufbahnmodell nicht entsprachen, sagte er doch relativ wenig über die Vergleichbarkeit von Personen aus, die dieselbe oder eine ähnliche Formation durchlaufen hatten.[203] Gerade die Multitplizität relativ ähnlich qualifizierter Bewerber erforderte neben der rein temporalen Stellengeschichte ein Kriterium, das die Qualität der einzelnen Fertigkeiten sichtbar machte. Wer „tüchtige Subjecte" anstellen wollte, suchte nicht nur nach ausreichend qualifizierten Personen, sondern, entsprechend dem Bedeutungszuwachs von ‚tüchtig' Ende des 18. Jahrhunderts, auch nach ‚guten' bzw. ‚mehr als ausreichenden' Individuen.[204] Prüfungen und Beurteilungen sollten für diesen Zweck eine weiterführende Leistungsdifferenzierung gewährleis-

---

200 Verfügung des Etatsministers vom Hagen und anschließender Schriftwechsel, 289–290.
201 Vgl. Krüger, Das preußische Bauwesen im 18. Jahrhundert, 49.
202 Krüger, Das Bauwesen in Brandenburg-Preußen im 18. Jahrhundert, 49.
203 Bernd Walter nimmt diese Konstellation zum Anlass, dem preußischen Rekrutierungssystem um 1800 grundlegend die Möglichkeit von intersubjektiver Vergleichbarkeit abzusprechen, und es stattdessen als reines „Auslese- und Ergänzungssystem" zu interpretieren, das auf „Bewährung, persönliche[r] Kenntnis und verwaltungsinterne[r] Ergänzung" beruhte. Bernd Walter, Personalpolitik Vinckes, in: Ludwig Freiherr Vincke. Ein westphälisches Profil zwischen Reform und Restauration, hg. von Hans-Joachim Behr und Jürgen Kloosterhuis, Münster 1994, 165.
204 Tüchtig, in: Grimm et al., Deutsches Wörterbuch, Bd. 22, Sp. 1494.

ten, die der grundlegenden Entwicklung des Prüfungswesens in der Aufklärung entsprach.

Prüfungen an Universitäten, Schulen und Kommissionen unterliefen im 18. Jahrhundert einen entscheidenden Wandel. An den Universitäten dominierte noch in der Frühen Neuzeit das mittelalterliche mündliche, kollegialische Examen, bei dem der juridische und moralische Status des Prüflings wesentlich wichtiger war als die tatsächlichen Antworten in der Prüfung.[205] Das änderte sich mit Beginn des 18. Jahrhunderts. Mit der Einführung der schriftlichen Prüfung an Universitäten begann das Wissen des Subjekts in den Fokus der Untersuchung zu treten.[206] Gleichzeitig etablierte sich in Preußen von den Gymnasien ausgehend ein Abstufungsverfahren, das die einzelnen Prüfungsleistungen mit zunächst verbalisierten Qualitätsprädikaten ausstattete.[207] Das Benotungssystem griff im Laufe des 18. Jahrhunderts schließlich in gesteigertem Maß auf die höheren Bildungseinrichtungen über. Für die Überprüfung von Verwaltungswissen begann die gesetzliche Festschreibung von Prüfungen bereits 1737. Seitdem hatten sich angehende Justiz-Bediente einer vorherigen Examination und der Abfassung von Probe-Relationen zu unterziehen.[208]

Solche Verwaltungsprüfungen gliederten sich in einen schriftlichen und einen mündlichen Teil, die Leistungen wurden protokolliert, verbal bewertet und dann an das Provinzialdepartement versandt.[209] Mit Einrichtung der Oberexaminationskommission 1770 wurde die Referendariats-Prüfung schließlich verpflichtendes Element für alle prospektiven Räte, „um unbrauchbare Leute von den wichtigen Posten eines Land-Kriegs- oder Steuer-Raths zurückzuhalten".[210] In einem weit verzweigten und vielzähligen Verwaltungsapparat wie Preußen mussten die Prüfungen auch in der Distanz reproduzierbar sein. An dieser Stelle

---

205 Vgl. Clark, Academic Charisma and the Origins of the Research University, 97–102.
206 Vgl. Clark, Academic Charisma and the Origins of the Research University, 102–105.
207 Damit schloss sich gleichzeitig auch die Entstehung des numerischen Benotungswesens und deren Abbildung in sogenannten „Censur-Tabellen" an. Vgl. Clark, Academic Charisma and the Origins oft he Research University, 117–122. Weiterführend zur Rolle von Prüfungen im preußischen Schulwesen nach 1788 (d.i. Einführungsjahr der Abiturprüfung) vgl. Nils Lindenhayn, Die Prüfung. Zur Geschichte einer pädagogischen Technologie, Wien/Köln/Weimar 2018.
208 Vgl. Hattenhauer, Geschichte des Beamtentums, 111; zu deren gewohnheitsrechtlicher Verbreitung ab den 1760ern im gesamten höheren Verwaltungsdienst vgl. Straubel, Adlige und bürgerliche Beamte in der friderizianischen Justiz- und Finanzverwaltung, 44–45.
209 Straubel, Beamte und Personalpolitik im altpreußischen Staat, 62–65.
210 Gustav August Heinrich von Lamotte, Von den Churmärkischen Cammer-Referendarien, welche sonst Auscultatores genannt worden sind, in: Practische Beyträge zur Cameralwissenschaft (1782), 91–129, hier: 123; s. a. Johnson, Frederick the Great and His Officials, 218–223; Neugebauer, Brandenburg-Preußen in der Frühen Neuzeit, 348.

traten wiederum erneut Zeugnisse auf den Plan, die den Prüfungsakt und sein Ergebnis dokumentierten und bescheinigten. Als notarielle Sprechakte generierten sie in einem präzisen Sinn die Rechtmäßigkeit von Subjekttransformationen, indem sie die rechtmäßige Passage der Person vom unqualifizierten Eleven zum qualifizierten Experten attestierten. Gerade die Hartnäckigkeit mit der u. a. die Bauverwaltungen auf der Vorlage von Prüfungsattesten beharrten, zeigt, dass im zeitgenössischen Diskurs Qualifikation untrennbar mit verrechtlichten und papierenen Statuspassagen verknüpft war.[211]

b) Positivierung von Fähigkeiten

Die paradigmatische Wirkweise von neuzeitlichen Prüfungen, wie sie im Preußen des 18. Jahrhunderts üblich werden, besteht nun darin, die Reproduktion positiven Wissens als Indiz für bestimmte Dispositionen, Fähigkeiten und Talente, also Qualitäten des Subjekts, heranzuziehen.[212] Damit ist gleichzeitig das paradoxale Moment jeder Prüfung benannt: Da die Prüfer keine direkte Einsicht in die Fähigkeiten des Kandidaten haben, muss dieser seine Tätigkeitspotentiale exemplarisch darlegen. Der damit in Gang gesetzte Prozess der Veräußerung des Wissens ist jedoch medial begrenzt, und (zumindest im 18. Jahrhundert) an die mündliche oder schriftliche Reproduktion von spezifischen Wissensobjekten gekoppelt. Limitiert durch die Kulturtechniken des Schreibens und Sprechens ist die Frage, was das Subjekt *kann*, unentrinnbar in der Antwort was es *weiß* eingeschlossen. Nicht-propositionales Wissen wird nur über den heiklen Umweg der propositionalen Wissensveräußerung sicht- und hörbar.[213]

So verhält es sich beispielsweise auch bei der Beurteilung der Kandidaten für die Polizey-Stellen im Potsdamer Magistrat 1795, wo ausgewählte Kandidaten einer mündlichen Prüfung unterzogen werden. Dem Kandidaten Wiele bei-

---

[211] Merkwürdigerweise hat sich Foucault in seinen Untersuchungen zu den juristischen Formen nicht dieser konkretesten Ausprägung der „Prüfung" angenommen. Stattdessen fungiert der Begriff des *examen* als verallgemeinertes Paradigma der panoptischen Disziplinargesellschaft. Der Gegenstand der Prüfung ist in der Disziplinargesellschaft nicht die Qualifikation, sondern ganz allgemein das Verhalten, das nach den Maßstäben normal – anormal beurteilt wird. Michel Foucault, Die Wahrheit und die juristischen Formen [1974], in: Schriften in vier Bänden, Bd. 2, Frankfurt a M. 2002, 669–792, hier: 735.
[212] Vgl. Norbert Ricken und Sabine Reh, Prüfungen. Systematische Perspektiven der Geschichte einer pädagogischen Praxis, Zeitschrift für Pädagogik (2017), H. 3, 247–260, hier: 253.
[213] Zur Unterscheidung von propositionalem (*knowing-what*) und nicht-propositionalem (*knowing-how*) Wissen vgl. Günter Abel, Formen des Wissens im Wechselspiel, in: Allgemeine Zeitschrift für Philosophie 40 (2015), H. 2-3, 143–160.

spielsweise habe es bei der Prüfung „an Beurtheilungskraft nicht gefehlt"; dieses Dispositionsurteil über eine „Kraft" wird jedoch direkt aus spezifischen Kenntnis-Abfragen gewonnen: Während Wiele als fähig befunden wird, da er „vom Polizeywesen [...] allgemein gute Begriffe" und „auch einige Kenntniße vom Kamerale" besitze, wird seinem Konkurrenten Schüler grundlegende Unfähigkeit attestiert, da er lediglich „allgemeine durch Erfahrung gesonderte Kenntnisse" habe und ihm „cameral principae [...] nicht überall bekannt gewesen" sind.[214]

Die Qualitätsunterscheidung geschieht hier auf zwei Ebenen. Einerseits macht die Prüfung eine Gradualisierung der Spezifität des Wissens erkennbar, denn während Schüler nur „allgemeine" und darüber hinaus auf Erfahrungswissen basierende Kenntnisse besitzt, werden Wiele Spezialkenntnisse der für die Stelle infrage stehenden Kameral- und Polizeywissenschaft zugeschrieben. Ein solches Verdikt bestätigt und verdoppelt die bereits im Lebenslauf dargelegte Formationsgeschichte. Auf der anderen Seite werden die Kenntnisse in der Prüfung auch relational angeordnet. Die hier angeführten Prädikate „gute Begriffe" und „einige Kenntnisse" konstituieren einen impliziten Maßstab, der Schülers Kenntnisse im Kontrast minderwertig erscheinen lässt. Wieles „allgemein gut" und „einige" steht in dieser Gradualisierungslogik über dem unspezifischen „allgemein" Schülers. Die attribuierenden Adjektive dieser Benotungspraxis setzen damit ein implizites Maß der Quantifizierung voraus, dass sich in den Schulzeugnissen der preußischen Gymnasien wenig später auch in numerische Werte übersetzt.[215] Konkurrenz ist somit ein Effekt, der direkt aus dem objektivierenden Ins-Verhältnis-Setzen des Prüfungsverfahrens hervorgeht.

Die Abfrage positiven Wissens in der Prüfung wirkt individualisierend, denn das Quantum der Kenntnisse erlaubt, die Prüflinge miteinander ins Verhältnis zu setzen und untereinander abzustufen.[216] Dazu muss das abgefragte Wissen und die Bewertung aber selbst mehr oder weniger standardisiert sein. Im Fall der lebenslaufbasierten Bewerbung bilden Prüfungen in der Regel rituelle Abschluss- oder Anschlussereignisse von Formationsintervallen. Durch die verbale Benotung werden sie mit einem Qualitätsprädikat versehen. Diese Prädikate finden zwar nicht direkt Eingang in den Lebenslauf, werden aber in Form von Zeugnissen und Beurteilungen als Paratexte angehängt. In der Logik der Bewerbung wird damit der einzelne Bewerber qua seiner standardisierten Prüfungsleistungen mit allen anderen Bewerbern vergleichbar, die eine ähnliche Formation durchlaufen

---

214 GStA PK, II. HA Abt. 14, Kurmark, Tit CLVI, Sect. G, Nr. 40, Bd. 1, unfoliiert, Bericht Meinhardt und Rudolphis, 12. November 1795.
215 Vgl. Clark, Academic Charisma and the Origins of the Research University, 117–122.
216 Vgl. Ricken, Die Ordnung der Bildung, 332–335.

haben. Was die qualitativen Beurteilungsmarker von Prüfungszeugnissen und die Formationsintervalle eines karrieredarstellenden Lebenslaufs vereint, ist, dass sie „in einen konstruktiven Darstellungsrahmen eingetragen und in ihm gegebenenfalls weiterverarbeitet werden" können „ohne diesen Rahmen zu verändern."[217] Prüfungszeugnisse konstituieren also Formen, in denen sich die valorisierbaren Einheiten qua ihrer Standardisierung und Vergleichbarkeit beim Rezipienten als Daten verrechnen lassen.

Wie sich das konkret in der attestarischen Praxis ausnimmt, lässt sich am mit „sehr gut" qualifizierten Prüfungsattest des Baukondukteurs Elsner rekonstruieren. Das Attest berichtet hier sowohl von der mündlichen Prüfung in „den zur Baukunst gehörigen Wissenschaften" als auch den schriftlichen „architectonischen Probearbeiten", die er eingereicht hat.[218] Die mündliche Prüfung präsentiert ein zergliedertes Wissensset aus „Grundsätzen der Stereometrie, Statik, Mechanik und Hydraulik", mit denen Elsner „bekannt ist". Eine Attribuierung dieser Fähigkeiten auf die konkrete Beamten-*persona* Elsner liefert das Attest mit dem Vermerk, dass er „auch mit Hülfe derselben, auf die in der Praxis vorkommenden Fälle des Land- und Wasserbaues gehörige Anwendung zu machen verstehe" und „insbesondere auf die Fragen, über die Anlage massiver Brücken" wisse, „wie sie regelmäßig konstruiert" und möglichst kostengünstig „erbaut werden können."[219] Auch „Probezeichnungen und schriftliche Ausarbeitungen" sind von Elsner „mit Fleiß angefertigt" und erhalten das beste Zeugnis der Attestanten. Elsner geht im Prüfungsattest des Oberbaudepartements nicht als moralischer Charakter (wie bei Seuffert), sondern als „Fähigkeitsbündel"[220] hervor, das analytisch in einzelne, mit Prädikat versehene Teilfähigkeiten zerlegt werden kann und erfolgreich auf konkrete Bauaufgaben anwendbar ist. Weil jede einzelne Fähigkeit auf bestimmte Weise positivierbar ist (sei es durch „Zeichnungen", „schriftliche Ausarbeitungen" oder „Entwürfe"), umgeht die Prüfungskommission das für Seuffert so prekäre Problem der „Kunst um die Menschenkenntniß".[221] Weil keine moralischen Qualitäten, sondern Fähig- und Tätigkeitscluster beobachtet und bewertet werden, generiert die Prüfung Objektivierungseffekte[222] und scheint

---

217 Campe, Spiel der Wahrscheinlichkeit, 276.
218 GStA PK, I. HA Rep. 74 Abt. K X Nr. 28, fol 13, Prüfungszeugnis von Baukondukteur Elsner, 16. März 1817 (Abschrift).
219 GStA PK, I. HA Rep. 74 Abt. K X Nr. 28, fol 13, Prüfungszeugnis von Baukondukteur Elsner, 16. März 1817.
220 Ricken und Reh, Prüfungen, 253.
221 Seuffert, Von dem Verhältnisse des Staats und der Diener des Staats gegeneinander im rechtlichen und politischen Verstande, 52.
222 Zu den Objektivierungseffekten von pädagogischen Prüfungen vgl. Lindenhayn, Die Prüfung, 277.

über all jene „Vorsätze", „Selbsttäuschungen" und „Zweifel" – kurzum: Voreingenommenheit – erhaben zu sein, die Seuffert beim schriftlichen Moralitätszeugnis so kritisch monierte.²²³

Weit mehr noch als das Arbeitszeugnis oder gar das individuelle Empfehlungsschreiben scheinen die Prüfung und das dazugehörige Zeugnis somit vor dem Vorwurf der Parteilichkeit gefeit zu sein. Nicht nur wird das Zeugnis von der immer selben institutionalisierten Autorität ausgestellt (dem Oberbaudepartement/der Technischen Oberbaudeputation); durch die analytischen Leistungsmarker scheint der persönliche Interpretationsspielraum derart begrenzt, dass das Prüfungsattest als objektives, vom Beobachter entkoppeltes Urteil über tatsächliche Fähigkeiten anmutet. Zweifelsohne ist dies auch der erwünschte Effekt beim prospektiven Leser. Stärker noch als im Empfehlungsschreiben oder Arbeitszeugnis treten die konkreten Attestanten hier hinter den Namen einer Institution zurück, die als Kollektivsubjekt die höchstmögliche Kompetenz im Bauwesen verkörpert. Tatsächlich können die Prüfungsatteste als mit Abstand autoritativste Zeugnisse in der Ökologie heteronomer Qualitätsbestimmungen angesehen werden. Um 1800 kann so gut wie kein Bewerber die Vorlage eines Prüfungsattests umgehen. Gerade an den wenigen Friktionen, die im Kontext von Prüfungsverfahren auftreten, lässt sich aber zeigen, dass auch hier die jeweilige Autorität nicht vom Glauben an die Person des Sprechers (*pistis*) getrennt werden kann.²²⁴ Während der Glaubwürdigkeitsstatus der Attestanten nahezu unbezweifelbar ist, sind die Aussagen von Bewerbern so prekär, dass selbst eine penible Beweisführung nichts am grundsätzlichen Misstrauen verändert, das man ihnen entgegenbringt.

c) Urteilskurzschlüsse

Verfolgt man die Karriere des gerade erwähnten Baukondukteurs Elsner weiter, dann ergeben sich bald Risse in den Glauben an unhintergehbare professionelle Benotungssysteme. Im den Jahren 1818 und 1826 sucht der mittlerweile zum Wasserbauinspektor avancierte Elsner um Beförderung zum Baurat nach, wird jedoch beide Male mit meritokratischen Begründungen abgelehnt. Im Jahr 1826 wird ihm der weit jüngere Bauinspektor Franz Anton Umpfenbach vorgezogen, der laut Oberpräsident Karl von Ingersleben „in vielfacher Hinsicht den Vorzug

---

223 Seuffert, Von dem Verhältnisse des Staats und der Diener des Staats gegeneinander im rechtlichen und politischen Verstande, 52.
224 Vgl. Sibylle Schmidt, Ethik und Episteme der Zeugenschaft, Konstanz 2015, 156–161.

vor dem p[raenominatus] Elsner" verdienen würde. Den Beleg für diese Vorzüge wiederum liefern ausdrücklich die „Conduiten-Listen",[225] ein in Preußen bereits im 18. Jahrhundert etabliertes Instrument der papierenen Leistungsüberprüfung, dass auf Verbalnoten fußte.[226] Betrachtet man die Conduitenlisten über Elsner und Umpfenbach von 1818 bis 1826, dann zeichnet sich dort tatsächlich eine graduelle Aufwertung Umpfenbachs und Abwertung Elsners ab. War Umpfenbach 1818 noch „vorzugsweise gebildet", „seine Ausarbeitungen [...] überdacht und in der Regel vorzüglich brauchbar" und „sein sonstiges Verhalten [...] ausgezeichnet gut",[227] steigert sich seine Benotung 1826 in den Elativ. Immer noch „vorzügliche und sehr gründliche Kenntnisse" besitzend ist Umpfenbach nun „ausgezeichnet thätig und umsichtig", „sein übriges Verhalten sehr gut".[228] Vor allem aber gehört er mittlerweile „unstreitig zu den brauchbarsten und zuverlässigsten Baubeamten", sein Zeugnis heischt geradezu nach einer Beförderung.[229] Elsner hingegen steigt in der Bewertung mehrere Klassen ab. Während er 1818 „sehr gute mathematische und mehrere andere Kenntnisse" besitzt, ein „recht brauchbarer und thätiger Baubeamter" ist und „sein übriges Verhalten" gleichfalls als „sehr gut" gewertet wird,[230] hat er 1826 „zwar sehr gute Kenntnisse", ist allerdings „in seiner Geschäftsführung nicht immer so prompt wie es erforderlich wäre". Auch sein „übriges Verhalten" ist nurmehr „gut".[231] Durch die ohne Schwierigkeiten in numerische Quanta übersetzbare Benotungsskala (ausgezeichnet – sehr gut – gut – recht brauchbar), auf die sich der Bericht beruft, minimiert der Berichterstatter Ingersleben den Interpretationsspielraum der Bewertung. Die Leistungsdifferenz zwischen Elsner und Umpfenbach erscheint selbstevident.

---

225 GStA PK, I. HA Rep. 93 B Nr. 548, unfoliiert, Bericht von Oberpräsident Karl von Ingersleben an das Ministerium des Innern, 19. Februar 1826.
226 Die Conduitenlisten gehen in Preußen vermutlich auf Friedrich Wilhelm I. zurück, der sie 1714 einführte. Vgl. Carl Hinrichs, Preussen als historisches Problem. Gesammelte Abhandlungen, hg. von Gerhard Oestreich, Berlin 1964, 29–31. Als eher anekdotische Begründung für die Einführung gilt das geflügelte Wort des Soldatenkönigs, dass ihm seine Beamten „mit Leib und Leben, mit Hab und Gut, mit Ehr' und Gewissen dienen" sollten und deswegen auch permanent Rechenschaft über ihr Verhalten ablegen mussten. Hintze, Acta Borussica, Bd. 6,1, 277. Im protestantischen Kirchenregiment wurden Conduitenlisten 1736 eingeführt. Vgl. Klingebiel, Pietismus und Orthodoxie, 316. Der Kameralist Justi pries sie bereits 1762 als effektives Mittel zur Arbeitsüberprüfung. Vgl. Justi, Vergleichungen der europäischen mit den asiatischen und andern vermeintlich barbarischen Regierungen, 457.
227 GStA PK, I. HA Rep. 93 B, Nr. 550, unfoliiert, Conduitenlisten der Baubeamten des Regierungsbezirks Koblenz, 1818.
228 GStA PK, I. HA Rep. 93 B, Nr. 550, unfoliiert, Conduitenlisten, 1826.
229 GStA PK, I. HA Rep. 93 B, Nr. 550, unfoliiert, Conduitenlisten, 1826.
230 GStA PK, I. HA Rep. 93 B, Nr. 550, unfoliiert, Conduitenlisten, 1818.
231 GStA PK, I. HA Rep. 93 B, Nr. 550, unfoliiert, Conduitenlisten, 1826.

Tatsächlich wird hier jedoch ein interner Prüfungs- und Vorschlagskurzschluss eingerichtet, der aus der Binnenperspektive der Administration gar nicht mehr angezweifelt werden kann. Da die Prüfungsinstanz mit der Vorschlagsinstanz zusammenfällt, muss der ministerielle Entscheider ihr vertrauen; aus den Akten ist unmöglich zu bestimmen, ob Umpfenbach vorgeschlagen wird, weil er gut geprüft wurde, oder gut geprüft wurde, weil er vorgeschlagen werden soll. Erst in der Außenwahrnehmung einer Elsner'schen Eingabe aus dem Jahr 1818 lässt sich erkennen, wie eng die objektive Bewertungsmatrix der Conduitenlisten mit patronalen Verflechtungen zusammenhängen könnte. Schon 8 Jahre vor der endgültigen Zurücksetzung legt Elsner nämlich eine organisationsinterne Seilschaft offen. Von Baurat Frank (dem Autor der Conduitenlisten und Konspiranten Ingerslebens im Jahr 1826) weiß Elsner zu berichten, dass „er mit dem Chaussee-Bau-Inspector Umpfenbach [...] in solchen persönlichen Verhältnissen" steht, „dass er für die Beförderung [...] alles ihm nur Mögliche wirken wird." Und schon hier prophezeit Elsner sich selbst „ein unerträgliches Schicksal", dass „noch unglücklicher für mich ausfallen" muss.[232]

> Indem ich nemlich als älterer Preußischer Beamter, der seine beiden gesetzmäßigen Examen früh machte und schon damals im Land- und Wasserbau gut bestand einem seit noch nicht 2 Jahren im König[lich] Pr[eußischen] Dienst befindlichen und einseitig gebildeten Chaussee-Bau-Beamten wirklich oder so gut wie untergeordnet würde [...].[233]

Im Widerstreit der früheren Zugangsberechtigungen mit dem Notensystem der Conduitenlisten lässt sich erkennen, wie das System symbolischer Berechtigungen und Bewertungen im Zweifel zugunsten der tiefer in die organisationalen Netzwerke implizierten Personen gewendet werden kann.

Doch auch die Prüfungsatteste selbst sind Produkte einer mitunter umkämpften Faktenlage. Als der neumärkische Forst- und Baukondukteur Carl Gottlieb Graffunder 1802 um Verleihung eines Baumeister-Postens suppliziert, wird er zunächst zur Ablegung des architektonischen Examens beim Oberbaudepartement zu Berlin aufgefordert, wo die Prüfung zu seinen Ungunsten ausfällt.[234] In einer zweiten Supplik beschwert sich Graffunder daraufhin in allerhöchster Instanz

---

232 GStA PK, I. HA Rep. 93 B, Nr. 542, unfoliiert, Eingabe von Wasserbauinspektors Elsner an Staatskanzler Hardenberg, 14. September 1818.
233 GStA PK, I. HA Rep. 93 B, Nr. 542, unfoliiert, Eingabe von Wasserbauinspektor Elsner, 14. September 1818.
234 GStA PK, II. HA, GD, Abt. 13, Neumark, Bestallungssachen, Baubediente, Nr. 6, fol. 165, Bericht des Oberbaudepartements an das Generaldirektorium, 10. Mai 1802.

über die Ungerechtigkeit des Prüfungsverfahrens.²³⁵ Der zentrale Streitpunkt zwischen Graffunder und dem Oberbaudepartement ist der Vorwurf, dass die Prüfungsarbeiten nicht von seiner Hand stammten, ein Vorwurf, den Graffunder mit dem Argument kontert, dass die Prüfer gegen ihn voreingenommen gewesen wären. In beinahe literarischer Qualität rekonstruiert Graffunder nun die Prüfungssituation als Szene (Abb. 13).

> Wiewohl ich nun auf Eid und Pflicht versicherte, mich auch erbot, durch glaubwürdige Atteste zu beweisen,
>
>> daß nicht nur die der Arbeit zum Grunde liegende Idee meine Erfindung sey, sondern auch die Ausführung derselben ohne irgend einige Beyhülfe schon vor vier Jahren von mir entworfen und gezeichnet worden,
>
> so entgegnete man mir dennoch:
>
>> „wenn man auch zugeben wolle, daß ich die Zeichnung selbst verfertigt hätte; so sey doch das Gantze für meinen Kopf viel zu hoch, daher ich solche schlechterdings copirt haben müßte."
>
> Hierauf meinen so apodictisch absprechenden Examinatoren zu antworten, ohne das gekränkte Gefühl laut werden zu laßen, welches eine solche Behauptung in mir erregen mußte, war unmöglich; denn ohne Zweifel ist es schwer, bey der offenbarsten Ueberzeugung von der Wahrheit meiner selbsteigenen That sie ohne Verletzung der Bescheidenheit gegen Männer zu vertheidigen, welche, ohne Augenzeugen gewesen zu seyn, sich dennoch für berechtigt halten, solche lediglich darum zu bestreiten, weil sie sie nicht für möglich halten wollen, oder weil sie ihrem Vorurtheil widersprechen würde.²³⁶

Diese eigenartige Einbettung von direkter und indirekter, in Anführungszeichen gesetzter Rede in den indirekten Bericht eines Erzählers entspricht dem, was Valentin Vološinov als „variante verbalo-analytique" der indirekten Rede bezeichnet hat: einer ‚kritischen' und ‚realistischen'Form,²³⁷ die durch die Einstreuung direkter Redeanteile einen ironisierenden Effekt generiert.²³⁸

---

235 GStA PK, II. HA GD, Abt. 13, Neumark, Behörden- und Bestallungssachen, Baubediente, Nr. 7, fol. 6–9, Eingabe von Kondukteur Carl Gottlieb Graffunder an Friedrich Wilhelm III., 29. Juni 1802.
236 GStA PK, II. HA GD, Abt. 13, Neumark, Behörden- und Bestallungssachen, Baubediente, Nr. 7, fol. 7–8, Eingabe von Kondukteur Graffunder, 29. Juni 1802 [Hv. i. Orig.].
237 Im Original: „En tant que procédé stylistique, cette variante ne peut s'enraciner dans la langue que sur le terrain de l'individualisme critique et réaliste [...]." [Als stilistisches Verfahren kann sich diese Variante nur im Modus eines kritischen und realistischen Individualismus in die Sprache einschreiben] Valentin N. Vološinov, Le marxisme et la philosophie du langage. Essai d'application de la méthode sociologique en linguistique [1929], Paris 1977, 182.
238 Vgl. Vološinov, Le marxisme et la philosophie du langage, 181–183.

4 Prüfung und Patronage — 241

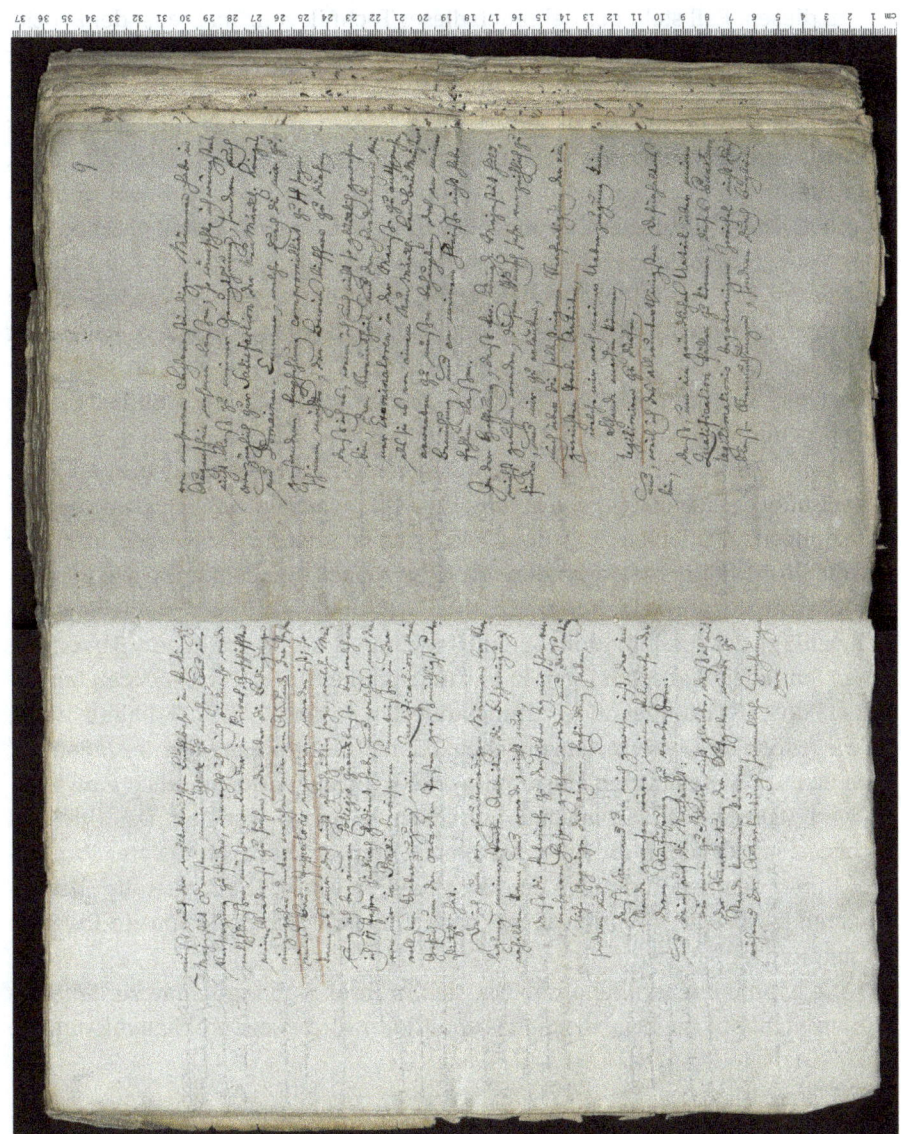

Abb. 13: Umständliche Rechtfertigung der Prüfungsarbeiten von Kondukteur Graffunder. Quelle: GStA PK, II. HA Abt. 13 Neumark, Behörden- und Bestallungssachen, Baubediente Nr. 7, fol. 8–9.

In diesem Fall steht der Gebrauch dieser Technik ganz im Dienst der Evozierung von Zeugenschaft. Die Argumentationsstrategie Graffunders entspricht der Logik einer Gerichtsrede. Der Supplikant versucht hier durch die Integration einer Vielzahl von ihm protokollierter Äußerungen die Glaubwürdigkeit seines Vortrags und die Schlagkraft seiner Argumente zu erhöhen. Weiter verdichtet wird dieser Eindruck noch durch die vorangestellten Schwurformeln und das Angebot, Atteste abzuliefern. „Von glaubwürdigen Männern" glaubt er schließlich „bey Vorlegung meiner Probe-Arbeiten die Bescheinigung erhalten" zu können, dass er der Urheber seiner Arbeiten sei.[239] Umgekehrt wird den Mitgliedern des Oberbaudepartements die eigene Urteilsfähigkeit abgesprochen, da sie ihr Verdikt gefällt hätten, „ohne Augenzeugen [der Fälschung, St.S.] gewesen zu seyn", vor allem aber, weil Graffunders „offenbarste Ueberzeugung von der Wahrheit meiner selbsteigenen That [...] ihrem Vorurtheil widersprechen würde".[240]

Damit enthüllt Graffunder nur, was eigentlich als Funktionsprinzip jedes Organisationsgedächtnisses gelten muss: Die temporale Pfadabhängigkeit von Entscheidungen.[241] Offenkundig stützen die Examinatoren ihr Urteil eben nicht nur auf die Positivität der vorliegenden Prüfungsarbeiten, sondern auf ein *Vor*-Urteil, das die organisationale *Vor*-Geschichte Graffunders miteinbezieht. Tatsächlich schlägt der Examinationsbericht bereits vor der eigentlichen Bewertung einen tendenziell abschüssigen Erwartungspfad ein. Die Examinatoren lamentieren, dass Graffunder die Prüfungsunterlagen bereits 1794 erhalten hatte, „ohne jedoch davon etwas einzureichen, oder etwas von sich hören zu laßen."[242] Zum Schluss dieses kurzen Ausschnitts bietet Graffunder daher auch eine alternative Erklärung für die schlechte Einschätzung seiner Arbeit an. Das Urteil sei nicht aus der Qualität der Arbeit abgeleitet, sondern gänzlich anderer Provenienz. Hinter den Begründungen der Examinatoren wittert Graffunder die „hervorleuchtende Absicht, an mir aus mancherley Rücksichten gleichsam ein Exempel zu statuiren".[243]

Die examinierende Behörde lässt sich in ihrer Stellungnahme zu den Vorwürfen nicht auf die Zeugenschafts- und Glaubwürdigkeitsproblematik ein. Sie

---

239 GStA PK, II. HA GD, Abt. 13, Neumark, Behörden- und Bestallungssachen, Baubediente, Nr. 7, fol. 8, Eingabe von Kondukteur Graffunder, 29. Juni 1802.
240 GStA PK, II. HA GD, Abt. 13, Neumark, Behörden- und Bestallungssachen, Baubediente, Nr. 7, fol. 8, Eingabe von Kondukteur Graffunder, 29. Juni 1802.
241 Georg Schreyögg und Jörg Sydow, Organizational Path Dependence: A Process View, in: Organization Studies 32 (2011), H. 3, 321–335.
242 GStA PK, II. HA, GD, Abt. 13, Neumark, Bestallungssachen, Baubediente, Nr. 6, fol. 165, Bericht des Oberbaudepartements, 10. Mai 1802.
243 GStA PK, II. HA GD, Abt. 13, Neumark, Behörden- und Bestallungssachen, Baubediente, Nr. 7, fol. 9, Eingabe von Kondukteur Graffunder, 29. Juni 1802.

hält die Fälschung stattdessen allein deshalb für erwiesen, „da ein jeder Sachkundiger ersehen wird, daß daran verschiedene Hände gearbeitet haben"[244] und zementiert damit einen *coup d'œil* der Experten, der so entlarvend ist, dass es einer weiterführenden Beweisführung gar nicht mehr bedarf. Diese nachträgliche Rationalisierung der Argumentation geht indes nicht aus Graffunders Darstellung der Prüfungsszene hervor. Folgt man der Darstellung Graffunders, dann ist das Misstrauen an die Authentizität der Zeichnungen einem vorgängigen Dispositionsurteil geschuldet, da die Behörde davon ausgeht, dass das abgelieferte Produkt „für [s]einen Kopf viel zu hoch"[245] sei. Der Vortrag Graffunders mit seiner zeugenschaftlichen Beweisführung wird in dieser Hinsicht weder von der angeklagten Behörde noch von der ministerialen Entscheidungsinstanz aufgegriffen. Stattdessen rezipiert die Behörde das Schreiben in erster Linie als Stilentgleisung und anmaßenden Angriff auf die administrative Autorität.

> Es ist daher, ohne einen hohen Grad von Insolenz vorauszusetzen, nicht begreiflich, wie der p[raenominatus] Graffunder sich erdreusten konnte, seine Sache noch beschönigen zu wollen, welches wir aber <u>einem jungen Menschen</u> gerne zu gut halten, der sich irrigerweise mehr darauf gelegt zu haben scheint, weitschweifig und vielleicht seiner Meinung nach gar witzig schreiben zu wollen, als sich um die Erlernung der Baukunst zu bekümmern.[246]

Während der Supplikant in seiner Darstellung die Absprache von objektiven Fertigkeiten als affekt- und vorurteilsbehaftete Prüfungsszene dekonstruiert, die ihren eigenen Dynamiken und Aporien unterworfen ist, kommt in der Stellungnahme des Oberbaudepartements die eigene Beurteilungspraxis überhaupt nicht mehr zur Sprache. Die Rezeption belegt, dass die Kompetenzautorität eines eminenten Expertengremiums selbst durch eine ausgefeilte Gegendarstellung nicht angezweifelt werden kann. Der Bericht des Oberbaudepartements kommentiert die Verteidigungsstrategie Graffunders folgerichtig als inkompatibel mit einer Baubeamtentätigkeit. Aus Graffunders dramatischer Zuspitzung wird hingegen ersichtlich, dass auch die scheinbar selbstevidente Prüfung durch eine Institution letzten Endes nicht nur auf die Verfahrenslogik von Objektivierungsverfahren, sondern auch auf einzelne Individuen zurückgeht, deren Urteil im Zweifel Voreinschätzungen, politischen Gemengelagen und Stim-

---

244 GStA PK, II. HA GD, Abt. 13, Neumark, Behörden- und Bestallungssachen, Baubediente, Nr. 7, fol. 28, Bericht des Oberbaudepartements an das Generaldirektorium, 16. August 1802.
245 GStA PK, II. HA GD, Abt. 13, Neumark, Behörden- und Bestallungssachen, Baubediente, Nr. 7, fol. 7, Eingabe von Konducteur Graffunder, 29. Juni 1802.
246 GStA PK, II. HA GD, Abt. 13, Neumark, Behörden- und Bestallungssachen, Baubediente, Nr. 7, fol. 28, Bericht des Oberbaudepartements, 16. August 1802 [Hv. i. Orig.].

mungen unterworfen ist, in jedem Fall aber demselben Affekthaushalt unterliegt wie auch die Einsätze der Bewerber.

5 Der Lebenslauf als polyvoker Verbund

Der große Traum der professionalisierten Bauverwaltung war es, einen völlig transparenten Abgleich zwischen individueller Disposition und administrativer Position herzustellen. Lebensläufe, Arbeitszeugnisse und Prüfungsatteste galten dabei als avancierteste Instrumente einer vorurteilsfreien Personalbeurteilung. Sie wurden als maßgebliche Werkzeuge propagandiert, um die Passgenauigkeit eines Subjekts zu einer spezifischen Stelle zu eruieren. Tatsächlich war die Zweifelsfreiheit aber ein Effekt, der erst durch die lebensschreibende- und zertifizierende Praxis zustande kam. Die zertifizierenden Experten von Oberbaudepartement und Provinzialregierung subsumierten das empirisch Mannigfaltige des individuellen Bewerbers unter ein allgemeines Qualifikations- und Verdienstprinzip. Sie attestierten, dass das der bisherige Lebenslauf den generellen Anforderungen eines Baubeamten entsprach. Mit Bourdieu könnte man argumentieren, dass die Zeugnisse „einen Standpunkt" schufen, „der gegenüber den singulären Standpunkten als transzendent anerkannt [war], einen Standpunkt, der dem Inhaber einer derartigen Bescheinigung universell anerkannte Rechte verl[ieh]."[247] Der offizielle Geschäftsgang mit seinen formalen Zugangsberechtigungen, Lebensläufen und Arbeitszeugnissen wurde dadurch de facto als einzig legitimer Kommunikationskanal der Personalverwaltung festgelegt.

Damit sorgten die Formalisierer aber gleichzeitig für eine Invisibilisierung des vormals offenkundigen Beziehungskanals. Während noch im 18. Jahrhundert mächtige Fürsprecher ohne weiteres ihren Patronage-Einsatz als affektökonomische Interventionen stilisieren konnten, waren solche Gunsterweise seit der Professionalisierung in den 1770er Jahren verpönt. Anstatt dass Patronage, Gunsterweise und Autorität aber von der Bühne des Besetzungstheaters verschwanden, wurden sie in die neue Zeugnispraxis übersetzt. Lokale Netzwerke, Bekanntschaften und Patronageverbünde wurden seitdem genutzt, um über die Medien von Zeugnis und Empfehlungsschreiben objektive Qualitätsurteile herzustellen, die den eigenen Favoriten als leistungsfähiger als die Konkurrenz erscheinen ließen.

Der Lebenslauf stand dieser Entwicklung keineswegs antagonistisch gegenüber. Zugespitzt führte erst die ‚Äqui-Textualität' von Lebenslauf und Zeugnis zu

---

247 Pierre Bourdieu, Rede und Antwort [1987], Frankfurt a. M. 1992, 151.

einem exponentiellen Aufwuchs von Zeugnis-Patronage: Gerade weil die dokumentierten Ereignisse in Lebenslauf und Zeugnis ähnlich strukturiert waren, ließen sie sich über die bezeugenden Aussagen von anerkannten Fürsprechern so einfach supplementieren. Dieser Abgleichmechanismus war im Extremfall so effektiv, dass die Selbstaussagen eines Lebenslaufs überhaupt nicht mehr benötigt wurden und stattdessen die Zeugnisse allein eine Karriere darstellen konnten. Auch weil die neue Verdienstkultur der Selbstfürsprache von Bewerbern allein nicht traute, wurde die Entstehung einer neuen Patronageökonomie befeuert, in der erst eine Vielzahl fürsprechender Fähigkeitsurteile den hinreichenden Grund lieferte, der eigenen Lebenserzählung Glauben zu schenken. Die positiveren Qualitätsurteile emanierten aus einem Vertrauensvorsprung, den diejenigen, die höhere Beziehungs-Bestände im administrativen Netzwerk akkumuliert hatten, für sich beanspruchen konnten.

Zeugnisse, Empfehlungsschreiben, Prüfungsatteste, aber auch simples Namedropping fungierten so als amplifikatorische Maßnahmen, mit denen sich Bewerber größere Aufmerksamkeit für ihre Anliegen sichern wollten. Diese Maßnahmen setzten nicht nur traditionelle Patronage mit anderen Mitteln fort, sondern kulminierten auch in einer schreibpolitischen Pointe. Denn in der papiernen Verflechtung löste der Lebenslauf die kategorische Trennung zwischen Patron und Klient, Zeugen und Bezeugtem systematisch auf. Durch die permanente und repetierende Einverleibung paratextueller Zeugnisse und Empfehlungsschreiben, aber auch der Namen und indirekten Reden wohlgesinnter Dritter, verschwammen die Grenzen zwischen auktorialem Selbst und referentiellen Anderen. Das bürokratische Gefüge Lebenslauf, das auf den Schreibtischen der Personalmanager landete, kannibalisierte die Stimmen seiner Zeugen und schuf einen polyvoken Verbund, der fortan als Kollektiv durch die Büros der Behörden zirkulierte und nur als kollektive Verkettung mehrstimmiger Schriftstücke, Aussagen und Eigennamen bewertet werden konnte.[248] Die Praxis der Einflechtung von Zeugnissen, Patronen und Prüfungen erlaubte es Bewerbern damit strategisch Bündnisse einzugehen und sich Personen und Stimmen einzuverleiben, die für eine gegebene Position und einen spezifischen Adressaten einen Stellungsvorteil verhießen.

---

248 Vgl. Gilles Deleuze und Félix Guattari, Kafka. Für eine kleine Literatur [1976], Frankfurt a. M. 2019, 80.

Schluss: Multivalenz der Form

In der Zeit zwischen 1770 und 1848 emergiert der Lebenslauf als kleine Form der preußischen Bürokratie, die für die Produktion, Darstellung und Vermittlung von karriereförmigen Laufbahnen immer wichtiger wird. Die Ergebnisse dieser Studie legen nahe, dass es für den Lebenslauf als „kurze Beschreibung des Werde- und Bildungsgangs"[1] keinen originären Ursprungspunkt gibt, sondern dass er aus heterogenen Herkunftslinien erwächst. Zunächst gilt zu konstatieren, dass Texte, die sich als Lebenslauf bezeichnen, bereits vor seinem Eintritt in die Verwaltung verbreitet sind. In Gelehrtenbiographien oder Leichenpredigen stellen Lebensläufe typischerweise die Biographien von eminenten Männern und Frauen aus. Erzählerisch sind vor allem die Laufbahnen der Gelehrten bereits auf ein göttlich determiniertes Telos ausgerichtet, dem sie sich in planetarer Analogie annähern.

Was sich seit der Mitte des 18. Jahrhunderts in der Bürokratie als Lebenslauf ausnimmt, ist hingegen völlig anderen Darstellungskonventionen verpflichtet. Blickt man in die Amtsstuben der Verwaltung, klafft zwischen den gelehrten Lebensläufen und dem, was Bewerber und Verwalter übereinstimmend als Lebenslauf, Lebensbeschreibung oder Curriculum Vitae bezeichnen, ein eklatanter Unterschied. Keine kreislaufförmige Gelehrtenlaufbahnen, sondern aufstrebende Karrieren stehen im Zentrum der vielen Variationen, die ein Lebenslauf in der Verwaltung annehmen kann. Seit 1770 verschiebt sich das, was als Lebenslauf betitelt wird, von einer göttlich determinierten Lebenserzählung der Sterbenden hin zu einem Gebrauchstext der Lebenden – einer Kleinform, die nicht nur vergangene Lebensverläufe schreib- und lesbar macht, sondern als Bewerbungsunterlage auch zukünftige Lebenslaufbahnen vermittelt und präfiguriert.

Anders als die meist großvolumigen Autobiographien von Gelehrten und Adligen sind die Lebensläufe der Verwaltung genuin kurz und nehmen nur wenige Seiten Papier in Anspruch. Aus den Quellen geht nicht hervor, ob diese Form des Lebenslaufs originär aus der subalternen Schreibpraxis der Bewerber oder der professionellen Schriftkultur der Kanzleien entspringt. Stattdessen scheint es besonders im Bauwesen, als würden seit den 1770er Jahren Bewerber und Vorgesetzte, Verwaltete und Verwalter simultan und ko-konstitutiv an der Emergenz einer neuen Form experimentieren, die den Ansprüchen einer sich professionalisierenden Beamtenschaft gerecht werden soll. Die Dissemination von Lebensläufen fällt damit nicht nur in eine Epoche, in der althergebrachte Formen der Bewerbungskultur problematisch werden und sich ein reformerischer Diskurs

---

[1] Lebenslauf, in: Trübners Deutsches Wörterbuch, Bd. 4, 407.

durchsetzt, der auf die Brauchbarkeit von Staatsdienern setzt (im Fall von Bewerbungen konkret: Qualifikation, Verdienst und Aktivität); der Lebenslauf kündet auch von einer meritokratischen Epoche, in der die Personalverwaltung ein immer engmaschigeres Vergleichssystem etabliert, das Subjekte in Konkurrenz zueinander setzt. Die Darstellung dieser Konkurrenzverhältnisse sickert schließlich auch in die Selbstbeschreibung der Bewerber ein.

Dabei konstituiert der Lebenslauf um 1800 keineswegs ein stabilisiertes Genre. Vielmehr konfligieren in ihm hochdynamische ästhetische und rhetorische Strategien, die den Lebenslauf als Laboratorium der professionellen Schreibpraxis auszeichnen. Zunächst ist dies dem Umstand geschuldet, dass für die meisten Lebensläufe keine separate Form zur Verfügung steht und sie in die formale Logik des Supplikenwesens eingelassen sind. Abwechselnd konkurriert und konvergiert hier das Darstellungsregime des Ancien Régime mit den Präzisions- und Kürzemaximen des reformierten Preußens; der barocke Formenkreis zeremonialsprachlicher Kommunikation trifft auf neue Stilvorgaben, die an der möglichst effizienten Adressierung, Verarbeitung und Entscheidung von schriftlichen Anliegen interessiert sind.

Im Personalschrifttum ist die Herstellung von konzisen Karrieren dabei ein elementarer Bestandteil dieses Interesses. Bewerber schreiben ihr Leben deshalb mit Hilfe von Lebensläufen passgenau auf Stellen zu; sie übersetzen ihre Biographie in ein Trajektorium, das sich als Spezialisierungsgeschichte ausnimmt und auf jeweils neu selektierte Stellen projiziert. Grundsätzlich haben in einem dergestalt konstruierten ‚roten Faden' all jene Elemente, die die autonome Fabrikation der Karriere infrage stellen, keinen Platz. Und doch finden sich in den Archiven auch eine Vielzahl von Lebensläufen, die ganz anders gelagerte Biographien schildern. Genauso häufig wie von stromlinienförmigen Aufstiegsgeschichten liest man von familiären Notlagen, schicksalhaften Laufbahnhemmungen oder kollegialer Übervorteilung. Dies sind Alternativerzählungen, die mit oft überbordender Affektrhetorik geltend gemacht werden. Aber auch wenn die beiden Erzählregime einer aktiv hervorgebrachten Karriere und einer passiv erlittenen Schicksalsgeschichte zunächst antagonistisch anmuten, steht letztlich auch die Erzählung von Unglücksfällen unter dem Stern der Karriere. Hinter jeder verpassten Beförderung, jedem unverschuldeten Rückschritt und jedem plötzlichen Schicksalsschlag steht ein Bewerber, der sich kraft seiner redlichen Absichten und Bemühungen auf der Ebene personaler Zurechnung als genauso karrierefähig zu erweisen versucht wie jene Kandidaten, die eine nahtlose Laufbahn erzählen können. Auf der Ebene der autodiegetischen Selbsterzählung erweist sich der Lebenslauf damit als Form, die das Leben des Subjekts als immer schon für eine Institution gelebtes vorstellt und einem ruhelosen Aktivismus unterwirft.

Während Bewerber ihre Karriere bevorzugt narrativ formatieren, zieht die Verwaltung grundsätzlich eine Darstellungsweise vor, die die Lebensläufe ästhetisch stillstellt. Bereits am Ende des 18. Jahrhunderts greifen Administratoren während personeller Reorganisationsprojekte auf diagrammatische Synopsen von Dienstlaufbahnen und Personalstammdaten zurück. Nach den preußischen Reformen und der Neukonsolidierung der Provinzialregierungen leiten einzelne Regierungen systematisch Personaltabellen aus narrativ verfassten Lebensläufen ab, die sie zuvor von Kandidaten angefordert haben. Diese Tabellen bringen die vorpreschenden Karriereerzählungen durch ihre analytische Zerteilung in Einzelkomponenten teilweise zum Erliegen, schaffen dadurch umgekehrt aber neue Vergleichbarkeiten, die schließlich einzelne Teilaspekte der Karriere beurteilbar machen. In der tabellarischen Verdichtung schlägt sich außerdem ein gesteigerter Hang zur numerischen Kodifzierung von Lebenslaufdaten nieder; er aggregiert Daten, die dann wiederum für ‚organisiertes Rechnen' nutzbar gemacht werden können.

Schließlich ist der Lebenslauf als selbstfürsprechende Karriereerzählung unweigerlich auf bezeugende Paratexte angewiesen, die, von der Tradition des adligen Empfehlungsausschreibens ausgehend, sich allmählich zu obligatorischen Arbeits- und Prüfungszeugnissen hin verdichten. Diese Atteste legen über jede absolvierte Statuspassage des Lebenslaufs ein Erzählen zweiter Ordnung, das ihr legitimes Passieren durch autoritative Experten oder Institutionen bezeugt. Als symbolisch autorisiertes Kapital objektivieren sie die konstitutiven Prinzipien des Lebenslaufs – Qualifikation, Verdienst und Aktivität – und transformieren gleichzeitig vormals transparente Patronagepraktiken. Der Lebenslauf dokumentiert damit das Aufziehen einer meritokratischen Ära, die die alten Allianzen keinesfalls ersetzt, sondern fortan als „Gesinnungspatronage"[2] auf der Achse sozioökonomisch ähnlich formatierter Milieus fortschreibt.[3] Der in Lebensläufen, Arbeitszeugnissen und Prüfungszeugnissen objektivierte Verdienst dient in diesem Sinn als unhinterfragbare Legitimation von Formationsgeschichten, die strukturell mehrheitlich durch soziale Vererbung ermöglicht werden.[4]

In jedem Fall aber zeitigt die Frage, wie ein Lebenslauf ästhetisch und rhetorisch strukturiert sein soll, um 1800 multivalente Antworten. Die vielen Ver-

---

2 Bernsee, Moralische Erneuerung, 309.
3 Neuere Studien belegen, dass soziale Ungleichheit gerade durch vorgeblich meritokratische Medien wie den Lebenslauf reproduziert wird. Vgl. Rivera, Pedigree, 86.
4 Sozialgeschichtliche Studien haben Selbstreproduktionsquoten von über 50% für die preußische Beamtenschaft der postnapoleonischen Zeit nachgewiesen. Vgl. Hermann Beck, The Origins of the Authoritarian Welfare State in Prussia: Conservatives, Bureaucracy, and the Social Question, 1815–1870, Ann Arbor 1995, 136–137.

sionen und Schreibweisen der professionellen Formationsgeschichte (von bürokratisch-tabellarischen Synopsen über projektiv-verdienstliche Karriereerzählungen bis hin zu apologetisch-erzürnten Schicksalsdramen) weisen ihn als Experimentierfeld einer Bewerbungskultur aus, die genauso wie die Form selbst im Entstehen begriffen ist.[5] Da er in ästhetischer und rhetorischer Hinsicht relativ offen ist, erlaubt der Lebenslauf Bewerbern biographisch agil zu bleiben. Diese Versatilität reduziert sich erst in der Mitte des 19. Jahrhunderts mit der zunehmenden Verbreitung gesetzlicher Vorgaben.[6]

Offen blieb in dieser Studie die Frage, wann und aus welchen Gründen der heute ubiquitäre tabellarische Lebenslauf entstand und warum sich die narrative Form, die um 1800 noch allgegenwärtig war, nicht halten konnte. Ausgehend von Lebenslaufformen, die an der chronologischen und narrativen Erzählung des Lebens orientiert sind, verschiebt sich der Lebenslauf in seiner über 200-jährigen Geschichte in ein tabellarisches Format, das analytisch auf einzelne Lebensrubriken abstellt, die sich auf Qualifikation, Berufserfahrung, Fähigkeiten, Interessen, oder Sprachkenntnisse verteilen können. Wann sich dieser Übergang formgeschichtlich durchsetzt, konnte in dieser Arbeit nicht bestimmt werden. In der Bauverwaltung finden sich zwar einzelne tabellarische oder listenförmige Lebensläufe,[7] insgesamt hält man in Personalakten jedoch bis mindestens 1914 an der narrativen Form fest. Studien zur Genese des amerikanischen *Resumes* legen nahe, dass sich tabellarisch angelegte Formen nach dem Ersten Weltkrieg verbreiteten.[8]

---

[5] Das frühe 19. Jahrhundert scheint für die Ausbildung einer modernen Bewerbungskultur jedoch eine Referenzzeit zu sein. Vgl. Luks, Die Bewerbung, 36.
[6] Mit der Umstellung auf individuelle Personalakten wird in der preußischen Bauverwaltung eine Praxis eingeführt, die am Anfang jeder Baubeamtenkarriere (und damit jeder Personalakte) einen relativ standardisierten und narrativ verfassten Lebenslauf, erfordert. Beispielhaft s. GStA PK, Rep. 93 B, Nr. 777, Personalakte des Baumeisters Carl Friedrich Dittmar, 1849–1897; GStA PK, Rep. 93 B, Nr. 858, Personalakte des Baumeisters Eduard Ohne, 1859–1895; GStA PK; Rep. 93 B, Nr. 723, Personalakte des Baumeisters Gustav Eduard Baumgart, 1846–1896; GStA PK, Rep. 93 B, Nr. 734, Personalakte des Geheimen Oberbaurats Ludwig Berring, 1829–1859; GStA PK, Rep. 93 B, Nr. 836, Personalakte des Baumeisters Julius Wilhelm Hennicke.
[7] In den Individualakten findet sich ab der zweiten Hälfte des 19. Jahrhunderts am Beginn jeder Akte eine von der Bauverwaltung vorgenommene listenförmige Aufstellung der Dienstlaufbahn, mit Wohnort und Geburtsdatum des jeweiligen Beamten. Ansonsten stößt man in Einzelfällen auch schon früher auf tabellarische Darstellungen. GStA PK, I. HA Rep. 93 B, Nr. 904, Extrakt aus der Tätigkeitsnachweisung von Ernst Christoph Friedrich Lüddecke, 18. Januar 1834, fol. 9.
[8] Popken, The Pedagogical Dissemination of a Genre: The Resume in American Business Discourse Textbooks, 1914–1939, 100.

Blickt man jedoch genauer in die Lebensläufe um 1800, zeigt sich, dass gerade die analytische Zerteilung von Lebensereignissen nicht notwendigerweise an eine tabellarische Darstellung gebunden ist. Denn auch die Lebensläufe der preußischen Verwaltung sind zuweilen überaus analytisch angelegt. So heterogen und multivalent die Lebensläufe der Verwaltung auch sein mögen, in ihnen wird zu keinem Zeitpunkt ein Leben von der ‚Wiege bis zur Bahre' erzählt. Die Lebensläufe sind in allen ihren Manifestationen auf den zentralen Aspekt der beruflichen Entwicklung beschränkt. Anders gelagerte Ereignistypen (Familie, Krieg, Schicksal) können hier zwar einströmen, werden aber stets auf die Karriere (oder deren Ausbleiben) bezogen. Strikt sortiert nach dem Thema der Formationsgeschichte wird aus den Lebensläufen all das geschieden, was nicht zur Geschichte der eigenen Brauchbarkeit gehört. Organisatoren machen sich auf der anderen Seite diese Spezifität zunutze, um Personaldaten in tabellarische Beamtenverzeichnisse zu überführen. Lebensläufe entfalten ihr Subjekt nicht aus einer charakterlichen Anlage *heraus*, sondern falten es vielmehr auf jeweils neu anvisierte Stelle *hin*.

Was der tabellarische Lebenslauf hingegen nachhaltig verdrängt hat, ist die Zone der Affekte und des Schicksals, die sich um 1800 in vielen Schreiben noch findet. Während man einen Lebenslauf auch heute noch gezielt auf Stellen zuschreibt, ist es nicht mehr möglich, diese Zuschriften mit Schicksals- und Entrüstungserzählungen zu flankieren und damit eine mangelhaft gebliebene Karriere zu entschulden. Gerade vor dem Hintergrund moderner Konkurrenzgesellschaften überrascht es, dass die Ausstellung personaler Konkurrenz und organisationaler Patronage in heutigen Schreibweisen des Lebenslaufs keinen Raum mehr findet. Die Transformation vom narrativen zum tabellarischen Lebenslauf bezeugt darum vielleicht weniger sein analytisch-Werden als vielmehr die Invisibilisierung eben jenes Kampfplatzes, auf dem der Lebenslauf allererst entsteht. Hatte der institutionalisierte Konkurrenzkampf in den narrativen Lebensläufen zwischen 1770 und 1848 noch einen sichtbaren Ort innerhalb offiziöser Selbsterzählungen und stiftete diese sogar manchmal an, so lässt sich aus heutigen Lebensläufen nicht mehr ohne weiteres ablesen, dass sie Vehikel im permanenten Wettstreit um soziale Ränge sind.

Quellen- und Literaturverzeichnis

1 Archivalien

Brandenburgisches Landeshauptarchiv (BLHA)

Rep. 2 Nr. A 70.
Rep. 2 Nr. S 3761.
Rep. 2 A I Hb. Nr. 5.
Rep. 2 A I Hb. Nr. 6.
Rep. 3 Nr. 5924.
Rep. 3 Nr. 5925.

Geheimes Staatsarchiv Preußischer Kulturbesitz (GStA PK)

I. HA GR, Rep. 34, Nr. 1115.
I. HA GR, Rep. 34, Nr. 1733
I. HA Rep. 74, Abt. K X Nr. 28.
I. HA Rep. 76, [I], I Sekt. 31 Lit. B Nr. 10 Bd 1.
I. HA Rep. 76, Vf., Lit. E Nr. 1 Bd. 3.
I. HA Rep. 76, Vf., Lit. H Nr. 13.
I. HA Rep. 76, Vf., Lit. H Nr. 30.
I. HA Rep. 76 Vf., Lit. L Nr. 25.
I. HA Rep. 76 Vf., Lit. P Nr. 5.
I. HA Rep. 76, Vf., Lit. R Nr. 22.
I. HA Rep. 76, Vf., Lit. S Nr. 12 Bd. 1.
I. HA Rep. 76, Vf., Lit. V Nr. 1.
I. HA Rep. 89, Nr. 7581.
I. HA Rep. 89, Nr. 9501.
I. HA Rep. 89, Nr. 11728.
I. HA Rep. 93B, Nr. 12.
I. HA Rep. 93B, Nr. 30
I. HA Rep. 93B, Nr. 50.
I. HA Rep. 93B, Nr. 318.
I. HA Rep. 93B, Nr. 411.
I. HA Rep. 93B, Nr. 413.
I. HA Rep. 93B, Nr. 431.
I. HA Rep. 93B, Nr. 441.
I. HA Rep. 93B, Nr. 445.
I. HA Rep. 93B, Nr. 446.
I. HA Rep. 93B, Nr. 447.
I. HA Rep. 93B, Nr. 474.
I. HA Rep. 93B, Nr. 488.

I. HA Rep. 93B, Nr. 500.
I. HA Rep. 93B, Nr. 501.
I. HA Rep. 93B, Nr. 518.
I. HA Rep. 93B, Nr. 441.
I. HA Rep. 93B, Nr. 530.
I. HA Rep. 93B, Nr. 531.
I. HA Rep. 93B, Nr. 542.
I. HA Rep. 93B, Nr. 548.
I. HA Rep. 93B, Nr. 550.
I. HA Rep. 93B, Nr. 576.
I. HA Rep. 93B, Nr. 577.
I. HA Rep. 93B, Nr. 579.
I. HA Rep. 93B, Nr. 587.
I. HA Rep. 93B, Nr. 589.
I. HA Rep. 93B, Nr. 597.
I. HA Rep. 93B, Nr. 601.
I. HA Rep. 93B Nr. 603.
I. HA Rep. 93B, Nr. 606.
I. HA Rep. 93B, Nr. 607.
I. HA Rep. 93B, Nr. 615.
I. HA Rep. 93B, Nr. 629.
I. HA Rep. 93B, Nr. 630.
I. HA Rep. 93B, Nr. 649.
I. HA Rep. 93B, Nr. 640.
I. HA Rep. 93B, Nr. 642.
I. HA Rep. 93B, Nr. 669.
I. HA Rep. 93B, Nr. 708.
I. HA Rep. 93B, Nr. 723.
I. HA Rep. 93B, Nr. 734.
I. HA Rep. 93B, Nr. 777.
I. HA Rep. 93B, Nr. 836.
I. HA Rep. 93B, Nr. 858.
I. HA Rep. 93B, Nr. 877.
I. HA Rep. 93B, Nr. 881.
I. HA Rep. 93B, Nr. 904.
I. HA Rep. 93B, Nr. 951.
I. HA Rep. 93B, Nr. 973.
I. HA Rep. 93B, Nr. 4484.
I. HA Rep. 93B, Nr. 4485.
I. HA Rep. 93B, Nr. 4488.
I. HA Rep. 93B, Nr. 4513.
I. HA Rep. 93 B, Nr. 5649
I. HA Rep. 93 B, Nr. 5650.
I. HA Rep. 109, Nr. 2862.
I. HA Rep. 109, Nr. 2868.
I. HA Rep. 109, Nr. 4939.
I. HA Rep. 109, Nr. 4944.

I. HA Rep. 121, Nr. 138.
I. HA Rep. 121, Nr. 167.
I. HA Rep. 121, Nr. 218.
I. HA Rep. 121, Nr. 269.
I. HA Rep. 121, Nr. 7445.
I. HA Rep. 121, Nr. 9142.
I. HA Rep. 125, Nr. 61/1.
I. HA Rep. 125, Nr. 62.
I. HA Rep. 125, Nr. 241.
I. HA Rep. 125, Nr. 1238.
I. HA Rep. 125, Nr. 2212.
I. HA Rep. 125, Nr. 2250.
I. HA Rep. 151 Finanzministerium, I C, Nr. 9695.
II. HA GD, Abt. 3, Gen.-Dep., Tit. XII, Nr. 4, Bd. 1.
II. HA GD, Abt. 3, Gen. Dep., Tit. XII, Nr. 4 Bd. 2
II. HA GD, Abt. 9, Westpreußen, Netzedistrikt, Bestallungssachen, Tit. XVII Baubediente Nr. 1.
II. HA GD, Abt. 9, Westpreußen, Netzedistrikt, Bestallungssachen, Tit. XVII Baubediente Nr. 4, Bd. 1.
II. HA GD, Abt. 9, Westpreußen, Netzedistrikt, Bestallungssachen, Tit. XVII Baubediente Nr. 16, Bd. 1.
II. HA GD, Abt. 10, Südpreußen, XIII Bestallungssachen, Nr. 135, Bd. 1.
II. HA GD, Abt. 10, Südpreußen, XIII Bestallungssachen, Nr. 190, Bd. 1.
II. HA GD, Abt. 10, Südpreußen, XIII Bestallungssachen, Nr. 191, Bd. 2.
II. HA GD, Abt. 11, Neuostpreußen, I Bestallungssachen, Nr. 82, Bd. 1.
II. HA GD, Abt. 11, Neuostpreußen, I Bestallungssachen, Nr. 83, Bd. 2.
II. HA GD, Abt. 12, Pommern, Tit. XV, Nr. 1, Bd. 1
II. HA GD, Abt. 12, Pommern, Tit. XV, Nr. 1, Bd. 2.
II. HA GD, Abt. 13, Neumark, Bestallungssachen, Baubediente, Nr. 2.
II. HA GD, Abt. 13, Neumark, Bestallungssachen, Baubediente, Nr. 4.
II. HA GD, Abt. 13, Neumark, Bestallungssachen, Baubediente, Nr. 5.
II. HA GD, Abt. 13, Neumark, Bestallungssachen, Baubediente, Nr. 6.
II. HA GD, Abt. 13, Neumark, Bestallungssachen, Baubediente, Nr. 7.
II. HA GD, Abt. 14, Kurmark, Tit. IX Nr. 3.
II. HA GD, Abt. 14, Kurmark, Tit. IX Nr. 7a.
II. HA GD, Abt. 14, Kurmark, Tit. IX Nr. 8a.
II. HA GD, Abt. 14, Kurmark, Tit. CLVI, Sect. G, Nr. 40, Bd. 1.
II. HA GD, Abt. 14, Kurmark, Tit. CXV, Sect. W Nr. 28.
II. HA GD, Abt. 15, Magdeburg, Bestallungssachen., Tit. XIII Baubediente, Nr. 1, Bd. 2.
II. HA GD, Abt. 15, Magdeburg, Bestallungssachen, Tit. XIII Baubediente, Nr. 8, Bd. 1.
II. HA GD, Abt. 15, Magdeburg, Bestallungssachen, Tit. XIII Baubediente, Nr. 8, Bd. 2.
II. HA GD, Abt. 17, Minden, Tit. II Nr. 2a.
II. HA GD, Abt. 17, Minden, Tit. IX Nr. 3
II. HA GD, Abt. 21, Ostfriesland., Bestallungssachen, Tit. XIII Baubediente, Nr. 3a
II. HA GD, Abt. 21, Ostfriesld., Bestallungssachen, Tit. XVIII Deichbediente, Nr. 6.
II. HA GD, Abt. 30.I, Oberbaudepartement, Nr. 23.
II. HA GD, Abt. 30.I, Oberbaudepartement, Nr. 34.
II. HA GD, Abt. 30.I, Oberbaudepartement, Nr. 39.
II. HA GD, Abt. 30.I, Oberbaudepartement, Nr. 41.
II. HA GD, Abt. 30.I, Oberbaudepartement, Nr. 50.

II. HA GD, Abt. 30.I, Oberbaudepartement, Nr. 56.
II. HA GD, Abt. 30.I, Oberbaudepartement, Nr. 68.
II. HA GD, Abt. 30.I, Oberbaudepartement, Nr. 83.
VI. HA, FA Müller-Kranefeldt/Bockelberg, v. Nr. 113.
VI. HA, FA Müller-Kranefeldt/Bockelberg, v. Nr. 146.
VI. HA, Nl Duncker, M., Nr. 1.

Landesarchiv Nordrhein-Westfalen (Rheinland) (LAV NRW R)

BR 0001 Nr. 218.
BR 0001 Nr. 1303.
BR 0002 Nr. 521.
BR 0002 Nr. 1519.
BR 0002 Nr. 1521.
BR 0002 Nr. 1523.
BR 0002 Nr. 1524.
BR 0002 Nr. 1528.
BR 0004 Nr. 1628.
BR 0004 Nr. 1632.
BR 0005 NR. 6952.
BR 0007 Nr. 36433.

Landesarchiv Sachsen-Anhalt (LASA)

A 8, Nr. 105, Bd. 9.
A 8, Nr. 105, Bd. 10.
A 8, Nr. 105, Bd. 11.
A 8, Nr. 105, Bd. 12.
A 29e, Nr. 78.
A 36, Nr. 80, III 5, Nr. 6.
C 5, Nr. 45.
D 40, Nr. 376.
F 15, V Nr. 29, Bd. 8.
F 15, V Nr. 29, Bd. 11.
F 20, V Nr. 1, Bd. 8.
F 21, VI Nr. 5, Bd. 1.
F 38, V A Nr. 2, Bd. 2.
F 38, V A Nr. 4.
F 38, V A Nr. 8, Bd. 2.
F 38, V A Nr. 5, Bd. 2.
F 38, V C b 1 Nr. 30, Bd. 1.
F 38, V E V Nr. 10, Bd. 1.

2 Primärliteratur

[Anonym], Ueber die zu große Anzahl der Studierenden, in: Berlinische Monatsschrift 12 (1788), H. 2, 251–266.
Abbt, Thomas, Vom Verdienste, Berlin/Stettin 1765.
Adelung, Johann Christoph, Hg., Versuch eines grammatisch-kritischen Wörterbuchs der Hochdeutschen Mundart, 5 Bde., Leipzig 1774–1786.
——, Ueber den deutschen Styl [1785], 4., verm. u. verb. Aufl., 2 Bde., Berlin 1800.
——, Hg., Grammatisch-kritisches Wörterbuch der hochdeutschen Mundart, 4 Bde., Wien 1811.
Altenstein, Karl vom Stein zum, Stellungnahme des Geheimen Oberfinanzrats Freiherr von Altenstein zu den Bemerkungen des Ministers Freiherrn vom Stein über den Organisationsplan [1808], in: Das Reformministerium Stein. Akten zur Verfassungs- und Verwaltungsgeschichte aus den Jahren 1807/08, Bd. 2, hg. von Heinrich Scheel, Berlin 1967, 540–545.
Aristoteles, Rhetorik, hg. von Gernot Krapinger, 2 Bde., Stuttgart 2007.
Aristotle, Rhetoric, hg. von Edward M. Cope und John E. Sandys, 2 Bde., Cambridge 1877.
Arnauld, Antoine und Pierre Nicole, Die Logik, oder, die Kunst des Denkens [1662], 2. Aufl., Darmstadt 1994.
Augustin, Friedrich Ludwig, Die Königlich Preußische Medicinalverfassung oder Vollständige Darstellung aller, das Medicinalwesen und die medicinische Polizei in dem Königreich der Preußischen Staaten betreffenden Gesetze Verordnungen und Einrichtungen, Bd. 3, Potsdam 1824.
Bolte, Johann Heinrich, Berlinischer Briefsteller für das gemeine Leben. Zum Gebrauch für deutsche Schulen und für jeden, der in der Briefstellerei Unterricht verlangt und bedarf, Berlin 1795.
Brenner, Doris, Frank Brenner und Sabine Riedel, 100 clevere Tipps: Lebenslauf und Anschreiben [2001], 3. Aufl., Baden-Baden 2004.
Brockhaus Konversationslexikon, 14. Aufl., 16 Bde., Leipzig/Berlin/Wien 1894–1896.
Büttner, Daniel, Der höchst-rühmliche Lebens-Lauff Des weyland Hoch-Ehrwürdigen, Hochgelahrten Herrn D. Johann Jacob Rambachs, Prof. Theol. Primarii, Erstern Superintendentis, wie auch Consisterii Assessoris in Gießen, und um die Evangelische Kirche Hochverdienten Theologi : nebst einer Historischen Nachricht von allen seinen Schrifften und Controversen [1735], 4., verm. Aufl., Leipzig 1746.
Campe, Johann Heinrich, Hg., Wörterbuch der deutschen Sprache, 5 Bde., Braunschweig 1807–1812.
Cicero, Marcus Tullius, De inventione. Über die Auffindung des Stoffes: Über die beste Gattung von Rednern, hg. von Theodor Nüßlein, Berlin 2013.
Döring, Detlef, Otto Rüdiger und Michael Schlott, Hg., Johann Christoph Gottsched – Briefwechsel, Berlin 2007.
Erdmann, Johann Christoph, Das letzte Glaubensbekenntniß eines sterbenden Lehrers, der seiner Gemeine auch nach seinem Abschiede noch nützlich zu werden sucht. bey dem am 23. September 1774. veranstalteten öffentlichen Leichenbegängnisse des … Herrn Carl Gottlob Hofmanns der heiligen Schrift hochberühmten Doctoris, und der Gottesgelahrtheit Professoris publici primarii, Wittenberg 1774.

Engst, Judith, Duden, Professionelles Bewerben – leicht gemacht [2005], 2. Aufl., Mannheim 2007.
Eichendorff, Joseph von, Sämtliche Werke des Freiherrn Joseph von Eichendorff, Bd. 12: Briefe, hg. von Wilhelm Koch, Regensburg 1910.
Eytelwein, Johann Albert, Handbuch der Mechanik fester Körper und der Hydraulik. Mit vorzüglicher Rücksicht auf ihre Anwendung in der Architektur, Leipzig 1801.
Friccius, Carl, Geschichte der Befestigungen und Belagerungen Danzigs, Berlin 1854.
Friedrich Wilhelm III. von Preußen, Pensions-Reglement für die Civil-Staatsdiener vom 30. April 1825, in: Das Pensions-Wesen im Königreich Preußen: Sammlung der Reglements und Verordnungen über die Pensionierung der Offiziere und der übrigen Militair-Personen vom Feldwebel abwärts sowie der unmittelbaren und mittelbaren Staatsbeamten, hg. von W. J. Berlin, Magdeburg/Leipzig 1857, 52–54.
Gieseler, Georg Christoph Friedrich, Zum Gedächtnis des Herrn Georg Heinrich Westermann: gewesenen Königl. Preuß. Consistorialraths, Superintendenten des Fürstenthums Minden und ersten Predigers zu Petershagen, Hannover 1797.
Goethe, Johann Wolfgang von, Die Wahlverwandtschaften, Bd. 2, Tübingen 1809.
Grimm, Jakob, Wilhelm Grimm et al., Hg., Deutsches Wörterbuch. Der digitale Grimm, http://dwb.uni-trier.de/de/, zuletzt geprüft am 04.06.2021.
Handbuch für den Königlich Preußischen Hof und Staat, Berlin 1818.
Handbuch für den Königlich Preußischen Staat und Hof, Berlin 1828.
Happe, Ernst Wolfgang von, Stand-Rede, Welche Bey dem Leichen-Begängniß, Weyland Seiner Excellentz Des Hoch-Wohlgebohrnen Herrn, Herrn Georg Christoph von Kreytzen, Seiner Königlichen Majestät in Preussen, [et]c. Hochbestallten General-Lieutenants von der Infanterie, Obristen über ein Regiment Füsiliers, Amts-Hauptmanns zu Egeln, [et]c. nachdem Selbiger dieses zeitliche Leben den 21sten Apr. 1750. geendiget, gehalten worden, Breslau 1750.
Hardenberg, Karl Friedrich von, Über die Reorganisation des Preußischen Staats, verfaßt auf höchsten Befehl Sr. Majestät des Königs. Riga, 12. September 1807, in: Die Reorganisation des Preussischen Staates unter Stein und Hardenberg, Bd. 1: Vom Beginn des Kampfes gegen die Kabinettsregierung bis zum Wiedereintritt des Ministers vom Stein, hg. von Georg Winter, Leipzig 1931, 302–363.
Hattenhauer, Hans, Hg., Allgemeines Landrecht für die Preußischen Staaten von 1794, Frankfurt a. M./Berlin 1970.
Hegel, Georg Wilhelm Friedrich, Werke, Bd. 7: Grundlinien der Philosophie des Rechts [1820], hg. von Eva Moldenhauer und Karl M. Michel, Frankfurt a. M. 1979.
Herder, Johann Gottfried, Schulrede Juli 1798, in: Werke, Bd. 9/2: Journal meiner Reise im Jahr 1769. Pädagogische Schriften, hg. von Rainer Wisbert, Frankfurt a. M. 1997, 767–780.
Heinitz, Friedrich Anton von, Tabellen über die Staatswirthschaft eines europäischen Staates der vierten Größe nebst Betrachtungen über dieselben, Leipzig 1786.
Hintze, Otto, Acta Borussica, Bd. 6,1: Einleitende Darstellung der Behördenorganisation und allgemeinen Verwaltung in Preußen beim Regierungsantritt Friedrichs II., Berlin 1901.
Hinze, Heimbert Johann, Anweisung, Bittschriften und Vorstellungen zweckmäßig abzufassen, Gotha 1797.
Hoepfner, Eduard von, Die Formation der freiwilligen Jäger-Detachements bei der preußischen Armee im Jahre 1813, in: Militär-Wochenbatt. Beihefte (Januar und Februar 1847), 1–38.
Höpfner, Ludwig Julius Friedrich, Hg., Deutsche Encyclopädie oder Allgemeines Real-Wörterbuch aller Künste und Wissenschaften, 24 Bde., Frankfurt a. M. 1778–1807.

Holtbrügge, Dirk, Personalmanagement [2005], 7. Aufl., Berlin 2018.
Huber, Johann Ludwig, Etwas von meinem Lebenslauf und etwas von meiner Muse auf der Vestung. Ein kleiner Beitrag zu der selbst erlebten Geschichte meines Vaterlands, Stuttgart 1798.
Instruction wonach in sämtlichen Provinzen des Staats die Prüfung der Maurergesellen, welche Meister zu werden verlangen, geschehen soll, in: Amtsblatt der Königlichen Regierung zu Merseburg (1821), H. 13, 97–101.
Instruktion zur Geschäftsführung der Regierungen in den Königlich-Preußischen Staaten, in: Gesetzsammlung für die Königlich Preußischen Staaten (1817), H. 15, 248–282.
Joseph Maria Piautaz, in: Neuer Nekrolog der Deutschen 3 (1825), H. 2, 897–907.
Justi, Johann Heinrich Gottlob, Vergleichungen der europäischen mit den asiatischen und andern vermeintlich barbarischen Regierungen, Berlin/Leipzig/Stettin 1762.
Jung-Stilling, Johann Heinrich, Beschreibung der Naussau-Siegenschen Methode, Kohlen zu brennen, mit physischen Anmerkungen begleitet [1776], in: Lebensgeschichte, hg. von Gustav Adolph Benrath, 3., verb. u. durchg. Aufl., Darmstadt 1992, 649–652.
Kant, Immanuel, Anthropologie in pragmatischer Hinsicht [1798], in: Kant's Gesammelte Schriften. „Akademie-Ausgabe", Abt. I, Bd. 7, hg. von Königlich Preußische Akademie der Wissenschaften, Berlin 1907.
Kerndörffer, Heinrich August, Leipziger Briefsteller oder ausführliche und gründliche Anleitung zum Briefeschreiben, Leipzig 1796.
Kolbe, Karl Wilhelm, Mein Lebenslauf und mein Wirken im Fache der Sprache und der Kunst, zunächst für Freunde und Wohlwollende, Berlin 1825.
Königlich Preußische Akademie der Wissenschaften, Hg., Adreß-Calender, der sämtlichen Königl. Preuß. Lande und Provinzien, 1748 ff.
——, Hg. Acta Borussica. Denkmäler der Preußischen Staatsverwaltung im 18. Jahrhundert, 42 Bde., Berlin 1892–1982.
Königliche Preußische und Kurbrandenburgische neuverbesserte Gesindeordnung vor die Königlichen Residenzstädte Berlin vom 02.01.1746, in: Quellen zur Neueren Privatrechtsgeschichte Deutschlands, Bd. 2: Polizei- und Landesordnungen, hg. von Wolfgang Kunkel, Gustaf Klemens Schmelzeisen und Hans Thieme, Weimar 1969, 306–323.
Krahmer, Karl Ludwig, Preußische Zustände. Dargestellt von einem Preussen, Leipzig 1840.
Krausser-Raether, Helga, Erfolgreich zum Ausbildungsplatz, München 2007.
Krünitz, Johann Georg et al., Hg., Oekonomische Encyclopädie, 242 Bde., Berlin 1773–1858.
Lamotte, Gustav August Heinrich von, Von den Churmärkischen Cammer-Referendarien, welche sonst Auscultatores genannt worden sind, in: Practische Beyträge zur Cameralwissenschaft, Bd. 1, Leipzig 1782, 91–129.
Lavater, Johann Caspar, Physiognomische Fragmente, zur Beförderung der Menschenkenntniß und Menschenliebe, Bd. 1, Leipzig/Winterthur 1775.
Machiavelli, Niccolò, Der Fürst [1532], Stuttgart 1842.
Massow, Julius Eberhard von, Anleitung zum praktischen Dienst der Königl. Preußischen Regierungen, Landes- und Unterjustizcollegien, Consistorien, Vormundschaftscollegien und Justizcommissarien, für Referendarien und Justizbediente, Bd. 2, Berlin/Stettin 1792.
Meyers Konversationslexikon, 4. Aufl., 19 Bde., Leipzig/Wien 1885–1892.
Mohl, Robert, Ueber Bureaukratie, in: Zeitschrift für die gesamte Staatswissenschaft 3 (1846): 330–364.

Moser, Johann Jacob, Lebensgeschichte Johann Jacob Mosers, von ihm selbst beschrieben, Offenbach 1768.
Nicolai, Friedrich, Das Leben und die Meinungen des Herrn Magister Sebaldus Nothanker [1773], 4. Aufl., Bd. 1, Berlin/Stettin 1799.
Notificatoria, in: Wochentliche Königsbergische Frag- und Anzeigungs-Nachrichten, 5. Januar 1765.
Ordnung des Gymnasiums in Nordhausen, 1583, in: Evangelische Schulordnungen, Bd. 1: Die Evangelischen Schulordnungen des 16. Jahrhunderts, hg. von Reinhold Vormbaum, Gütersloh 1860, 362–395.
Prüfung der Chirurgen, in: Amtsblatt der Königlich Kurmärkischen Regierung zu Potsdam (1815), H. 15, 103.
Prüfung der Kandidaten der Feldmeßkunst, in: Amtsblatt der Königlichen Regierung zu Potsdam (1819), H. 40, 245.
Prüfung der Prediger-Kandidaten, in: Amtsblatt der Königlichen Regierung zu Marienwerder (1823), H. 13, 78.
Prüfung und Anstellung der Elementar-Schulamts-Kandidaten, in: Amtsblatt der Königlichen Regierung zu Potsdam und der Stadt Berlin (1826), H. 39, 244–245.
Publicandum wegen der vorläufen Einrichtung der, von Sr. Königl. Majestät Allerhöchstselbst, unter dem Namen einer Königl. Bau-Akademie zu Berlin, gestifteten allgemeinen Bau-Unterrichts-Anstalt, in: Jahrbücher der preußischen Monarchie unter der Regierung Friedrich Wilhelms des Dritten (1799), H. 3, 51–57.
Quintilianus, Marcus Fabius, Ausbildung des Redners. Zwölf Bücher, Bd. 1, hg. von Helmut Rahn, Darmstadt 2011.
Reitter, Ueber Forsterziehungs-Anstalten, in: Journal für das Forst- und Jagdwesen 1 (1790), H. 2, 11–36.
Rey, Alain, Hg., Dictionnaire historique de la lanuge francaise, 2 Bde., Paris 1992.
Resewitz, Friedrich Gabriel, Die Erziehung des Bürgers zum Gebrauch des gesunden Verstandes, und zur gemeinnützigen Geschäfftigkeit (1773), 2. Aufl., Wien 1787.
Rüdiger, Johann Christian Christoph, Anweisung zur guten Schreibart in Geschäften der Wirthschaft, Handlung, Rechtspflege, Policey-, Finanz- und übrigen Staatsverwaltung, Halle 1792.
Rumpf, Johann David Friedrich, Der Geschäftsstil in Amts- und Privatvorträgen [1817], 2., verb. und verm. Aufl., Berlin 1820.
——, Die Abfassung von Bittschriften, Vorstellungen, Berichten und Protokollen, durch Regeln und Beispiele dargestellt, Berlin 1820.
——, Allgemeiner Briefsteller zur Bildung des bessern Geschmacks im gewöhnlichen und schwierigen Briefschreiben von mehreren Schriftstellern, Schriftstellerinnen und Geschäftsmännern, Berlin 1827.
Salzmann, Christian Gotthilf, Nachrichten aus Schnepfenthal für Eltern und Erzieher, Leipzig 1786.
Schäfler, Benedikt Georg, Sammlung wohl eingerichteter Briefe für alle gewöhnlichen Fälle mit einer nützlichen Anweisung zum Briefeschreiben, einem Anhange von der teutschen Sprachlehre, einem orthographischen Lexicon, auch teutsch-, latein- und französischem Titularbuche, Augsburg 1780.
Schuckmann, Friedrich von, Ideen über Finanz-Verbesserungen von den ehemaligen königl. preuß. Kammer-Präsidenten in Ansbach und Bayreuth und Geheimen Ober-Finanz-Rath, Tübingen 1808.

Schwartz, Paul, Die Gelehrtenschulen Preußens unter dem Oberschulkollegium (1787–1806) und das Abiturientenexamen, 3 Bde., Berlin 1911.
Serdula, Donna, LinkedIn Profile Optimization for Dummies, Hoboken 2017.
Seuffert, Johann Michael, Von dem Verhältnisse des Staats und der Diener des Staats gegeneinander im rechtlichen und politischen Verstande, Würzburg 1793.
Siegmund Wilhelm Spitzner, in: Neuer Nekrolog der Deutschen 3 (1825), H. 2, 1576–1577.
Smith, Adam, Theorie der moralischen Empfindungen. Nach der dritten Englischen Ausgabe [1767], Braunschweig 1770.
――, Theorie der sittlichen Gefühle [1791], 2 Bde., Leipzig 1791–1795.
Sonnenfels, Joseph von, Über den Geschäftsstyl. Die ersten Grundlinien für angehende österreichische Kanzleybeamten, Wien 1784.
――, Ueber den Nachtheil der vermehrten Universitäten, in: Gesammelte Schriften, Bd. 8, Wien 1786, 243–272.
Stopp, Klaus, Hg., Die Handwerkskundschaften mit Ortsansichten. Beschreibender Katalog der Arbeitsattestate wandernder Handwerksgesellen (1731–1830), Bd. 1: Allgemeiner Teil, Stuttgart 1982.
Sucro, Christoph, Die allernöthigste Bitte, So alle Menschen in der kurtzen und ungewissen Zeit ihres Lebens, zu allervörderst, vor GOtt zu bringen haben, wurde, Als Ihro EXCELLENCE, der weyland Hochwohlgebohrene Herr, Carl Friedrich von Dacheröden, aus dem Hause Thalebra, Sr. Königl. Majestät in Perussen, hochbetrauter Präsident der hohen Landes-Regierung [...] im Hertzogthum Magedburg [...] vorhero zur Ruhe gebracht, Magdeburg 1742.
Tetens, Johann Nicolas, Philosophische Versuche über die menschliche Natur und ihre Entwicklung, Bd. 1, Leipzig 1777.
Thomasius, Christian, Einleitung zu der Vernunfft-Lehre, Halle 1691.
――, Herrn Christian Thomasii Drey Bücher der Göttlichen Rechtsgelahrheit, Halle 1709.
Villaume, Peter, Ob und in wie fern bei der Erziehung die Vollkommenheit des einzelnen Menschen seiner Brauchbarkeit aufzuopfern sey? In: Allgemeine Revision des gesammten Schul- und Erziehungswesens von einer Gesellschaft praktischer Erzieher, Bd. 3, hg. von Johann Heinrich Campe, Hamburg 1785, 435–616.
Wehnert, Gottlieb Johann Moritz, Über den Geist der Preußischen Staatsorganisation und Staatsdienerschaft, Potsdam 1833.
Woltmann, Karl Ludwig von, Geist der neuen Preußischen Staatsorganisation, Leipzig/Züllichau/Freistadt 1810.
Zedler, Johann Heinrich, Hg., Grosses und vollständiges Universal-Lexicon aller Wissenschaften und Künste, 64 Bde., Halle/Leipzig 1731–1754.

3 Sekundärliteratur

Abel, Günter, Formen des Wissens im Wechselspiel, in: Allgemeine Zeitschrift für Philosophie 40 (2015), H. 2–3, 143–160.
Ahmed, Sara, Happy Objects, in: The Affect Theory Reader, hg. von Melissa Gregg und Gregory J. Seigworth, Durham/London 2010, 29–51.
Althoff, Frank und Susanne Brockfeld, Hg., Die preußische Berg-, Hütten- und Salinenverwaltung 1763–1865. Der Bestand Ministerium für Handel und Gewerbe,

Abteilung Berg-, Hütten- und Salinenverwaltung im Geheimen Staatsarchiv Preußischer Kulturbesitz, Berlin 2003.
Ariès, Philippe, Geschichte des Todes [1974], 9. Aufl., München 1999.
Asmuth, Bernhard, Angemessenheit, in Ueding, Historisches Wörterbuch der Rhetorik, Bd. 1, Tübingen 1992, 579–604.
Assion, Peter, Sterbebrauchtum in Leichenpredigten, in: Leichenpredigten als Quelle historischer Wissenschaften, hg. von Rudolf Lenz, Marburg 1984, 227–247.
Axtmann, Roland, Police and the Formation of the Modern State: Legal and Ideological Assumptions on State Capacity in the Austrian Lands of the Habsburg Empire (1500–1800), in: German History 10 (1992), H. 1, 39–61.
Balke, Friedrich, Tychonta, Zustöße. Walter Seitters surrealistische Entgründung der Politik und ihrer Wissenschaft, in: Walter Seitter, Menschenfassungen. Studien zur Erkenntnispolitikwissenschaft [1985], Neuauflage, Weilerswist 2012, 269–295.
Bateson, Gregory, Geist und Natur. Eine notwendige Einheit [1972], 4. Aufl., Frankfurt a. M. 1992.
Beck, Hermann, The Origins of the Authoritarian Welfare State in Prussia: Conservatives, Bureaucracy, and the Social Question, 1815–70, Ann Arbor 1995.
Becker, Peter, „…wie wenig die Reform den alten Sauerteig ausgefegt hat". Zur Reform der Verwaltungssprache im späten 18. Jahrhundert aus vergleichender Perspektive, in: Jenseits der Diskurse. Aufklärungspraxis und Institutionenwelt in europäisch komparativer Perspektive, hg. von Hans Erich Bödecker und Martin Gierl, Göttingen 2007, 69–98.
——, Beschreiben, Klassifizieren, Verarbeiten. Zur Bevölkerungsbeschreibung aus kulturwissenschaftlicher Sicht, in: Information in der Frühen Neuzeit. Status. Bestände, Strategien, hg. von Arndt Brendecke, Markus Friedrich und Susanne Friedrich, Berlin 2008, 393–419.
Becker, Peter und William Clark, Introduction, in: Little Tools of Knowledge: Historical Essays on Academic and Bureaucratic Practices, hg. von Peter Becker und William Clark, Ann Arbor 2001, 1–34.
Beci, Veronika, Joseph von Eichendorff. Biographie, Düsseldorf 2008.
Bernsee, Robert, Zur Legitimität von Patronage in Preußens fürstlicher Verwaltung. Das Beispiel der Korruptionskritik des Kriegs- und Domänenrates Joseph Zerboni (1796–1802), in: Integration, Legitimation, Korruption. Politische Patronage in Früher Neuzeit und Moderne, hg. von Ronald G. Asch, Birgit Emich und Jens Ivo Engels, Frankfurt a. M. 2011.
——, Moralische Erneuerung. Korruption und bürokratische Reformen in Bayern und Preußen, 1780–1820, Göttingen 2017.
——, Gefühlskalte Bürokratie. Emotionen im Verwaltungshandeln des frühen 19. Jahrhunderts, in: Administory. Zeitschrift für Verwaltungsgeschichte 3 (2018), H. 1, 147–163.
Bleek, Wilhelm, Von der Kameralausbildung zum Juristenprivileg. Studium, Prüfung und Ausbildung der höheren Beamten des allgemeinen Verwaltungsdienstes in Deutschland im 18. und 19. Jahrhundert, Berlin 1972.
Bernd Blöbaum, Curriculum Vitae, in: Handbook of Autobiography / Autofiction, Bd. 1: Theory and Concepts, hg. von Martina Wagner-Egelhaaf, Berlin/Boston 2018, 537–541.
Bolenz, Eckhard, Vom Baubeamten zum freiberuflichen Architekten. Technische Berufe im Bauwesen (Preußen/Deutschland, 1799–1931), Frankfurt a. M. 1991.

―――, Baubeamte in Preußen, 1799–1930. Aufstieg und Niedergang einer technischen Elite, in: Ingenieure in Deutschland, hg. von Peter Lundgreen und André Grelon, Frankfurt a. M./New York 1994, 117–140.
Bosse, Heinrich, Bildungsrevolution 1770–1830, hg. mit einem Gespräch von Nacim Ghanbari, Heidelberg 2012.
―――, Aufklärung und Kapitalismus, in: Merkur. Zeitschrift für europäisches Denken 73 (2019), H. 847, 90–99.
Bourdieu, Pierre, Die biographische Illusion [1986], in: Bios: Zeitschrift für Biographieforschung und Oral History 3 (1990), H. 1, 75–82.
―――, Rede und Antwort [1987], Frankfurt a. M. 1992.
Bourdieu, Pierre und Luc Boltanski, Titel und Stelle. Zum Verhältnis von Bildung und Beschäftigung [1975], in: Titel und Stelle. Über die Reproduktion sozialer Macht, hg. von Pierre Bourdieu, Luc Boltanski, Monique de Saint Martin et al., Frankfurt a.M. 1981.
Braun, Manuel, Karriere statt Erbfolge. Zur Umbesetzung der Enfance in Georg Wickrams „Goldtfaden" und „Knaben Spiegel", in: Zeitschrift für Germanistik 16 (2006), H. 2, 296–313.
Brendecke, Arndt, "Monitor Yourself!" The Controlled Emotions of Spanish Office Holders in the Early Modern Period, in: Administory. Zeitschrift für Verwaltungsgeschichte 3 (2018), H. 1, 20–29.
Broers, Michael, The Napoleonic Empire in Italy, 1796–1814: Cultural Imperialism in a European Context?, London 2005.
Brose, Hanns-Georg, Veränderungstendenzen in Berufsbiographien und Erwerbsverläufen, in: 22. Deutscher Soziologentag 1984. Sektions- und Ad-hoc-Gruppen, hg. von Hans-Werner Franz, Wiesbaden 1985, 38–39.
Campe, Rüdiger, Spiel der Wahrscheinlichkeit. Literatur und Berechnung zwischen Pascal und Kleist, Göttingen 2002.
―――, Barocke Formulare, in: Europa. Kultur der Sekretäre, hg. von Bernhard Siegert und Joseph Vogl, Zürich/Berlin 2003, 79–97.
―――, An Outline for a Critical History of Fürsprache: Synegoria and Advocacy, in: Deutsche Vierteljahrsschrift für Literaturwissenschaft und Geistesgeschichte 82 (2008), H. 3, 355–381.
―――, Presenting the Affect: The Scene of Pathos in Aristotle's Rhetoric and Its Revision in Descartes's Passions of the Soul, in: Rethinking Emotion: Interiority and Exteriority in Premodern, Modern and Contemporary Thought, hg. von Rüdiger Campe and Julia Weber, Berlin/Boston 2014, 36–57.
Carl, Horst, Das 18. Jahrhundert (1701–1814). Rheinland und Westfalen im preußischen Staat von der Königskrönung bis zur „Franzosenzeit", in: Rheinland, Westfalen und Preußen. Eine Beziehungsgeschichte, hg. von Georg Mölich, Veit Veltzke und Bern Walter, Münster 2011, 45–112.
Cassin, Barbara und Andrew Goffey, Sophistics, Rhetorics, and Performance; or, How to Really Do Things with Words, in: Philosophy & Rhetoric 42 (2009), H. 4, 349–372.
Clark, William, Academic Charisma and the Origins of the Research University, Chicago/London 2006.
dal Cin, Valentina, Presentarsi e autorappresentarsi di fronte a un potere che cambia, in: Società e storia 155 (2017), 61–95.
Daston, Lorraine, Classical Probability in the Enlightenment, Princeton 1988.
Debray, Régis, Einführung in die Mediologie, Bern/Stuttgart/Wien 2003.

Denecke, Arthur, Zur Geschichte des Grußes und der Anrede in Deutschland, in: Zeitschrift für den deutschen Unterricht 6 (1892), 317–345.
Dorn, Walter Louis, The Prussian Bureaucracy in the Eighteenth Century, in: Political Science Quarterly 46 (1931), H. 3.
Dotzler, Bernhard J., Papiermaschinen. Versuch über Communication & Control in Literatur und Technik, Berlin 1996.
Droste, Heiko, Patronage in der Frühen Neuzeit. Institutionen und Kulturform, in: Zeitschrift für historische Forschung 30 (2003), 555–590.
Dupire, Alain, Deux essais sur la construction. Conventions, dimensions et architecture, Brüssel 1981.
Eckhardt, Hans-Wilhelm, „Thun kund und zu wissen jedermänniglich". Paläographie – Archivalische Textsorten – Aktenkunde, Köln 1999.
Eisenstadt, Shmuel Noah, Bureaucracy and Bureaucratization, in: Current Sociology 7 (1958), H. 2, 99–124.
Emich, Birgit, Nicole Reinhardt, Hillard von Thiessen et al., Stand und Perspektiven der Patronageforschung. Zugleich eine Antwort auf Heiko Droste, in: Zeitschrift für historische Forschung 32 (2005), H. 2, 235–265.
Esselborn, Hans, Erschriebene Individualität und Karriere in der Autobiographie des 18. Jahrhunderts, in: Wirkendes Wort 46 (1996), H. 2, 193–210.
Farge, Arlette, The Allure of the Archives, New Haven/London 2013.
Fischer, Wolfram, Struktur und Funktion erzählter Lebensgeschichten, in: Soziologie des Lebenslaufs, hg. von Martin Kohli, Darmstadt 1978, 311–336.
Foerster, Heinz von, Sicht und Einsicht. Versuche zu einer operativen Erkenntnistheorie, Wiesbaden/Braunschweig 1985.
——, Ethics and Second-Order Cybernetics, in: Understanding Understanding: Essays on Cybernetics and Cognition, New York 2003, 287–304.
Fohrmann, Jürgen, Einleitung, in: Lebensläufe um 1800, hg. von Jürgen Fohrmann, Tübingen 1998.
Forsberg, Eva, Curriculum Vitae – The Course of Life, in: Nordic Journal of Studies in Educational Policy (2016), H. 2–3, 1–3.
Foucault, Michel, Der Wille zum Wissen. Sexualität und Wahrheit I [1976], Frankfurt a. M. 1983.
——, Das Leben der infamen Menschen [1977], in: Schriften in vier Bänden, Bd. 3, Frankfurt a. M. 2003, 309–332.
——, Die Sorge um die Wahrheit [1984], in: Schriften in vier Bänden, Bd. 4, Frankfurt a. M. 2005, 823–836.
——, Die Wahrheit und die juristischen Formen [1974], in: Schriften in vier Bänden, Bd. 2, Frankfurt a. M. 2002, 669–792.
——, Polemik, Politik, Problematisierung [1984], in: Schriften in vier Bänden, Bd. 4, 727–733.
——, Schriften in vier Bänden. Dits et Ecrits [1994], 4 Bde., hg. von Daniel Defert und Francois Ewald, Frankfurt a. M. 2001–2005.
——, Securité, Territoire, Population. Cours au Collége de France, 1977–1978, Paris 2004.
Freier, Elke, Die Expedition des Karl-Richard Lepsius in den Jahren 1842–1845 nach den Akten der Zentralen Staatsarchivs, Dienststelle Merseburg, in: Karl Richard Lepsius (1810–1884), hg. von Elke Freier und Walter F. Reinecke, Berlin 1988, 97–115.
Frevert, Ute, Hans in Luck or the Moral Economy of Happiness in the Modern Age, in: History of European Ideas 45 (2019), H. 3, 363–376.

Fries, Udo, Bemerkungen zur Textsorte Lebenslauf, in: A Yearbook of Studies in English Language and Literature 1985/86, hg. von Otto Rauchbauer, Wien 1986, 39–50.
Frühwald, Wolfgang, Der Regierungsrat Joseph von Eichendorff, in: Internationales Archiv für Sozialgeschichte der Literatur 40 (1979), 37–67.
Fuhrmann, Rosi, Beate Kümin und Andreas Würgler, Supplizierende Gemeinden. Aspekte einer vergleichenden Quellenbetrachtung, in: Historische Zeitschrift. Beihefte 25 (1998), 267–323.
Gaderer, Rupert, Staatsdienst. Bedingungen der Möglichkeit des Menschseins im Aufschreibesystem um 1800, in: Metaphora. Journal for Literary Theory and Media 1 (2015), VI-1–VI-11.
Gamper, Michael, Der große Mann. Geschichte eines politischen Phantasmas, Göttingen 2016.
Genette, Gérard, Die Erzählung [1998], 3., durchges. und korr. Aufl., Paderborn 2010.
Giesecke, Michael, Der Buchdruck in der frühen Neuzeit. Eine historische Fallstudie über die Durchsetzung neuer Informations- und Kommunikationstechnologien [1991], 4. Aufl., Frankfurt a. M. 2006.
Ginzburg, Carlo, Microhistory: Two or Three Things That I Know about It, in: Theoretical Discussions of Biography: Approaches from History, Microhistory and Life Writing [2012], hg. von Binne de Haan, Hans Renders und Nigel Hamilton, 2., verb. u. verm. Aufl., Leiden 2014, 139–166.
Glaser, Barney G. und Anselm L. Strauss, Status Passage, London 1971.
Gleixner, Ulrike, Pietismus und Bürgertum. Eine historische Anthropologie der Frömmigkeit, Württemberg 17–19. Jahrhundert, Göttingen 2005.
Goody, Jack, The Logic of Writing and the Organization of Society, Cambridge 1986.
Granier, Herman, Ein Reformversuch des preußischen Kanzleistils im Jahre 1800, in: Forschungen zur Brandenburgischen und Preußischen Geschichte 15 (1902), H. 1, 168–180.
Greiner, Bernhard, "... that until now, the inner world of man has been given ... such unimaginative treatment": Constructions of Interiority around 1800, in: Rethinking Emotion: Interiority and Exteriority in Premodern, Modern and Contemporary Thought, hg. von Rüdiger Campe and Julia Weber, Berlin/Boston 2014, 137–171.
Grundmann, Herbert, Litteratus – illitteratus, in: Archiv für Kulturgeschichte 40 (1958), 1–65.
Haas, Stefan, Die Kultur der Verwaltung. Die Umsetzung der preußischen Reformen 1800–1848, Frankfurt a. M. 2005.
Hagemann, Karen, Tod für das Vaterland. Der patriotisch-nationale Heldenkult zur Zeit der Freiheitskriege, in: Zeitschrift für Militärgeschichte 60 (2001), 307–342.
——, „Mannlicher Muth und teutsche Ehre". Nation, Militär und Geschlecht zur Zeit der antinapoleonischen Kriege Preußens, Paderborn/München 2002.
Hahn, Alois, Hg., Identität und Selbstthematisierung, in: Selbstthematisierung und Selbstzeugnis. Bekenntnis und Geständnis, hg. von Alois Hahn, Frankfurt a. M. 1987, 9–24.
——, Biographie und Lebenslauf, in: Vom Ende des Individuums zur Individualität ohne Ende, hg. von Hanns-Georg Brose und Bruno Hildenbrand, Wiesbaden 1988, 91–106.
Haß, Martin, Über das Aktenwesen und den Kanzleistil im alten Preußen, in: Forschungen zur Brandenburgischen und Preußischen Geschichte 22 (1909), H. 2, 201–255.
Hattenhauer, Hans, Geschichte des Beamtentums [1980], 2., verm. Aufl., Köln/Berlin/Bonn/München 1993.

Heckl, Jens, Hg., Die preußische Berg, Hütten- und Salinenverwaltung 1763–1865. Der Bestand Oberbergamt Halle im Landesarchiv Sachsen-Anhalt, 4 Bde., Magdeburg 2001.

Heindl-Langer, Waltraud, Gehorsame Rebellen. Bürokratie und Beamte in Österreich 1780 bis 1848, Wien/Köln/Graz 1991.

Hengerer, Mark, Prozesse des Informierens in der habsburgerischen Finanzverwaltung im 16. und 17. Jahrhundert, in: Information in der Frühen Neuzeit, Status. Bestände, Strategien, hg. von Arndt Brendecke, Markus Friedrich und Susanne Friedrich, Berlin 2008, 163–194.

Henning, Hansjoachim, Die deutsche Beamtenschaft im 19. Jahrhundert. Zwischen Stand und Beruf, Wiesbaden 1984.

Hinrichs, Carl, Preußen als historisches Problem. Gesammelte Abhandlungen, hg. von Gerhard Oestreich, Berlin 1964.

Hintze, Otto, Der Beamtenstand, Darmstadt 1963.

Hochedlinger, Michael, Aktenkunde. Urkunden- und Aktenlehre der Neuzeit, Wien/Köln/Weimar 2009.

Hohmann, Hanns, Casus, in: Ueding, Historisches Wörterbuch der Rhetorik, Bd. 2, Tübingen 1994, 124–140.

Holenstein, André, Bittgesuche, Gesetze und Verwaltung. Zur Praxis „Guter Policey" in Gemeinde und Staat des Ancien Régime am Beispiel der Markgrafschaft Baden (-Durlach), in: Historische Zeitschrift. Beihefte 25 (1998), 325–357.

Hubatsch, Walther, Friedrich der Große und die preußische Verwaltung, Köln/Berlin 1973.

Hull, Matthew S., Government of Paper: The Materiality of Bureaucracy in Urban Pakistan, Berkeley/Los Angeles/London 2012.

Hünecke, Rainer, Institutionelle Kommunikation im kursächsischen Bergbau des 18. Jahrhunderts. Akteure – Diskurse – soziofunktional geprägter Schriftverkehr, Heidelberg 2010.

Iacomella, Lucia, Gesteuerte Entwicklungen. Lebensläufe und Laufbahnen in Franz Kafkas Der Verschollene, in: Das Mögliche regieren. Gouvernementalität in der Literatur- und Kulturanalyse, hg. von Roland Innerhofer, Katja Rothe und Karin Harrasser, Bielefeld 2011.

Ibbeken, Rudolf, Preußen 1807–1813. Staat und Volk als Idee und in Wirklichkeit, Köln/Berlin 1970.

Jäger, Maren, Ethel Matala de Mazza und Joseph Vogl, Einleitung, in: Verkleinerung. Epistemologie und Literaturgeschichte kleiner Formen, hg. von Maren Jäger, Ethel Matala de Mazza und Joseph Vogl, Berlin 2021, 1–12.

James, Leighton S., For the Fatherland? The Motivations of Austrian and Prussian Volunteers during the Revolutionary and Napoleonic Wars, in: War Volunteering in Modern Times: From the French Revolution to the Second World War, hg. von Christine G. Krüger und Sonja Levsen, Houndmills/Basingstoke/New York 2010, 40–58.

Jay, Martin, Name-Dropping or Dropping Names? Modes of Legitimation in the Humanities, in: Force Fields: Between Intellectual History and Cultural Critique, Oxfordshire/New York 1993, 167–179.

Jeserich, Kurt G. A., Die Entwicklung des öffentlichen Dienstes 1800–1871, in: Deutsche Verwaltungsgeschichte, Bd. 2: Vom Reichsdeputationshauptschluss bis zur Auflösung des Deutschen Bundes, hg. von Karlheinz Blaschke, Kurt Gustav Adolf Jeserich, Hans Pohl et al., Stuttgart 1983, 302–332.

Johnson, Hubert C., Frederick the Great and His Officials, New Haven/London 1975.

Kadatz, Hans-Joachim, Friedrich Anton Freiherr von Heynitz. Ein Reformer der zweiten Hälfte des 18. Jahrhunderts aus Dröschkau bei Belgern, Belgern 2005.

Kafka, Ben, The Demon of Writing: Powers and Failures of Paperwork, New York 2012.
——, The Administration of Things: A Genealogy, in: West 86th (2012), http://www.west86th.
 bgc.bard.edu/articles/the-administration-of-things.html. Zuletzt geprüft am 04.06.2021.
Kaufhold, Karl Heinrich, Preußische Staatswirtschaft – Konzept und Realität – 1640–1806.
 Zum Gedenken an Wilhelm Treue, in: Jahrbuch für Wirtschaftsgeschichte (1994), H. 2,
 33–70.
Kirner, Guido O., Politik, Patronage und Gabentausch. Zur Archäologie vormoderner
 Sozialbeziehungen in der Politik moderner Gesellschaften, in: Berliner Debatte Initial
 (2003), H. 4–5, 168–183.
Kittler, Friedrich A, Das Subjekt als Beamter, in: Die Frage nach dem Subjekt, hg. von Manfred
 Fank, Gérard Raulet und Willem van Reijen, Frankfurt a. M. 1988, 401–420.
——, Aufschreibesysteme 1800 · 1900 [1985], 4., vollst. überarb. Neuaufl., München 2003.
Klein, Ursula, Nützliches Wissen. Die Anfänge der Technikwissenschaften, Göttingen 2016.
Kleinschmidt, Erich, Die Entdeckung der Intensität. Geschichte einer Denkfigur im
 18. Jahrhundert, Göttingen 2004.
Klingebiel, Thomas, Pietismus und Orthodoxie. Die Landeskirche unter den Kurfürsten und
 Königen Friedrich I. und Friedrich Wilhelm I. (1688–1740), in: Tausend Jahre Kirche in
 Berlin-Brandenburg, hg. von Gerd Heinrich, Berlin/Wichern, 1999, 293–324.
Kloosterhuis, Jürgen, Amtliche Aktenkunde der Neuzeit. Ein hilfswissenschaftliches
 Kompendium, in: Archiv für Diplomatik 45 (1999), 465–576.
Kocka, Jürgen, Otto Hintze, Max Weber und das Problem der Bürokratie, in: Historische
 Zeitschrift. Beihefte 233 (1981), 65–106.
Kohli, Martin und Wolfram Fischer, Biographieforschung, in: Methoden der Biographie- und
 Lebenslaufforschung, hg. von Wolfgang Voges, Opladen 1987, 25–50.
Koschorke, Albrecht, Wahrheit und Erfindung. Grundzüge einer allgemeinen Erzähltheorie,
 Frankfurt a. M. 2012.
Koselleck, Reinhart, Preußen zwischen Reform und Revolution. Allgemeines Landrecht,
 Verwaltung und soziale Bewegung, Stuttgart 1975.
——, Vergangene Zukunft. Zur Semantik geschichtlicher Zeiten [1979], 3. Aufl., Frankfurt a. M.
 1995.
Krajewski, Markus. Aufsässigkeiten. Kleists Fürstendiener, in: Kleist-Jahrbuch (2012),
 100–110.
Krass, Werner, Graciáns Lebenslehre, Frankfurt a. M. 1947.
Krosigk, Rüdiger von, Von der Beschreibung zur Verdichtung. Der Bezirk als Verwaltungsraum
 im Großherzogtum Baden zwischen 1809 und den 1870er-Jahren, in: Administory.
 Zeitschrift für Verwaltungsgeschichte 2 (2017), 146–171.
Krüger, Rolf-Herbert, Das Bauwesen in Brandenburg-Preußen im 18. Jahrhundert, Berlin 2020.
Kubiska-Scharl, Irene und Michael Pölzl, Die Karrieren des Wiener Hofpersonals (1711–1765).
 Eine Darstellung anhand der Hofkalender und Hofparteienprotokolle, Innsbruck 2013.
Kümmel, Werner Friedrich, Der sanfte und selige Tod. Verklärung und Wirklichkeit des
 Sterbens im Spiegel lutherischer Leichenpredigten des 16. bis 18. Jahrhunderts, in:
 Leichenpredigten als Quelle historischer Wissenschaften, hg. von Rudolf Lenz, Marburg
 1984, 199–226.
Kunisch, Dietmar, Joseph von Eichendorff. Fragmentarische Autobiographie, München 1984.
Kurrer, Karl-Eugen, The History of the Theory of Structures: Searching for Equilibrium [2008],
 2. Aufl., Berlin 2018.

La Vopa, Anthony, Vocations, Careers, and Talent: Lutheran Pietism and Sponsored Mobility in Eighteenth-Century Germany, in: Comparative Studies in Society and History 28 (1986), H. 2, 255–286.

La Vopa, Anthony, Grace, Talent, and Merit: Poor Students, Clerical Careers, and Professional Ideology in Eighteenth-Century Germany, Cambridge 1988.

Latour, Bruno, Drawing Things Together. Die Macht der unveränderlichen mobilen Elemente [1990], in: ANThology. Ein einführendes Handbuch zur Akteur-Netzwerk-Theorie, hg. von Andzéa Belliger und David Krieger, Bielefeld 2006, 259–307.

—, Visualization and Cognition: Drawing Things Together, in: Knowledge and Society: Studies in the Sociology of Culture, Past and Present, hg. von Henrika Kuklick, Greenwich 1986, 1–40.

—, Science in Action. How to Follow Scientists and Engineers Through Society, Cambridge 1987.

—, Die Hoffnung der Pandora [1999]. Untersuchungen zur Wirklichkeit der Wissenschaft, Frankfurt a. M. 2000.

—, Die Logistik der immutable mobiles, in: Mediengeographie. Theorie – Analyse – Diskussion, hg. von Jörg Döring und Tristan Thielmann, Bielefeld 2009, 111–144.

Lehmann, Albrecht, Erzählstruktur und Lebenslauf. Autobiographische Untersuchungen, Frankfurt a. M. 1997.

Lehmann, Maren, Mit Individualität rechnen. Karriere als Organisationsproblem, Weilerwist 2011.

Lempa, Heikki, Patriarchalism and Meritocracy: Evaluating Students in Late Eighteenth-Century Schnepfenthal, in: Paedagogica Historica 42 (2006), H. 6, 727–749.

Lenz, Rudolf, De mortuis nil nisi bene? Leichenpredigten als multidisziplinäre Quelle unter besonderer Berücksichtigung der historischen Familienforschung, der Bildungsgeschichte und der Literaturgeschichte, Sigmaringen 1990.

—, Zur Funktion des Lebenslaufes in Leichenpredigten, in: Wer schreibt meine Lebensgeschichte? Biographie, Autobiographie, Hagiographie und ihre Entstehungszusammenhänge, hg. von Walter Sparn, Gütersloh 1990, 93–104.

Lindemann, Anke, Leben und Lebensläufe des Theodor Gottlieb von Hippel, Röhrig 2001.

Lindenhayn, Nils, Die Prüfung. Zur Geschichte einer pädagogischen Technologie, Wien/Köln/Weimar 2018.

Luhmann, Niklas, Funktionen und Folgen formaler Organisation, Berlin 1964.

—, Weltzeit und Systemgeschichte. Über Beziehungen zwischen Zeithorizonten und sozialen Strukturen gesellschaftlicher Systeme, in: Soziologie und Sozialgeschichte, hg. von Peter Christian Ludz, Opladen 1973, 81–115.

—, Vertrauen. Ein Mechanismus der Reduktion sozialer Komplexität, Stuttgart 1989.

—, Copierte Existenz und Karriere. Zur Herstellung von Individualität, in: Riskante Freiheiten, hg. von Ulrich Beck und Elisabeth Beck-Gernsheim, Frankfurt a. M., 191–200.

—, Inklusion und Exklusion, in: Nationales Bewußtsein und kollektive Identität. Studien zur Entwicklung des kollektiven Bewußtseins in der Neuzeit, Bd. 2., hg. von Helmut Berding, Frankfurt a. M. 1994, 15–45.

—, Medium und Form, in: Die Kunst der Gesellschaft, Frankfurt a. M. 1995, 165–214.

—, Organisation und Entscheidung. Opladen/Wiesbaden 2000.

—, Ökologische Kommunikation. Kann die moderne Gesellschaft sich auf ökologische Gefährdungen einstellen? [1985], 4. Aufl., Wiesbaden 2004.

Luks, Timo, Die Bewerbung. Eine Kulturtechnik des 19. Jahrhunderts, in: Merkur. Zeitschrift für europäisches Denken 73 (2019), H. 844, 34–45.
Lundgreen, Peter, Techniker in Preußen während der frühen Industrialisierung. Ausbildung und Berufsfeld einer entstehenden sozialen Gruppe, Berlin 1975.
——, Die Ausbildung von Ingenieuren an Fachschulen und Hochschulen in Deutschland, 1770–1990, in: Ingenieure in Deutschland, hg. von Peter Lundgreen und André Grelon, Frankfurt a. M./New York 1994, 13–78.
Lütcke, Karl-Heinrich, »Auctoritas« bei Augustin. Mit einer Einleitung zur römischen Vorgeschichte des Begriffs, Stuttgart/Berlin/Köln/Mainz 1968.
Mackay, Elizabeth, Prosopopoeia, Pedagogy, and Paradoxical Possibility: The "Mother" in the Sixteenth-Century Grammar School, in: Rhetoric Review 33 (2014), H. 3, 201–218.
Man, Paul de, Hypogram and Inscription, in: The Resistance to Theory, Minneapolis/London 1986, 27–53.
Margreiter, Klaus, Das Kanzleizeremoniell und der gute Geschmack. Verwaltungssprachkritik 1749–1839, in: Historische Zeitschrift 297 (2013), H. 3, 657–688.
Marotzki, Winfried, Aspekte einer bildungstheoretisch orientierten Biographieforschung, in: Bilanzierungen erziehungswissenschaftlicher Theorieentwicklung, hg. von Dietrich Hoffmann und Helmut Heid, Weinheim 1991, 119–134.
Martus, Steffen, Aufklärung: Das deutsche 18. Jahrhundert – ein Epochenbild, Berlin 2015.
Marx, Karl, Rechtfertigung des Korrespondenten von der Mosel [Rheinische Zeitung 15. bis 20. Januar 1843], in: Werke, Bd. 1, Berlin 1976, 172–199.
Maurer, Michael, Die Biographie des Bürgers. Lebensformen und Denkweisen in der formativen Phase des deutschen Bürgertums (1680–1815), Göttingen 1996.
Mauser, Wolfram, Konzepte aufgeklärter Lebensführung. Literarische Kultur im frühmodernen Deutschland, Würzburg 2000.
Matala de Mazza, Ethel und Joseph Vogl, Graduiertenkolleg „Literatur- und Wissensgeschichte kleiner Formen", in: Zeitschrift für Germanistik 27 (2017), H. 3, 579–585.
McKinlay, Alan, "Dead Selves": The Birth of the Modern Career, in: Organization 9 (2002), H. 4, 595–614.
McKinlay, Alan und Robbie G. Wilson, "Small Acts of Cunning": Bureaucracy, Inspection and the Career, c. 1890–1914, in: Critical Perspectives on Accounting 17 (2006), H. 5, 657–678.
Meixner, Hanns-Eberhard, Anciennitätsprinzip, in: Wörterbuch der Mikropolitik, hg. von Peter Heinrich und Jochen S. zur Wiesch, Wiesbaden, 1998, 11–13.
Menke, Bettine, Prosopopoiia. Stimme und Text bei Brentano, Hoffmann, Kleist und Kafka, München 2000.
Menzel, Johanna M., The Sinophilism of J. H. G. Justi, in: Journal of the History of Ideas 17 (1956), H. 3, 300–312.
Miller, Nod und David Morgan, Called to Account: The CV as an Autobiographical Practice, in: Sociology 27 (1993), H. 1, 133–143.
Möller, Petra, Todesanzeigen – eine Gattungsanalyse, Gießen 2009.
Moore, Cornelia Niekus, Patterned Lives: The Lutheran Funeral Biography in Early Modern Germany, Wiesbaden 2006.
Morris, David B., A Poetry of Absence, in: Cambridge Companion to Eighteenth-Century Poetry, hg. von John E. Sitter, Cambridge 2012, 225–248.
Mueller, Hans-Eberhard, Bureaucracy, Education and Monopoly: Civil Service Reforms in Prussia and England, Berkeley/Los Angeles/London 1984.

Müller, Klaus-Detlef, Autobiographie und Roman. Studien zur literarischen Autobiographie der Goethezeit, Tübingen 1976.
Müller-Botsch, Christine, Der Lebenslauf als Quelle. Fallrekonstruktive Biographieforschung anhand pesonenbezogener Akten, in: Österreichische Zeitschrift für Geschichtswissenschaften 19 (2008), H. 2 (2008), 38–62.
Nellen, Stefan, Die Akte der Verwaltung. Zu den administrativen Grundlagen des Rechts, in: Wissen, wie Recht ist. Bruno Latours empirische Philosophie einer Existenzweise, hg. von Marcus Twellmann, Konstanz 2016, 65–92.
Neugebauer, Wolfgang, Zur neueren Deutung der preußischen Verwaltung im 17. und 18. Jahrhundert, in: Moderne preußische Geschichte 1648–1947, Bd. 2, hg. von Otto Büsch und Wolfgang Neugebauer, Berlin 1981, 541–597.
——, Brandenburg-Preußen in der Frühen Neuzeit. Politik und Staatsbildung im 17. und 18. Jahrhundert, in: Handbuch der preußischen Geschichte, Bd. 1: Das 17. und 18. Jahrhundert und Große Themen, hg. von Wolfgang Neugebauer, Berlin 2009, Online-Ausgabe, 113–409.
Neuhaus, Helmut, Supplikationen als landesgeschichtliche Quellen. Das Beispiel der Landgrafschaft Hessen im 16. Jahrhundert, in: Hessisches Jahrbuch für Landesgeschichte 28 (1978), 110–190.
Neumann, Gerhard, Kafka-Lektüren, Berlin 2013.
Nietzsche, Friedrich, Menschliches, Allzumenschliches II, in: Nietzsche Online, hg. von De Gruyter, Berlin/Boston 2011. https://www.degruyter.com/view/NO/W005172V005?rskey=mqCsg7&result=5&ctax=d13e13. Zuletzt geprüft am 12.09.2018.
Niggl, Günter, Geschichte der deutschen Autobiographie im 18. Jahrhundert, Stuttgart 1977.
Nipperdey, Thomas, Deutsche Geschichte 1800–1866. Bürgerwelt und starker Staat, München 2012.
Oestmann, Peter, Die Zwillingsschwester der Freiheit. Die Form im Recht als Problem der Rechtsgeschichte, in: Zwischen Formstrenge und Billigkeit. Forschungen zum vormodernen Zivilprozeß, hg. von Peter Oestmann, Wien/Köln/Weimar 2009, 1–54.
Oestreich, Gerhard, Geist und Gestalt des frühmodernen Staates, Berlin 1969.
Olesko, Kathryn M., Geopolitics and Prussian Technical Education in the Late-Eighteenth Century, in: Actes d'història de la ciència i de la tècnica 2 (2009), H. 2, 11–44.
Pethes, Nicolas, Literarische Fallgeschichten. Zur Poetik einer epistemischen Schreibweise, Konstanz 2016.
Pfeisinger, Gerhard, Arbeitsdisziplinierung und frühe Industrialisierung 1750–1820, Wien/Köln/Weimar 2006.
Picon, Antoine, French Architects and Engineers in the Age of Enlightenment, Cambridge 1992.
——, L'invention de l'ingénieur moderne: L'Ecole des ponts et chaussées, 1747–1851, Paris 1992.
Popken, Randall, The Pedagogical Dissemination of a Genre: The Resume in American Business Discourse Textbooks, 1914–1939, in: JAC 19 (1999), H. 1, 91–116.
Pörnbacher, Hans, Joseph Freiherr von Eichendorff als Beamter, Dortmund 1964.
Ranieri, Filippo, Entscheidungsfindung und Begründungstechnik im Kameralverfahren, in: Zwischen Formstrenge und Billigkeit. Forschungen zum vormodernen Zivilprozeß, hg. von Peter Oestmann, Wien/Köln/Weimar 2009, 165–190.
Reh, Sabine und Norbert Ricken, Prüfungen. Systematische Perspektiven der Geschichte einer pädagogischen Praxis, in: Zeitschrift für Pädagogik (2017), H. 3, 247–260.

Rehse, Birgit, Die Supplikations- und Gnadenpraxis in Brandenburg-Preußen. Eine Untersuchung am Beispiel der Kurmark unter Friedrich Wilhelm II. (1786–1797). Berlin 2008.
Reinhard, Wolfgang, Freunde und Kreaturen. „Verflechtung" als Konzept zur Erforschung historischer Führungsgruppen Römische Oligarchie um 1600, München 1979.
——, Freunde und Kreaturen. Historische Anthropologie von Patronage-Klientel-Beziehungen, in: Freiburger Universitätsblätter 37 (1998), H. 139, 127–141.
——, Geschichte der Staatsgewalt. Eine vergleichende Verfassungsgeschichte Europas von den Anfängen bis zur Gegenwart, München 1999.
Ricken, Norbert, Die Ordnung der Bildung. Beiträge zu einer Genealogie der Bildung, Wiesbaden 2006.
Rivera, Lauren A., Pedigree: How Elite Students Get Elite Jobs, Princeton 2015.
Rosenberg, Hans, Bureaucracy, Aristocracy & Autocracy: The Prussian Experience [1958], 3. Aufl., Cambridge 1968.
Sacks, Harvey, On the Analyzability of Stories by Children, in: Directions in Sociolinguistics: The Ethnography of Communication, hg. von John J. Gumperz, New York 1972, 325–345.
Salzwedel, Jürgen, Wege, Straßen, Wasserwege, in: Deutsche Verwaltungsgeschichte, Bd. 2: Vom Reichsdeputationshauptschluss bis zur Auflösung des Deutschen Bundes, hg. von Karlheinz Blaschke, Kurt G. A. Jeserich, Hans Pohl et al., Stuttgart 1983, 199–226.
Sarangi, Srikant und Stefan Slembrouck, Language, Bureaucracy, and Social Control, Oxfordshire/New York 1996.
Savage, Mike. Discipline, Surveillance and the "Career": Employment on the Great Western Railway 1833–1914, in: Foucault, Management and Organization Theory: From Panopticon to Technologies of Self, hg. von Alan McKinlay und Ken Starkey, London 1998, 65–92.
Schennach, Martin P., Supplikationen, in: Quellenkunde der Habsburgermonarchie (16. – 18. Jahrhundert). Ein exemplarisches Handbuch, hg. von Josef Pauser, Wien/Köln/Weimar 2004, 572–584.
Schilling, René, Kriegshelden. Deutungsmuster heroischer Männlichkeit in Deutschland 1813–1945, Paderborn/München 2002.
Schmidt, Sibylle, Ethik und Episteme der Zeugenschaft, Konstanz 2015.
Schminnes, Bernd, Kameralwissenschaften – Bildung – Verwaltungstätigkeit. Soziale und kognitive Aspekte des Struktur- und Funktionswandels der preußischen Zentralverwaltung an der Wende zum 19. Jahrhundert, in: Wissenschaft und Bildung im frühen 19. Jahrhundert, Bd. 2, hg. von Bernd Bekemeier, Hans N. Jahnke, Ingrid Lohmann et al., Bielefeld 1982, 99–319.
Schmitt, Carl, Politische Theologie. Vier Kapitel zur Lehre von der Souveränität [1922], Berlin 1979.
Schouler, Bernard und Jean Y. Boriaud, Persona, in: Ueding, Historisches Wörterbuch der Rhetorik, Bd. 6, Tübingen 2003, 789–810.
Schreyögg, Georg und Jörg Sydow, Organizational Path Dependence. A Process View, in: Organization Studies 32 (2011), H. 3, 321–335.
Schwalm, Helga, Autobiography, in: Handbook of Narratology [2009], Bd. 1, hg. von Peter Hühn, John Pier, Wolf Schmidt et al., 2., vollst. korr. u. verm. Aufl., Berlin 2014, 14–29.
Scott, James C., Seeing Like a State: How Certain Schemes to Improve the Human Condition Have Failed, New Haven/London 1998.

Segebrecht, Wulf, Vom Lebenslauf zum Curriculum vitae, in: Literatur, Sprache, Unterricht: Festschrift für Jakob Lehmann zum 65. Geburtstag, hg. von Michael Krejci und Jakob Lehmann, Bamberg 1984, 32–40.
Seitter, Walter, Menschenfassungen. Studien zur Erkenntnispolitikwissenschaft, München 1985.
Sieg, Hans Martin, Staatsdienst, Staatsdenken und Dienstgesinnung in Brandenburg-Preußen im 18. Jahrhundert (1713–1806), Berlin 2003.
Siegert, Bernhard, Passage des Digitalen. Zeichenpraktiken der neuzeitlichen Wissenschaften; 1500–1900, Berlin 2003.
——, Passagiere und Papiere. Schreibakte auf der Schwelle zwischen Spanien und Amerika, München 2006.
Smith, Sidonie und Julia Watson, Reading Autobiography: A Guide for Interpreting Life Narratives, Minneapolis 2001.
Sofsky, Wolfgang und Rainer Paris, Figurationen sozialer Macht. Autorität, Stellvertretung, Koalition, Opladen 1991.
Stanitzek, Georg, Das Bildungsroman-Paradigma – am Beispiel von Karl Traugott Thiemes „Erdmann, eine Bildungsgeschichte", in: Jahrbuch der Deutschen Schillergesellschaft 34 (1990), 171–194.
——, Genie: Karriere/ Lebenslauf, in: Lebensläufe um 1800, hg. von Jürgen Fohrmann, Tübingen 1998, 241–255.
Stern, Martin, „Papier! Wie hör' ich dich schreien". Zur Interdependenz von Beamtenmisere und Aufbruchseuphorie bei Eichendorff, in: Wirkendes Wort 60 (2011), H. 1, 15–23.
Stichweh, Rudolf, Lebenslauf und Individualität, in: Lebensläufe um 1800, hg. von Jürgen Fohrmann, Tübingen 1998, 223–234.
Stollbeg-Rilinger, Barbara, Der Staat als Maschine. Zur politischen Metaphorik des absoluten Fürstenstaats, Berlin 1986.
Stolleis, Michael, Grundzüge der Beamtenethik (1550–1650), in: Staat und Staatsräson in der frühen Neuzeit, Frankfurt a. M. 1990, 197–231.
Straubel, Rolf, Beamte und Personalpolitik im altpreußischen Staat. Soziale Rekrutierung, Karriereverläufe, Entscheidungsprozesse (1763/86–1806), Potsdam 1998.
——, Carl August von Struensee. Preußische Wirtschafts- und Finanzpolitik im ministeriellen Kräftespiel (1786–1804/06), Berlin 1999.
——, Adlige und bürgerliche Beamte in der friderizianischen Justiz- und Finanzverwaltung. Ausgewählte Aspekte eines sozialen Umschichtungsprozesses und seiner Hintergründe (1740–1806), Berlin 2010.
Strecke, Reinhart, Anfänge und Innovation der preußischen Bauverwaltung. Von David Gilly zu Karl Friedrich Schinkel, Wien/Köln/Weimar 2000.
——, Prediger, Mathematiker und Architekten. Die Anfänge der preußischen Bauverwaltung und die Verwissenschaftlichung des Bauwesens, in: Mathematisches Calcul und Sinn für Ästhetik. Die preußische Bauverwaltung 1770–1848, hg. von Reinhart Strecke, Berlin: Duncker & Humblot, 2000, 25–36.
——, Hg., Inventar zur Geschichte der preußischen Bauverwaltung, 2 Bde., Berlin 2005.
Strunz, Hugo, Von der Bergakademie zur Technischen Universität Berlin, 1770 bis 1970, Essen 1970.
Strunz, Stephan, Turbulente Lebensläufe: Multivalente Bewerbungsstrategien für den preußischen Staatsdienst nach 1815, in: Administory: Zeitschrift für Verwaltungsgeschichte 5 (2020), 200–215.

Stüssel, Kerstin, In Vertretung. Literarische Mitschriften von Bürokratie zwischen früher Neuzeit und Gegenwart, Berlin 2004.
te Heesen, Anke, The Notebook: A Paper-Technology, in: Making Things Public: Atmospheres of Democracy, hg. von Bruno Latour und Peter Weibel, Cambridge 2005, 582–589.
Tenfelde, Klaus and Helmut Trischler, Hg., Bis vor die Stufen des Throns. Bittschriften und Beschwerden von Bergarbeitern im Zeitalter der Industrialisierung, München 1986.
Thorndike, Edward L., A Constant Error in Psychological Ratings, in: Journal of Applied Psychology 4 (1920), H. 1, 25–29.
Trepp, Anne-Charlott, The Emotional Side of Men in Late Eighteenth-Century Germany (Theory and Example), in: Central European History 27 (1994), H. 2, 127–152.
——, Sanfte Männlichkeit und selbständige Weiblichkeit. Frauen und Männer im Hamburger Bürgertum zwischen 1770 und 1840, Göttingen 1996.
Treue, Wilhelm, Preußens Wirtschaft vom Dreißigjährigen Krieg bis zum Nationalsozialismus, in: Handbuch der preußischen Geschichte, Bd. 2: Das 19. Jahrhundert und Große Themen der Geschichte Preußens, hg. von Otto Büsch, Berlin 1992, 449–604.
Tribe, Keith, Governing Economy: The Reformation of German Economic Discourse 1750–1840, Cambridge 1988.
Twellmann, Marcus, „Ja, die Tabellen!". Zur Heraufkunft der politischen Romantik im Gefolge numerisch informierter Bürokratie, in: Berechnen/Beschreiben. Praktiken statistischen (Nicht-)Wissens 1750–1850, hg. von Gunhild Berg, Borbála Zsuzsanna Török und Marcus Twellmann, Berlin 2015, 141–170.
Ueding, Gert, Hg., Historisches Wörterbuch der Rhetorik, 9 Bde., Tübingen 1992–2009.
Ulbricht, Otto, Supplikationen als Ego-Dokumente. Bittschriften von Leibeigenen in der ersten Hälfte des 17. Jahrhunderts, in: Ego-Dokumente. Annäherungen an den Menschen in der Geschichte, hg. von Winfried Schulze, Berlin 1996, 151–174.
van Dijck, José, "You Have One Identity": Performing the Self on Facebook and LinkedIn, in: Media, Culture & Society 35 (2013), H. 2, 199–215.
Verheyen, Nina, Die Erfindung der Leistung, Bonn 2018.
Vismann, Cornelia, Akten. Medientechnik und Recht, Frankfurt a. M. 2000.
Vogel, Barbara, Beamtenkonservatismus. Sozial- und verfassungsgeschichtliche Voraussetzungen der Parteien in Preußen im frühen 19. Jahrhundert, in: Deutscher Konservatismus im 19. und 20. Jahrhundert, hg. von Dirk Stegmann, Bernd J. Wendt und Peter-Christian Witt, Bonn 1983, 1–32.
Vogel, Juliane, Zeremoniell und Effizienz. Stilreformen in Preußen und Österreich, in: Prosa schreiben, hg. von Inka Mülder-Bach, Jens Kersten und Martin Zimmermann, Paderborn 2019, 39–54.
Vogl, Joseph, Kalkül und Leidenschaft. Poetik des ökonomischen Menschen, Zürich/Berlin 2002.
——, Über das Zaudern, Zürich/Berlin 2008.
Vogt, Ludgera, Der montierte Lebenslauf, in: Die Schrift an der Wand – Alexander Kluge: Rohstoffe und Materialien, hg. von Christian Schulte und Alexander Kluge, Osnabrück 2000, 139–153.
Vogt, Peter, Kontingenz und Zufall. Eine Ideen- und Begriffsgeschichte, Berlin 2011. Mit einem Vorwort von Hans Joas.
Vollmer, Hendrik, Folgen und Funktionen organisierten Rechnens, in: Zeitschrift für Soziologie 33 (2004), H. 6, 450–470.

Vološinov, Valentin N., Le marxisme et la philosophie du langage. Essai d'application de la méthode sociologique en linguistique [1929], Paris 1977.

Voßkamp, Wilhelm, Perfectibilité und Bildung. Zu den Besonderheiten des deutschen Bildungskonzepts im Kontext der europäischen Utopie- und Fortschrittsdiskussion, in: Europäische Aufklärung(en): Einheit und Vielfalt, hg. von Siegfried Jüttner und Jochen Schlobach, Hamburg 1992, 117–126.

Wagner-Egelhaaf, Martina, Autobiographie, Stuttgart 2000.

Walter, Bernd, Personalpolitik Vinckes, in: Ludwig Freiherr Vincke. Ein westphälisches Profil zwischen Reform und Restauration, hg. von Hans-Joachim Behr und Jürgen Kloosterhuis, Münster 1994, 157–172.

Weber, Max, Wirtschaft und Gesellschaft. Grundriss der verstehenden Soziologie [1922], Studienausgabe, 5., rev. Aufl. [Nachdruck], Tübingen 2009.

Weber, Wolfhard, Innovationen im frühindustriellen deutschen Bergbau und Hüttenwesen: Friedrich Anton von Heynitz, Göttingen 1976.

Wehler, Hans-Ulrich, Deutsche Gesellschaftsgeschichte, Bd. 2: Von der Reformära bis zur industriellen und politischen „Deutschen Doppelrevolution", 1815–1845/49, München 1987.

Wiener, Norbert, The Human Use of Human Beings, London 1989.

Williams, Raymond, Keywords: A Vocabulary of Culture and Society [1976], 2., überarb. Aufl., Oxford/New York 1985.

Winkel, Carmen, Im Netz des Königs. Netzwerke und Patronage in der preußischen Armee 1713–1786, Paderborn 2013.

Wolf, Burkhardt, Kafka in Habsburg. Mythen und Effekte der Bürokratie, in: Administory: Zeitschrift für Verwaltungsgeschichte 1 (2016), 193–221.

Wunder, Bernd, Geschichte der Bürokratie in Deutschland, Frankfurt a. M. 1986.

Würgler, Andreas, Voices from Among the "Silent Masses": Humble Petitions and Social Conflicts in Early Modern Central Europe, in: International Review of Social History 46 (2001), S9, 11–34.

Yates, JoAnne, Control through Communication: The Rise of System in the American Management, Baltimore 1989.

Zimmermann, Christian von, Exemplarische Lebensläufe. Zu den Grundlagen der Biographik, in: Frauenbiographik. Lebensbeschreibungen und Porträts, hg. von Christian von Zimmermann, Tübingen 2005, 3–16.

Zimmermann, Hans Dieter, Lebensläufe, in: Gebrauchsliteratur. Methodische Überlegungen und Beispielanalysen, hg. von Ludwig Fischer, Stuttgart 1976, 127–137

4 Internetdokumente

Brooks, Ian, Make Your Experience Stand Out with the New LinkedIn Experience Design, https://blog.linkedin.com/2018/august/6/make-your-experience-stand-out-with-the-new-linkedin-experience-. LinkedIn-Blog. Zuletzt geprüft am 04.06.2021.

Dorsey, Alison, More Than Just a Resume: Share your Volunteer Aspirations on Your LinkedIn Profile, https://blog.linkedin.com/2013/09/04/more-than-just-a-resume-share-your-volunteer-aspirations-on-your-linkedin-profile. LinkedIn-Blog. Zuletzt geprüft am 04.06.2021.

Duden Online, Lebenslauf, https://www.duden.de/rechtschreibung/Lebenslauf. Zuletzt geprüft am 04.06.2021.

Flaig, Carsten, Curriculum Vitae: Über eine sportliche Metapher, https://literaturwissenschaft-berlin.de/curriculum-vitae-uber-eine-sportliche-metapher/?wt_zmc=nl.int.zonaudev.zeit_online_chancen_w3.m_29.03.2021.nl_ref.zeitde.bildtext.link.20210329&utm_medium=nl. Literaturwissenschaft in Berlin Blog 2021. Zuletzt geprüft am 04.06.2021.

Nieh, Kylan, Creating Your Resume Just Got a Whole Lot Easier with Microsoft and LinkedIn, https://blog.linkedin.com/2017/november/8/Creating-your-resume-just-got-a-whole-lot-easier-with-Microsoft-and-LinkedIn. LinkedIn-Blog. Zuletzt geprüft am 04.06.2021.

Petrone, Paul, The World's First Resume is 500-years Old and Still Can Teach You a Lesson or Two, https://business.linkedin.com/talent-solutions/blog/recruiting-humor-and-fun/2015/the-worlds-first-resume-is-500-years-old. LinkedIn-Blog. Zuletzt geprüft am 04.06.2021.

Abbildungsverzeichnis

Abb. 1   Die erste Seite von Eichendorffs Lebenslauf aus dem Jahr 1818 —— 2
Abb. 2   Narrative Topoi zwischen 1770 und 1848 in der preußischen Bauverwaltung —— 46
Abb. 3   Unterstreichung der Examenszeit durch Behörde —— 66
Abb. 4   Bewerbung des Kondukteurs Runge —— 68
Abb. 5   Bewerbung des Wegebaumeisters Kloht —— 75
Abb. 6   Berichtsökonomie beim Wettiner Bergamt —— 89
Abb. 7   Verzeichnis der Baubeamten im Regierungsbezirk Merseburg —— 105
Abb. 8   Lebenslauf von Gerichtsreferendar Spitzner —— 137
Abb. 9   Entscheidungsvorschlag des Oberbaudirektors Struve —— 208
Abb. 10 Empfehlungsschreiben von Kronprinz Friedrich Wilhelm von Preußen an Staatsminister Struensee —— 211
Abb. 11 Lebenslauf von Baukondukteur Ilse mit Zeugnisverweis —— 221
Abb. 12 Gedruckte Zeugnisse des Oberinspektors Wesermann —— 226
Abb. 13 Umständliche Rechtfertigung der Prüfungsarbeiten von Kondukteur Graffunder —— 241

Danksagung

Diese Arbeit verdanke ich einer Vielzahl von Menschen. Sie hätte in dieser Form ohne die Einbettung in das DFG-Graduiertenkolleg „Literatur- und Wissensgeschichte kleiner Formen" nicht geschrieben werden können. Allen voran sei meinem Erstgutachter Joseph Vogl und meiner Zweitgutachterin Ethel Matala de Mazza für die intensive, produktive und immer hilfreiche Begleitung des Projekts gedankt. Für ihre Mitwirkung am Promotionsverfahren danke ich Philipp Felsch, Maren Jäger und Jasper Schagerl. Der stetige und kollaborative Austausch im Format des Kollegs hat maßgeblich dazu beigetragen, dass kritisches Feedback in die Arbeit einfließen konnte. Allen Beteiligten des Graduiertenkollegs sei dafür herzlich gedankt! Besonders gewonnen hat das Projekt durch den stetigen Austausch mit meinen Kolleg:innen Steffen Bodenmiller, Philip Kraut, Katharina Hertfelder, Anne MacKinney, Jasper Schagerl, Yorim Spoelder und Noah Willumsen. Philip Kraut, Maren Jäger, Jasper Schagerl und Noah Willumsen bin ich für das ausführliche Schlusslektorat zu großem Dank verpflichtet. Im Rahmen des Kollegprogramms haben Anke te Heesen, Steffen Martus, Helga Schwalm und Burkhardt Wolf wertvolle Anregungen und entscheidende Weichenstellungen für die Arbeit geliefert. Für wichtige Hinweise und hilfreiche Kritik danke ich Peter Becker, Valentina dal Cin, Wolfgang Göderle und Rolf Straubel. Ohne die Unterstützung der Mitarbeiter:innen in den Archiven und Bibliotheken wäre meine Forschung nicht möglich gewesen. Besonderen Dank möchte ich den Mitarbeiter:innen des Brandenburgischen Landeshauptarchivs (Potsdam), des Geheimen Staatsarchivs Preußischer Kulturbesitz (Berlin), des Landesarchivs Nordrhein-Westfalen (Duisburg) und des Landesarchivs Sachsen-Anhalt (Magdeburg und Wernigerode) ausdrücken. Dem Verlag De Gruyter, insbesondere Marcus Böhm, Julie Miess und Anne Stroka, danke ich für die editorische Unterstützung. Für alles andere danke ich meinen Freund:innen, meiner Familie und vor allem Gwendolyn Papke.

Anhang
Anlage 1: Lebenslauf Joseph Baron von Eichendorffs (circa November 1818)

Quellenbeschreibung: Geheimes Staatsarchiv Preußischer Kulturbesitz Berlin, I. HA Rep. 125, Nr. 1237, unfoliiert; Lebenslauf (als Anlage zum Antrag auf Zulassung zum großen Examen bei der Oberexaminationskommission zu Berlin); Mundum, halbbrüchig; 4 Seiten Folio, Siehe Abbildung 1.

Paläographische Transkription
1 *Lebenslauf*[a]
2 [b]*Im Jahre 1788 zu Lebowitz bei*
3 *Ratibor in Schlesien, wo mein nun-*
4 *mehr verstorbener Vater damals als*
5 *Gutsbesitzer lebte, gebohren, stu-*
6 *dierte ich, nachdem ich mir auf den*
7 *Gymnasien zu Breslau die erforderlichen*
8 *Schulkenntniße erworben hatte, von*
9 *Ostern 1805 bis zum Herbst 1806*
10 *auf der Universitaet in Halle,*
11 *und nach der in leztgedachtem Jahre*
12 *durch die Franzosen erfolgten Vertrei-*
13 *bung der dasigen Studierenden, zu*
14 *Heidelberg die Rechte und cammera-*
15 *listischen Wißenschaften. Im*
16 *Jahre 1809 kehrte ich von Heidelberg*
17 *nach Schlesien zurück und benuzte*
18 *einen fast Einjährigen Aufenthalt*

19 *auf dem Gute meines Vaters, mir*
20 *praktische Kenntniß von der Landwirth-*
21 *schaft zu erwerben. Durch Fami-*
22 *lien-Verhältniße wurde ich darauf*
23 *bestimmt, mich zu Anfang des Jahres*
24 *1810 nach Wien zu begeben, wo*
25 *ich meine Studien fortsezte und die*
26 *auf der dasigen Universitaet vorge-*
27 *schriebenen jährlichen Prüfungen be-*
28 *standen habe.*
29 *Beim Ausbruch des Krieges im Jahre*
30 *1813 aber eilte ich, ohne vermöge mei-*
31 *nes Alters in der Allerhöchsten*
32 *Verordnung vom Februar 1813 wegen der*
33 *Freiwilligen eigentlich mitbegriffen*
34 *zu seyn, mit freudiger Aufopferung*
35 *sehr günstiger Verhältniße von Wien*
36 *aus unter die Preußischen Fahnen und*
37 *trat im April gedachten Jahres als*
38 *freiwilliger Jäger in das von Lützowsche*
39 *Freikorps, wurde jedoch im October*
40 *von S[eine]r Majestät des Königs zum*
41 *Lieutenant ernannt und dem damali-*

42 *gen 17^(ten) Schles[ischen] Landwehr-Infanterie-*
43 *Regiment zugeordnet, bei welchem ich*
44 *die Feldzüge von 1813 und 14 mit-*
45 *machte. Im Jahre 1815, als ich eben*
46 *in Begriff stand, wieder in meine*
47 *Civil-Verhältniße zurückzukehren,*
48 *wurde ich bei Wiederausbruch des Krie-*
49 *ges angewiesen, an der Organisation*
50 *der Rheinischen Landwehren Theil zu*
51 *nehmen, rückte als Compagnie-Führer*
52 *mit dem 2^(ten) Rheinischen Landwehr-*
53 *Infanterie-Regiment in Frankreich*
54 *ein, und erhielt endlich, nach wieder-*
55 *hergestelltem Frieden und erfolgter*
56 *Rückkehr der Rheinischen Truppen in*
57 *ihre Heimat, die nachgesuchte Ent=*
58 *laßung vom Militair-Dienst.*
59 *Seit December 1816 bin ich nunmehr*
60 *als Referendair bei der König[lichen]*
61 *Regierung zu Breslau angestellt und*
62 *bemüht gewesen, mir die nöthigen*
63 *Vorkenntniße zu erwerben, um*
64 *meinem Vaterlande auf eine*

65 *meinen früheren Studien angemeßene-*
66 *re, Art nach Kräften nützlich*
67 *werden zu können.*^c
68 ^d *Joseph Baron von Eichendorff.*

---

a Mittig platziert; vom Verfasser unterstrichen.
b Ab hier rechtsseitig halbbrüchig geschrieben.
c Submissionsstrich bis zur Unterschrift am unteren rechten Seitenrand.
d Unterschrift.

Anlage 2: Supplik von Baukondukteur P. Runge an das Generaldirektorium (12. April 1785)

Quellenbeschreibung: Geheimes Staatsarchiv Preußischer Kulturbesitz, II. HA GD, Abt. 13, Neumark, Bestallungssachen, Baubediente Nr. 4, fol. 57 (v, r); Mundum, halbbrüchig; 2 Seiten Folio; unechte Immediatsupplik. Siehe Abbildung 4.

Paläographische Transkription
1 ^a*Allerdurchlauchtigster Großmächtigster König!*
2 *Allergnädigster König und Herr!*
3 ^b*Der Cammer Conducteur Runge*
6 *sieht sich aus verschiedenen Gründen*
7 *genötiget, um alleruntertänigst*
8 *zu bitten: auf ihn in Absicht*
9 *eines gewissen Postens, aller-*
10 ^c*gnädigst zu reflectiren.*
11 ^d*Ich arbeite bereits an 14 Jahre,*
12 *als Conducteur in der Neu-*
13 *Marck. Seit 9 Jahren bin*
14 *ich <u>vom König[lichen] Ober-Bau-De-</u>*
15 *<u>partement examiniret,</u> und*^e
16 *seit 6 Jahren, als Cammer*
17 *Conducteur bey der König[lich] Neu-*
18 *märck[ischen] Krieges- und Domainen*
19 *Cammer engagiret, und habe*
20 *mehrenteils in Regulirung der*
21 *Warte-Bruch-Etablissements ge-*
22 *arbeitet.*
23 *In dieser Zeit habe ich die Er-*
24 *fahrung gemacht, daß ich kein*
25 *Glück habe: weil ich wahr-*
27 *genommen, daß bereits 3 Leute,*
28 *hier ihr Glück gemacht und*
29 *Posten als Bau-Inspector er-*
30 *halten haben, wozu auch ich,*
31 *Ansprüche machen können.*
32 ^f*Nur am 10ten dieses vernam*
33 *ich, daß ein Mensch der bisher,*
34 *blos bey dem Landbaumeister*^{g,h}

35 *Schultze alhier in Condition*
36 *gestanden, als Bau-Inspector*
37 *mit 400 r[eichs]t[a]l[e]r zu dem Brennholtz*
38 *Geschäfte in Westpreussen*
39 *beruffen worden sey.*
40 *Dis letzte, und weil ich bereits*
41 *6 Jahre in Officio publico stehe*
42 *und viele mühsame Geschäfte*
43 *gemacht, nötiget mich, wieder*
44 *meinen Vorsatz, Ew[er] König[liche]*
45 *Majestät, beschwerlich zu*
46 *fallen, und Allerhöst Diesel-*
47 *ben alleruntertänigst anzu-*
48 *flehen: Ew[er] Königl[iche] Majestät*
49 *wollen doch die höchste Gnade*
50 *haben, meine allerdemütigste*
51 *Vorstellung in Erwegung zu*
52 *ziehen und die allergnädigste*
53 *Verfügung zu treffen geruhen,*
54 *daß auch auf mich wenn nicht*
55 *bey der jetzigen Gelegenheit,*
56 *noch so bald wie möglich, in*
57 *Ansehung eines fixirten Posten*
58 *und Gehalts, Rücksicht genommen*
59 *werde.*
60 *Die einzige Hoffnung, von Ew[er]*
61 *Königl[ichen] Majestät beglückt zu*
62 *werden, habe ich nur, sonst keine,*
63 *in dieser will ich auch mit der*
64 *tiefsten Untertänigkeit ersterben*
65 *Ew[er] Königl[icher] Majestät* ⁱ
66 *alleruntertänigster treuer Knecht*
67 ʲ*P Runge*
68 ᵏ*Landsberg an der Warte den 12ᵗᵉⁿ Aprill 1785.*

---

a Z. 1–2: Auszeichnungsschrift; Intitulatio mittig platziert; Spatium zwischen Intitulatio und Rubrum.
b Z. 3–9: Rubrum; linksseitig halbbrüchig.
c Ab Z. 10 rechtsseitig halbbrüchig geschrieben.

d Linksseitig halbbrüchig bis Z. 32 Votum des bearbeitenden Rats (vermutlich Christian Ludwig Schulze): *ad Cam[eram], nur bei sich ereignen[der] Vacantz, im Fall der Supp[likant] sich [eingefügt: bis jetzt] guth applicirt[,] auf deß[en] Versorgung mit zu denken* ist auch auf [nicht entziffert], Vorstell[ung] mir gehor[samster] M[i]tth[ei]l[u]ng zu machen, Sch[ulze] 29[. April 1785].*
e Z. 14–15 von der Behörde rot unterstrichen und linksseitig mit dem Vermerk „Acta" versehen.
f Z. 30–32 am linken Rand Ergänzung zu Votum: * [nicht entziffert].
g Am unteren Ende links: *praesentat[um] 16 April 1785 Schul[ze].*
h Am unteren Ende rechts: Eintrag der Journalnummer.
i Submissionsstrich bis zur Schlusscourtoisie.
j Unterschrift am unteren rechten Seitenrand.
k Linksseitig halbbrüchig.

Anlage 3: Eingabe von Wegebaumeister Kloht an das Ministerium des Inneren (26. April 1831)

Quellenbeschreibung: Geheimes Staatsarchiv Preußischer Kulturbesitz; I. HA Rep. 93 B, Nr. 447, fol. 1 (v, r); Mundum, halbbrüchig; 2 Seiten Folio; Eingabe. Siehe Abbildung 5.

Paläographische Transkription
1 ªPerleberg d[en] 26 Apr[il] 1831.
2 An
3 Ein König[lich] Hohes Ministerium des Innern
4 zu
5 Berlin.
6 ᵇDer Wege-Baumeister Kloht
7 bittet ganz gehorsamst um
8 hochgeneigte Verleihung der
9 Wasserbau-Inspector Stelle in
10 Havelberg. ᶜDurch die Verfügung Eines
11 König[lich] Hohen Ministerii des
12 ᵈInnern ist der bisherige Wasser-
13 Bau-Inspector Nobiling nach Torgau
14 versetzt, und deßen bisherige Stelle
15 vacant geworden.
16 Ein König[lich] hohes Ministerium
17 des Innern bitte ganz gehorsamst
18 ᵉdiese Stelle mir gütigst verleihen
19 zu wollen.
20 Zur Begründung meiner ganz ge-
21 horsamsten Bitte erlaube ich mir ganz
22 ᶠgehorsamst anzuführen, daß ich bereits
23 im Jahr 1824 mein Examen als Bau-
24 meister zur besonderen Zufriedenheit
25 der König[lichen] Oberbaudeputation ab-
26 legte, und seitdem fortwährend zur
27 Zufriedenheit der König[lichen] Regierungen
28 zu Frankfurth a/O und Potsdam ar-
29 beitete, seit Nov[em]b[er] v[om] J[ahr] aber als Wege-
30 baumeister für die Chaussée Strecke
31 von Wusterhausen bis zur Meklen-
32 burger Grenze angestellt war, und

33 nun glaube schmeicheln zu dürfen auch[g]
34 in dieser Stellung die Zufriedenheit
35 der König[lichen] Regierung mir erworben
36 zu haben, und daher der Hoffnung,
37 Raum gebe von dieser Behörde
38 bey deren Vorschlägen zur Wieder-
39 besetzung der Wasserbauinspector
40 stelle berücksichtigt zu werden, um
41 so mehr da ich für den Wasser-
42 bau von jeher besondere Vorliebe
43 hatte, und in diesem Zweige der
44 Baukunst auch zur Zufriedenheit
45 der König[lichen] Regierung in Frankfurth
46 längere Zeit beschäftigt war.
47 Bey hochgeneigter Gewährung
48 meiner ganz gehorsamsten Bitte
49 würde es gewiß mein ernstlich-
50 stes Bestreben seyn, durch Eifer
51 und Thätigkeit auch in einem
52 neuen Wirkungskreise mir
53 die Zufriedenheit der Hohen
54 Behörden zu erwerben.[h]
55 der König[liche] Wegebaumeister
56 Kloht.[i]

---

a Z. 1–5: Kopfbogen.
b Z. 6–10: Rubrum, linksseitig halbbrüchig.
c Ab hier rechtsseitig halbbrüchig geschrieben.
d Z. 12–15 linksseitig: Zu den Akten Berlin am 2. May 1831 Beuth Krause[?]/2.
e Z. 18–20 linksseitig: p[rae]s[en]t[atu]m den 28. April 31 von[?] H[errn] v[on] Graeveniz [Journalnummer].
f Z. 22–30 linksseitig: V[ortrag] 29/4. c[um] a[ctis]. Geh[or]s[a]m[st]. Es wird lediglich abzuwarten seyn welche Regierung auf die Verfügung vom 15ten April c[urrentis] erklärt. Kloht (angestellt unterm 15ten October 1829) ist übrigens jüngerer Wegebaumeister als v[on] Dömming. Krause[?] 29/4.
g Am unteren Rand der Seite: Erledigungsvermerk mit Haken.
h Submissionsstrich bis zur Signatur auf dem unteren rechten Ende der Seite.
i Unterschrift.

Anlage 4: Lebenslauf von Gerichtsreferendar Siegmund Wilhelm Spitzner (7. November 1798)

Quellenbeschreibung: Geheimes Staatsarchiv Preußischer Kulturbesitz; II. HA GD, Abt. 14 Kurmark, Tit. CLVI, Sect. g Nr. 40 Bd. 1 (unfoliiert); 1 Seite Folio; Mundum, ganzseitig beschrieben; Lebenslauf (im Zuge einer Bewerbung auf eine Polizeiratsstelle beim Magistrat von Potsdam von der Behörde angefordert). Siehe Abbildung 8.

Paläographische Transkription
1 *Als ein Chursächischer Unterthan, habe ich sowohl auf dem Gymnasio*
2 *zu Zwickau, als auch von meinem Vater, der Landprediger in Albertsdorf*
3 *im Chursächsischen Erzgebürge war, Unterricht in Sprachen und andern Wis-*
4 *senschaften erhalten. Auf den Universitæten Leipzig und Wittenberg habe*
5 *ich vornehmlich solche Wißenschaften Studirt, wodurch ich mich zum* Jugend-
6 Erzieher[a] *geschickt zu machen glaubte. Ich bin auch in der Folge am*
7 *Salzmannischen Institut zu Schnepfenthal, eine Zeitlang als Lehrer ange-*
8 *stellt gewesen. – Ich hatte hierauf Gelegenheit bei dem Oberforstmeister*
9 [b]*von Geusau zu Querfurth in Thüringen 3 Jahr lang die* Forstwissen-
10 schaften[c] *zu studiren. Mit dem Todte des Geusau hörte aber dieser*
11 Unterricht[d] *auf. Um nun in Preuß[ischem] Dienst placirt zu werden,*
12 *bezog ich die Universität Halle, studirte daselbst 2 [Jahre] lang Jura, und*
13 *kam im Apri[li] c[urrente] anhero, wo ich nach ausgestandenem Examen, wo-*
14 *rüber ich den Bericht der Commissarien in Cop[ia] vidim[ata] überreiche,*
15 *als Referendarius beim Kammer-Gericht angesetzt ward. Hier habe*
16 *ich mich in praxi bisanhero geübt; das Locale und die Geschäfte*
17 *beym Rathhaus in Potsdam aber 2 Monat lang, bei dem Commissario,*
18 *Kammer-Gerichts-Rath Rudolphi kennen gelernt. Ich schmeichle mir daher,*
19 *daß ich dem Ammt eines Polizey Assessoris daselbst, zur Zufrieden-*
20 *heit der Vorgesetzten vorstehen werde, auch wird der H[e]rr Di-*
21 *rector Weil in Potsdam, der mich kennet, meine Anstel-*
22 *lung gerne sehen.*[e]*Berlin den 7ten November 1798.*
23 [f]*Spitzner.*

---

a Von Behörde unterstrichen.
b Links daneben mit Bleistift (von Behörde): *als Gehilfe*.
c Von Behörde unterstrichen.
d Von Behörde unterstrichen.
e Ausgebessert; vorher: *Potsdam*.
f Unterschrift am unteren rechten Seitenrand.

Anlage 5: Lebenslauf von Baukondukteur Bernhard Adolph Ludwig Ilse (9. November 1824)

Quellenbeschreibung: Geheimes Staatsarchiv Preußischer Kulturbesitz; I. HA Rep. 93B, Nr. 518, fol. 205–209; 10 Seiten Folio; Mundum, halbbrüchig; Lebenslauf (als Anhang zu einer Bewerbung eingereicht). Siehe Abbildung 11.

Paläographische Transkription
1 *Curriculum vitae*[a]
2 *des*
3 *Bau Conducteurs Bernhard Adolph Ludwig Ilse.*[b]
4 [c]*Im Jahre 1792 in Ellrich*
5 *der König[lich] Preuß[ischen] Grafschaft*
6 *Hohenstein geboren, 5ter Sohn*
7 *des dasigen Landbaumeisters Ilse*
8 *genoß ich theils durch Privat*
9 *Unterricht, theils in der Bürger-*
10 *schule, die ersten Schulkenntnisse.*
11 *Bis zu meinem 13ten Jahre hatte*
12 *ich die obere Stufe der dasigen*
13 *Schule erreicht und wurde im*
15 *14ten Jahre zur weiteren Ausbil-*
16 *dung, auf die lateinische Schule*
17 *des Waisenhauses nach Halle*
18 *geschickt. Von den dasigen*
19 *9 Klassen wurde ich für die*
20 *5te tüchtig befunden, so daß ich*
21 *bei angewandten Fleiß in meinem*
22 *17ten Jahre in die obern Klas-*
23 *sen gelangt war. In Gewißheit*
24 *des mir von der lateinischen Schule*
25 [d]*des Waisenhauses ertheilten an-*
26 *geschlossenen Attestes vom 29ten*
27 *Maerz 1808, daß die erworbe-*

28 ᵉ*nen*
29 *nen Kenntnisse und die Uebungen*
30 *der Erkenntnißkräfte mir zu*
31 *der Vorbereitung der Lebensart,*
32 *der ich mich widmen würde, be-*
33 *förderlich seyn würden, wandte*
34 *ich mich zur Erlernung der Bauwis-*
35 *senschaft zu meinem Vater zu-*
36 *rück, fand auch nach Verlauf*
37 *eines halben Jahrs schon Gelegen-*
38 *heit in dem entstandenen Kö-*
39 *nigreich Westphalen nach Cassel*
40 *zu kommen, und in dieser Stadt,*
41 *die sich durch schöne Bauart*
42 *und Kunst auszeichnet, für*
43 *das Baufach zu profitiren.*
44 *Der dasige Erwerb meines Brodes*
45 *bestand anfangs in Kartenzeichnen,*
46 *später erhielt ich theils in dem*
47 *Bureau der General Domainen*
48 *Verwaltung theils in dem Bureau*
49 *des Herrn Finanz Ministers von*
50 *Bülow Excellenz Beschäftigung,*
51 *so daß diese Arbeiten selbst beför-*
52 *derlich waren, mich weiter auszu-*
53 *bilden.*
54 *Bei der Organisation des Bauwe-*
55 *sens im gedachten Gouvernement*
56 *im Jahr 1809, und zwar bei der*

57 *Einsetzung der Bau Conducteure und*
58 *Bau Eleven war ich wieder in*
59 *die Provinz zurück gegangen,*
60 *und genoß von S[eine]r Excellenz des*
61 *Herrn Finanz Ministers die Gnade,*
62 *nach Ablegung des Examens*
63 *zum Bau Conducteur im Harz-*
64 *Departement laut beygefügten*
65 ᶠ*Anstellungs Arrêté ernannt*
66 *zu werden.*
67 *Als solcher mit mannichfachen Com-*
68 *missarien in Chaussée- Land- und*
69 *Wasserbau-Angelegenheiten*
70 *beauftragt, habe ich Gelegenheit*
71 *gehabt das practische Bauwesen*
72 *und die Geschäftsführung eines*
73 *Baubeamten kennen zu lernen.*
74 *Nach der Anstellung des westphä-*
75 *lischen Gouvernements und Re-*
76 *occupation meiner Geburts-*
77 *Provinz Seitens unseres Preußi-*
78 *schen Gouvernements, trat ich*
79 *zu dem Königlich Preußischen*
80 *Ingenieur Corps, und mir*
81 *fiel bei demselben in der Fe-*
82 *stung Erfurt eine Arbeit zu,*
83 *deren Wichtigkeit und Umfang*
84 *bei der guten Ausführung einiger*
85 *Berücksichtigung würdig ist.*
86 *Es betraf diese die Untersu-*

87 *chung*
88 *chung, in welchem Umfange und*
89 *in welchem Maaße diese Fe-*
90 *stung durch Aufstauung des durch*
91 *die Stadt fließenden Gera Flus-*
92 *ses nach außen unter Wasser*
93 *gesetzt, und die Fortification*
94 *vermehrt werden könne.*
95 *Hiermit mußten die Befestigungs-*
96 *Werke der Citadellen und der*
97 *Stadt selbst in Einklang stehen.*
98 *Es erstreckte sich daher das*
99 *Nivellement über die sämtlichen,*
100 *durch die Stadt ziehenden Arme*
101 *des Flusses, auf ein, um die*
102 *Stadt zu bildendes, großes qua-*
103 *dratisches Netz, auf alle nächst*
104 *der Stadt belegenen Berghöhen,*
105 *und auf die sämtlichen Feuer-*
106 *Linien des Stadt Walles und*
107 *der beiden Citadellen Petersberg*
108 *und Cyriacsburg.*
109 *Dieses Nivellement, von einem an-*
110 *dern Ingenieur begonnen, hatte*
111 *indeß nicht die Schärfe darge-*
112 *legt, welche hierbei zu wünschen*
113 *nothwendig war, und da mir des-*

114 *halb diese Arbeit von S[eine]r Excellenz*
115 *des Herrn General Majors*
116 *von Rauch und Herrn Obrist*
117 *Lieutenant von Kleist*
118 *sehr huldvoll anempfohlen war,*
119 *sie den Maaßstab für die*
120 *Anlage wichtiger und kostspie-*
121 *liger Bauwerke abgeben muß-*
122 *te, so war es mein eifrig-*
123 *stes Bestreben, diese zur*
124 *hohen Zufriedenheit zu bewerk-*
125 *stelligen. Neben der schwieri-*
126 *gen Aufnahme so mancher unzu-*
127 *gänglicher Situation hat sich*
128 *das Nivellement selbst in einer*
129 *Schärfe erprobt gefunden, daß*
130 *solches unter die bedeutendern*
131 *Arbeiten dieser Art gezählt*
132 *werden kann.*
133 *Nachdem ich mich dieser Leistung*
134 ᵍ*laut Attest vom 10ten Septem-*
135 *ber 1816 entledigt hatte, Frei*
136 *willige und selbst eingetretene*
137 *Ingenieure wieder dem Militair*
138 *entsagten, lag es auch nicht in*
139 *meiner Absicht bei dem Ingenieur*
140 *Corps zu verbleiben, und trat*

141 *in den frühern Civildienst*
142 *zurück. Die bei der neuen*
143 *Provinzial Eintheilung sich ergebende*
144 *Ueberzahl der ältern Baubeamten*
145 *mochte es mir jedoch nicht gestatten*
146 *einer Civil Versorung theilhaf-*
147 *tig zu werden. Die König[liche]*
148 *Regierung in Erfurt nahm mich*
149 *indeß mit mehreren Commissarien*
150 *z. B. Vermessung des Domai-*
151 *nenguts Vessra, Greiffenstein,*
152 *und besonders bei den damals er-*
153 *hobenen fleissigen Chaussée Anla-*
154 *gen des dasigen Departements*
155 *in Anspruch.*
156 *Eine Aussicht auf eine fixe Anstel-*
157 *lung bei der dasigen Regierung*
158 *war mir hingegen vor der Hand*
159 *benommen; meine Eltern waren*
160 *in diesem Zeitraume binnen einem*
161 *Jahre beide gestorben, und bei*
162 *dieser Veränderung der heimath-*
163 *lichen Verhältnisse, sah ich mich*
164 *veranlaßt, mich in die hiesigen*
165 *Rheinprovinzen, worin einer meiner*
166 *Brüder als Forstbeamte ange-*
167 *stellt worden, zu wenden,*

168 *(August 1819) um in einem*
169 *entferntern Landes Theile des*
170 *Staats neue Baugegenstände*
171 *kennen zu lernen, und mein*
172 *weiteres Fortkommen zu*
173 *suchen.*
174 *Bei der hiesigen Königlichen*
175 *Regierung eröffneten sich eben-*
176 *falls diätarische Beschäfti-*
177 *gungen. Diese bestanden in*
178 *Mitbearbeitung der Bauzeichnun-*
179 *gen, Kosten Veranschlagungen*
180 *der Kasernen in Jülich, Auf-*
181 *nahmen von Gebäuden, Vermessungen*
182 *bei Forst Taxationen und Bau-*
183 *Ausführungen von Gefangenhäusern.*
184 *Hierauf im Frühjahr 1821 ka-*
185 *men die Chaussée Anlagen der*
186 *Actien Straße von Düren nach*
187 *Eschweiler (2 ¼ Meilen) und*
188 *von Jülich nach Stollberg*
189 *(2 ½) Meil[e]n mit den beiden*
190 *größern Brücken zur Ausfüh-*
191 *rung.*
192 *Die Königliche Regierung war so*
193 *gnädig, mir sowohl die Beaufsich-*
194 *tigung als die lediglicher Leitung*

195 *dieser Straßen anzuvertrauen,*
196 *und ich nahm in dieser Beauftragung*
197 *meinen Wohnsitz in Eschweiler,*
198 *dem gelegensten Orte, um zu beiden*
199 *Straßen desto besser gelangen*
200 *zu können.*
201 *Bei diesem Baue wurde ich*
202 *mit Diäten, die aus dem Actien*
203 *Bau Fond erfolgten, renu-*
204 *nerirt, und neben dem, mir von*
205 *Königlicher Regierung geschenkten*
206 *Vertrauen, welches von mir durch*
207 *strenge Wahrnehmung, meiner Pflich-*
208 *ten gerechtfertiget worden,*
209 *wurde mir auch die hohe Zufrie-*
210 *denheit des Herrn Geheimen Ober*
211 *Bauraths Crelle zu Theil, als*
212 *von demselben diese Chaussée*
213 *Ausführungen inspicirt wurden.*
214 *Die Ausführung der Actien-*
215 *Straßen war kaum beseitiget,*
216 [h]*als Königliche Hochlöbliche Regie-*
217 *rung mich für die Leitung und*
218 *Aufsichtsführung bei dem Baue*
219 *des hiesigen neuen Schauspielhau-*
220 *ses zu bestimmen geruhete.*
221 *Ein solcher Bau der in seiner Con-*

222 *struktion sowohl, als in der schönen*
223 *Baukunst für den Baumeister*
224 *so sehr interessant ist, durfte*
225 *daher auch mir willkommen er-*
226 *scheinen, weil sich nur selten*
227 *die Gelegenheit darbietet, ein*
228 *Gebäude der Art errichten*
229 *zu sehen, und die schöne Bau-*
230 *kunst in einem solchen Umfange*
231 *auszuführen.*
232 *Dieser Bau ist gegenwärtig*
233 *beinah beendigt, und ich habe gleich-*
234 *zeitig bei dem, in diesem Som-*
235 *mer ebenfalls angefangenen Baue*
236 *des neuen Elisen Thermal-*
237 *Brunnen die Aufsicht geführt,*
238 *für welchen die Fundation been-*
239 *digt, und im nächsten Jahre der*
240 *obere Bau mit der Büste Ihrer*
241 *Königlichen Hoheit, unserer Kron-*
242 *prinzessin den Friedrich*
243 *Wilhelms Platz verschönern*
244 *wird.*
245 *In Entbehrung älterlicher Hülfe*
246 *und eignen Vermögens ist mir*
247 *während meiner precairen Lage*
248 *die Sorge für die nöthige Subsi-*
249 *stenz nur gar zu drückend ge-*

250 *wesen, und für die Mühe und*
251 *Sorgfalt, mit welcher ich mich so-*
252 *wohl diesen, als allen frühern*
253 *wichtigen Bau Ausführungen*
254 *neben meiner langjährigen Dienst-*
255 *zeit unterzogen habe, dürfte*
256 *ich es wohl verdient haben,*
257 *von der hohen Behörde zu*
258 *der jetzt in unserm Bezirk*
259 *vacant gewordenen Wegebau-*
260 *Conducteur Stelle befördert*
261 *zu werden.*
262 *Aachen den 9ten Novem-*
263 *ber 1824.*^{i}
264 ^{j}*Ilse*

---

a Z. 1: Auszeichnungsschrift, mittig auf der Seite platziert.
b Z. 2–3: Mittig platziert; Z. 3 unterstrichen.
c Ab hier rechtsseitig halbbrüchig geschrieben.
d Links daneben, unterstrichen: *Anlage Nr. 1*.
e Wird das letzte Wort der letzten Zeile getrennt, steht die abgetrennte Endung sowohl am unteren rechten Seitenrand dieser als auch in der ersten Zeile der folgenden Seite.
f Links daneben, unterstrichen: *Anlage Nr. 2*.
g Links daneben, unterstrichen: *Anlage Nr. 3*.
h Links daneben, unterstrichen: *Anlage Nr. 4*.
i Submissionsstrich bis zur Unterschrift am unteren rechten Seitenrand.
j Unterschrift.

Personenverzeichnis

Anmerkung: In das Personenverzeichnis wurden neben prominenten Personen aus dem Untersuchungszeitraum auch die Protagonisten der Lebensläufe und Bewerbungsschreiben aufgenommen. Da viele von ihnen nicht in einschlägigen biographischen Handbüchern und Datenbanken verzeichnet sind, wurden diese Personen – anders als eminente Gelehrte und prominente preußische Persönlichkeiten – unter Nennung ihrer jeweils aktuellen Stellenposition aufgeführt.

Abbt, Thomas 123–124, 164
Adelung, Johann Christoph 18, 155, 172, 175, 194, 228
Altenstein, Karl vom Stein zum 128, 191
Alvensleben, Albrecht von 52
Aristoteles 177
August Wilhelm, Prinz von Preußen 206
Augustus 200

Bartsch von, Kapitän 223
Baumgart, Gustav Eduard, Baumeister 249
Becker, Oberbaurat 215–216
Belitski, Ludwig, Baukonduktteur 163–165, 225
Benecke, Chrétien 214–215
Benecke, Etienne 214–215
Benecke, Nicolas 214–215
Berger, Georg Christoph, Baumeister 200
Berring, Ludwig, Oberbaurat 249
Bismarck, Otto von 158
Blank, George, Baukonduktteur 56, 155
Bleeck, Siegfried, Baukonduktteur 162
Blumenthal, Joachim Christian von 70
Bolte, Johann Heinrich 170, 175
Brix, Friedrich Wilhelm, Baukonduktteur 51
Bühlert, Johann Valentin, Konduktteur 197
Bülow, Burchard von 56
Bülow, Hans von 70, 159, 181, 202, 222–223
Buschick, August S., Zimmergeselle 117, 173

Campe, Johann Heinrich 119
Carstens, John M., Handelsdiener 172
Cicero, Marcus Tullius 153–154, 200
Claudius, Friedrich Traugott, Konduktteur 205

Cocceji, Samuel von 31, 189
Cramer, Johann Albrecht 54

de la Motte Fouqué, Friedrich 3
Derschau, Friedrich Wilhelm von 205, 207, 209
Dittmar, Carl Friedrich, Baumeister 249
Dulitz, Konduktteur 132

Eichendorff, Joseph von 1, 3, 5, 7–8
Eichhorn, Friedrich 3
Eimbke, Stadtgerichts-Aktuar 53
Elsner, Friedrich Wilhelm, Wasserbauinspektor 159–160, 175, 179, 205, 219, 236–237, 239
Eytelwein, Johann Albert 41, 147

Feldmann, Christian Friedrich, Schlossbaumeister 50
Fischer, Johann Friedrich, Wasserbauinspektor 144
Franke, Gottfried 56–57
Friedrich August I., König von Sachsen 35
Friedrich II., König von Preußen 64, 80, 84, 126, 189–190, 193
Friedrich Wilhelm I., König von Preußen 31, 33, 80, 189, 193, 238
Friedrich Wilhelm II., König von Preußen 205, 207, 210
Friedrich Wilhelm III., König von Preußen 209–210, 213
Friedrich Wilhelm IV., König von Preußen 229–230
Friedrich, Steiger 57
Fritsche, Johann Joseph, Baukonduktteur 162

Gaudi, Leopold Otto von 200
Gellert, Christian Fürchtegott 122
Gerlach, Carl Friedrich Leopold von 129
Gilly, David, Oberbaurat 40, 132
Goethe, Johann Wolfgang von 147
Gottsched, Johann Christoph 35
Graefinghoff, Johann Konrad,
  Baukondukteur 205
Graffunder, Carl Gottlieb,
  Kondukteur 239–243
Grapow, Carl Friedrich Wilhelm,
  Kondukteur 196
Grillo, Bergmeister 86, 90
Grützmacher, Kondukteur 98–99

Hagen, Ludwig Philipp vom 39, 127, 232
Halde, Jean Batiste du 187
Hardenberg, Friedrich von 147
Hardenberg, Karl August von 70, 77, 128, 135, 181
Hegel, Georg Wilhelm Friedrich 31, 73, 171
Heinitz, Friedrich Anton von 84, 86, 88, 96, 102, 117, 205
Helmkampf, Distriktbaumeister 202
Henke, Ernst, Wegebaumeister 99, 148, 153
Hennicke, Julius, Baumeister 249
Henz, Ludwig, Wasserbaumeister 143–147
Herrmann, Wilhelm Karl,
  Baukondukteur 156, 167–168, 225
Heydt, August von der 215, 229
Hinze, Heimbert Johann 65
Hoffmann, Carl Gottlob 51
Horaz 153
Hoym, Karl Georg von 132, 190
Humboldt, Wilhelm von 32, 149
Huth, Johann Christian, Baumeister 198

Ilse, Bernhard Adolph Ludwig,
  Baukondukteur 51, 153, 220–224
Ilse, J. F. C., Kondukteur 125
Ingersleben, Karl von 237–239
Intra, Ferdinand von, Handelsdiener 117

Jahn, Bauinspektor 54
Jariges, Philipp Joseph von 189
Jung-Stilling, Johann Heinrich 27

Justi, Johann Heinrich Gottlob 109, 187

Kalckreuth, Friedrich Adolf von 138
Kant, Immanuel 90, 179
Kayser, August Friedrich Wilhelm 110
Kayserling, Kanzleidiener 56–57
Kerndörffer, Heinrich August 63, 166, 170
Kersten, Oberförster 56
Kettler, Landsyndikus 176
Kieck, Christoph Ludwig,
  Landbaumeister 196–197
Kloht, Wegebaumeister 75–79
Knüppeln, Landbaumeister 197
Kölber, Obereinfahrer 57
König, Johann Ulrich 35
Krause, Friedrich Wilhelm, Kondukteur 56
Krause, Johann Gottlob,
  Baukondukteur 106–108, 225
Krünitz, Johann Georg 19–21, 124, 152
Küster, Auskultator 86, 98, 104
Küster, Konsistorialrat 86

L'Abaye, Jean-Baptiste,
  Seehandlungsrat 209, 212
Lagrange, Schichtmeister 53
Lamotte, Gustav August Heinrich von 233
Lange, Johann Gottlieb, Bauinspektor 57
Lavater, Johann Caspar 194
Leibniz, Gottfried Wilhelm 102
Lemke, Oberforstmeister 202
Licht, Paul Samuel Gotthold, Kondukteur 215
Lindhorst, Johann Otto, Aktuar 53, 173, 180, 183–185
Lüddecke, Ernst Christoph Friedrich,
  Oberbaurat 249
Lüder, Bauinspektor 87

Machiavelli, Nicolò 151
Magott, Ingenieur 176
Marx, Karl 172, 230
Massow, Julius Eberhard von 85–86, 91
Massow, Valentin von 200
Mathias, Wilhelm Heinrich,
  Regierungsbaurat 202
Meinhardt, Carl Gottlob, Kriegs- und
  Domänenrat 113–116, 235

Melchior, Carl, Straßenbauaufseher 156
Mens, George Carl Theodor,
    Baukondukteur 162
Menz, Johann Friedrich 35
Mohl, Robert 104
Moritz, Karl Philipp 27
Mosebach, Philipp Carl Friedrich,
    Straßenbauaufseher 153
Moser, Johann Friedrich, Baurat 116, 156, 225
Moser, Johann Jacob 25

Nacke, Johann Rudolph, Kondukteur 220
Napoleon Bonaparte 155, 171
Nauck, Friedrich, Baurat 176, 180–181
Neydecker, Feldwebel 139–142
Nicolai, Friedrich 23
Nietz, Johann, Bauinspektor 195
Northeim, Kondukteur 125
Nünneke, Carl Leopold, Bauinspektor 162

Ohne, Eduard, Baumeister 249

Perronet, Jean-Rudolphe 38–39
Pflug, Supernumerar 210–212
Piautaz, Joseph Maria, Kaufmannssohn 213
Pindar 153
Praetorius, Friedrich Wilhelm,
    Oberbergrat 117, 172

Radziwiłł, Anton 205
Rau, Johann Emanuel, Rendant 109
Rauch, Gustav von 205
Redtel, Carl Wilhelm, Baurat 129, 201
Reichhelm, Martin Emanuel,
    Mathematikkandidat 100–101, 197–198
Reißert, Kanzlist 210–212
Reißert, Küchmeister 210
Resewitz, Friedrich Gabriel 118
Rhym, Oberförster 56
Rother, Christian 56, 110
Rousseau, Jean-Jacques 118, 123
Rüdiger, Johann Christian Christoph 170
Rudolphi, Gottfried Heinrich,
    Kammergerichtsrat 113–116, 235

Rumpf, Johann Friedrich David 73–74
Runge, Johann Ernst Wilhelm,
    Mathematikkandidat 153
Runge, P., Kondukteur 64–71

Salzmann, Christian Gotthilf 118, 124
Scabell, Matthias Ludwig, Baurat 139, 196, 227–231
Schade, Johann August Friedrich,
    Deichinspektor 205
Schäfler, Benedikt Georg 65–66
Schiller, Daniel, Bauinspektor 202
Schindler, Johann Friedrich Ludwig,
    Baukondukteur 205
Schinkel, Karl Friedrich 196–198, 203
Schleich, Johann Christoph, Schreiber 55
Schleidnitz, Johann Eduard Christoph
    von 225
Schmidt, Carl Samuel, Baumeister 50
Schrötter, Friedrich Leopold von 98
Schuckmann, Friedrich von 78, 99, 164, 192, 203, 224
Schulenburg-Kehnert, Friedrich Wilhelm von
    der 197, 200, 204
Schüler, Bauinspektor 54, 203
Schüler, Christian Heinrich,
    Domänenaktuar 173, 235
Schüler, Johann Heinrich,
    Domänenaktuar 235
Schultz, Artillerieleutnant 197–198
Schultze, Landbaumeister 56
Seuffert, Johann Michael 127, 231, 236
Smeil, Bernhard Moritz,
    Baukondukteur 156–157, 161
Smith, Adam 166–169
Sonnenfels, Joseph von 51, 187
Spitz, Joseph Laurenz, Baukondukteur 153
Spitzner, Siegmund Wilhelm,
    Gerichtsreferendar 136, 138, 142
Stegemann, Mathias, Baurat 197
Stolpe, Friedrich Arnold Ludwig von,
    Buchhalter 214
Struensee, Carl August von 117, 209–210, 212–215
Struve, Gottfried Conrad Wilhelm, Geheimer
    Finanzrat 207

Stumpff, Ingenieurkapitän 198
Süvern, Johann Wilhelm 32
Sydow, Johann Georg,
    Mathematikkandidat 153

Tetens, Johann Nicolas 174
Thomasius, Christian 194
Tripp, Kondukteur 176

Umpfenbach, Franz Anton,
    Bauinspektor 237–239

Vatteri, Georg Friedrich,
    Bauinspektor 206–207, 209–210
Vergil 153
Villaume, Peter 20, 118, 199
Vincke, Ludwig von 70
Vollmer, Wilhelm, Schulamtskandidat 163

Walser, Robert 12
Weber, Max 32, 170, 185
Weiss, Otto Friedrich, Baukondukteur 162, 173

Wesermann, Heinrich Moritz,
    Oberwegeinspektor 224
Weyer, Heinrich, Baukondukteur 153
Weyer, Wegebaumeister 201–202
Weyrach, Carl Friedrich, Kondukteur 54
Widder, Georg Friedrich Gustav Cardinal von,
    Baukondukteur 162
Wieblitz, Kondukteur 196
Wiele, Auditeur 135, 138, 234–235
Winckel, Christoph Friedrich aus dem 200
Wisliceny, Pfarrkandidat 52
Wißmann, Ludwig von 202
Wittgenstein-Berleburg, Albrecht von 205
Witzleben, Friedrich Ludwig von 56
Woltmann, Karl Ludwig von 127
Wylich und Lottum, Carl Friedrich Heinrich
    von 158

Zedler, Johann Heinrich 18
Zerboni di Spossetti, Joseph von 190
Zitelmann, Joachim Ludwig, Oberbaurat 200